직접 만들고 생각하며 느끼는

다함께 체험 수학

이동화 지음 **배태영** 감수

KM 경문사

추천사

다함께 체험수학을 읽고

매년 전국에서 열리는 체험 중심의 수학 축전에 많은 학생이 참가하여 교과서에서 다루지 않는 수학 내용을 새롭게 학습합니다. 수학 과목의 특성상 교과서에서 다루지 않은 새로운 내용을 익히고, 이를 응용해서 체험할 수 있는 산출물을 만드는 것이 매우 어렵습니다. 그래서 수학을 지도하는 선생님들과 수학 동아리 학생들은 "체험수학"과 관련된 수학 도서를 구입하여 활용하고 있습니다.

그런데 우리가 지금까지 사용한 대부분의 체험수학과 관련된 도서들은 수학적 원리에 대하여 설명이 충분하지 않아서 내용을 이해하고 새로운 산출물을 만들기가 어렵습니다. 학생들은 이해가 되지 않은 상태에서 단순히 도서에서 제시한 방법대로 제작만을 하는 경우가 많아서 매년 제출되는 체험 관련 산출물들이 비슷한 경우가 많았습니다. 이런 이유로 많은 수학 선생님들로부터 수학적 원리가 담겨 있고, 더 심화된 체험이 가능한 수학책의 추천을 요청받은 경우가 많았습니다.

이동화 선생님이 집필한 《다함께 체험수학》은 이러한 요구사항들을 만족시킬 수 있는 훌륭한 체험수학 교재입니다. 이 교재는 기존의 체험수학 관련 도서의 수준을 뛰어넘는 내용을 논리적이고 치밀하게 다루고 있습니다. 또한 수학 체험뿐만 아니라 체험수학의 역사적 배경, 관련된 수학적 증명까지 접해 볼 수 있는 수준 높은 교재입니다. 이 책은 수학 선생님들뿐만 아니라 수학을 좋아하는 학생들을 한 차원 높은 수학의 세계로 이끌어 줄 것입니다.

자료의 조사, 분석, 사용된 그림의 제작 과정까지 옆에서 지켜본 수학 교수로서 모든 수학 선생님들께 자신 있게 이 책을 추천드립니다!

인천대학교 수학과 **함남우**

시작하는 글

다함께 체험수학을 시작하며

언젠가부터 수학적 구조물을 직접 만들고 탐구하는 수학, 소위 말해 체험수학이 수학 교사들 사이에서 붐처럼 일어났습니다. 그리고 전국에서 수학체험전이란 이름으로 교육청이나 학교 단위의 행사가 진행되고 있습니다. 영재교육이나 자유학기제에서도 체험수학을 활용하는 경우가 많습니다. 확실히 제가 교직에 처음 들어왔을 때와 비교해 보면, 체험수학과 관련된 내용이 현장에 많이 자리 잡은 것 같습니다.

저 역시 9~10년 전부터 학교에서 수학동아리를 운영하며 체험수학과 관련된 내용에 관심을 두기 시작했습니다. 여러 수학체험전에 참여하며 아이들과 부스도 운영해 보았고, 여러 가지 구조물을 만들며 원리를 탐구하고 대회에도 참가해 봤습니다. 때로는 본 수업 연구보다 동아리 활동의 소재를 찾기 위해 많은 시간을 보낸 적도 있습니다. 그렇게 몇 년을 지내다 보니 나름의 노하우도 생겼지만 몇몇 아쉬운 점들이 보이기 시작했습니다.

첫째는 체험수학의 소재가 생각보다 협소하고 관련 자료도 부족하다는 것입니다. 몇 년째 비슷한 내용이 수학체험전 등에서 반복되어 활용되고 있고 특히, 많은 내용이 기하적인 부분에 집중되어 있었습니다. 그나마 이런 내용조차 처음 체험수학을 시작하려는 교사들이 접근하기에 쉽지 않습니다. 어디에 잘 정리된 내용이 있는 것도 아니기에 교수학습에 활용하려면 인터넷 검색 등을 통해 오롯이 교사 혼자 힘으로 자료를 알아봐야 합니다.

둘째로 체험활동이 주로 만드는 데만 집중되어 있다는 것입니다. 다시 말하면 이론적 탐구나 논리적 사고를 하는 과정이 부족합니다. 물론 만들기에 집중된 활동이 의미 없다는 것은 아닙니다. 꼭, 이론적 탐구를 하지 않더라도 수학적 구조물을 만드는 과정에서 수학의 아름다움이나 즐거움을 느낄 수 있다고 생각합니다. 하지만 제작과 탐구가 조화를 이룬다면 더 좋은 활동이 될 수 있음은 분명합니다.

마지막으로 체험수학과 관련된 교구들이 불필요하게 비싸다는 것입니다. 체험수학을 시작한 수학 교사라면 한 번 정도는 교구를 사려다가 비싼 가격 때문에 망설이는 경험을 하게 됩니다. 저 역시 이런 점 때문에 특정 교구를 사용해야 하는 경우를 제외하고는 가능하면 교구를 사지 않았습니다.

이 책은 이런 고민에서 출발했습니다. 체험수학의 특성상 기하적인 내용에 집중될 수밖에 없었지만 가능하면 다양한 내용을 담으려 노력했습니다. 또한 기존에 잘 알려진 소재의 경우 이론적으로 좀 더 자세히 소개하려 했습니다. 전체적으로 이런저런 외국자료나 논문을 참고해 가며 이론과 체험이 조화를 이룰 수 있도록 했습니다. 그리고 되도록 주변에서 쉽게 구할 수 있는 재료를 통해 체험활동을 진행할 수 있도록 했습니다.

주제를 선정할 때는 세 가지 점을 고려하였습니다. 하나는 흥미롭고 관심을 끄는 주제인가 하는 점이고, 둘째는 이론적 탐구와 체험을 병행할 수 있는 주제인가 하는 점입니다. 마지막으로 고려한 것은 아이들이 창의력을 발휘할 수 있는 주제인가 하는 점입니다. 어떤 주제는 세 가지를 모두 만족하지만 어떤 주제는 두 가지 정도만 만족한다고 판단됩니다. 두 가지만 만족하는 경우는 주로 창의력을 발휘하기 어려운 경우입니다. 이럴 때도 체험 목록에 넣은 이유는 주제 자체가 주는 매력이 크다고 판단했기 때문입니다.

이 책이 나오기까지 오랜 시간이 걸렸습니다. 여러 사람의 도움이 없었다면 나오기 힘들었을 것입니다. 감사할 사람은 많지만, 무엇보다 제 아내 현미와 옆에서 응원해 준 선균이와 현균이에게 감사의 인사를 전합니다. 이 책이 체험수학에 관심이 있는 교사나 학생에게 조금이나마 도움이 된다면 저자로서 대단히 기쁠 것입니다. 꼭 그러길 바랍니다. 책에 고쳐야 하거나 수정할 내용이 있으면 아낌없는 지적과 충고 부탁합니다. 고맙습니다.

2021년 이동화

베타리더 선생님의 한 마디

더 좋은 책을 위해 먼저 읽어 봤습니다!

출간하기 전에 책에 부족한 점은 없는지 확인하기 위해 현재 학교에서 수학을 가르치고 있는 선생님을 통해 베타리더 활동을 진행했습니다. 꼼꼼하게 내용을 읽고 확인해준 베타리더 선생님들 덕분에 책에 부족한 부분과 오류를 바로잡을 수 있었습니다. 바쁘신 와중에도 베타리더 활동에 기꺼히 참여해 주신 선생님들께 이 자리를 통해 감사의 인사를 전합니다.

수학 관련 동아리 담당 교사로서 수학 관련 체험활동에 대한 쉬운 이론부터 심화된 이론까지 구체적으로 알 수 있어 좋다. 중학생, 고등학생, 대학생, 대학원생, 교사, 전문 수학인에게도 수학 관련 체험활동 교재로 좋은 참고 자료이다. 무엇보다도 주변에서 대부분 쉽게 얻을 수 있는 도구로 다양한 수학 체험활동을 할 수 있는 친절한 매뉴얼인 것 같다. 또한 교재의 접근 방법처럼 주변에서 일어나는 자연현상, 사건에 대해 수학적 의미를 어떻게 찾아야 하는지에 대해서도 교사와 학생이 함께 생각해 볼 수 있는 좋은 교재이다.

경안고등학교 윤영현 선생님

학생들과 수학 동아리를 할 때, 교사의 이론적 배경이 탄탄하지 않다면 단지 구조물을 만드는 것에서 그치는 경우가 많다. 이 책을 접한다면, 수학적 원리에 대해 깊이 있게 탐구할 수 있어 수업에 도움이 될 것이고 동시에 교사로서 지식이 향상되는 즐거움을 느낄 수 있으리라 생각한다.

상정중학교 오은영 선생님

이 책은 1장(종이접기 마술 : 접고 자르기 문제)을 읽는 것만으로도 가치가 있다. 간단한 종이 접기와 자르기 문제라고 생각하면 큰 오산이다. 전공 교과에서 다루지 않았던 새로운 수학 이론이 매우 흥미롭다. 종이와 펜, 가위만으로 엄청난 성취감을 느낄 수 있으니 꼭 도전해 보기를 바란다. 이 책은 시중에 판매되고 있는 여러 체험수학 책들(제목만큼은 매우 흥미로워 보이는!)의 공통점을 조사하고, 한계점을 파악하여 제작되었다. 수학 또는 수학교육을 전공한 사람이라면 탐구하고 싶은 소재들이 충분히 담겨 있다. 꼭 한 번 읽어보시길 추천한다. 두 아이의 아버지이자 고등학교 교사로 정말 바쁜 와중에 이 책을 집필한 저자에게 무한한 존경과 박수를 보내며, 아울러 훌륭한 책을 접하게 해 주고 제 자신을 반성하게 해 주신 저자에게 또한 감사드린다.

하늘중학교 엄민정 선생님

다양한 수학적 주제를 체험수학을 통해 학습할 수 있는 도전적인 책!

가림고등학교 김민정 선생님

기존의 수학 체험과 관련된 다양한 책이 있었지만 "다함께 체험수학"과 같이 이론과 체험을 조화롭고, 완벽하게 설명한 책은 없었다. 체험수학에 관심이 많은 수학 교사로 대규모의 수학 축제들을 기획해 보았지만, 이 책에서 소개한 체험 주제들은 매우 신비로웠다. 특히, 우리의 일상생활에서 구할 수 있는 재료들을 이용해 매우 다양한 수학 체험을 해볼 수 있다는 점에서 큰 매력이 있었다. 또한, 이론에 대한 설명과 더불어 자세한 체험 방법을 제시하였고, 심화학습을 위해 관련 논문들을 정리하여 제시해 준 것이 매우 인상 깊다.
수학 교사들은 누구나 수학적 이론과 그 이론을 적용할 수 있는 체험 주제를 찾고 싶어 한다. 바로 이 책이 그 고민을 해결하는 데 큰 도움이 될 수 있을 것으로 생각한다.

인천과학예술영재학교 허석 선생님

다함께 **체험수학**

만들고 생각하는 **체험수학**

01 종이접기 마술 **접고 자르기 문제**

02 음악 속 수학 **피타고라스 음계**

03 대칭의 미학 **테셀레이션 : 평면대칭군**

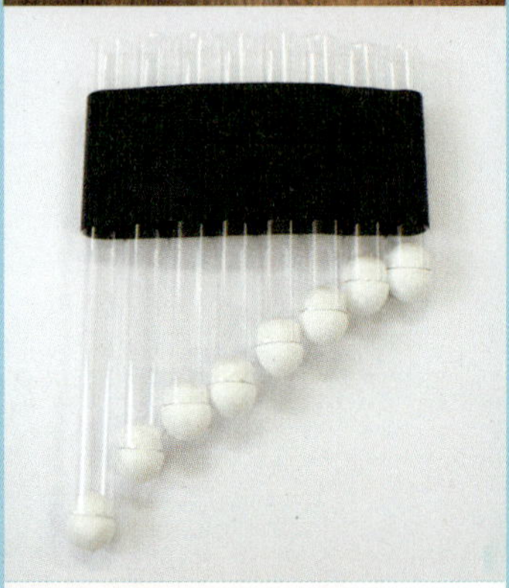

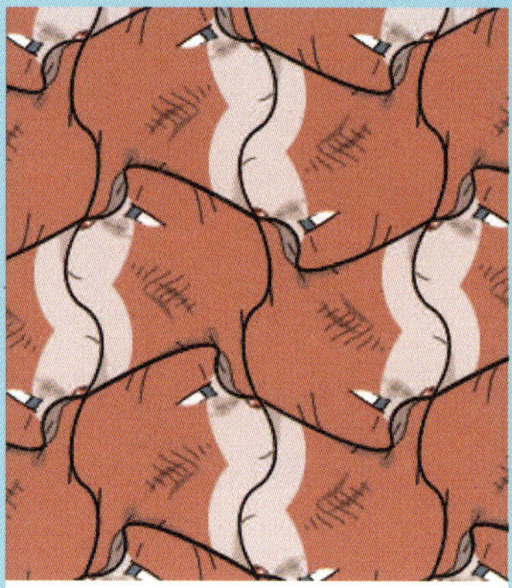

04 에셔 따라잡기 **테셀레이션 : 헤슈 타일**

05 대표적인 프랙탈 **시어핀스키 삼각형**

06 새로운 차원의 등장 **멩거 스펀지**

07 단순한 종이접기 **드래곤 커브**

08 선으로 만드는 예술 스트링 아트

09 동남아의 인기 스포츠 세팍타크로 공

10 하늘에서 온 편지 눈송이

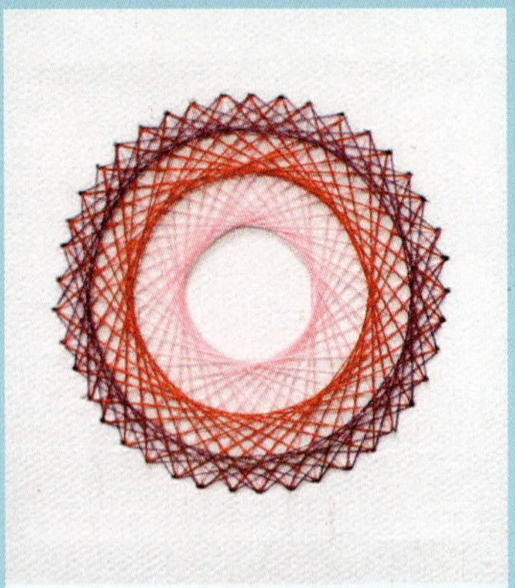

11 아무것도 믿지 마 **착시도형**

12 2차원과 3차원의 만남 **이차곡선과 쌍곡면**

13 중심을 찾아서 **무게중심**

14 숫자로 짓고 풀기 **매듭 만들기**

15 정교한 설계 **건축 속 수학**

부록

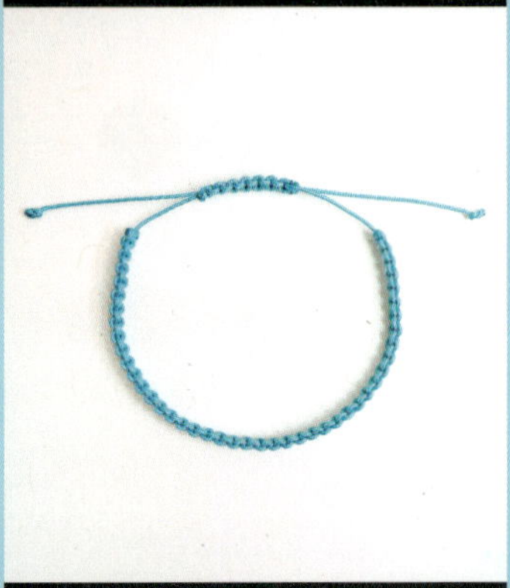

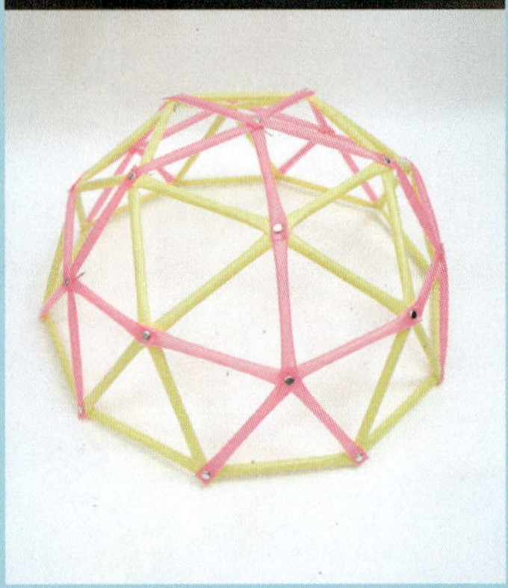

체험 자료 & 체험 가이드

체험수학 자료는 이렇게 받을 수 있어요!

이 책에서 소개하는 도안 및 전개도 파일은 모두 경문사(https://www.kyungmoon.com)에서 다운로드할 수 있습니다. 도안 및 전개도 파일을 이용하여 제작하는 활동이 많으므로 미리 다운로드를 받아 체험활동 시 활용하시기 바랍니다.

1. 경문사(https://www.kyungmoon.com)에 접속한 후 오른쪽 상단 〈검색 버튼〉을 클릭한다.

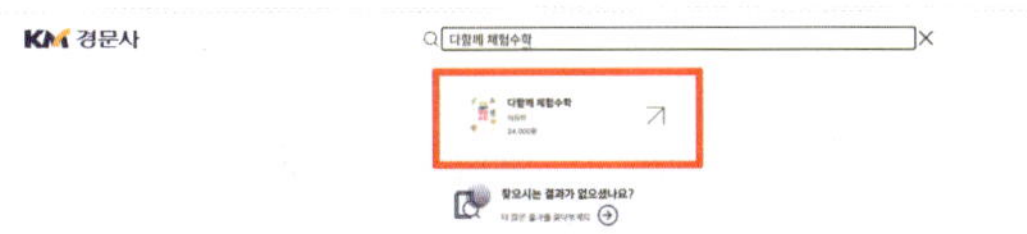

2. 화면 상단의 검색창에 〈다함께 체험수학〉을 입력하고 검색 결과로 나온 〈다함께 체험수학〉을 클릭한다.

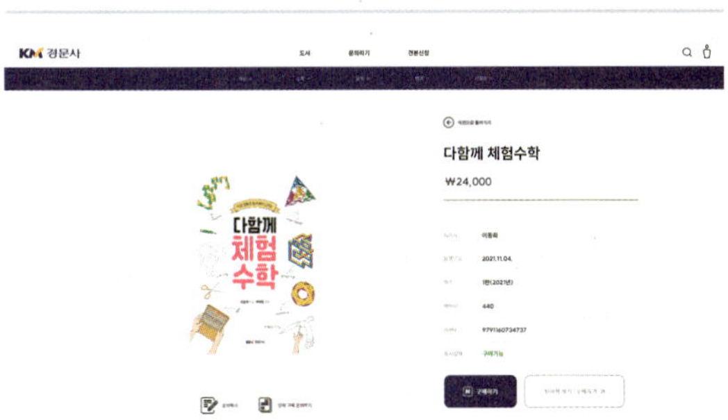

3. 검색 결과로 〈다함께 체험수학〉이 나온다.

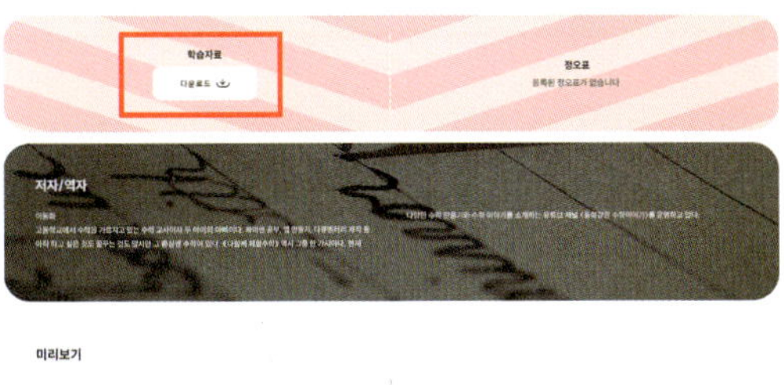

4. 화면을 밑으로 내리면 〈학습자료〉가 있다. 학습자료 밑에 〈다운로드〉를 클릭하면 '다함께체험수학.zip'파일을 받을 수 있다.

파일 주소를 입력해 바로 다운로드 받기

인터넷주소창에 〈bit.ly/다함께체험수학〉을 입력하면 바로 파일을 다운로드 받을 수 있습니다.

체험 자료 & 체험 가이드

다함께 **체험수학**은 이렇게 구성되어 있어요!

다함께 체험수학은 총 15개의 주제를 소개하고 있고, 각 주제는 이론 소개와 체험으로 구성되어 있습니다. 관심이 가는 주제부터 순서에 상관없이 보면 됩니다. 하나둘 하다 보면 어느덧 흥미로운 수학의 세계가 여러분 곁에 열릴 거라 믿습니다.

체험주제

다함께 체험수학에서는 총 15가지의 주제를 다루고 있습니다.

이론탐구 및 체험활동

주제와 관련된 이론을 탐구하고 수학적 원리를 알아본 후 체험활동을 소개합니다.

체험 자료 & 체험 가이드

체험활동은 이렇게 진행돼요!

각 주제마다 1~5개의 체험활동을 소개하고 있습니다. 체험활동 중 책에서 제공하는 전개도나 도안 파일을 사용하는 경우가 있습니다. 따라서 먼저 경문사(https://www.kyungmoon.com)를 통해 파일을 다운로드 받아야 합니다. 다운받은 파일의 압축을 풀면 여러 폴더가 생깁니다. 체험에서 사용하는 파일의 경로는 〈준비 파일〉이란 항목을 통해 안내하고 있습니다.

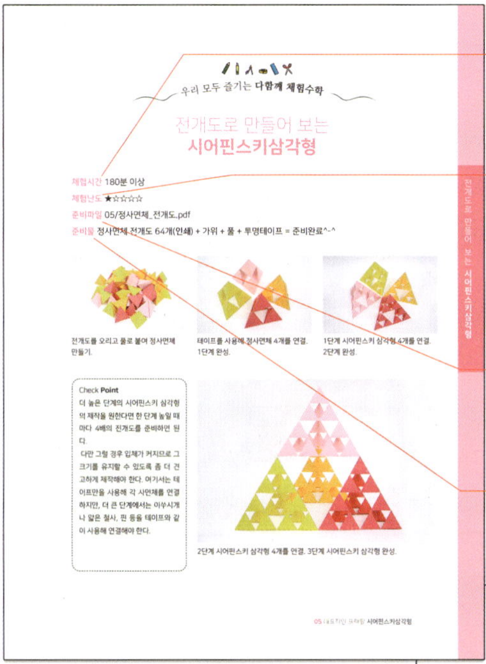

우리 모두 즐기는 다함께 체험수학

전개도로 만들어 보는
시어핀스키삼각형

체험시간 180분 이상
체험난도 ★☆☆☆☆
준비파일 05/정사면체_전개도.pdf
준비물 정사면체 전개도 64개(인쇄) + 가위 + 풀 + 투명테이프 = 준비완료^-^

전개도를 오리고 풀로 붙여 정사면체 만들기.

테이프를 사용해 정사면체 4개를 연결. 1단계 완성.

1단계 시어핀스키 삼각형 4개를 연결. 2단계 완성.

Check Point
더 높은 단계의 시어핀스키 삼각형의 제작을 원한다면 한 단계 높일 때마다 4배의 전개도를 준비하면 된다.
다만 그럴 경우 입체가 커지므로 그 크기를 유지할 수 있도록 좀 더 견고하게 제작해야 한다. 여기서는 테이프만을 사용해 각 사면체를 연결하지만, 더 큰 단계에서는 이쑤시개나 얇은 철사, 핀 등을 테이프와 같이 사용해 연결해야 한다.

2단계 시어핀스키 삼각형 4개를 연결. 3단계 시어핀스키 삼각형 완성.

전개도로 만들어 보는 시어핀스키삼각형

05 대표적인 프랙탈 시어핀스키삼각형

체험시간

체험하는 데 필요한 예상 시간입니다. 체험 시간이 180분 이내로 걸리는 경우는 예상 시간을 제시했지만 180분을 넘는 경우에는 180분 이상이라고만 표시했습니다.

체험난도

체험 활동의 어려운 정도를 나타냅니다. 어려운 정도가 높은 경우에는 제작 자체가 어렵거나 제작을 위해 필수로 알아야 하는 이론이 어려운 경우입니다.

준비파일

책에서 제공하는 전개도나 도안 파일을 이용해 체험하는 경우 필요한 파일의 경로에 대한 안내입니다. 체험파일은 경문사 사이트에서 다운로드 받아 사용할 수 있습니다.

준비물

체험에 필요한 준비물을 소개합니다.

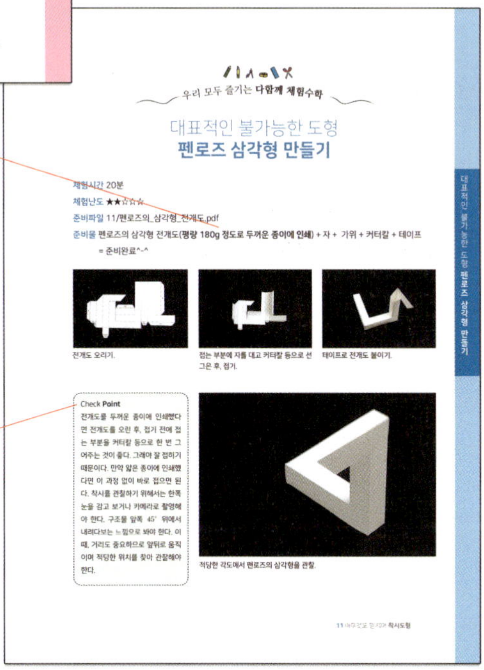

우리 모두 즐기는 다함께 체험수학

대표적인 불가능한 도형
펜로즈 삼각형 만들기

체험시간 20분
체험난도 ★★☆☆☆
준비파일 11/펜로즈의_삼각형_전개도.pdf
준비물 펜로즈의 삼각형 전개도(평량 180g 정도로 두꺼운 종이에 인쇄) + 자 + 가위 + 커터칼 + 테이프 = 준비완료^-^

전개도 오리기.

접는 부분에 자를 대고 커터칼 등으로 선 그은 후, 접기.

테이프로 전개도 붙이기.

Check Point
전개도를 두꺼운 종이에 인쇄했다면 전개도를 오린 후, 접기 전에 접는 부분을 커터칼 등으로 한 번 그어주는 것이 좋다. 그래야 잘 접히기 때문이다. 만약 얇은 종이에 인쇄했다면 이 과정 없이 바로 접으면 된다. 착시를 관찰하기 위해서는 한쪽 눈을 감고 보거나 카메라로 촬영해야 한다. 구조물 앞쪽 45° 위에서 내려다보는 느낌으로 봐야 한다. 이때, 거리도 중요하므로 앞뒤로 움직이며 적당한 위치를 찾아 관찰해야 한다.

적당한 각도에서 펜로즈의 삼각형을 관찰.

대표적인 불가능한 도형 펜로즈 삼각형 만들기

11 아무것도 믿지마 착시도형

전개도 인쇄 용지 안내

전개도나 도안을 인쇄할 경우 인쇄 용지에 대한 설명입니다. 두꺼운 종이나 얇은 종이에 인쇄해야 하는 경우 기준이 되는 종이의 평량을 설명하였고 종이의 두께가 상관없을 때는 출력이라고만 표시하였습니다. 따라서 출력이라고만 표시된 경우에는 얇은 종이에 인쇄해도 되고, 두꺼운 종이에 인쇄해도 됩니다.

Check Point

체험활동 시에 참고할 만한 사항이나 유의점에 대해 안내합니다.

Chapter
01

종이접기 마술

접고 자르기 문제

어떤 체험을 할까요?

1 접고 자르기 문제로 숫자 만들기

2 도형 디자인하고 접고 자르기 문제로 만들기

3 접고 자르기 문제로 내 이름 이니셜 만들기

01

접고 자르기 문제란?

'접고 자르기 문제(Fold and Cut Problem)'는 다음과 같은 질문으로 시작된다.

종이를 평평하게 접은 후 직선으로 한 번 잘라서 원하는 모양을 만들 수 있는가?

이 문제가 처음 소개된 것은 1721년 일본의 간쿠센(Kan Chu Sen)에서 출판한 《와코쿠치에쿠라베(Wakoku Chiyekurabe)》라는 퍼즐 북에서이다. 이 책에서는 나무 형태의 모양을 만드는 문제와 그 해법이 담겨 있다.

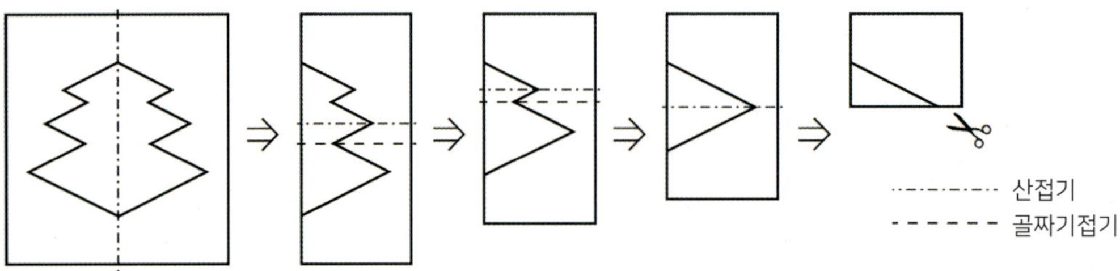

그림 1 일본 퍼즐 북에 나왔던 문제와 그 해법

1873년에는 미국의 성조기를 만든 벳시 로스(Betsy Ross)가 성조기에 들어가는 별 모양을 종이를 접은 후 직선으로 한 번 잘라서 만들 수 있다는 것을 보였다. 이후 미국의 마술사인 해리 후디니(Harry Houdini)와 제럴드 로이(Gerald Loe)는 종이를 접은 후 직선으로 잘라 여러 가지 신기한 모양을 만드는 마술 공연을 하였다.

유희 수학 분야의 대가인 마틴 가드너(Martin Gardner)는 1960년 《사이언티픽 아메리칸》에 접고 자르기와 관련된 두 개의 문제를 제시하였다. 하나는 4×4 체크보드의 검은

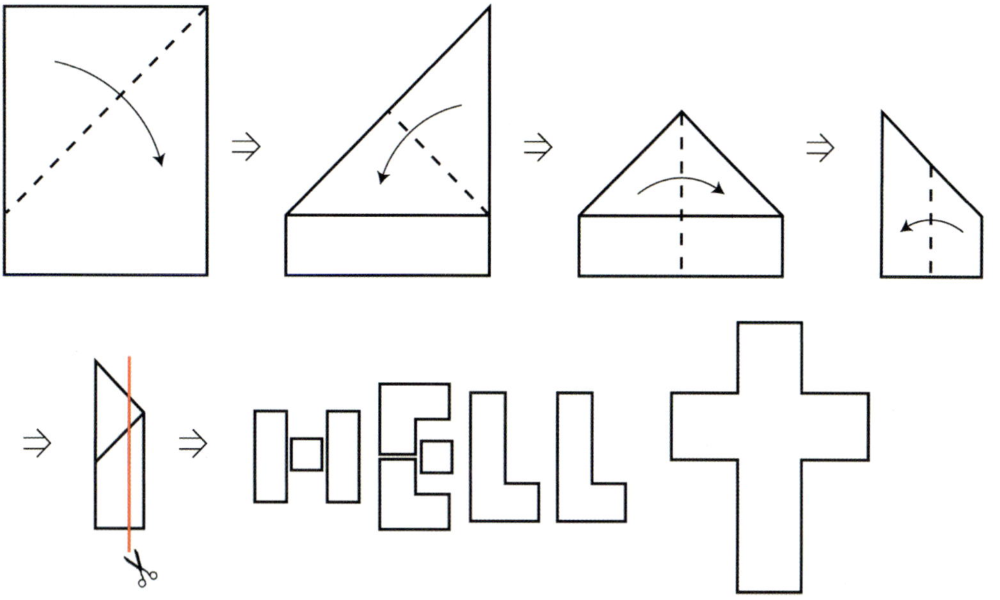

그림2 마틴 가드너의 사각형 모양의 종이로 십자가와 'HELL' 만드는 문제 해법

색 사각형과 빨간색 사각형을 한 번 오리기로 분리하는 문제였고 다른 문제는 직사각형 모양의 종이를 한 번 오려서 십자가 모양과 'HELL'이라는 글씨를 만드는 것이었다. 그는 접고 자르기를 통해 좀 더 일반적인 형태를 만들고자 하면 '가공할 만한 문제'가 될 것이라고 하였다.

접고 자르기 문제에 대한 획기적인 발전은 1998년 세 명의 수학자 에릭 드메인(Erik Demaine), 마틴 드메인(Martin Demaine), 안나 루이스(Anna Lubiw)에 의해 이루어졌다. 그들은 직선 골격 방법(Straight Skeleton Method)과 원 포장 방법(Disk Packing Method)이라는 두 가지 방법을 이용하여 접고 자르기 문제를 완전히 해결하였다. 그들의 연구 결과에 의하면 평면상의 직선으로 된 도형 중 모든 꼭짓점에서 짝수 개의 선이 만나는 도형은 평면으로 접은 후 직선으로 한 번 잘라 만들 수 있다.

02

종이접기 기본개념

종이접기는 풀과 테이프를 사용하지 않고 종이를 접어 구조물을 만드는 것을 말한다. 종이접기의 국제적인 용어는 '오리가미(折り紙, Origami)'이다. 일본의 종이접기가 널리 알려지면서 미국 종이접기협회의 창시자인 릴리안 오펜하이머가 이 용어를 종이접기를 지칭하는 국제용어로 제안하면서 널리 사용되게 되었다.

그림3 종이접기 모습

현대의 종이접기는 생활, 교육, 미술 등 다양한 분야에서 활용되고 있다. 최근에 종이접기는 수학과 과학 분야에서도 활용된다. 실제 나사에서는 2014년에 종이접기를 활용해 태양 전지 패널을 제작하기도 하였다. 이 패널은 접힌 상태에서는 직경이 $2.7m$에 불과하지만 다 펼쳐진 상태에서는 $25m$에 이른다고 한다.

종이접기에 대한 수학적 탐구는 상당히 활발하게 이루어지고 있다. 실제 종이접기를 연구하는 학자들은 과학과 수학, 교육의 종이접기에 관한 국제회의(OSME)를 통해 주기적인 모임을 갖고 서로의 연구를 교류하며 연구 결과를 책으로 출판한다. 전문가가 아닌 일반인에 의해서 이런 종이접기 연구가 이루어지기도 했는데 그중 한 가지는 '종이를 반복해서 반으로 접을 때 최대로 접을 수 있는 종이접기의 횟수는 얼마인가?'에 관한 문제이다. 2002년 당시 미국의 여고생이던 브리트니 갈리반(Britney Gallivan)이 공식을 만들어

12번까지 접는 것을 보이기 전까지 최대 접을 수 있는 횟수는 8번으로 알려져 있었다.

종이접기를 수학적으로 다루기 위해서는 몇 가지 용어와 수학적 가정이 필요하다. 종이접기를 통해서 학이나 비행기와 같은 모델을 만든 후 이 접은 종이를 다시 펼친다고 생각해 보자. 아마도 종이에 많은 선이 생겨있을 것이다. 종이접기에 의하여 생긴 이 각각의 선을 **접기선**(Crease)이라 한다. 그리고 이 접기선들의 모임을 **접기선 패턴**(Crease Pattern)이라 한다.

접기선의 종류는 두 가지인데 하나는 **산 접기선**(Mountain Crease)이고 다른 하나는 **골짜기 접기선**(Valley Crease)이다. 보통 종이접기에서 산 접기선은 일점쇄선으로, 골짜기 접기선은 파선으로 표시한다.

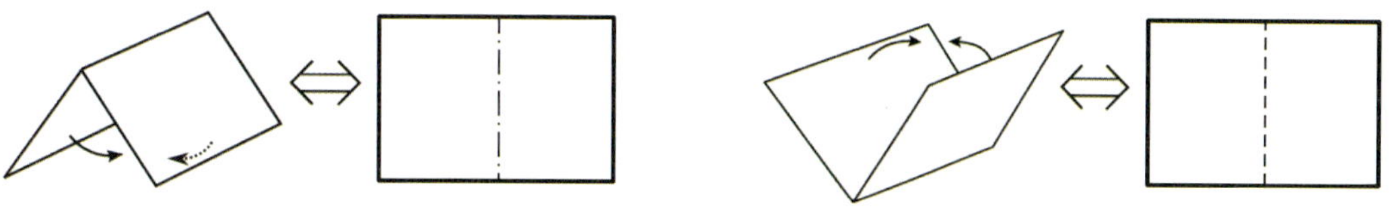

그림4 산 접기(왼쪽)와 골짜기 접기(오른쪽)

종이접기의 수학적 성질을 알아볼 때 관심을 두는 것 중 하나는 접기선 패턴이 주어졌을 때 평면 종이접기가 가능한지 아닌지이다. **평면 종이접기**(Flat Origami)란 말 그대로 평평한 상태로 종이접기가 이루어진 것을 말한다. 그림5처럼 접기선 패턴이 주어진 경우엔 종이가 평평하게 접히지 않는다. 어떤 접기선 패턴이 주어졌을 때 평평한 상태로 접을 수 있다면 **평면 종이접기 가능**(Flat Foldability)이라 한다.

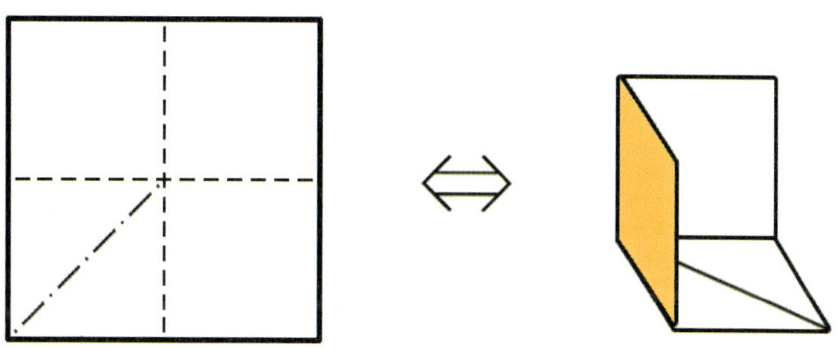

그림5 3D 코너의 접기선 패턴(왼쪽)과 3D 코너로 접은 모습(오른쪽)

03

종이가 평평하게 접히려면?

평면 종이접기가 가능하려면 어떤 조건을 만족해야 할까? 평면접기가 가능할 때 갖게 되는 두 가지 중요한 성질이 있는데 이 두 성질은 접기선 패턴의 '꼭짓점'과 관련된 성질이다. 접기선 패턴의 **꼭짓점**이란 접기선 패턴에서 접기선들이 서로 만나는 점을 뜻한다. 두 가지 성질 중 하나는 일본의 수학자 준 마에카와(Jun Maekawa)가 증명한 마에카와의 정리이다.

마에카와의 정리(Maekawa's Theorem)
평면 종이접기가 가능한 접기선 패턴의 모든 꼭짓점에 대하여 그 점을 지나는 산 접기의 개수는 M, 골짜기 접기 개수는 V 라 하자. 그러면 그 차는 항상 2이다.

증명〉 단위원 D를 접는다고 생각해 보자. 이때 원의 중심에 하나의 꼭짓점이 생기도록 접는다. 그리고 이 꼭짓점이 포함되도록 종이를 자르면, 잘려서 생긴 도형의 단면은 다각형이다.

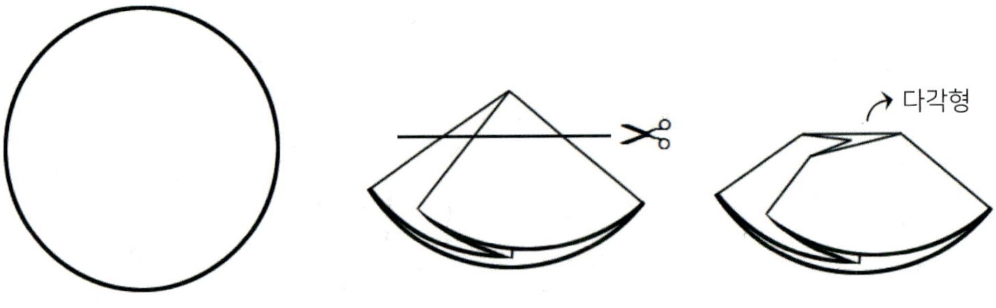

그림6 원의 중심에 꼭짓점이 생기도록 접은 후 자르기

평면 종이접기에서 이 다각형의 내각의 크기는 0 아니면 2π 이다. 그리고 이때, 산 접기와 만나는 각의 크기는 0 이고 골짜기 접기와 만나는 각의 크기는 2π 이다. 원의 중심에서 만나는 접기선이 모두 n 개라 할 때, 산 접기선의 개수는 M 개이고 골짜기 접기선의 개수는 V 개라 하자. 그러면 $M+V=n$ 이다. 또한 n 각형의 내각의 합을 구하는 공식은 $(n-2)\pi$ 이다. 따라서 다음이 성립한다.

$$0M+2\pi V=(n-2)\pi \quad \Rightarrow \quad 2V=M+V-2 \quad \Rightarrow \quad M-V=2$$

이 종이접기에서 산 접기와 골짜기 접기를 반대로 한다면 여전히 평면 종이접기이고 $V-M=2$ 이다. 그러므로 $M-V=\pm 2$ 이다. ■

마에카와의 정리를 통해 우리는 접기선 패턴의 꼭짓점이 갖는 또 다른 성질을 쉽게 알 수 있다. 바로 평면접기가 가능할 때 접기선 패턴의 꼭짓점에서 만나는 접기선의 개수는 항상 짝수 개라는 것이다. 접기선 패턴의 꼭짓점에서 만나는 산 접기선의 개수가 M 개라면 마에카와의 정리에 따라 골짜기 접기선의 개수는 $M\pm 2$ 이므로 둘의 합은 $2M\pm 2$ 로 짝수임을 알 수 있다. 마에카와의 정리에서 생각해 볼 것이 하나 더 있는데 그것은 바로 '마에카와의 정리를 만족하면 평면접기가 가능할까?'라는 것이다. 어떨까? 실제로 마에카와의 정리를 만족해도 평면접기가 가능하지 않다는 것이 알려져 있다. 마에카와의 정리는 평면접기 가능에 대한 필요조건인 것이다. 다음으로 알아볼 정리는 가와사키의 정리(Kawasaki's Theorem)이다. 가와사키의 정리는 다음과 같다.

가와사키의 정리(Kawasaki's Theorem)

평면종이접기의 접기선 패턴의 한 꼭짓점에서 $2n$ 개의 접기선이 만난다고 하자. 접기선 사이의 각의 크기를 순서대로 $\alpha_1, \alpha_2, \cdots, \alpha_{2n}$ 이라 할 때, 다음이 성립한다.

$$\alpha_1-\alpha_2+\alpha_3-\alpha_4+\cdots+\alpha_{2n-1}-\alpha_{2n}=0$$

증명〉 단위원 D 를 접는다고 생각해 보자. 이때 원의 중심에 하나의 꼭짓점이 생기도록 접고, γ를 꼭짓점이 내부에 있는 단위원 D안의 단순닫힌곡선이라 하자. 접혀있는 상태에서 단순닫힌곡선 γ가 접기선과 만나는 점 중 한 점에서 출발해 γ를 따라가 보면 접기선을 만날 때마다 방향이 바뀐다. 그리고 결국엔 처음의 점으로 돌아온다.

그림7

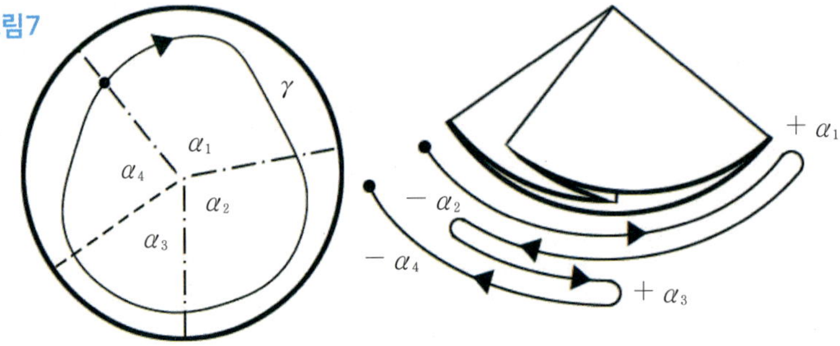

만나는 접기선이 $2n$개이므로 이 접기선에 의해 원도 $2n$개의 영역으로 나눠진다. 처음 지나는 영역부터 원의 중심과 접기선이 이루는 각도를 순서대로 $\alpha_1, \alpha_2, \cdots, \alpha_{2n}$이라 하면 접기선을 만날 때마다 방향이 바뀌므로 각도의 합은 다음과 같다.

$$\alpha_1 - \alpha_2 + \alpha_3 - \alpha_4 + \cdots + \alpha_{2n-1} - \alpha_{2n}$$

그런데 처음의 점으로 돌아오므로 각도의 총합이 0임을 알 수 있다. 그러므로 $\alpha_1 - \alpha_2 + \alpha_3 - \alpha_4 + \cdots + \alpha_{2n-1} - \alpha_{2n} = 0$이 성립한다. ■

가와사키의 정리를 통해 홀수 번째 각도를 모두 더하거나 짝수 번째 각도를 모두 더하면 그 합이 π임을 알 수 있다. 이를 식으로 나타내면 다음과 같다.

$$\alpha_1 + \alpha_3 + \alpha_5 + \cdots = \pi$$

$$\alpha_2 + \alpha_4 + \alpha_6 + \cdots = \pi$$

가와사키의 정리에서 접기선 패턴의 한 꼭짓점에서 만나는 접기선의 개수를 $2n$개로 가정한 이유는 평면종이접기를 가정하고 있으므로 마에카와의 정리를 만족하기 때문이다.

가와사키의 조건을 만족할 때 접기선에 산 접기와 골짜기 접기를 적당히 배정하면 항상 평면 접기가 가능함이 알려져 있다. 즉, 가와사키의 정리는 평면종이접기에 대한 충분조건이다. 다만 이는 하나의 꼭짓점만 존재한다는 전제하에 그렇다. 꼭짓점이 둘 이상이면 마에카와의 정리와 가와사키의 정리를 모두 만족한다 해도 평면종이접기가 가능하지 않을 수 있다. 그럼에도 이 두 정리는 평면종이 접기를 확인할 수 있는 강력한 조건이다. 접고 자르기 문제를 해결하기 위해 기본적으로 평면종이접기가 이루어져야 한다는 점을 생각하면 이 두 정리를 접고 자르기 문제 해결을 위한 좋은 도구로 사용할 수 있음을 알 수 있다.

04

어떤 모양까지 만드는 것이 가능한가?

접고 자르기 문제에서 우리가 생각해 볼 만한 문제 중 한 가지는 '어떤 모양까지 만드는 것이 가능한가?'이다. 그리고 이에 대해 생각하려면 먼저 어떻게 자를지를 생각해야 한다. 일단 접고 자르기 문제를 다시 생각해 보자. 이 문제를 해결하기 위해서는 종이를 적당히 접어 자르고자 하는 선들을 일직선 위에 올려놓는 것이 핵심이다. 이때 접힌 상태에서 자르고자 하는 선이 그림 8의 (a)처럼 종이의 중간에 올 수도 있고 그림 8의 (b)처럼 종이의 가장 윗부분(또는 아랫부분)에 올 수도 있다.

자르고자 하는 선이 종이의 중간에 위치하면 가위로 자르는 데 큰 어려움이 없지만 가장 위에 온다면 가위로 자르기에는 어려움이 있다. 그래서 드메인은 이 두 경우를 나눠서 그림 8의 (a)와 같은 경우를 '가위 자르기'라 하고 그림 8의 (b)와 같은 경우를 '수학적 자르기'라 하였다.

수학적 자르기까지 허락하고 이 문제를 생각하면 놀랍게도 직선으로 된 모든 도형을 평면이 되게 접은 후 직선으로 한 번 잘라 만들 수 있다. 하지만 현실적으로는 수학적 자르기는 어려우므로 여기서는 가위 자르기로 제한해서 생각해 볼 것이다. 가위 자르기만 허락하면 직선으로 된 도형 중 모든 꼭짓점에서 짝수 개의 선이 만나는 도형은 평면으로 접은 후 직선으로 한 번 잘라 만들 수 있다. 이는 홀수 개의 선이 만나는 점이 있는 도형은 가

그림8 가위 자르기(왼쪽)과 수학적 자르기(오른쪽)

위 자르기를 통해 해결할 수 없음을 뜻한다. 왜 그런지 생각해 보자. 가위 자르기로 종이의 적당한 중간을 자르게 되면 종이는 윗부분과 아랫부분으로 나눠진다. 그리고 자르고자 하는 선을 기준으로 만나는 두 영역은 서로 다른 부분에 해당한다. 다시 말하면 두 영역이 동시에 윗부분이거나 동시에 아랫부분일 수 없고, 두 영역 중 한쪽이 윗부분이면 다른 한쪽은 아랫부분이 된다.

그림9

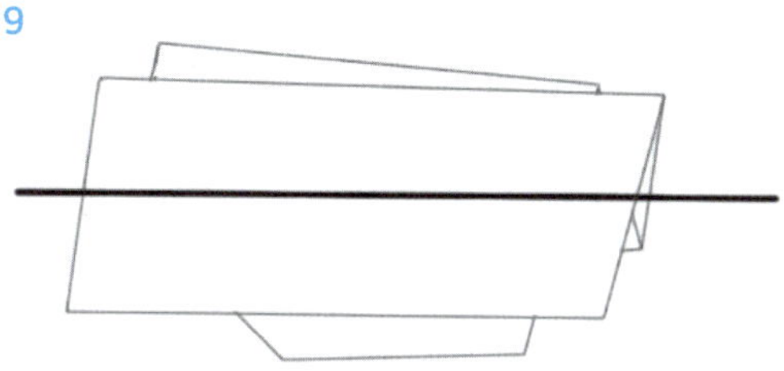

그런데 만약 자르고자 하는 선에 홀수 개의 선이 만나는 점이 있다고 가정해 보자. 그러면 그 영역을 기준으로 홀수 개의 영역이 서로 만나게 된다. 이 영역들을 순서대로 A_1 $A_2, \cdots, A_{2n-1}$ 이라 하자. 만약 면 A_1 이 윗부분에 속한다면 A_2 는 아랫부분에 속하게 된다. 마찬가지로 A_3 는 윗부분에 속하게 된다. 반복해서 생각하면 A_{2n-1} 은 윗부분에 속하게 되고 다시 그 이웃하는 면인 A_1 은 아랫부분에 속하게 되는데 이는 모순이다. 따라서 자르고자 하는 선에 홀수 개의 선이 만나는 점이 있다면 가위 자르기로는 만들 수 없다.

그림10

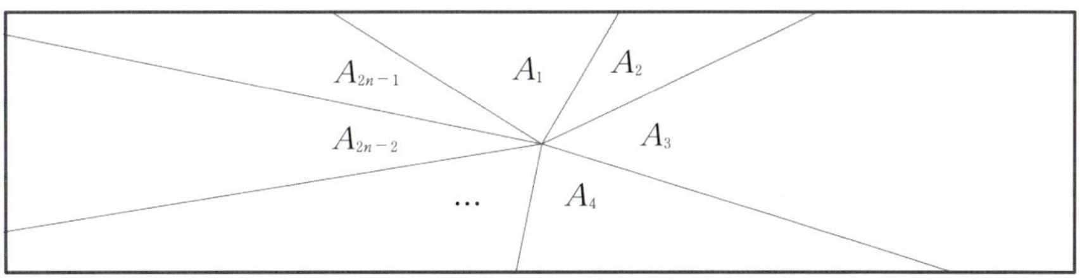

05

에릭 드메인과 접고 자르기 문제

어떤 모양이 주어졌을 때 어떻게 종이를 접어야 직선으로 한 번 잘라 주어진 모양을 만들 수 있을까? MIT 컴퓨터과학과 교수인 에릭 드메인은 직선 골격 방법(Straight Skeleton Method)과 원 포장 방법(Disk Packing Method)을 이용하여 이 물음에 대한 답을 하였다. 우리는 여기서 직선 골격 방법에 대해서만 알아볼 것이다.

그의 방법을 살펴보면 어떻게 이런 방법을 생각할 수 있었는지 놀라움과 궁금증을 자아낸다. 그는 어떻게 이런 방법을 생각할 수 있었을까? 그 시작은 아주 단순한 아이디어에서 출발한다.

그림11

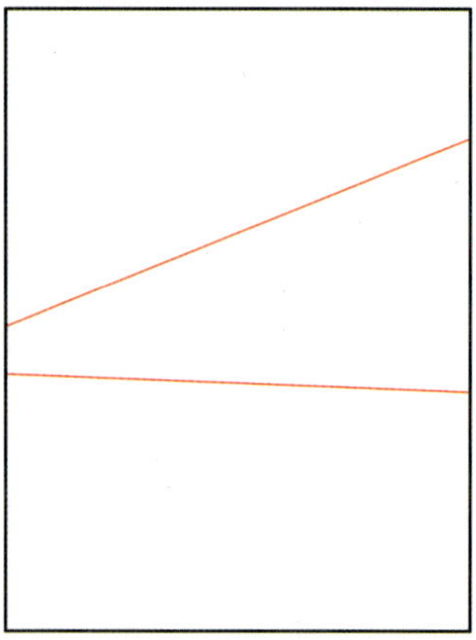

오른쪽 그림처럼 종이 위에 서로 다른 두 선이 있다고 하자. 어떻게 접어야 두 선을 한 직선 위에 올려놓을 수 있을까? 아마도 두 선 사이의 있는 어떤 적당한 선을 접어야 할 것이다. 그리고 잘 생각해 보면 그 선은 종이 위의 두 선의 연장선을 그었을 때 생기는 각의 이등분선임을 알 수 있다. 이것이 아이디어의 시작이다. 자르고자 하는 선이 여러 개 있다 하여도 두 선을 선택하는 모든 경우에 대하여 각의 이등분이 되는 선을 모두 접는다면 자르고자 하는 선을 한 직선 위에 모을 수 있지 않을까 하는 생각을 할 수 있고 이는 실제로 그렇다. 드메인이 자르고자 하는 선들의 각의 이등분선을 찾는 방법으로써 도입한 것은 바로 앞서 이야기한 직선 골격 방법이다. 이 직선 골격 방법에 대해 알아보자.

직선 골격 방법은 주어진 도형의 변을 일정한 속도로 기존의 변과 평행하게 연속적으로 축소시키는 과정인 **쉬링킹 프로세스**(Shrinking Process)를 통해 직선 골격을 찾고 이 직선

골격을 통해 접기선 패턴을 찾는 방법을 말한다. 여기서 **직선 골격**(Straight skeleton)이란 쉬링킹 프로세스를 진행할 때 도형의 꼭짓점의 자취를 말한다. 그림 12에서 점선은 쉬링킹 프로세스를 하는 과정이고 얇은 실선은 직선 골격이다. 쉬링킹 프로세스를 진행하는 동안 일어날 수 있는 세 가지 경우는 다음과 같다.

그림12

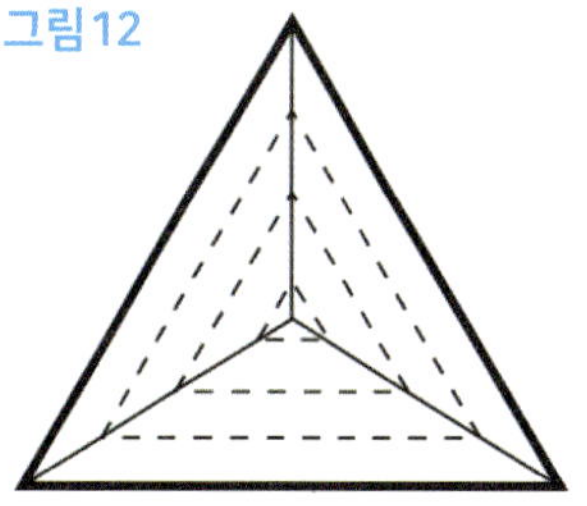

쉬링킹 프로세스의 세 가지 경우

쉬링킹 프로세스를 진행하는 동안 다음과 같이 세 가지 경우가 일어날 수 있다.

1. 축소시키는 과정에서 어떤 변의 길이가 0이 되면 그 변은 빠지고 계속해서 쉬링킹 프로세스를 진행한다.
2. 전체 영역의 넓이가 0이 되면 축소시키는 과정은 끝나고 그 순간의 부분은 모두 직선 골격에 포함된다.
3. 축소시키는 과정에서 이웃하지 않는 변이 충돌하면 도형은 분할되고 각 부분에 대해 쉬링킹 프로세스를 계속 진행한다.

각각의 경우에 대해 좀 더 자세히 알아보도록 하자.

그림13

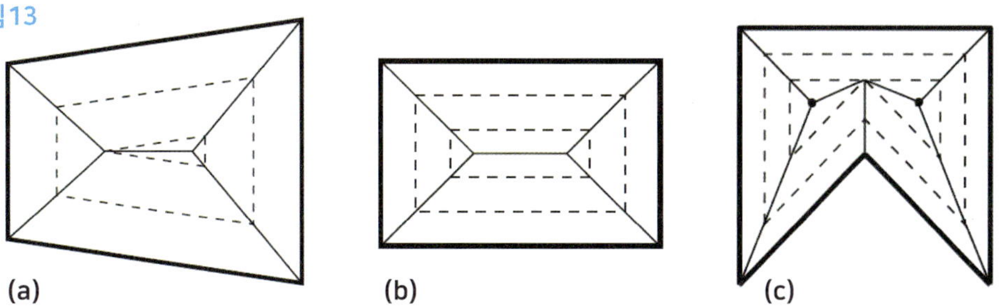

(a) (b) (c)

그림 13의 (a)가 1번 경우의 예이다. 자세히 보면 쉬링킹 프로세스가 진행되며 왼쪽 변의 길이가 0이 되고 사각형이 삼각형이 된 후 계속해서 쉬링킹 프로세스가 진행됨을 알 수

있다. 그림 13의 (b)는 2번 경우의 예에 해당한다. 직사각형에 쉬링킹 프로세스가 진행되며 마지막에 넓이가 0인 선분이 된다. 이 선분은 꼭짓점의 자취는 아니지만, 직선 골격에 포함된다. 마지막으로 그림 13의 (c)는 3번 경우의 예에 해당한다. 쉬링킹 프로세스가 진행되며 위의 변이 아래 있는 변과 만나 두 개의 삼각형으로 분할됐음을 알 수 있다. 그리고 두 삼각형에 대해 계속해서 쉬링킹 프로세스가 진행된다.

그림14

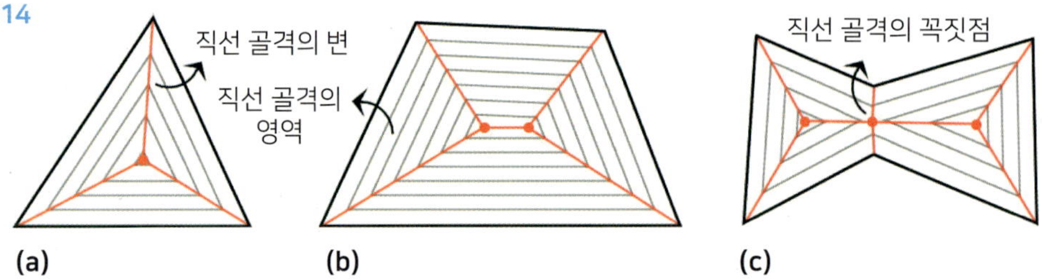

쉬링킹 프로세스를 진행하는 과정에서 꼭짓점의 자취로 생기는 선을 직선 골격의 변이라 하고 꼭짓점이 최종 도착해서 생기는 점을 직선 골격의 꼭짓점이라 한다. 그리고 직선 골격의 변에 의해 나눠지는 도형의 각 부분을 직선 골격의 영역이라 한다. 직선 골격은 다음과 같은 몇 가지 성질을 갖고 있다.

직선 골격의 성질

1. 직선 골격의 영역은 자르고자 하는 도형의 변과 일대일 대응이다.
2. 모든 직선 골격의 변은 자르고자 하는 도형의 적당한 두 변의 이등분선이다.

그림15

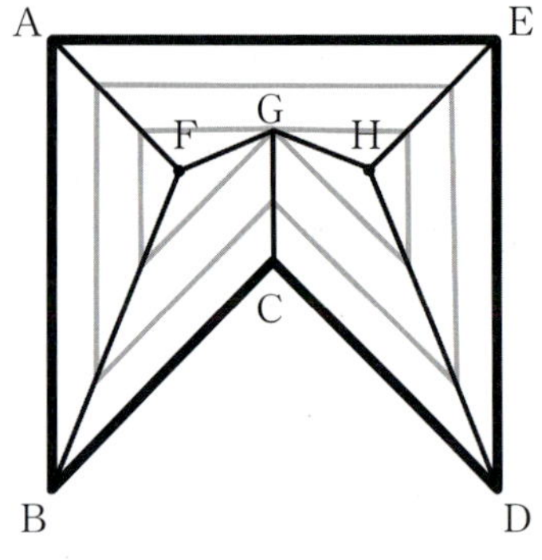

첫 번째 성질은 도형의 변의 개수와 직선 골격의 영역의 개수를 비교하면 쉽게 알 수 있다. 그리고 두 번째 성질이 바로 직선 골격을 찾는 이유이다. 자르고자 하는 선들의 이등분선을 찾는 것이 접고 자르기 문제 해결의 시작이기 때문이다.

그림 15를 살펴보자. 변 AF는 변 AE와 변 AB의 이등분선이고 변 FG는 변 AE와 변 BC의 연장선의 이등분선이

다. 마찬가지로 다른 직선 골격의 변을 살펴봐도 자르고자 하는 변 중 적당한 두 변의 이등분선이 됨을 알 수 있다.

이렇게 직선 골격을 찾으면 이 직선 골격을 접어서 접고 자르기 문제를 해결할 수 있을까? 그렇지 않다. 무엇이 문제일까? 앞서 우리는 접고 자르기 문제를 해결하기 위해 먼저 종이를 평면이 되게 접어야 한다고 말하였는데 이는 평면 종이접기를 하겠다는 뜻이다. 평면 종이접기가 가능하려면 접으려는 선의 모임인 접기선 패턴이 마에카와의 정리와 가와사키의 정리를 만족해야 한다. 그림 15의 직선 골격을 보자. 직선골격의 꼭짓점인 점 F, 점 G, 점 H에서 모두 홀수 개의 변이 만나고 있음을 알 수 있다. 따라서 이 점들은 마에카와의 정리를 만족하지 않는다.

문제 해결을 위해 마에카와의 정리와 가와사키의 정리를 만족하도록 직선 골격의 꼭짓점에 몇 개의 선을 추가해야 한다. 여기서 중요한 것은 아무 선이나 추가해서는 안 된다는 것이다. 추가하는 선이 자르고자 하는 선을 한 직선 위에 모이는 것을 방해할 수 있기 때문이다. 다시 말해 추가하는 선을 접어도 자르고자 하는 선은 한 직선 위에 모여야 한다. 그리고 그러기 위해서 추가되는 선은 자르고자 하는 선과 수직으로 만나야 한다.

그림16

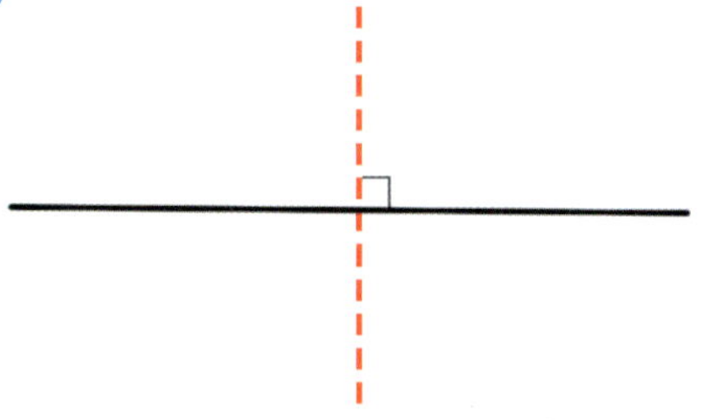

그림17

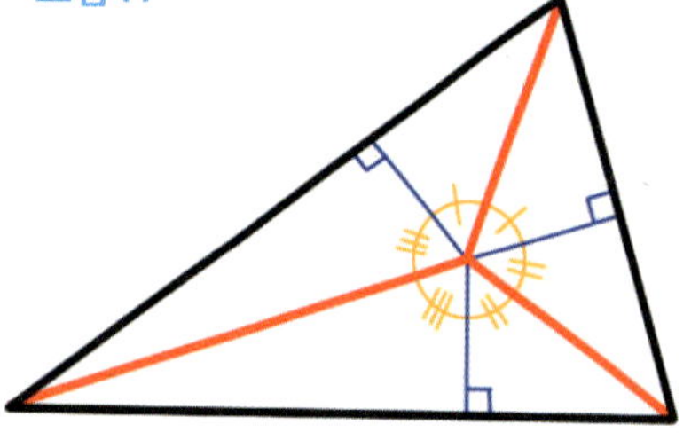

그림 16에서 검은색 선이 자르고자 하는 선이고 빨간색 점선이 추가되는 선이라 하자. 빨간색 선이 검은색 선과 수직으로 만나기 때문에 빨간색 선을 접어도 자르고자 하는 선은 여전히 한 직선 위에 있게 된다. 하지만 조금만 기울여 접으면 자르고자 하는 선이 한 직선 위에 놓이지 않음을 알 수 있다. 따라서 마에카와의 정리와 가와사키의 정리를 만족하는 추가되는 선을 찾기 위해 드메인은 직선골격의 각 꼭짓점에서 자르고자 하는 선에 수직인 선을 추가했고 이를 직선골격의 각 꼭짓점에서 선(Ray)을 발사한다고 표현하였다.

이번엔 그림 17을 살펴보자. 빨간색 선이 삼각형의 직선골격이고 파란색 선이 직선골격

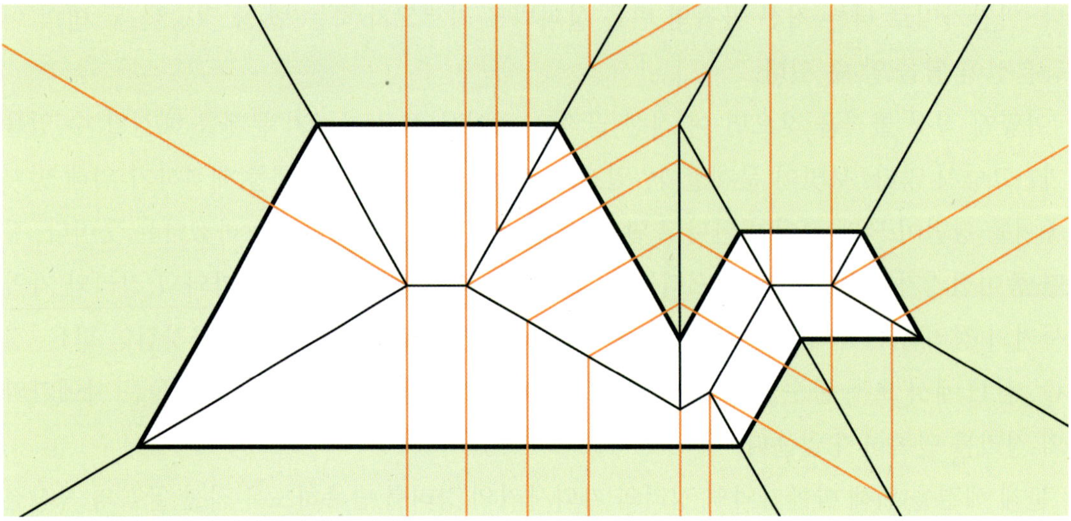
그림18 달팽이 모양의 직선 골격과 수직선

의 꼭짓점에서 선을 발사해 자르고자 하는 선의 수직선을 찾은 것이다. 삼각형 모양을 자르기 위해서는 직선골격을 접어야 한다. 그리고 이것으로는 마에카와의 정리와 가와사키의 정리를 만족하지 않으므로 파란색의 수직선도 접어야 한다. 이때 세 개의 수직선을 다 접을 필요는 없다. 세 선 중에 하나만 접어도 충분하다. 실제로 하나만 접는다면 직선골격의 꼭짓점에서 4개의 접기선이 만나므로 마에카와의 정리를 만족하고 교대로 더한 각의 합이 180°가 되므로 가와사키의 정리도 만족한다.

이제 좀 더 복잡한 예를 살펴보자. 그림18의 달팽이 모양을 자르고자 할 때, 검은 실선은 달팽이 모양의 직선골격이고 주황색의 실선은 자르고자 하는 선에 발사한 수직선이다. 직선골격의 꼭짓점에서 수직선을 발사했을 때, 이 수직선이 종이 바깥으로 뻗어 나가면 간단하지만 다른 직선골격의 변 또는 꼭짓점과 만나게 되면 조금 복잡하다. 이런 경우 드메인에 따르면 아래 규칙으로 수직선을 발사하면 된다. 그림18의 수직선을 따라가 보면 이런

수직선을 추가하는 규칙

1. 직선 골격의 각 꼭짓점에서 자르고자 하는 변에 수직선을 발사한다.
2. 수직선이 직선골격의 변과 만나면 반사 대칭으로 이동하고, 직선골격의 꼭짓점과 만나면 그 점에서 멈춘다.

규칙을 따르고 있음을 확인할 수 있다.

이제 마지막으로 남은 일은 직선골격과 수직선을 접는 일이다. 앞서 삼각형의 예에서 알 수 있듯이 수직선의 경우엔 직선골격과 달리 모두 다 접을 필요는 없다. 마에카와의 정리와 가와사키의 정리를 만족하도록 적당한 선을 선택해서 접으면 된다. 종이를 접을 때 산 접기로 접을 수도 있고 골짜기 접기로 접을 수도 있기 때문에 우리가 찾은 직선골격과 수직선을 두 방법 중 어떤 방법으로 접어야 할지 결정해야 한다. 드메인의 연구결과는 다음과 같다.

산 접기와 골짜기 접기를 결정하는 규칙

1. **직선골격** : 0° 이상 180° 미만의 각을 이등분할 때는 산 접기로 접고 180° 이상의 각을 이등분할 때는 골짜기 접기로 접는다.
2. **수직선** : 산 접기와 골짜기 접기가 교대로 반복되도록 접는다.
3. 마에카와의 정리를 만족하도록 접는다.

지금까지의 과정을 정리하면 다음과 같다.

직선 골격 방법

1. 쉬링킹 프로세스를 통해 자르고자 하는 도형의 직선골격을 찾는다.
2. 수직선을 추가하는 규칙에 따라 직선골격의 꼭짓점에서 선을 발사한다.
3. 직선골격은 모든 선을 접고 수직선은 마에카와의 정리와 가와사키의 정리를 만족하도록 필요한 선만 접는다.
4. 직선골격과 선택된 수직선을 접을 때는 산 접기와 골짜기 접기를 결정하는 규칙에 따라 종이를 접는다.
5. 종이접기가 끝나면 자르고자 하는 선을 따라 일직선으로 자른다. 종이를 펼치면 원하는 모양이 완성된다.

직선 골격을 통해 접고 접기선 패턴을 찾는 과정은 쉽지 않다. 예제를 하나 보도록 하자.

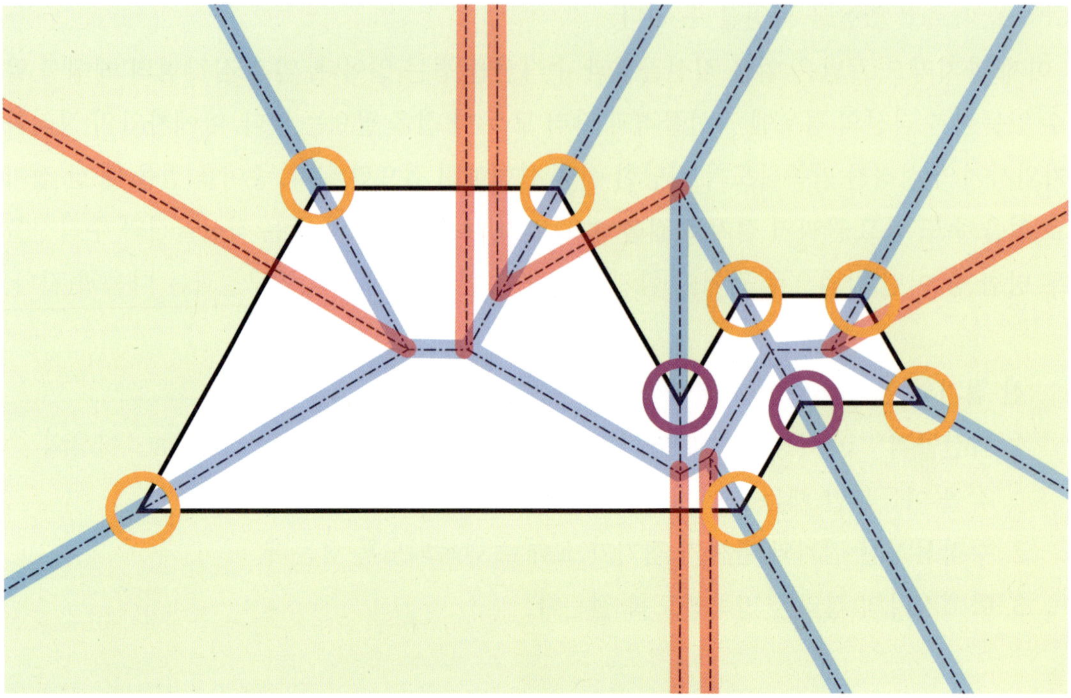

그림19 달팽이 모양의 접고 자르기 문제 해법과 산 접기와 골짜기 접기를 결정하는 규칙

그림19의 달팽이 모양은 에릭 드메인이 고안한 문제를 변형한 것이다. 달팽이 모양에서 파란색 부분은 달팽이의 직선 골격에 해당하고 빨간색 부분은 수직선에 해당한다. 이 선들을 그림의 표시처럼 산 접기와 골짜기 접기로 접은 후 직선으로 한 번 자른 후 펼치면 달팽이 모양이 만들어진다.

먼저 직선 골격의 꼭짓점에 해당하는 8개의 점에서 마에카와의 정리를 만족하는지 확인해 보자. 그리고 가와사키의 정리도 만족하는지 확인해 보자. 각도를 정확히 측정하기는 힘들지만 두 정리가 다 만족됨을 알 수 있다. 이번에는 주황색 원을 관찰해 보자. 내각이 0° 이상 180° 미만인 부분으로 직선 골격이 산 접기로 이루어짐을 알 수 있다. 반면 보라색 원은 내각이 180° 이상인 부분으로 직선 골격이 골짜기 접기로 이루어짐을 알 수 있다. 가운데 위에 있는 V자 형태의 수직선(빨간색 선)을 보면 산 접기와 골짜기 접기가 교대로 이루어짐을 알 수 있다. 어떤가? 이런 것들이 모두 다 잘 확인된다면 내용을 잘 이해하고 있는 것이다.

우리 모두 즐기는 **다함께 체험수학**

접고 자르기 문제로 **숫자 만들기**

체험시간 120분

체험난도 ★★★★☆

준비파일 01/숫자_및_연산_종이.pdf

준비물 0 ~ 9까지의 숫자 및 연산 종이(**평량 80g 정도로 얇은 종이에 인쇄**) + 가위 + 자(선택) + 볼펜(선택)
= 준비 완료^-^

접고 자르기 문제와 반사 대칭

종이를 접는다는 것은 수학적으로 생각했을 때, 접기선을 축으로 종이의 일정 부분을 반사 대칭시킨다는 것이다. 따라서 접고 자르기 문제는 종이의 부분들을 어떻게 반사 대칭시켜서 자르고자 하는 선을 일직선 위에 올려놓을 수 있는가의 문제로 생각할 수 있다. 0부터 9까지의 숫자는 비교적 간단한 형태의 도형으로 반사 대칭이라는 아이디어만으로 해결할 수 있다. 반사 대칭으로 도전해보고 이후에 드메인의 방법으로도 해결해 보자. 이에 성공한다면 한글 자음이나 모음도 도전해 보자.

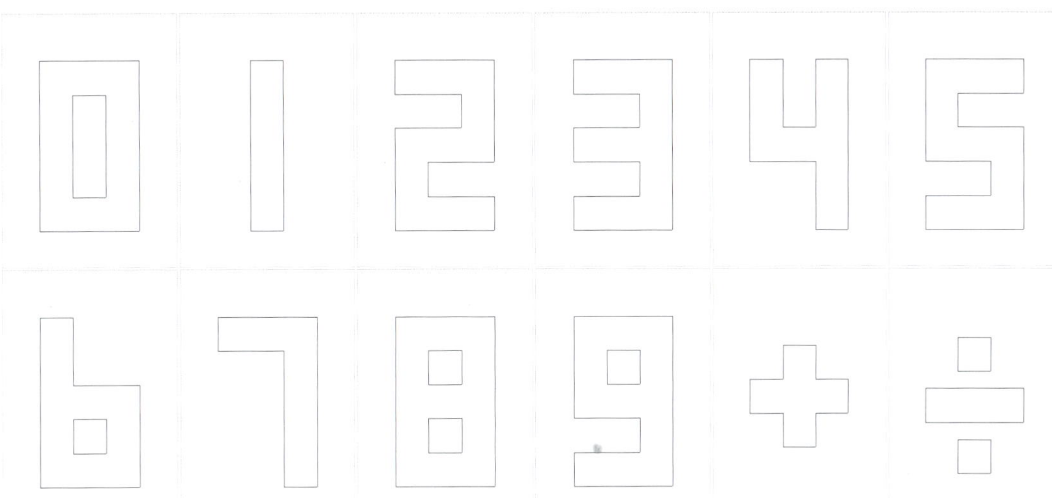

다음은 숫자 만들기 문제에 대한 접고 자르기 문제의 해법이다. 먼저 숫자 만들기에 도전하고 그 다음에 풀이를 보길 바란다. 숫자 5의 경우엔 2와 거울대칭인 형태이므로 따로 해법을 소개하지 않는다. 숫자 1도 간단하므로 생략한다. 따라서 여기서는 0, 2, 3, 4, 6, 7, 8, 9의 풀이를 소개한다.

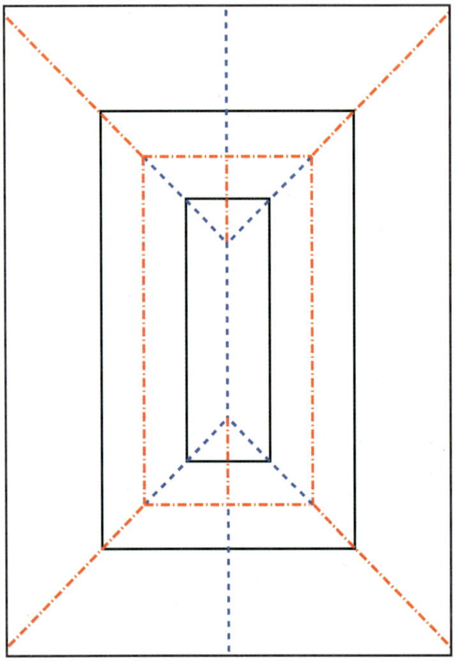

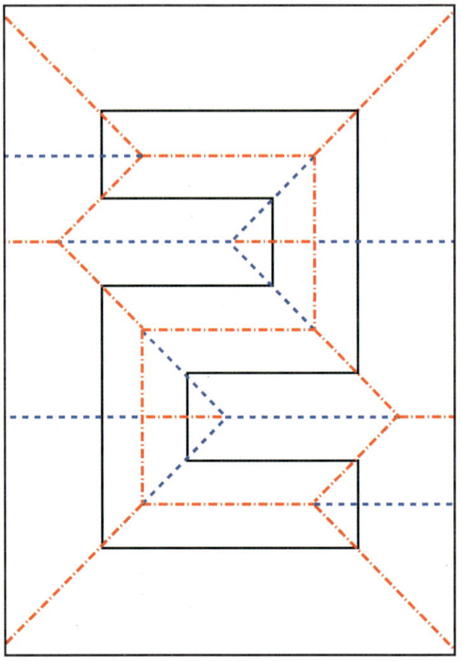

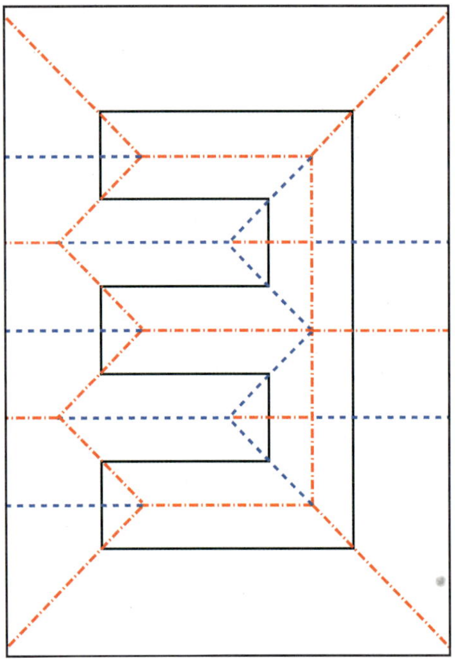

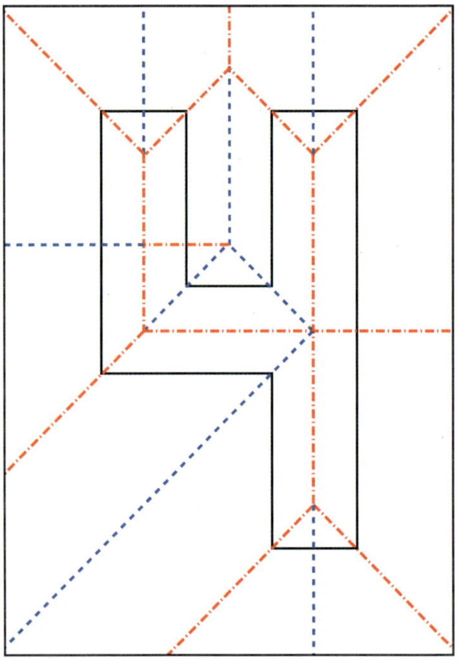

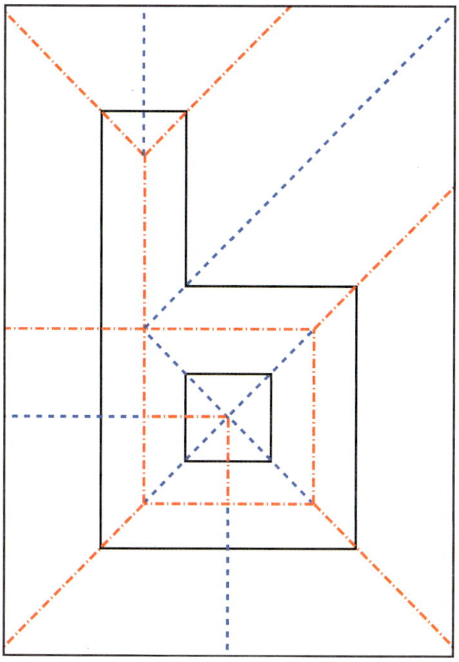

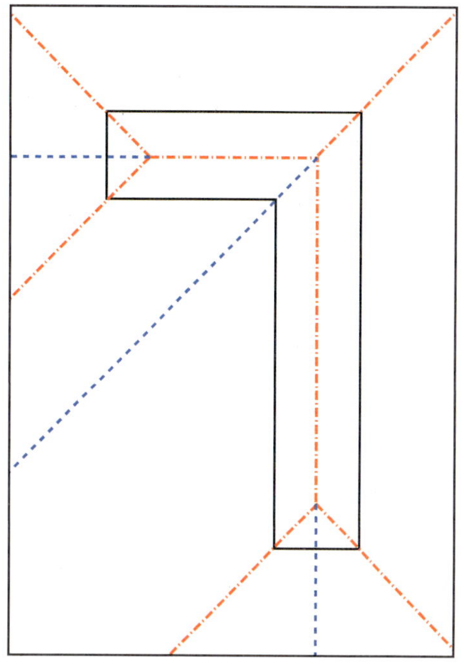

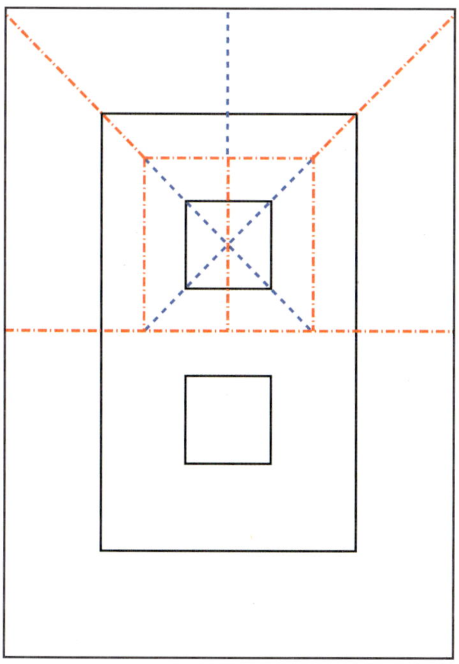

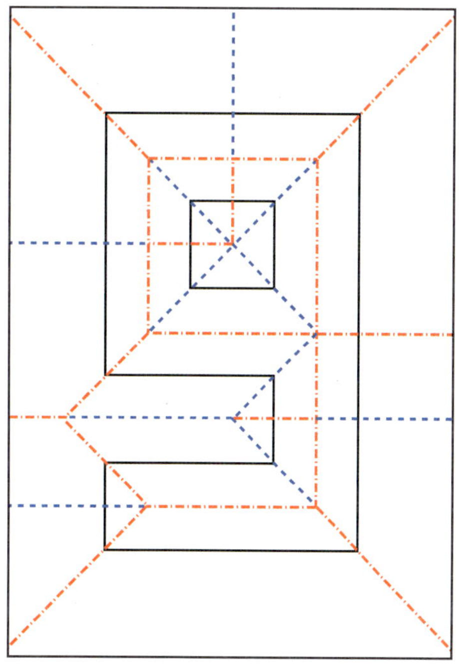

우리 모두 즐기는 **다함께 체험수학**

도형 디자인하고
접고 자르기 문제로 만들기

체험시간 180분

체험난도 ★★★★★

준비파일 01/모눈종이.pdf

준비물 모눈종이(**인쇄**) + 가위 + 자 + 볼펜 + 각도기 = 준비 완료^-^

모눈종이에 원하는 모양 디자인하기.

쉬링킹 프로세스를 통해 도형이 확대되고 축소되는 모습 그리기.

직선 골격 찾기.

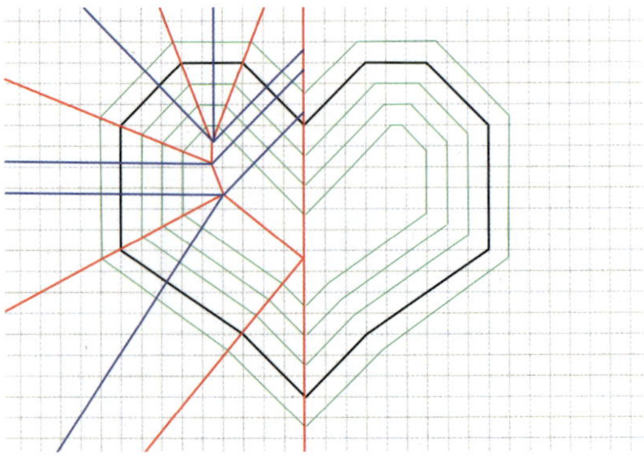

수직선 찾기(파란색 선).

규칙에 따라 직선 골격을 모두 접고 수직선은 필요에 따라 접기.

Check **Point**

도형의 모양이 복잡하면 제작이 힘드므로 적당히 판단해 디자인해야 한다. 직각 이외의 각이 있는 도형의 경우 확대되거나 축소되는 모양을 찾을 때 자를 사용해 정교하게 그려서 찾아야 한다. 직선 골격도 각의 이등분선이므로 각도기를 활용해 정확히 그려야 한다. 그래야 정확한 해법을 찾을 수 있다. 종이를 접을 때는 일단 한쪽 방향으로 다 접은 후 산 접기와 골짜기 접기를 판단하는 것이 좋다.

직선으로 자른 후 펼치면 완성.

접고 자르기 문제로
내 이름 이니셜 만들기

체험시간 180분

체험난도 ★★★★★

준비파일 01/모눈종이.pdf

준비물 모눈종이(**인쇄**) 또는 A4 용지 + 가위 + 자 + 볼펜 + 각도기 = 준비 완료^-^

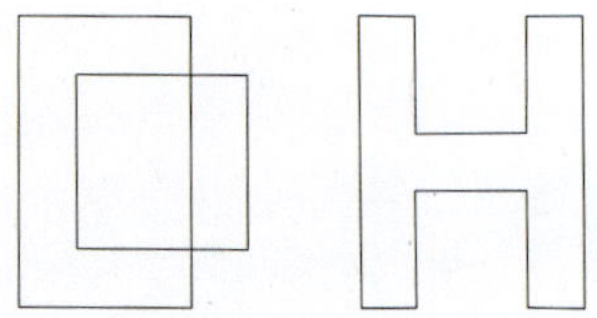

내 이름 이니셜 디자인하기.

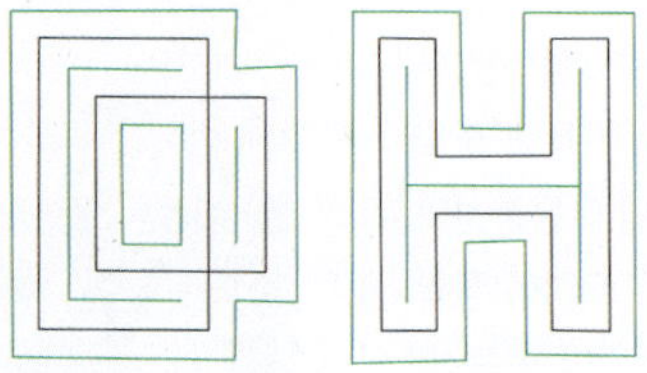

쉬링킹 프로세스로 내 이름 이니셜이 확대되고 축소되는 모습 그리기(1단계).

쉬링킹 프로세스로 내 이름 이니셜이 확대되고 축소되는 모습 그리기(2단계).

쉬링킹 프로세스로 내 이름 이니셜이 확대되고 축소되는 모습 그리기(3단계).

Check **Point**

이름 이니셜처럼 서로 겹치는 영역이 없는 둘 이상의 도형으로 된 모양을 디자인하고자 할 때는 쉬링킹 프로세스를 통해 확대되고 축소되는 모양을 찾는 것부터 쉽지 않다.

특히, 확대되는 과정에서 두 도형이 어떻게 만나며 확대되는지를 잘 파악해야 한다. 왼쪽 그림을 보며 어떤 규칙으로 확대되는지 이해해 보자.

확대되거나 축소되는 형태를 잘 파악해야 정확한 직선 골격을 찾을 수 있고, 그래야 문제를 해결할 수 있다.

쉬링킹 프로세스를 통해 찾은 꼭짓점의 자취로 직선 골격 찾기.

직선 골격만 그린 모습.

Check **Point**

도형이 확대되거나 축소되는 모양을 통해 직선 골격을 찾았다면 문제의 반은 해결한 셈이다.

수직선 찾기는 직선 골격을 찾는 것보다 상대적으로 쉽다. 규칙에 맞게 잘 그리면 수직선을 모두 찾을 수 있다.

마지막으로 어려운 과정은 종이를 접는 일이다. 마에카와의 정리, 가와사키의 정리, 산 접기와 골짜기 접기를 결정하는 규칙이 있지만 이런 이론만 생각하며 접으려고 한다면 문제 해결은 쉽지 않을 것이다.

먼저 해야 할 일은 종이를 한쪽 방향으로 모두 접는 것이다. 그리고 직선골격은 모두 접고 평평하게 접기 위해 수직선을 적당히 선택하며 접는 것이 좋다. 이때 막히는 경우가 생긴다면 해당 부분에서 이론을 적용하며 생각해야 한다.

물론 그래도 쉽지 않다. 하지만 끈기 있게 도전한다면 해법을 찾을 수 있을 것이다. 만약 성공한다면 성취감은 덤으로 따라올 것이다.

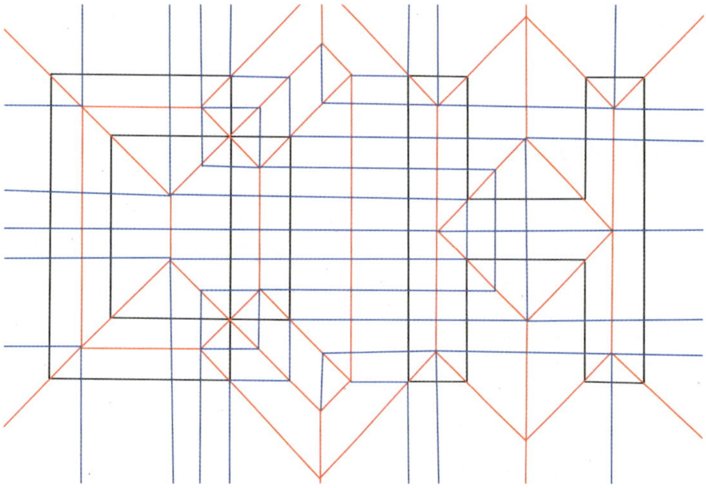

직선 골격을 이용하여 수직선 찾기(파란색 선).

종이를 접은 후 직선으로 자르면 완성.

Chapter

02

음악 속 수학

피타고라스 음계

어떤 체험을 할까요?

1 수학자가 만든 음계, 피타고라스 팬플룻 만들기

2 아프리카의 엄지피아노, 칼림바 만들기

01

기초 음악이론

그림1

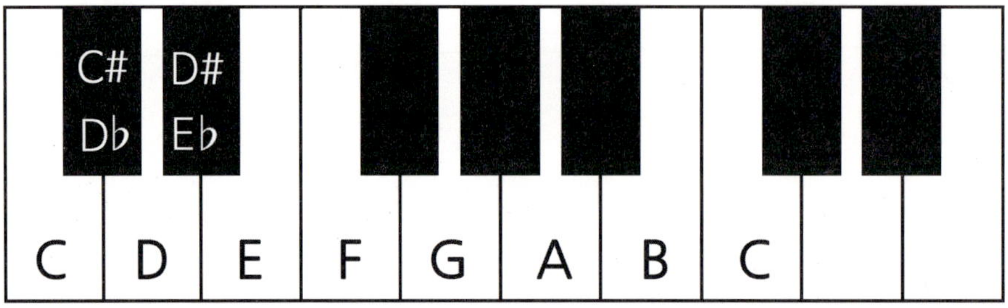

음악의 아름다운 선율은 우리에게 풍부한 감성과 즐거움을 선사한다. 반면 수학은 감정을 배제하고 이상적인 사고와 논리로 문제를 탐구하고 현실을 분석한다. 어떻게 보면 서로 상반돼 보이는 음악과 수학은 생각보다 밀접한 관련이 있다. 그렇다면 음악과 수학은 어떤 관련이 있을까? 음악이 가진 수학적 특징을 알아보기 위해서는 먼저 기본적인 음악이론에 대한 이해가 필요하다. 먼저 그림1의 건반을 보자. 우리가 많이 보는 피아노 건반이다. 왼쪽 끝에 있는 C가 낮은 도이고 오른쪽에 있는 C가 높은 도이다. 낮은 도부터 높은 도 전까지 건반의 개수가 몇 개 있는지 세어보자. 검은 건반이 5개, 하얀 건반이 7개로 총 12개의 건반이 있다. 서양 음계는 이렇게 보통 **12음계**로 되어 있다. 12음계 중 하얀 건반의 음들이 우리가 알고 있는 《도/레/미/파/솔/라/시》이다. 영어권에서는 이를 《C/D/E/F/G/A/B》라고 한다.

이 12음계 중 서로 이웃하는 음의 간격을 **반음**이라고 한다. 예를 들어 미와 파, 시와 도는 반음 간격이다. 반음 간격의 2배가 되는 간격을 **온음**이라 한다. 다시 말하면 기준 음에서 반음이 두 번 올라간 음과의 간격이다. 예를 들면 도와 레, 레와 미, 파와 솔, 솔과 라, 라와 시는 온음 간격이다. 어떤 기준 음보다 반음이 높은 음을 **올림표** 기호인 #(‘샵(Sharp)’이라고 읽는다)을 이용해 나타낼 수 있다. 또한 반대로 반음이 낮은 음을 **내림표** 기호인 ♭(‘

플랫(Flat)'이라고 읽는다)을 이용해 나타낼 수 있다. 예를 들어 C(도)와 D(레) 사이의 검은 건반의 음은 C보다 반음이 높으므로 C#으로 나타낼 수도 있고 D보다 반음이 낮으므로 D♭으로 나타낼 수도 있다. 반음이 12번만큼 차이 나는 음의 간격을 **옥타브**라고 한다. 예를 들어 낮은 도와 높은 도의 간격은 한 옥타브이다. 이상의 내용을 정리하면 다음과 같다.

기초 음악 이론 Ⅰ

1. **12음계** : 서양의 음계는 보통 12음계로 되어 있다.
2. **반음과 온음** : 12음계에서 이웃하는 음 사이의 간격을 반음이라고 하고 기준음에서 반음이 두 번 올라간 음과의 간격을 온음이라 한다.
3. **올림표와 내림표** : 기준음보다 반음이 높은 음을 표현할 때 사용하는 기호가 올림표(#)이고, 반음이 낮은 음을 표현할 때 사용하는 기호가 내림표(♭)이다.
4. **옥타브** : 기준음에서 반음이 12번 올라간 음 사이의 간격을 옥타브라 한다.

그림2

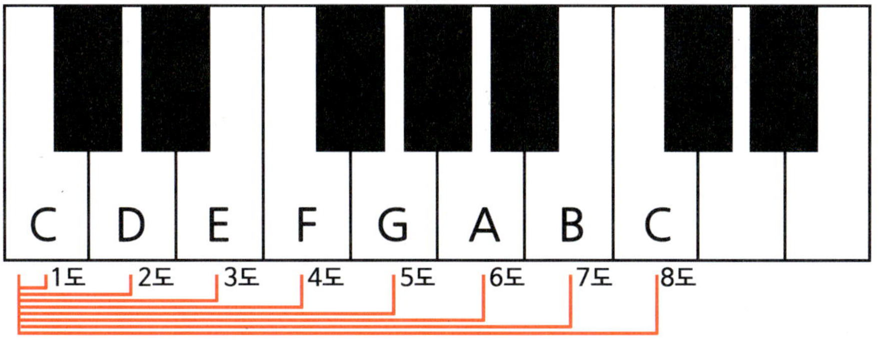

다음으로는 음정에 대해 알아보자. **음정**이란 두 음 사이의 간격을 나타내는 용어로 음정을 나타내는 단위는 '도'이다. 도(C)를 기준으로 했을 때, 도와 도 자신과의 간격을 1도라 하고, 도와 레와의 간격을 2도, 도와 미와의 간격을 3도라 한다. 마찬가지로 도-파는 4도, 도-솔은 5도, 도-라는 6도, 도-시는 7도, 도-높은 도는 8도이다.

이 중에서 1도, 4도, 5도, 8도는 **완전음정**이라 한다. 따라서 완전 1도, 완전 4도, 완전 5도, 완전 8도라 한다. 나머지는 **장음정**이라 하며 장 2도, 장 3도, 장 6도, 장 7도라 한다. 완전음정의 경우 두 음을 동시에 소리 냈을 때 소리가 어울리게 들리고 장음정의 경우에는 상대적으로 덜 어울리게 들린다. 그래서 완전음정을 완전어울림음정이라고도 한다.

그림3

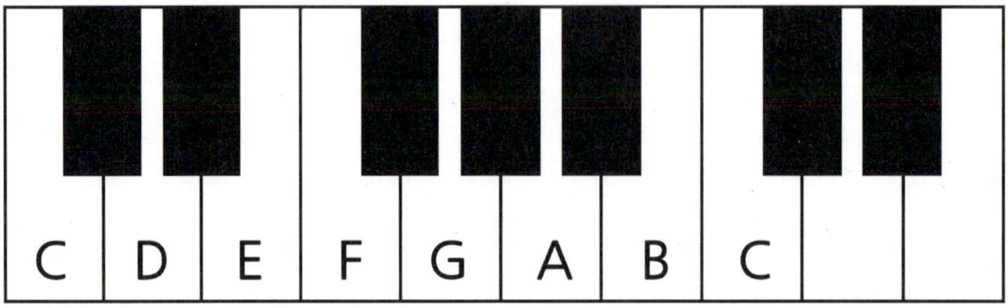

두 음 사이의 간격이 3도라고 해서 모두 장 3도라고 하는 것은 아니다. 마찬가지로 두 음 사이의 간격이 4도라고 해서 모두 완전 4도라고 하는 것도 아니다. 왜 그런지 알아보자.

그림4

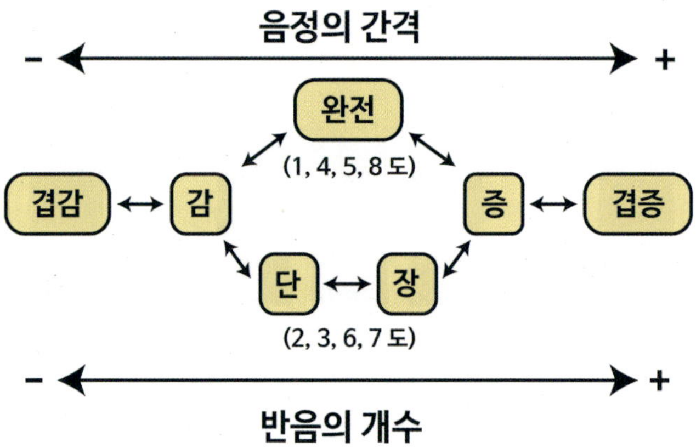

앞에 소개한 도(C)-미(E)의 경우 장 3도인데 반음으로 4개 만큼의 간격이다. 반면 레(D)-파(F)의 경우 3도인데 반음으로 3개 만큼의 간격이다. 즉, 장 3도인 도-미보다 레-파의 간격은 반음이 적다. 이 경우 단 3도라 한다. 이렇게 장음정보다 반음이 적으면 **단음정**이라 하고 이보다 반음정이 적으면 **감음정**, 또 이보다는 반음정이 적으면 **겹감음정**이라 한다. 반대로 장음정보다 반음정이 많으면 **증음정**, 이보다도 반음정이 많으면 **겹증음정**이라고 한다.

완정음정의 경우에도 장음정과 비슷하다. 반음이 많으면 증음정, 반음이 적으면 감음정이다. 도(C)-파(F)의 경우 완전 4도인데 반음으로는 5개 만큼의 간격이다. 파(F)-시(B)의 경우 4도인데 반음으로 6개만큼의 간격이다. 따라서 파-시는 증 4도이다. 이상을 정리하면 다음과 같다.

기초 음악 이론 Ⅱ

1. **음정** : 음과 음 사이의 거리를 음정이라 한다.
2. **완전음정** : 완전어울림음정이라고도 하며 도-도, 도-파, 도-솔, 도- 높은 도가 완전음정으로 순서대로 완전 1도, 완전 4도, 완전 5도, 완전 8도이다.
3. **장음정** : 도-레, 도-미, 도-라, 도-시가 장음정으로 순서대로 장 2도, 장 3도, 장 6도, 장 7도이다.
4. **음정의 계산** : 장음정에서 반음이 높으면 증음정, 반음이 낮으면 단음정이라 하고, 완전음정보다 반음이 높으면 증음정, 반음이 낮으면 감음정이라 한다.

02

피타고라스 음계와 순정률

과거 사람들은 음악을 어떻게 생각했을까? 적어도 누군가에게 음악은 수학의 또 다른 표현이었고, 수학자 피타고라스(Pythagoras)는 확실히 그중 한 명이었다. 그리고 이렇게 생각한 것은 피타고라스뿐만이 아니었다.

중세 대학의 자유 교양 교과에 해당하는 아르스 리베랄리스(Ars Liberalis)는 인문 교과에 해당하는 3과(Trivium)와 자연 교과에 해당하는 4과(Quadrivium), 총 7과목으로 구성되어 있었다. 3과는 문법, 수사학, 논리학으로 된 교과이고 4과는 산술, 기하, 천문, 음악으로 된 교과였다. 여기서 재미있는 것은 음악이 자연 교과인 4과에 속한다는 것이다. 중세인들에게 산술은 수 자체를 연구하는 것이었고, 기하는 수학을 공간에 표현한 것이었으며, 천문은 공간에 표현된 수학의 운동을 탐구하는 것이었다. 그리고 음악은 수학을 소리로 표현한 것이었다.

이런 점에서 가장 오래된 조율법이라고 알려진 피타고라스 음계가 수학자의 손에서 만들어졌다는 것은 결코 우연이 아니다. 일화에 따르면 피타고라스는 대장간을 지나다가 대장장이의 쇠를 두드리는 망치질 소리에서 아름다운 화음을 느껴 음악의 수학적 성질을 탐구했다고 한다.

피타고라스는 모노코드(Monochord)라는 도구를 이용해서 현의 길이의 비가 2:1일 때 옥타브 간격이 생긴다는 것을 알았다. 또한 현의 길이의 비가 3:2일 때 완전 5도 간격이 생긴다는 것을 알았다.

그림5 피타고라스에 대한 목판화

피타고라스 음계(Pythagorean Scale)의 기본원리

1. 두 음의 현의 길이의 비가 2:1일 때 두 음은 완전 8도이다.
2. 두 음의 현의 길이의 비가 3:2일 때 두 음은 완전 5도이다.

피타고라스는 이를 바탕으로 나머지 모든 음을 구성할 수 있었다. 이를 계산해 보도록 하자. 먼저 기준 음인 도(C)의 길이를 1이라 하면 높은 도와의 현의 길이의 비는 2:1이므로 높은 도의 현의 길이는 $\frac{1}{2}$이다. 마찬가지로 솔(G)과의 현의 길이의 비는 3:2이므로 솔의 현의 길이는 $\frac{2}{3}$이다.

그림6

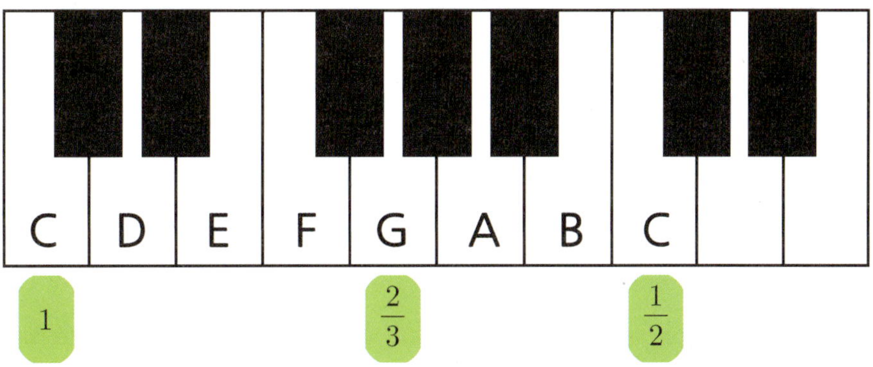

이제 파(F)를 계산해 보자. 두 음이 완전 5도의 관계라는 것은 두 음 사이의 간격이 반음으로 7개 간격이라는 것이다. 따라서 반음이 7개 높은 음을 만들려면 현의 길이를 $\frac{2}{3}$배 하면 된다. 반대로 반음이 7개 낮은 음을 만들려면 현의 길이를 $\frac{3}{2}$배하면 된다.

높은 도에서 반음으로 7개 낮은 음을 확인해 보자. 어떤 음인가? 바로 파(F)이다. 높은 도의 현의 길이가 $\frac{1}{2}$이므로 여기에 $\frac{3}{2}$을 곱하면 파의 현의 길이가 된다. 따라서 파의 현의 길이는 $\frac{3}{4}$이다.

도와 파는 완전 4도이므로 두 음이 완전 4도 관계라면 높은 음의 현의 길이가 낮은 음의 $\frac{3}{4}$이 돼야 함을 알 수 있다. 완전 4도는 반음으로 5개 간격에 있으므로 반음으로 5개 높은 음을 만들려면 현의 길이를 $\frac{3}{4}$배 하면 된다. 당연히 반음으로 5개 낮은 음을 만들려면 현의 길이를 $\frac{4}{3}$배 하면 된다. 그렇다면 솔(G)에서 반음으로 5개 낮은 음은 무엇일까? 바로 레(D)이다. 따라서 레의 현의 길이는 다음과 같다.

$$\frac{2}{3} \times \frac{4}{3} = \frac{8}{9}$$

우리는 이러한 과정을 반복해서 다른 음의 현의 길이를 구할 수 있고 이를 계산하면 그림 7과 같다는 것을 알 수 있다. 이것이 피타고라스 음계이다.

그림7

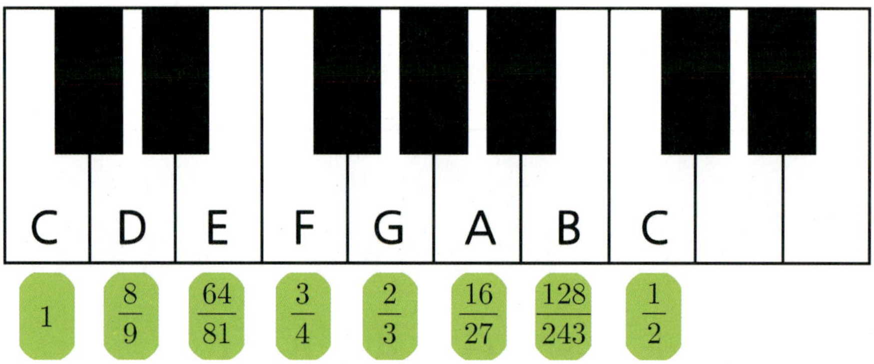

음악가들은 16세기까지 이 피타고라스 음계를 사용하였다. 피타고라스 음계를 관찰해 보자. 그러면 재미있는 사실을 알 수 있다. 바로 완전음정인 경우 현의 길이의 비가 더 단순하다는 것이다. 실제로 완전음정인 4도, 5도, 8도의 경우 현의 길이가 $\frac{3}{4}$, $\frac{2}{3}$, $\frac{1}{2}$인 반면 장음정인 2도, 3도, 6도, 7도는 $\frac{8}{9}$, $\frac{64}{81}$, $\frac{16}{27}$, $\frac{128}{243}$이다.

이렇게 같은 정수비라고 할지라도 작은 정수의 비로 나타날 때 두 음이 더 어울리게 들린다는 점에 착안해서 나온 것이 순정률이다. 순정률은 피타고라스 음계와 달리 장 3도인 두

순정률(Just Intonation)

1. 두 음의 현의 길이의 비가 2:1일 때 두 음은 완전 8도이다.
2. 두 음의 현의 길이의 비가 3:2일 때 두 음은 완전 5도이다.
3. 두 음의 현의 길이의 비가 5:4일 때 두 음은 장 3도이다.

의 현의 비를 5:4로 한다. 이렇게 하면 장음정을 좀 더 간단한 정수비로 나타낼 수 있다. 일단 레(D)와 파(F)의 현의 길이는 피타고라스 음계와 마찬가지로 구할 수 있다. 그리고 장3도인 두 음의 현의 길이의 비를 5:4로 했으므로 미(E)의 현의 길이는 $\frac{4}{5}$이다.

장3도의 경우 반음으로 4개 간격이므로 순정률에 따라 반음으로 4개 높은 음을 만들려면 현의 길이를 $\frac{4}{5}$배 하면 된다. 파(F)-라(A)는 장 3도이므로 라의 현의 길이는 $\frac{3}{4} \times \frac{4}{5} = \frac{3}{5}$이다. 마찬가지로 솔(G)-시(B)도 장 3도이므로 시의 현의 길이는 $\frac{2}{3} \times \frac{4}{5} = \frac{8}{15}$이다. 이를 정리하면 순정률은 다음과 같다.

그림8

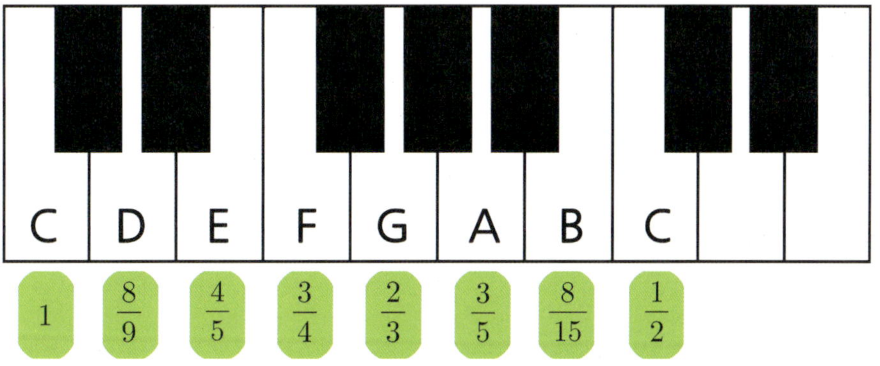

순정률의 경우 현대에도 기타와 같은 악기에서는 사용되고 있다. 그런데 수학적인 관점에서 피타고라스 음계와 순정률은 치명적인 약점을 갖고 있다. 이를 알아보기 위해 우리

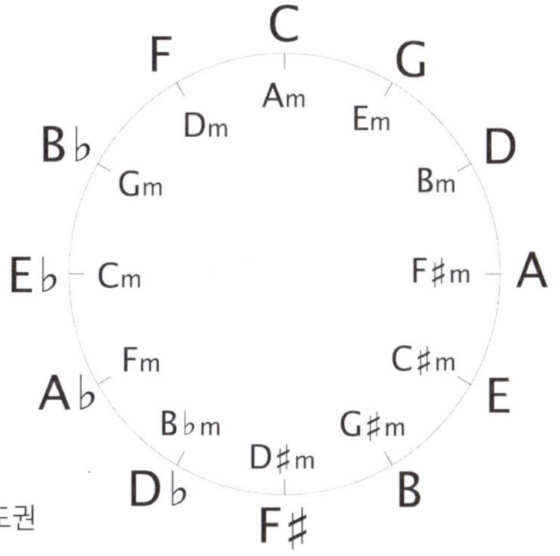

그림9 오도권

가 봐야 할 것은 바로 오도권이다. **오도권**(Circle of Fifths)은 완전 5도로 위, 아래 진행했을 때 만들어지는 순환도이다. 완전 5도는 어울리는 화음이 나기 때문에 코드의 진행에서 많이 활용된다. 따라서 작곡 등에서 오도권은 필수적인 개념이다.

기준 음인 도(C)에서 완전 5도씩 반복해서 음이 올라간다고 생각해 보자. 그림9의 오도권을 보면 완전 5도로 12번 올라갔을 때 다시 도가 나타남을 알 수 있다. 왜 그럴까? 완전 5도는 반음으로 7개 간격이므로 12번 올라갔다는 것은 반음으로 84개 올라갔다는 것인데 이는 반음으로 12개씩 7번 올라간 것과 같다. 서양 음계는 12음계이므로 이는 7옥타브를 올라갔다는 의미이다. 따라서 다시 도가 나오는 것이다. 처음 도의 현의 길이를 1이라 하면 완전 5도로 12번 올라간 도의 현의 길이는 다음과 같다.

$$\left(\frac{2}{3}\right)^{12}$$

그런데 이는 앞서 이야기했듯이 반음으로 12개씩 7번 올라간 것과 같다. 완전 8도가 반음으로 12개 간격이므로 이는 완전8도로 7번 올라간 것이다. 따라서 7옥타브 높은 도의 현의 길이는 다음과 같다.

$$\left(\frac{1}{2}\right)^{7}$$

바로 이것이 문제이다. 같은 7옥타브 높은 도인데 서로 다른 현의 길이가 나오는 것이다. 이를 이렇게 이야기해 보자. 기준음인 도에서 완전 5도로 12번 올라간 다음 완전 8도로 7번 내려오는 것이다. 이는 7옥타브 올라갔다가 7옥타브 내려온 것이므로 다시 처음 도가 되어 현의 길이는 1이어야 한다. 그런데 현의 길이를 계산하면 다음과 같다.

$$\left(\frac{2}{3}\right)^{12} \times 2^{7} = \frac{524288}{531441} \neq 1$$

이 계산에서 나온 숫자 $\frac{524288}{531441}$을 피타고라스 콤마(Pythagorean Comma)라 한다. 피타고라스 콤마와 같은 현상은 피아노와 같이 여러 옥타브로 된 악기에서 특히 더 문제가 된다. 이 문제를 해결할 방법은 없을까? 예를 들어 완전 5도의 현의 길이의 비를 3:2가 아닌 다른 정수비로 바꾸면 어떨까? 안타깝게도 이런 식으로는 문제가 해결되지 않는데 이를 수학적으로 증명할 수 있다. 서로소인 정수 m, n이 존재해 완전 5도의 현의 길이의 비가 $m:n$이라 하자. 그러면 다음을 만족해야 한다.

$$\left(\frac{n}{m}\right)^{12} \times 2^{7} = 1$$

이때, $n^{12} \times 2^{7} = m^{12}$이므로 m은 2의 배수이고 적당한 정수 k가 존재해 $m = 2k$이다. 따라서 $n^{12} \times 2^{7} = 2^{12}k^{12}$이므로 $n^{12} = 2^{5}k^{12}$이고 n은 2의 배수이다. 그런데 m, n은 서로소이므로 이는 모순이다. 즉, 피타고라스 콤마를 해결할 수 있는 완전 5도의 현의 길이의 비는 존재하지 않는다. 결국 피타고라스 음계나 순정률을 변형해서는 이 문제를 해결할 수 없다. 따라서 피타고라스 콤마와 같은 현상을 해결하기 위해서는 새로운 조율법이 필요하다.

03

평균율

평균율은 이웃한 음 사이의 비를 일정하게 맞춘 조율법이다. 다르게 말하면 반음의 비를 동등하게 맞춘 것이다. 이렇게 반음의 비를 동등하게 맞추면 피타고라스 콤마와 같은 문제를 해결할 수 있다. 두 음의 음정이 반음일 때 현의 길이의 비를 $r:1$이라 하면, 완전 5도의 경우 반음으로 7개 간격이므로 현의 길이의 비가 $r^7:1$이고, 완전 8도인 경우 현의 길이의 비가 $r^{12}:1$이다.

평균율(Equal Temperament)

1. 두 음의 현의 길이의 비가 $2:1$일 때 두 음은 완전 8도이다.
2. 두 음의 현의 길이의 비가 $r:1$일 때 두 음의 음정은 반음이다.

이 평균율에 의해 우리는 다음과 같은 관계가 성립함을 알 수 있다.

$$r^{12}:1 = 2:1$$
$$r = \sqrt[12]{2} \approx 1.05946$$

평균율은 음 사이의 간격을 일정하게 맞추기 때문에 앞서 언급했듯이 파타고라스 콤마 문제를 해결함은 물론 모든 음이 동일한 음정을 갖게 되고 조바꿈도 자유롭게 할 수 있다. 평균율이 피타고라스 음계나 순정률에서 생기는 문제를 해결하기 때문에 더 좋은 조율법이라고 생각할 수 있다. 실제로는 어떨까? 결론부터 말하면 꼭 더 좋다고 볼 수만은 없다.

그림10

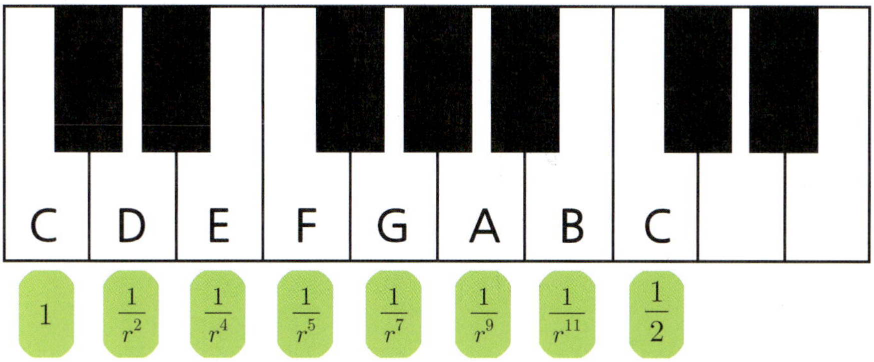

즉, 평균율에도 단점이 있다. 이렇게 단점이 생기는 이유는 아이러니하게도 피타고라스 콤마와 같은 문제를 해결하려고 음 사이의 간격을 일정하게 맞추기 때문에 발생한다.

평균율은 음 사이의 간격을 일정하게 맞추기 때문에 피타고라스 음계나 순정률과는 달리 두 음의 현의 길이의 비가 무리수 비가 된다. 앞서 우리는 두 음의 현의 길이의 비가 간단한 정수비가 될 때 두 음이 더 어울리게 들린다고 하였다. 하지만 평균율은 두 음 사이의 비가 정수비가 되지 않기 때문에 3도, 4도, 5도 등 음정에서 완벽한 화음이 되지 않고 어느 정도 맥놀이 현상이 발생하게 된다.

맥놀이 현상이란 주파수가 비슷한 소리가 서로 만나면서 소리의 진폭이 주기적으로 커졌다 작아졌다 하는 현상으로, 소리가 커졌다 작아졌다를 반복하기 때문에 연주상황에서는 악기 소리가 명료하게 들리지 않는다. 그러나 평균율에서 발생하는 맥놀이 현상은 그 정도가 매우 미세하기 때문에 일반인의 경우엔 크게 지각하지 못한다.

이렇듯 각각의 조율법에는 장단점이 같이 존재한다. 음악 이론가들은 이 문제를 해결하거나 개선할 수 있는 여러 방법을 고안하고 연구하고 있다. 지금도 새로운 조율법을 계속 시도하고 있으며 이를 악기의 조율에 활용하고 있다.

04

악기와 수학

소리는 어떻게 나는 것일까? 말을 할 때, 노래를 부를 때, 손뼉을 칠 때, 악기를 연주할 때, 폭포수가 떨어질 때 모두 소리가 난다. 소리가 난다는 점에서 이들이 가진 공통점은 무엇인가? 아마도 과학자들은 이런 원리에 대해 탐구했을 것이다. 그리고 그 결과 소리는 어떤 물질이 진동하고 그 진동이 공기 입자에 충격을 주어 생성된 파동으로 만들어진다는 것을 알게 되었다.

그림11

악기를 연주할 때 나는 소리도 이렇게 설명할 수 있다. 다만 타악기를 제외하면 보통 악기에서 나는 소리는 규칙적이고 고른 진동을 통해 만들어진다. 이렇게 악기에서 고른 소리를 내기 위해 사용하는 방법은 세 가지 정도가 있다. 한 가지는 주기적인 왕복 운동을 갖는 탄성체를 통해 소리를 내는 것으로 기타나 하프 등이 이에 해당한다. 다른 한 가지는 진동을 일으키는 장치를 통해 소리를 내는 것이다. 오르간이 이 경우에 해당하는데, 건반으로 바람을 제어해 파이프를 진동시켜 소리가 나도록 한다. 마지막 방법은 사람이 직접 진동을 발생시켜 소리를 내는 것이다. 일반적인 관악기들이 이에 속하며 팬플룻, 클라리넷 등이 있다.

이런 방법으로 소리를 나게 할 때 낮은 음부터 높은 음까지 악기에 맞게 다양한 높낮이(Pitch)의 소리가 나야 한다. 소리의 높낮이는 소리의 진동수와 관련이 있다. 진동수가 높으면 높은 음의 소리가 나고 진동수가 낮으면 낮은 음의 소리가 난다. 소리의 진동수를 나타내는 단위는 헤르츠(Hz)인데 이는 1초 동안 진동한 수를 의미한다. 만약 어떤 소리가 100 Hz 라면 이 소리는 1초 동안 100번 진동하는 것이다. 이 진동수와 관련해 중요한 사실은 한 옥타브 차이인 두 음의 진동수의 비는 1:2라는 것이다.

앞서 우리는 피타고라스 음계와 순정률 그리고 평균율에 대해 알아보았다. 12음계의 각 음의 소리를 현의 길이로써 설명했는데 그렇게 설명할 수 있었던 이유는 현의 길이가 진동수와 반비례 관계에 있기 때문이다. 즉, 현의 길이를 l, 진동수를 f라 할 때 둘 사이에는 다음과 같은 식이 성립한다.

$$f \propto \frac{1}{l}$$

따라서 낮은 도와 높은 도의 경우 한 옥타브 차이가 나므로 높은 도의 진동수는 낮은 도의 진동수의 2배이며 현의 길이는 낮은 도의 $\frac{1}{2}$이 된다. 이는 관의 경우에도 비슷하다. 관은 양쪽이 열린 관과 한 쪽만 열린 관을 생각할 수 있는데 두 경우 모두 관의 길이가 진동수와 반비례한다.

이런 점에서 제작하고자 하는 악기가 기타나 하프 등의 현악기라면 현의 길이를 각 조율법에 맞춰 조절하면 된다. 만약 제작하는 악기가 관악기라면 (구체적인 방법에는 차이가 있지만 일반적으로) 관의 길이를 조율법에 맞춰 조절하면 된다. 예를 들어 1m의 관을 이

	도(C)	레(D)	미(E)	파(F)	솔(G)	라(A)	시(B)	도(C)
피타고라스 음계	1	$\frac{8}{9}$	$\frac{64}{81}$	$\frac{3}{4}$	$\frac{2}{3}$	$\frac{16}{27}$	$\frac{128}{243}$	$\frac{1}{2}$
	16cm	14.2cm	12.6cm	12cm	10.7cm	9.5cm	8.4cm	8cm
순정률	1	$\frac{8}{9}$	$\frac{4}{5}$	$\frac{3}{4}$	$\frac{2}{3}$	$\frac{3}{5}$	$\frac{8}{15}$	$\frac{1}{2}$
	16cm	14.2cm	12.8cm	12cm	10.7cm	9.6cm	8.5cm	8cm
평균율 $(r=\sqrt[12]{2})$	1	$\frac{1}{r^2}$	$\frac{1}{r^4}$	$\frac{1}{r^5}$	$\frac{1}{r^7}$	$\frac{1}{r^9}$	$\frac{1}{r^{11}}$	$\frac{1}{2}$
	16cm	14.3cm	12.7cm	12cm	10.7cm	9.5cm	8.5cm	8cm

용해 팬플룻을 제작한다고 생각해 보자. 기준이 되는 도(C)의 관의 길이를 16cm로 생각한다면 나머지 음의 관의 길이도 조율법에 맞춰 계산할 수 있다. 대략 위의 표와 같이 관의 길이를 조절하면 피타고라스 음계, 순정률, 평균율에 해당하는 팬플룻이 만들어진다.

다만 현이나 관이 아닌 다른 물체를 이용해 소리를 내는 악기라면 그 물체의 길이와 진동수의 관계가 반비례 관계가 아닐 수 있다. 대표적인 예로는 금속 막대를 울려서 소리를 내는 실로폰이나 엄지피아노라 불리는 칼림바를 들 수 있다.

이런 경우에는 금속 막대가 가진 조건에 따라 진동수와의 관계가 다양한 양상으로 나타난다. 금속 막대의 재질은 무엇인지, 너비나 길이는 어떻게 되는지, 적당한 곡률로 휘어져 있는지 아닌지, 막대의 한쪽만 고정되어 있는지 아니면 양쪽 다 고정되어 있는지, 아니면 양쪽 다 자유로운지, 살짝 지지가 되어 있는지 등에 따라 다르다. 또한 금속 막대의 조건이 같다고 하더라도

그림12 칼림바

금속 막대의 가운데를 쳐서 진동시키는지 한쪽 끝을 쳐서 진동시키는지 등에 따라서도 진동수가 달라진다.

따라서 이런 모든 조건을 고려하여 금속 막대의 진동수와 길이와의 관계를 생각하기는 쉽지 않다. 대신 조건을 좀 단순화 해서 진동수와 금속 막대의 길이와의 관계를 생각해 볼 수 있다. 악기를 칼림바로 한정한다면 금속 막대의 한쪽 끝은 고정되어 있을 것이다. 이 금속 막대는 휘어져 있지 않으며 전체적으로 선밀도가 일정하고 악기에 사용하는 모든 금속 막대의 두께와 너비는 같다고 하자. 악기를 연주할 때 금속 막대의 한쪽 끝을 손가락으로 튕기므로 막대가 고정되지 않은 반대쪽 끝을 쳐서 진동시키는 것으로 가정할 수 있다. 그때 금속 막대의 길이를 l, 진동수를 f 라 하면 둘 사이에는 다음과 같은 관계식이 성립한다.

$$f \propto \frac{1}{\sqrt{l^3}}$$

즉, 진동수는 금속 막대 길이에 $\frac{3}{2}$ 제곱한 수와 반비례 관계에 있다. 당연하게도 현이나 관, 금속판이 아닌 다른 물체의 진동으로 소리를 내는 악기라면 이와는 다른 관계가 성립한다. 이렇듯 각각의 악기는 저마다 다양한 형태의 수학적 원리를 품고 있다. 그리고 그를 통해 우리는 아름다운 선율을 들을 수 있게 된다.

수학자가 만든 음계
피타고라스 팬플룻 만들기

체험시간 20분

체험난도 ★☆☆☆☆

준비물 PC파이프 1m(지름 17mm) + 스티로폼 볼 8개(지름 20mm) + 마스킹 테이프 + 자 + 가위 + 사인펜 = 준비 완료^-^

팬플룻은 목관악기의 한 종류로 팬파이프 또는 시링크스라고도 한다. 1m 의 PC파이프로 피타고라스 팬플룻을 만들고자 할 때 낮은 도부터 높은 도까지의 관의 길이는 다음과 같다.

16cm / 14.2cm / 12.6cm / 12cm / 10.7cm / 9.5cm / 8.4cm / 8cm

Check Point

PC파이프는 미술용품점이나 온라인 마켓을 통해 구입할 수 있다. 스티로폼 볼로 PC파이프를 막을 때 공기가 통하지 않도록 완전히 막아야 소리가 잘 난다. 따라서 스티로폼 볼의 지름이 PC파이프의 지름보다 약간 큰 것이 좋다.

악기가 완성된 뒤에는 입 가운데 작은 바람구멍을 만들어 팬플룻 관 구멍에 정확하게 바람을 불어야 소리가 잘 난다. 조금만 연습하면 간단한 동요는 어렵지 않게 연주할 수 있다.

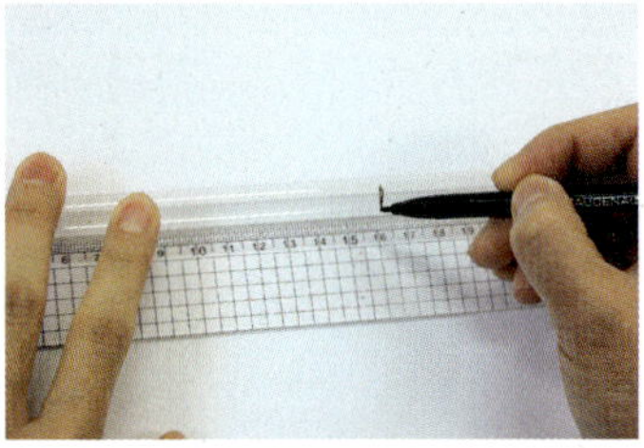

피타고라스 음계의 비율에 맞춰 사인펜으로 PC 파이프에 위치를 표시.

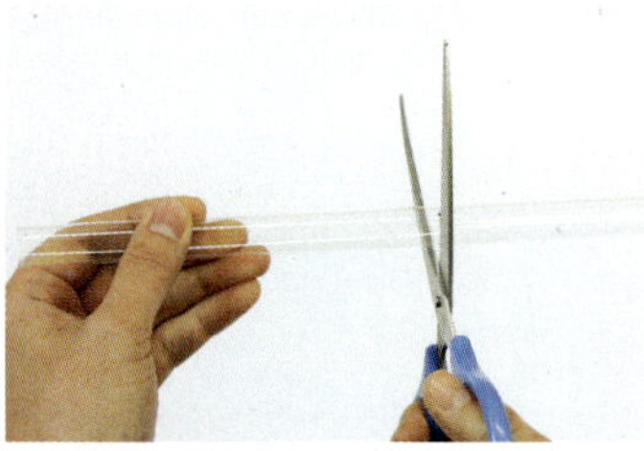

사인펜으로 표시한 위치를 가위를 이용해 자르기.

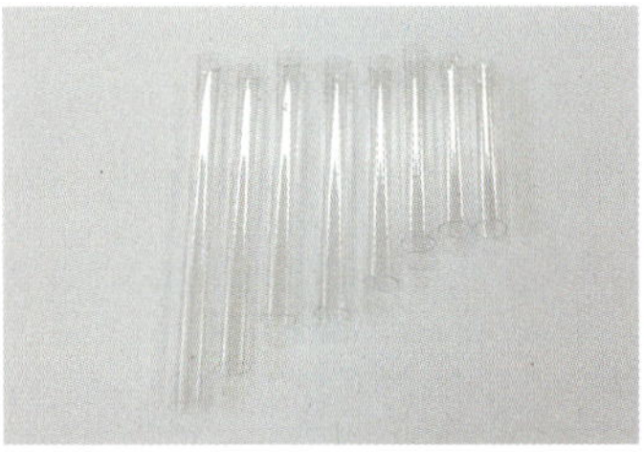

피타고라스 음계에 맞춰 자른 모습.

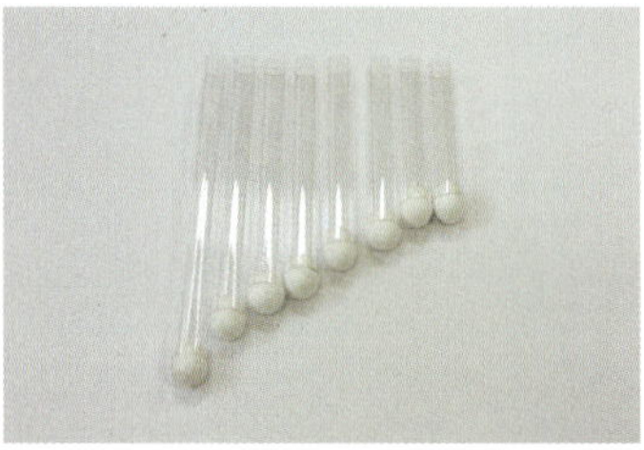

스티로폼 볼로 PC파이프의 한쪽 구멍 막기.

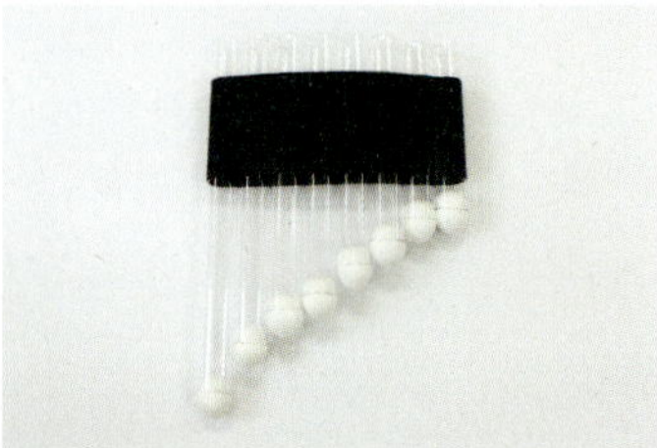

스티로폼 볼로 막지 않는 곳을 일렬로 맞춘 뒤 마스킹 테이프로 감아주면 완성.

우리 모두 즐기는 **다함께 체험수학**

아프리카의 엄지피아노
칼림바 만들기

체험시간 150분

체험난도 ★★★★☆

준비물 칼림바 바디(나무판) + 칼림바 키 세트(너트 실린더, 17키, 너트, 진동바) + 조율 망치 + 파우치 + 비닐장갑 + 작업용 장갑 + 키친타월 3장 + 320방 천사포 + 목공용 본드 + 목공용 클램프 4개 + 목공용 왁스 + 전동 드릴 + 우레탄 망치 + 롱 플라이어 = 준비 완료^-^

엄지피아노라는 애칭으로 불리는 칼림바(Kalimba)는 두 손으로 악기를 붙잡고 손가락으로 금속 막대를 진동시켜 연주하는 악기로 엠비라(Mbira)라고도 불린다. 칼림바는 순수하고 맑은 소리가 난다.

칼림바는 아프리카 악기로 종교의식, 결혼식, 기타 사교 모임에서 연주되며 몇 천년 동안 아프리카 각 지역에서 다양한 형태와 이름으로 존재해 왔다. 초창기의 칼림바는 금속 막대가 아닌 대나무 막대로 만들어졌지만, 후에 금속 막대로 된 악기가 만들어졌다. 기록에 따르면 대나무 막대로 된 악기는 약 3000년 전 아프리카 서쪽 해안에서 나타났고, 금속 막대로 된 악기는 약 1300년 전 빅토리아 폭포가 있는 잠베지(Zambezi)강 근처에서 나타났다고 한다. 영국의 민속 음악학자인 휴 트레이시(Hugh Tracey)는 아프리카 악기 회사를 설립해 1954년 칼림바를 전 세계에 수출했고, 이는 칼림바가 상업적으로 제작되어 수출된 최초의 사례이다.

칼림바

보통 칼림바는 가운데 가장 낮은 음을 놓고 좌우로 번갈아 가며 음을 배열한다. 종류에 따라 다른 배열을 취하는 경우도 있다. 조율의 경우 절대적인 음높이(Pitch)가 있지 않고 악기마다 차이가 있으며 아프리카계 연주가들은 보통 자신만의 개성 있는 조율법을 갖고 있다. 칼림바로 연주할 경우엔 합주보다는 독주의 형태를 띠는 경우가 많기 때문에 이렇게 자신만의 조율법이 있는 것이 크게 문제가 되지 않는다. 먼저 칼림바의 종류와 제작을 위해 필요한 재료 및 도구를 알아보자. 칼림바는 사운드홀의 유무에 따라 크게 어쿠스틱 칼림바, 할로우바디 칼림바, 플레이트 칼림바의 세 가지로 구별할 수 있다.

어쿠스틱 칼림바　　할로우바디 칼림바　　플레이트 칼림바

어쿠스틱 칼림바는 칼림바 바디의 앞면 가운데와 뒷면에 사운드홀이 있는 형태로, 판매되는 대부분의 칼림바는 이 형태를 하고 있다. 칼림바 바디가 울림통의 역할을 하기 때문에 세 종류 중 가장 큰 소리가 난다. 사실 어쿠스틱 악기라 하면 전자장치를 이용하지 않고 악기 본래의 울림으로 소리를 내는 악기를 말하나 칼림바에서는 가운데 사운드홀이 있는 이 형태를 어쿠스틱 칼림바라 한다. 할로우바디 칼림바는 사운드홀이 바디 아래에 있는 형태의 칼림바이다. 어쿠스틱 칼림바보다는 소리가 작고 플레이트 칼림바보다는 소리가 크다. 저음의 소리가 풍부하게 나는 것이 특징이다. 마지막으로 플레이트 칼림바는 속이 꽉 찬 바디로 된 칼림바로 사운드홀이 없다. 칼림바의 바디가 울림통의 역할을 하지 않기 때문에 세 종류 중 소리가 가장 작지만 경쾌하며 은은한 소리가 난다. 이 책에서는 이 중 플레이트 칼림바의 제작법을 알아볼 것이다.

같은 형태의 칼림바라 할지라도 바디로 사용하는 수종이 무엇인지에 따라 소리가 다르게 난다. 칼림바 바디로 많이 사용되는 수종에는 마호가니, 월넛, 메이플, 로즈우드, 캄포우드 등이 있다. 대부분의 칼림바는 도부터 두 옥타브 높은 미까지 총 17음계로 되어 있으나 7키, 21키, 24키, 36키 등으로 음계가 구성된 칼림바도 있다.

이제 칼림바 제작을 위한 재료와 도구를 알아보자. 먼저 칼림바를 구성하는 재료로 칼림바 바디가 있다. 이 책에서는 공방에서 제작된 칼림바 바디를 사용하지만 나무판을 목공소 등에서 주문해 직접 바디를 제작할 수도 있다. 아래 그림의 수치를 참고하자. 다만 이것은 정해져 있는 수치는 아니다. 칼람바마다 약간의 차이는 있다. 보통 칼림바 바디의 두께는 1.5~3cm 이다.

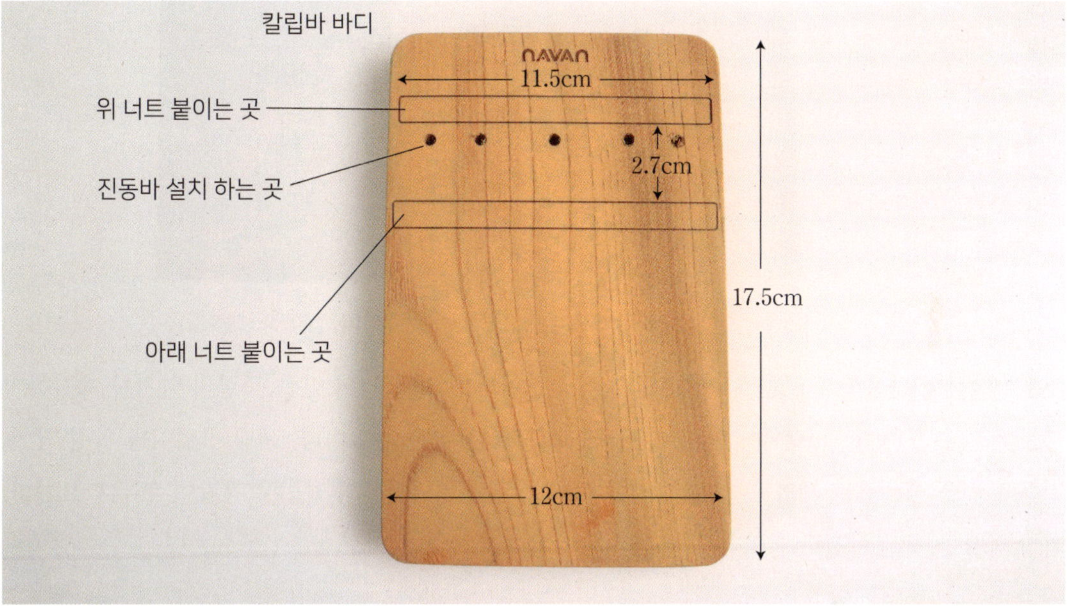

다음으로 키(Key) 세트가 있다. 키 세트는 아래와 같은 구성품으로 되어 있고 온라인 마켓에서 쉽게 구매할 수 있다.

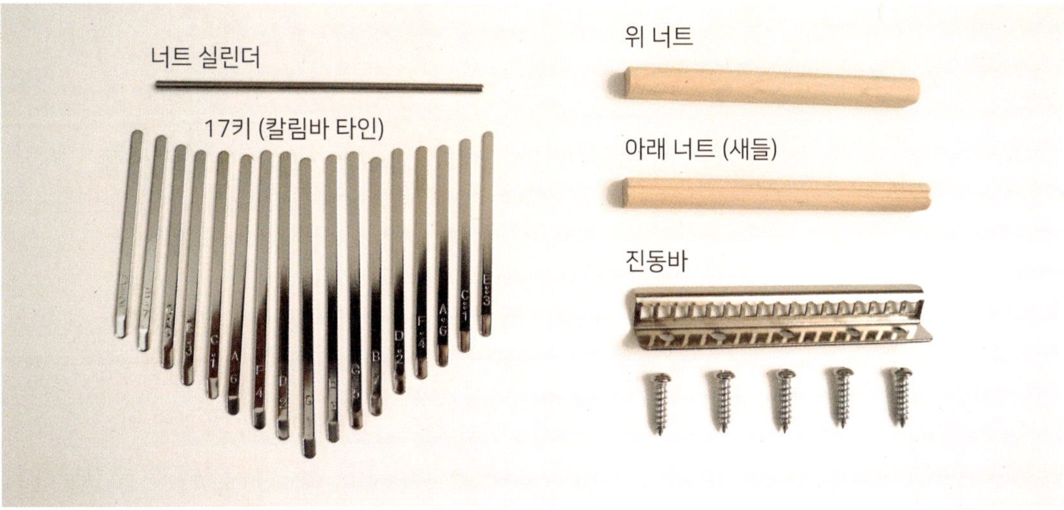

다음으로 조율할 때 사용할 조율 망치와 칼림바를 보관할 파우치(또는 칼림바 가방)가 필요하다.

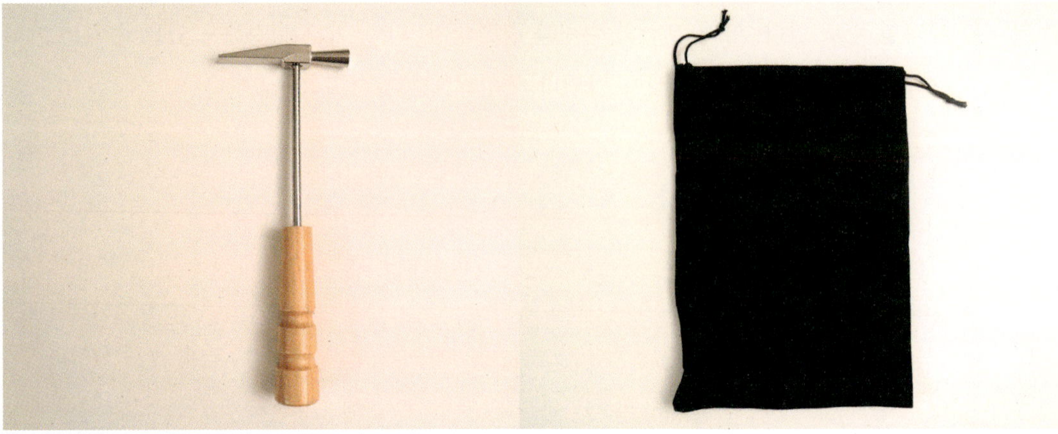

이제 제작에 사용할 도구를 알아보자. 시중에 판매되는 것과 거의 같은 품질의 악기를 제작하기 때문에 많은 도구가 필요하다. 먼저 기본적으로 필요한 것은 장갑이다. 샌딩 작업이나 왁싱 작업, 전동 드릴을 사용하는 작업 등 많은 작업을 하기 때문에 비닐장갑과 작업용 장갑이 모두 필요하다. 가장 중요한 것은 안전하게 악기를 제작하는 것이다.

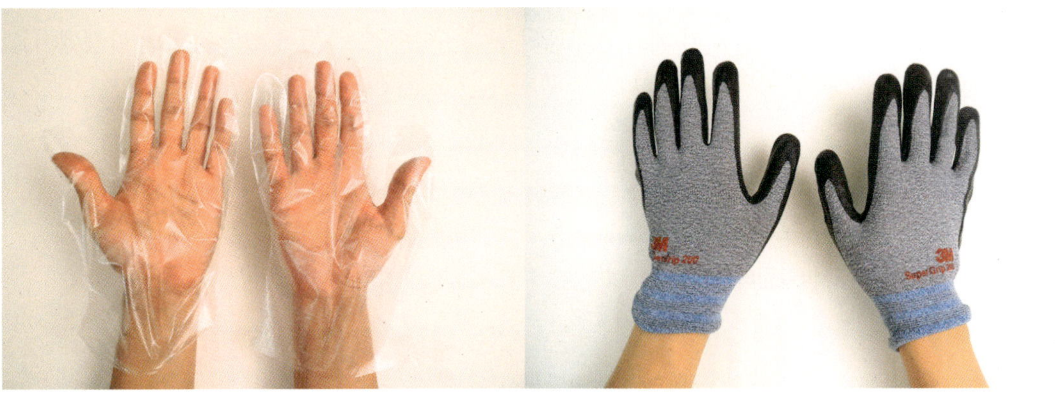

다음으로 키친타월, 천사포, 목공용 본드, 목공용 클램프, 목공용 왁스, 전동 드릴, 우레탄 망치, 롱 플라이어가 필요하다. 칼림바를 만드는 것은 나무를 다루는 일이기 때문에 전문적인 도구가 필요하다. 따라서 제작 도구 중 많은 경우는 주변에서 쉽게 구할 수 없다. 하지만 온라인 마켓 등을 통해서는 쉽게 구매할 수 있다. 각 제작 단계에서 설명하겠지만 이 도구의 대체 물품은 추천하지 않

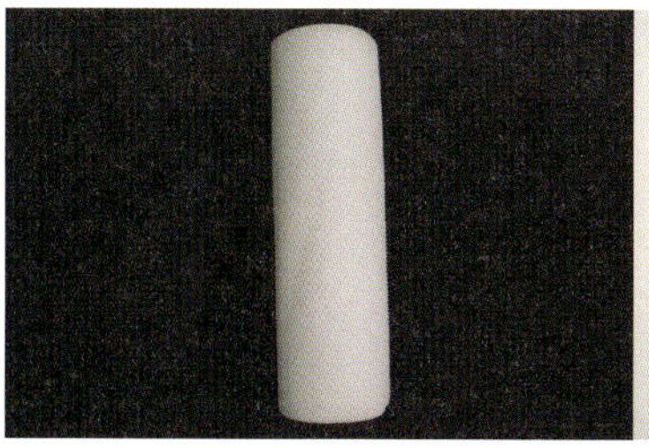
키친타월 3장

320방 천사포

목공용 본드

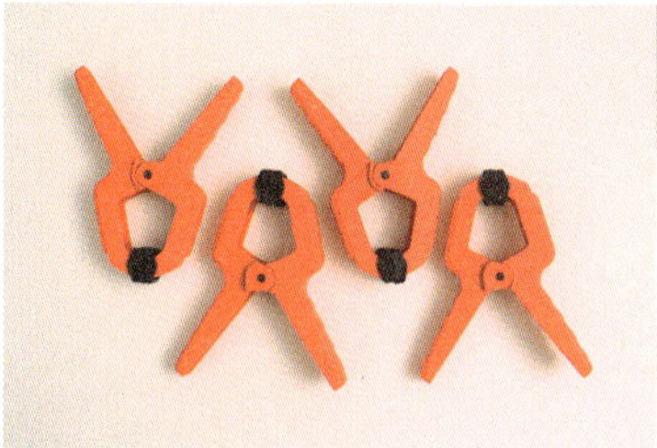
목공용 클램프 4개

목공용 왁스

전동 드릴

우레탄 망치

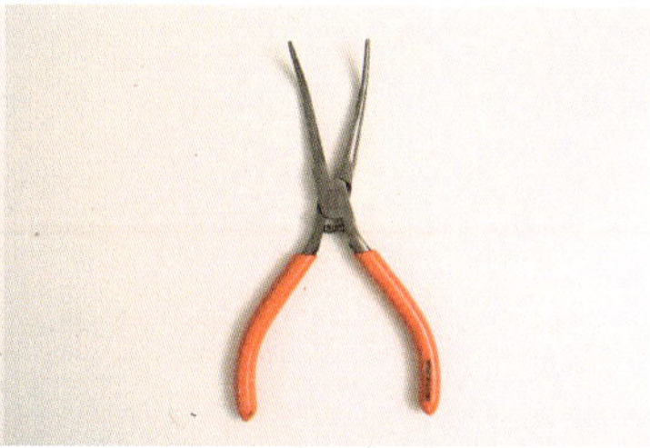
롱 플라이어

는다. 예를 들어 전동 드릴 대신 드라이버를 사용한다든가 우레탄 망치 대신 일반 망치를 사용하는 식으로 말이다. 각 제작 도구에는 나름의 필요한 이유가 있다. 이제 제작과정에 대해 알아보자.

과정 1 : 샌딩 작업

처음으로 할 작업은 샌딩 작업이다. 작업 전에 작업용 장갑을 끼자. 샌딩 작업은 사포를 이용해 나무의 결을 다듬어 부드럽고 평평하게 만드는 작업이다. 나무에 하는 작업이라 천으로 된 사포 즉, 천사포를 사용해야 한다. 여기서 제작에 사용하는 칼림바 바디는 180방 사포로 기본 샌딩 작업이 되어 있어서 320방 사포로 샌딩 작업을 진행한다. 여기서 '방'은 사포의 거칠기를 나타내는 수치이다. 숫자가 낮을수록 표면이 거칠고 수치가 높을수록 표면이 부드럽고 곱다. 만약 샌딩 작업이 이루어지지 않은 바디를 사용한다면 낮은 수치의 사포부터 높은 수치의 사포 순으로 순차적으로 샌딩을 해야 한다. 예를 들어 처음에 80방으로 샌딩 작업을 하고, 다음에는 150방, 마지막에 320방으로 샌딩 작업을 하는 순이다. 샌딩 작업이 끝나면 키친타월을 이용해 칼림바 바디 표면과 작업대에 있는 나무의 가루를 제거해 준다.

샌딩 작업을 하는 모습.

칼림바 바디에 남아 있는 나무의 가루를 제거하는 모습.

과정 2 : 너트 붙이기

다음으로 칼림바 바디에 너트를 붙이는 작업을 한다. 홈이 파여 있는 너트를 아래 붙이고 홈이 파여 있지 않은 너트를 위에 붙인다. 한번 붙이면 다시 떼었다 붙이는 것이 어려우므로 정확한 위치에 붙이는 것이 중요하다. 이 책에서 사용하는 바디엔 붙이는 위치가 표시되어 있지만 그렇지 않은 바디를 사용한다면 앞에서 소개한 바디의 수치를 참고하길 바란다. 보통 두 너트 사이의 간격은 2.7 ~ 3 cm 정도이다. 가능하면 노란색 목공용 본드를 사용하길 추천한다.

너트를 붙이는 작업은 간단해 보이지만 몇 가지 주의할 점이 있다. 먼저 너트에 본드를 칠할 때 너무 많은 양을 칠하지 않도록 해야 한다. 얇게 도포한다는 생각으로 본드를 칠하자. 너무 많은 양을 칠하면 너트 양쪽으로 본드가 새어 나오게 되는데 미관상 좋지 않고 이후 작업에도 방해가 된다. 그럼에도 만약 새어나오는 본드가 있다면 경화되기 전에 빠르게 제거해야 한다.

너트를 바디에 붙인 뒤 더 단단히 붙도록 목공용 클램프로 고정해 놓는다. 이때 너트를 붙이자마자 바로 클램프로 고정하면 본드가 경화되지 않아 너트가 틀어질 수 있다. 따라서 너트를 붙인 상태에서 5분 정도 경과 후에 클램프로 고정하도록 하자. 클램프로 고정을 할 때는 한 손으로 너트를 잡고 너트가 흔들리지 않도록 한 뒤 고정하는 것이 좋다.

목공용 본드는 어느 정도 경화되는데 최소 30분이 필요하고 완전히 경화되는 데는 24시간이 필요하기 때문에 클램프로 고정한 상태에서도 최소 20분 정도는 본드가 경화되도록 기다려야 한다. 본드가 경화되는 시간을 갖지 않고 다음 작업을 하면 너트가 틀어지거나 아예 떨어질 수 있다.

너트에 본드 칠을 하는 모습. 소량으로 가운데 위치에 바르거나 얇게 도포하듯이 바르기.

홈이 있는 너트를 아래, 홈이 없는 너트를 위에 붙인 모습. 약 5분 정도 기다리기.

5분이 지나면 목공용 클램프로 너트 고정하기. 클램프를 설치하는 모습.

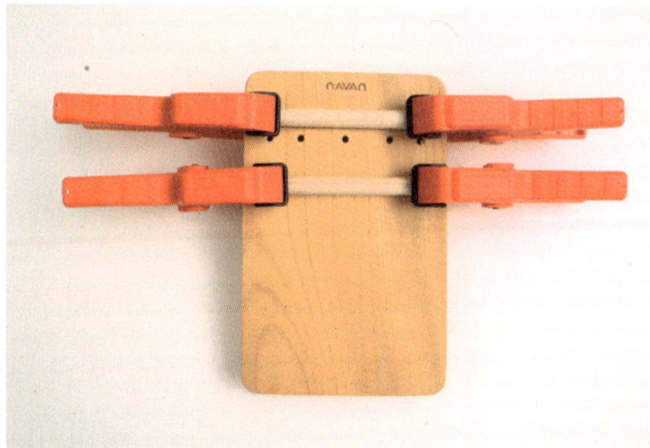

너트의 양쪽 네 군데에 클램프를 설치한 모습. 이 상태로 20분간 대기한 후, 클램프를 제거하기.

과정 3 : 왁싱 작업

다음으로 나무 마감 작업의 한 종류인 왁싱 작업이다. 작업을 시작하기 전에 비닐장갑을 끼도록 하자. 나무를 마감하는 이유엔 세 가지가 있다. 하나는 목재의 수축과 팽창을 억제하기 위해서다. 수축과 팽창을 억제함으로써 악기의 수명을 연장할 수 있다. 또 다른 이유는 목재의 표면을 깨끗하게 유지하기 위해서다. 마감 작업을 안 하면 깨끗한 표면은 생각보다 오래가지 않는다. 마감 작업은 여러 환경으로부터 나무를 보호하는 역할을 한다. 마지막으로 목재의 아름다움을 향상시키기 위해서다. 보통 마감을 하면 나무 색상이 선명해져서 더 아름답게 보이게 된다. 마감 방법은 여러 가지가 있는데 여기서는 목공용 왁스를 이용해 마감 작업을 한다. 먼저 나뭇결을 따라 전체적으로 충분히 도포한 후 10 ~ 15분 정도 왁스가 스며드는 시간을 갖는다. 이후 나무 표면의 왁스를 닦아내면 작업이 끝난다. 왁싱 작업은 1회로 끝내도 되지만 2회 정도 반복해도 된다.

왁싱 작업하는 모습. 나뭇결을 따라 전체적으로 충분히 왁스 바르기.

왁스가 스며들도록 10~15분 정도 대기 후, 남아 있는 왁스를 키친타월로 닦아 주기. 왁싱 작업 후 대기하는 모습.

과정 4 : 진동바 장착

다음으로 진동바를 장착해야 한다. 진동바가 확실히 고정돼야 악기의 소리가 잘 난다. 따라서 드라이버 같은 것으로 나사를 조이는 것은 좋지 않다. 전동 드릴을 이용하자. 진동바의 가운데 부분에 먼저 나사를 설치하고 나머지 부분도 설치하자. 전동 드릴로 나사를 조일 때는 칼림바 바디를 꽉 잡아줘야 한다. 그렇지 않으면 바디가 막 돌아갈 수 있다.

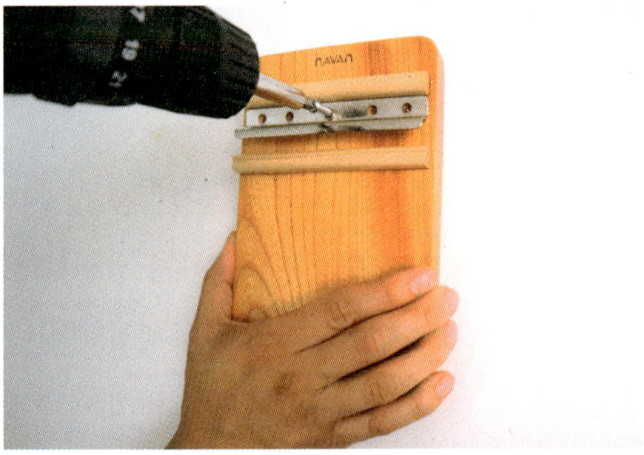

진동바를 설치하는 모습. 바디가 움직이지 않도록 바디를 잡고 설치하기.

진동바를 장착한 모습.

과정 5 : 키 장착

다음으로 키를 장착해야 한다. 이 작업은 전체 작업 중 가장 어려운 작업이다. 키를 장착하기 전에 먼저 키를 순서에 맞게 배열하고 아래 너트에 너트 실린더를 올리도록 하자.

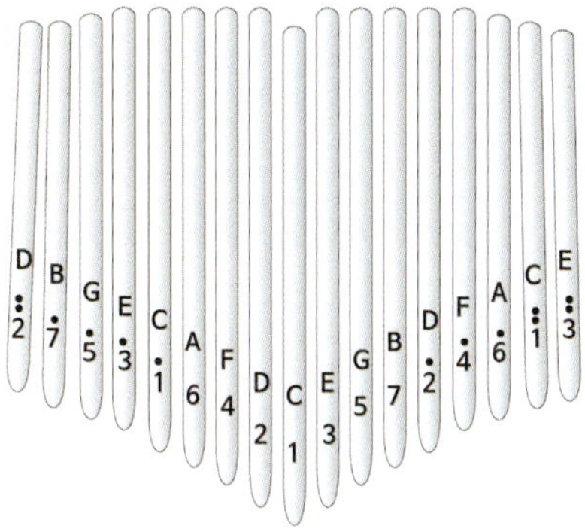

칼림바 키 배열.

키를 배열하고 너트 실린더를 올린 모습.

이후 다음과 같은 과정으로 키를 장착한다.

키를 장착하기 위해 적당한 다른 키를 받침대로 사용. 장착할 키가 받침대로 사용하는 키 위로 오도록 그림처럼 배치하기. 왼쪽이 장착할 키. 오른쪽이 받침대로 사용하는 키.

한 손으로 두 키를 고정하고 장착할 키를 우레탄 망치로 쳐서 받침대로 사용하는 키 위로 올리기.

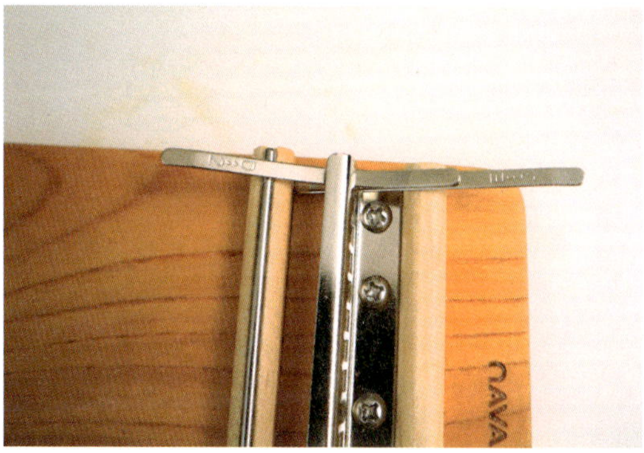

장착할 키가 받침대로 사용하는 키 위로 올라간 모습.

롱 플라이어를 이용해 받침대로 사용한 키를 제거.

키가 하나 장착된 모습.

이 과정을 17 번 반복하면 모든 키를 장착하게 된다. 키 장착이 생각처럼 잘되지 않을 수 있다. 망치질을 할 때 키가 움직이지 않도록 잘 고정하는 것이 중요하다. 하다 보면 요령이 생긴다. 마지막 키를 장착할 때 받침대로 쓸 키가 없다면 아래 그림처럼 쇠자 같은 것을 받침대로 써도 된다.

전체 키 중 반 정도를 장착한 모습.

마지막 키를 장착하기 위해 준비하는 모습. 여분의 키가 있으면 받침대로 쓰고 없으면 그림처럼 쇠자를 받침대로 씀.

망치질을 통해 마지막 키가 쇠자 위로 올라간 모습. 쇠자 제거하기.

모든 키가 장착된 모습.

키를 장착할 때 우레탄 망치를 사용하는 이유는 칼림바 키가 상하지 않게 하기 위해서이다. 쇠로 된 일반 망치를 사용하면 키를 장착하는 과정에서 키가 상할 수 있다.

과정 6 : 조율하기

마지막 작업은 조율이다. 앱스토어를 통해 칼림바 조율 어플을 다운 받아 설치하자. 조율 망치를 이용해 칼림바를 조율하면 악기가 완성된다. 키가 앞으로 길게 나오면 음이 낮아지고 키가 짧아지면 음이 높아지는 점을 이용해 조율하면 된다.

조율 어플을 이용해 키를 조율하는 모습.

완성된 칼림바의 모습.

칼림바는 다른 악기에 비해 비교적 연주하기가 쉽다. 칼림바를 이용해 멋진 곡을 연주해 보자.

Chapter 03

대칭의 미학

테셀레이션 : 평면대칭군

어떤 체험을 할까요?

1 대칭의 아름다움, 테셀레이션 분류하기

01

대칭과 대칭이동

대칭은 질서와 아름다움을 이해하기 위해 인류가 오랫동안 탐구해온 개념으로 물리, 화학, 예술, 음악, 건축 등 다양한 분야에서 연구되어 왔다. 인류는 이를 통해 대칭에 대해 이해하고자 노력했고 이는 수학에서도 마찬가지이다. 사실 어려운 수학 이론을 이야기하지 않아도 우리 주변에서 쉽게 대칭을 발견할 수 있다. 당장 거울을 보라. 나 자신이 좌우 대칭의 모습을 하고 있다. 또한 다른 대부분의 동물이 그렇다. 그 외에도 벌집의 모양, 눈송이, 광물의 결정, 바이러스의 모습 등에서도 대칭이 관찰된다. 노벨상 수상자인 필립 워런 앤더슨(Philip Warren Anderson)은 1972년에 자신이 쓴 논문 〈More is Different〉에 다음과 같은 말을 남겼다.

아주 약간 과장되게 말하면 물리학은 대칭을 연구하는 학문이다.

그의 이 말은 대칭이란 개념이 물리학에서 얼마나 중요한지를 보여준다. 그리고 이는 수학에서도 마찬가지다. 그런데 대칭이란 무엇인가? 대칭에 대한 수학적 정의는 다음과 같다.

대칭(Symmetry)

대상에 어떤 변환을 시행해도 처음에서 변하지 않을 때 그 대상은 그 변환에 대하여 대칭이라고 한다.

기하학적 대상에 나타나는 대표적인 대칭에는 회전이동 대칭, 반사 대칭, 평행이동 대칭, 미끄럼반사 대칭이 있다.

여러 가지 대칭

1. **회전이동 대칭** : 도형을 대칭축(Symmetry Axis)을 기준으로 적당한 각도만큼 회전을 시켰을 때 처음 모습과 같아지는 경우를 말한다.
2. **반사 대칭** : 거울 대칭 또는 거울상 대칭이라고도 하며 도형의 모든 점이 대칭축에서 떨어진 거리만큼 반대편에도 있는 경우를 말한다.
3. **평행이동 대칭** : 도형을 일정한 방향으로 일정한 거리만큼 이동했을 때 처음의 모습과 같아지는 경우를 말한다.
4. **미끄럼반사 대칭** : 도형에 적당한 평행이동과 반사를 시행했을 때, 처음 모습과 같아지는 경우를 말한다.

대칭이란 개념이 어렵게 느껴질 수 있지만, 예를 통해 살펴보면 생각보다 어렵지 않다. 먼저 회전이동 대칭에 대해 생각해 보자.

그림1

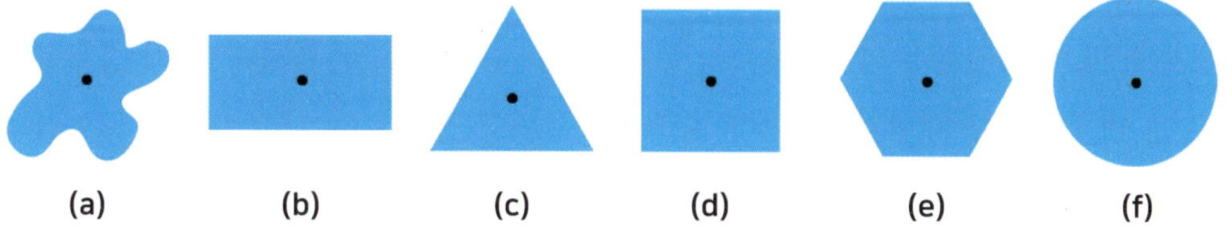

회전이동 대칭의 경우 대칭축을 중심으로 360° 회전할 때, 처음 모습과 같아지는 것이 몇 번인지에 따라 종류를 구별할 수 있다. 예를 들어 그림1에서 검은 점을 대칭축이라 할 때, (b)의 직사각형은 360° 회전하는 동안 처음과 모습이 같아지는 경우가 2번이다. 이 경우 직사각형은 2회 대칭을 갖는다고 한다. 마찬가지로 (c)의 정삼각형은 360° 회전하는 동안 처음과 모습이 같아지는 경우가 3번이다. 이 경우 정삼각형은 3회 대칭을 갖는다고 한다. 대칭축을 중심으로 360° 회전하는 동안 처음과 모습이 같아지는 경우가 n번이라면 n회 대칭(n-fold Symmetry)을 갖는다고 한다. 일반적으로 n회 대칭을 갖는다는 것은 주어진 도형이 대칭축을 중심으로 $360°/n$ 회전할 때마다 처음 모습과 같아지는 것을 의미한다. 그림1은 순서대로 1회, 2회, 3회, 4회, 6회 그리고 무한 회 대칭을 갖는다.

그림1의 (a)는 다른 도형과 달리 불규칙한 형태로 조금 독특하다. 이 경우엔 1회 대칭이므로 360° 회전하는 동안 처음과 모습이 같아지는 경우가 1번뿐이다. 그런데 사실 이는 회전이동과 관련해 대칭이 없는 경우이다. 왜냐하면 어떤 도형이든 한 바퀴 회전한 후에 보이는 모습은 원래 처음에 보였던 모습과 같기 때문이다. 아마도 이러한 경우에 대해서도 정의를 하는 것이 의미 없어 보일 수 있다. 하지만 이렇게 회전이동 대칭을 갖지 않는 경우도 회전이동 대칭이란 테두리 안에서 정의함으로써 이런 경우 역시 이론적으로 다룰 수 있다.

그림2

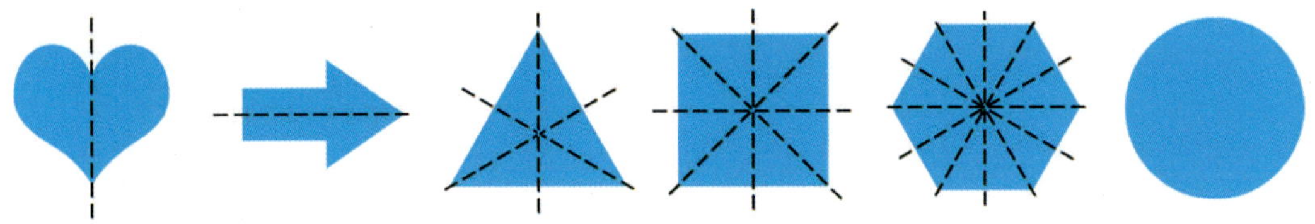

반사 대칭은 다른 말로 거울 대칭 또는 거울상 대칭이라고도 한다. 평면상에서 반사 대칭의 대칭축은 하나의 선이다. 그림2의 점선이 바로 이 대칭축을 나타낸 것이다. 그림에서 보면 알겠지만 반사 대칭인 경우 대칭축은 하나 이상 존재한다. 하트와 화살표는 1개, 정삼각형은 3개, 정사각형은 4개, 정육각형은 6개의 대칭축이 존재하고 원의 경우에는 무한히 많은 대칭축이 존재한다. 특별하게 대칭축이 수직선으로 존재할 때, 이 도형을 좌우대칭이라 한다.

그림3

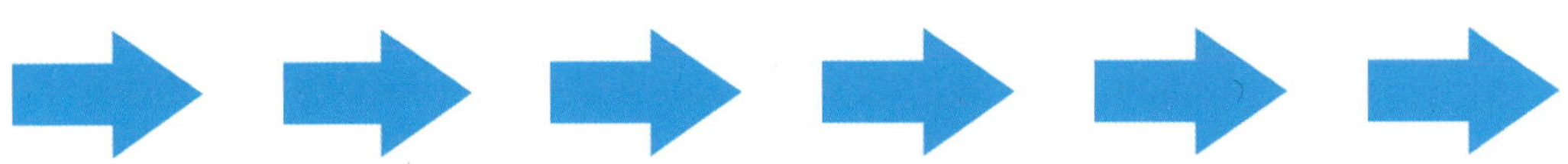

평행이동 대칭을 갖는다는 것은 평행이동을 했을 때 도형의 형태뿐만 아니라 위치까지도 변하지 않는 것을 의미한다. 따라서 유한한 크기의 도형은 평행이동 대칭을 갖지 않는다. 어떤 도형이 평행이동 대칭을 가지려면 기본적으로 무한한 형태여야 한다. 평행이동 대칭을 갖는 도형의 대표적인 예는 무한한 띠의 형태이다. 그림3이 좌우로 무한히 반복된다고 하자. 이때, 이 그림을 가로 방향으로 적당히 평행이동하면 처음 모습과 같아지기 때문에 평행이동 대칭을 갖는다고 할 수 있다.

그림4

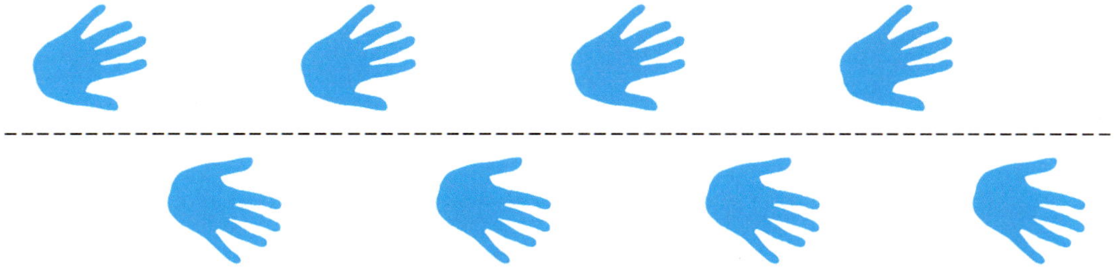

그림 4가 좌우로 무한히 반복된다고 할 때, 이 그림은 미끄럼반사 대칭을 갖는다. 그 이유는 가운데 선을 기준으로 그림을 반사하고, 가로 방향으로 적당히 평행이동 시키면 처음 모습과 같아지기 때문이다. 어떤 도형이 미끄럼반사 대칭을 가지려면 평행이동 대칭을 갖는 경우와 마찬가지로 도형이 무한한 형태여야 한다.

02

평면대칭군(Wallpaper Group)

대칭을 기준으로 주기적으로 반복되는 테셀레이션을 분류하면 그 종류가 모두 17가지라고 알려져 있다. 이 17가지 분류체계를 보통 벽지군(Wallpaper Group)이라 부르고 다른 말로 평면대칭군(Plane Symmetry Group) 또는 평면결정군(Plane Crystallographic Group)이라고 한다.

이와 같은 사실은 러시아의 수학자이자 결정학자인 에브그라프 페도로프(Evgraf Fedorov)가 1891년 증명했고 1924년 수학자 조지 폴리아(George Polya)가 독립적으로 발견했다. 이 17가지 패턴의 대칭은 4가지 대칭의 기본형식인 평형이동, 반사, 미끄럼 반사, 회전이동으로 이루어진다. 어떤 도형이 있다고 할 때 그 도형은 당연히 대칭을 갖거나 갖지 않을 수 있고 여러 대칭을 동시에 갖고 있을 수도 있다.

그림5

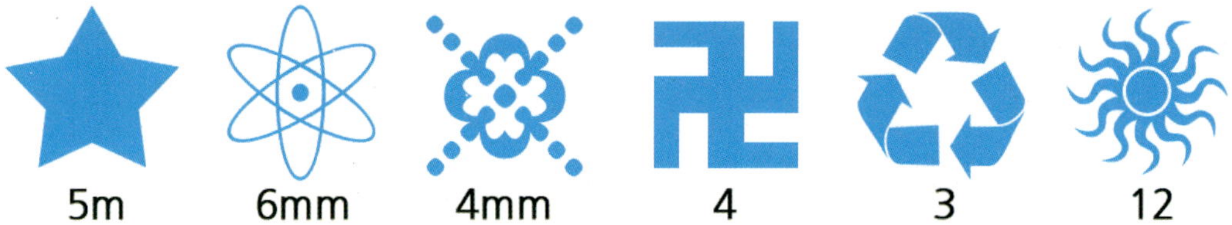

그림5에서 앞에 있는 3개의 도형은 회전이동 대칭과 반사 대칭을 모두 갖고 있고 뒤에 있는 3개의 도형은 순수하게 회전이동 대칭만 갖고 있다. 이렇게 회전이동 대칭과 반사 대칭이 모두 있는 경우를 **이면체 대칭**(Dihedral Symmetry)이라 하고, 회전이동 대칭만 있는 경우를 **순환 대칭**(Cyclic Symmetry)이라 한다.

도형이 어떠한 대칭을 갖느냐에 따라 대칭에 대한 기호를 부여할 수 있다. 회전이동에 대해 n회 대칭이라면 n이라는 숫자를 부여한다. 예를 들어 그림5에서 첫 번째 도형인 별 모양은 5회 대칭을 갖는다. 따라서 이 도형에는 5라는 숫자를 부여할 수 있다. 비슷하게 마지막에 있는 태양 모양의 도형은 12회 대칭을 가지므로 12라는 숫자를 부여할 수 있다.

반사 대칭과 관련해서는 수직 대칭축이 존재하는지 또는 수평 대칭축이 존재하는지에 따라 기호를 부여할 수 있다. 이 경우에 거울의 영문자인 mirror의 첫 철자인 'm'을 사용해 표기한다. 첫 번째 별 모양 도형은 수직 대칭축만 가지므로 m을 부여하고 두 번째 도형은 수직 대칭축과 수평 대칭축을 모두 갖고 있으므로 mm을 부여한다.

정리하면 첫 번째 별 모양은 회전이동과 관련하여 5회 대칭이고 반사와 관련하여 수직 대칭축을 갖고 있으므로 5m으로 표기할 수 있다. 두 번째 도형은 회전이동과 관련하여 6회 대칭이고 반사와 관련하여 수직과 수평 대칭축을 모두 갖고 있으므로 6mm으로 표기할 수 있다. 반면에 네 번째 만자 무늬인 도형은 회전이동과 관련하여 4회 대칭이지만 반사 대칭은 갖지 않으므로 4라고 표기할 수 있다. 다른 도형도 비슷하게 대칭에 대한 기호를 부여할 수 있다. 각각 도형 밑에 있는 문자가 바로 도형이 갖고 있는 대칭에 대한 기호표현이다. 여기서 우리가 중요하게 알아야 할 것은 도형이 갖는 대칭에 따라 적당한 기호로 표현할 수 있다는 점이다. 이는 테셀레이션에 대해서도 마찬가지다. 이제 벽지군을 알아보고 테셀레이션이 갖는 대칭을 어떻게 기호로 표현할 수 있는지 생각해 보자.

벽지군의 기본단위(Unit Cell)와 기호표현

패턴의 반복으로 테셀레이션을 만든다고 할 때, 이 패턴이 가질 수 있는 모양은 무한히 많이 존재한다. 볼록 다각형이나 오목 다각형일 수도 있고 사람 얼굴 모양이나 강아지 모양일 수도 있다. 따라서 이 모든 모양을 반영해 벽지군의 종류를 분류하기는 쉽지 않다. 하지만 이 패턴의 모양을 단순화할 수 있다. 기하학적으로 상당히 복잡한 형태의 패턴을 사용해 테셀레이션을 만들었다고 하더라도 이 테셀레이션의 기본 패턴을 사각형으로 바꿔서 생각할 수 있다. 어떻게 이런 일이 가능할까?

패턴의 반복으로 테셀레이션을 만든다면 이 테셀레이션은 기본적으로 주기성을 갖는다. 평면은 2차원이므로 두 방향으로 이런 주기가 반복된다. 대표적인 예는 우리가 잘 알고 있는 좌표평면의 x축 방향과 y축 방향이다. (두 방향이 이루는 각도가 꼭 직각일 필요는 없다) 따라서 두 방향과 평행한 선을 변으로 하는 적당한 사각형 영역을 선택한다면 이 사각형 영역을 평행이동 시키는 것만으로 테셀레이션을 만들 수 있다.

그림6

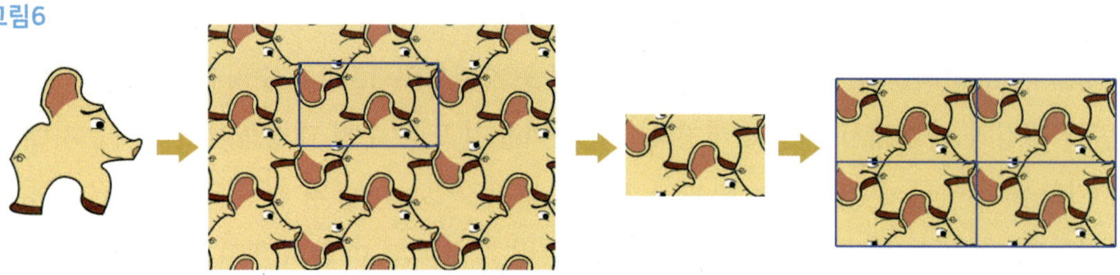

예를 들어 그림6의 왼쪽은 돼지 모양 패턴으로 테셀레이션을 만든 모습이다. 이 테셀레이션은 주기적이므로 그림6의 오른쪽 그림과 같이 적당한 사각형 영역을 잡아 평행이동시키면 같은 테셀레이션을 만들 수 있다. 결정학에서는 이를 **기본셀**(Unit Cell)이라 한다. 평면에서 이 기본셀은 그 형태와 성질에 따라 크게 두 가지로 나눌 수 있는데 바로 **단순셀**(Primitive Cell)과 **중심셀**(Centered Cell)이다. 단순셀은 다시 4가지 형태로 나눌 수 있다. 여기에서는 이에 대해 자세히 다루지 않는다. 단지 단순셀은 테셀레이션의 주기성을 고려했을 때, 최소한으로 잡을 수 있는 사각형 형태의 기본셀이고 중심셀은 단순셀 크기의 2배인 기본셀이다. 여기에서는 단순셀에 대해 자세히 다루지 않는다. 좀 더 자세한 설명과 이해를 원한다면 결정학과 관련된 서적을 참고하기를 추천한다. 여기서 중요하게 알아야 하는 것은 평면상에서의 모든 주기적인 테셀레이션은 사각형 형태의 기본패턴을 평행이동시키는 것만으로 만드는 것이 가능하다는 것이다. 따라서 이것이 가질 수 있는 유형을 조사하는 것만으로도 평면상의 가능한 모든 테셀레이션의 종류를 알 수 있다.

이제 주기적인 테셀레이션이 가질 수 있는 대칭을 생각해 보자. 앞서 대칭은 회전이동 대칭, 반사 대칭, 평행이동 대칭, 미끄럼 반사 대칭이 있다고 하였다. 그리고 유한한 도형은 평행이동 대칭과 미끄럼 반사 대칭을 가질 수 없음도 확인하였다. 그런데 우리는 주기적인 테셀레이션을 상하좌우로 무한히 뻗는 형태로 생각할 것이다. 따라서 주기적인 테셀레이션은 이 모든 대칭을 가질 수 있다. 그리고 사실 모든 주기적인 테셀레이션은 평행이동 대칭을 갖고 있다. 앞서 알아본 것처럼 모든 주기적인 테셀레이션은 기본셀의 평행이동으로 만들 수 있기 때문이다.

대칭을 기준으로 주기적인 테셀레이션을 구분할 때, 평행이동 대칭은 모두 갖고 있으므로 구분의 기준이 되지 않는다. 따라서 구분의 기준은 기본셀이 어떤 형태인지, 회전이동 대칭을 갖는지, 반사 대칭을 갖는지, 미끄럼 반사 대칭을 갖는지이다. 이를 기호로 표현하는 방법은 여러 가지이다. 여기서는 국제결정학연합(IUC)의 표현으로 나타내기로 한다.

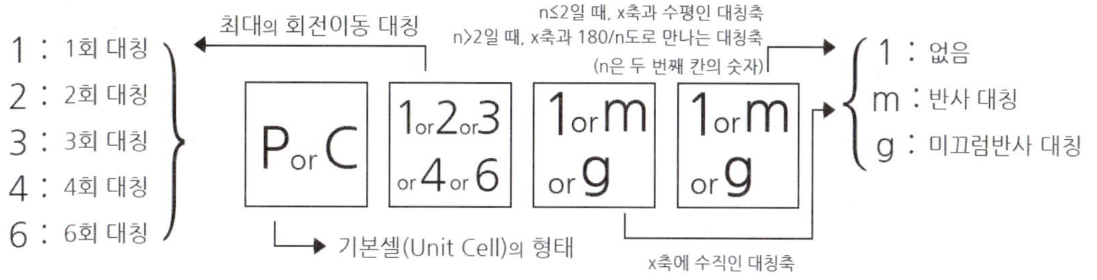

그림7 대칭에 대한 국제결정학연합의 표기법

이 4자리 기호는 국제결정학연합의 표준기호이다. 이 표준기호 대신에 혼돈이 없는 선에서 약식기호를 사용하기도 한다. 17가지 벽지군을 기호로 나타내면 아래 표와 같다.

표준 기호	약식 기호	표준 기호	약식 기호	표준 기호	약식 기호	표준 기호	약식 기호
p111	p1	p2mm	pmm	p3m1	p3m1	p611	p6
p1m1	pm	p2mg	pmg	p31m	p31m	p6mm	p6m
p1g1	pg	p2gg	pgg	p411	p4		
c1m1	cm	c2mm	cmm	p4mm	p4m		
p211	p2	p311	p3	p4gm	p4g		

표준기호의 첫 번째 칸은 기본셀의 형태로 단순셀(Primitive Cell)인지 중심셀(Centered Cell)인지를 나타낸다. 두 번째 칸은 테셀레이션의 회전이동 대칭을 나타낸 것이다. 테셀레이션은 여러 종류의 회전이동 대칭을 동시에 가질 수 있는데 이 칸에는 이 중에서 가장 높은 횟수의 회전이동 대칭을 표기한다. 세 번째 칸은 x축과 수직인 반사 대칭축이나 또는 미끄럼반사 대칭축의 존재 유무, 네 번째 칸은 x축과 수직이 아닌 반사 대칭축이나 또는 미끄럼반사 대칭 축의 존재 유무에 따라 표현이 결정된다. 여기서 x축은 기본셀의 평행이동으로 테셀레이션을 구성할 때 생기는 2개의 평행이동축 중 하나이다. 보통 주축이라고 하며 2개의 축 중 임의로 하나를 선택하는 경우도 있지만 주축이 정해져 있는 경우도 있다.

한 가지 알아야 할 것은 이 기호 표현은 테셀레이션이 갖고 있는 모든 대칭을 나타낸 것은 아니라는 점이다. 어떤 테셀레이션은 여러 종류의 반사 대칭축과 미끄럼반사 대칭축을 갖고 있지만 위 기호표현에서는 이 테셀레이션에 대해 세 번째 칸이나 네 번째 칸의 조건을 만족하는 대칭축이 있는지만 나타낼 뿐이다. 또한 경우에 따라 x축과 수직인 반사 대칭축과 미끄럼반사 대칭축을 모두 갖고 있는 테셀레이션도 있지만 위 기호표현에서 세 번째 칸에 이 둘을 다 표현할 수 없기 때문에 그중 한 가지만 표현한다. 따라서 이 기호표현으로는 테셀레이션이 갖고 있는 대칭성을 완전히 파악할 수 없다. 그래서 테셀레이션이 갖고 있는 대칭을 좀 더 이해하기 쉽게 다이어그램(Diagram)으로 나타낼 수 있다. 다이어그램으로 나타낼 때 회전이동의 대칭축, 반사의 대칭축, 미끄럼 반사의 대칭축은 다음과 같이 나타낸다. (평면상에서는 회전이동 대칭축은 점이고, 반사와 미끄럼반사 대칭축은 선이다.)

종류	그림표현	종류	그림표현
2회대칭축	◆	6회 대칭축	⬢
3회 대칭축	▲	반사 대칭축	═══
4회 대칭축	■	미끄럼반사 대칭축	- - - - -

이제 p4gm의 예인 그림 8을 통해 p4gm을 어떻게 다이어그램으로 표현할 수 있는지 알아보자.

그림8

먼저 이 테셀레이션의 기본셀을 표현하면 그림 9와 같다. 그림 9에서 파란색으로 나뉜 각 정사각형이 테셀레이션의 기본셀이다. 각 정사각형 안의 형태가 모두 같음을 알 수 있다. 따라서 이 기본셀을 평행이동 시켜서 전체 테셀레이션을 구성할 수 있다.

그림9

다음으로 이 테셀레이션이 가지고 있는 반사 대칭을 표현하면 그림10과 같다. 각 파란색 선이 모두 반사 대칭축이다.

그림10

다음으로 미끄럼반사 대칭축을 표현하면 그림11과 같다. 모두 4개의 미끄럼반사 대칭축이 존재한다.

그림11

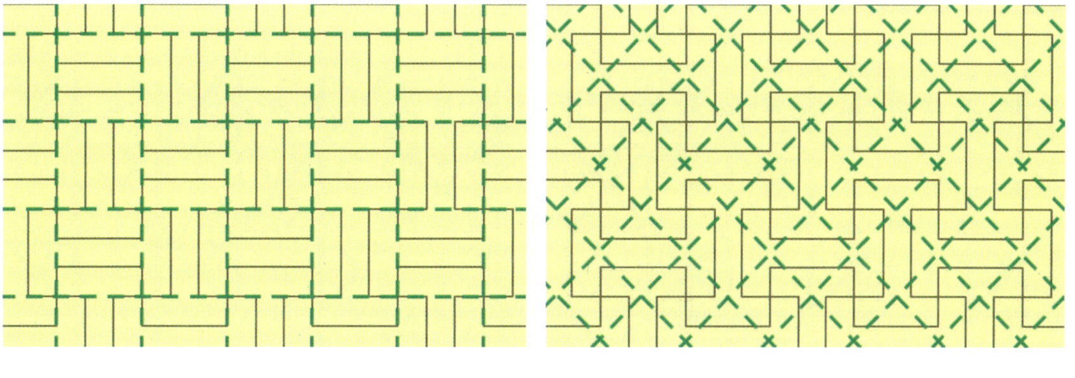

다음으로는 회전이동 대칭축이다. 먼저 2회 대칭축을 나타내면 그림12와 같다. 각 점이 모두 2회 대칭축이다.

그림12

다음으로 4회 대칭축을 나타내면 그림13과 같다. 각 점이 모두 4회 대칭축이며 이 점을 기준으로 90° 회전할 때마다 처음과 같아진다.

그림13

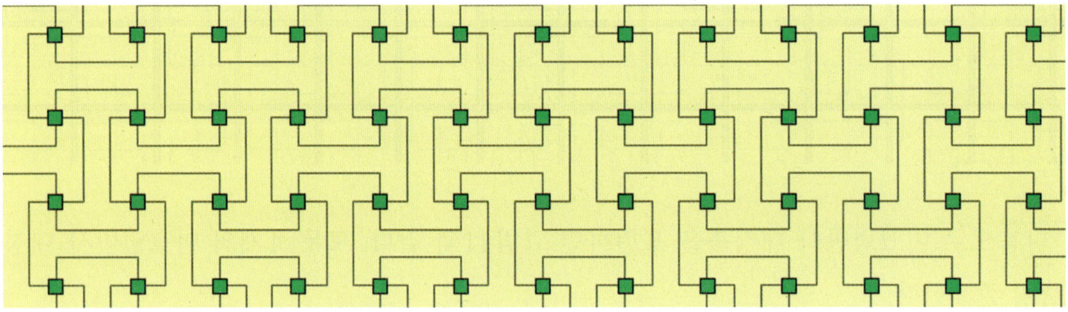

이 모든 것을 한 번에 나타내면 그림14와 같다.

그림14

이것이 이 테셀레이션의 기본셀과 갖고 있는 모든 대칭을 표현한 것이다. 그런데 각 기본셀을 기준으로 보면 그 안쪽과 테두리에 모든 대칭축이 표현됨을 알 수 있다. 따라서 기본셀에 대칭축을 표현하는 것으로 이 테셀레이션이 갖고 있는 모든 대칭을 나타낼 수 있다.

그림 15

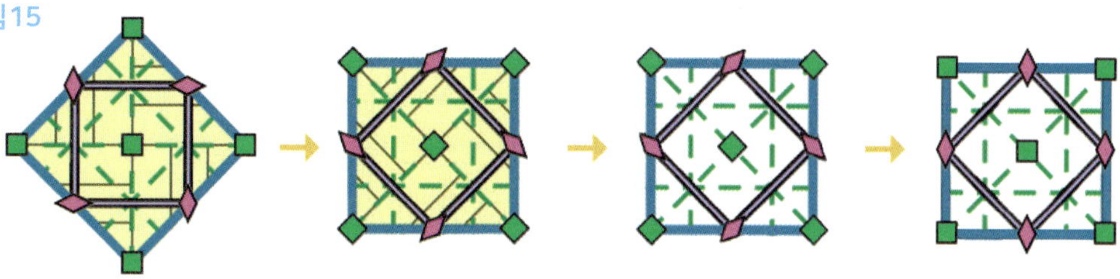

기본셀에 대칭을 표현하는 과정을 표현하면 그림 15와 같다. 그림 15의 마지막 그림이 이 테셀레이션의 기본셀의 형태와 대칭을 다이어그램으로 표현한 것이다. 이러한 작업은 모든 형태의 주기적인 테셀레이션에서 가능하다.

그런데 테셀레이션에는 어떻게 이렇게 다양한 대칭이 존재할까? 이런 대칭의 존재에는 두 가지 정도가 영향을 미친다. 한 가지는 기본셀의 형태이다. 기본셀의 형태가 정사각형인지, 마름모인지 혹은 평행사변형인지 직사각형인지에 따라 나타날 수 있는 대칭이 다르다. 그리고 이웃하는 두 변이 이루는 각도에 따라서도 다르다. 다른 한 가지는 기본셀의 무늬(Motif)이다. 기본셀이 같은 정사각형의 형태라고 하더라도 기본셀을 이루는 무늬가 어떤지에 따라 반사 대칭을 가질 수도 있고 갖지 않을 수도 있다. 회전이동 대칭이나 미끄럼반사 대칭의 경우도 마찬가지다. 특히, 어떤 기본셀은 특정 무늬의 반복으로 이루어지기도 한다.

그림 16

그림 16에서 기본셀의 무늬를 보면 이 기본셀을 반복해서 채우는 더 작은 단위의 영역이

있음을 알 수 있다. 세 번째 그림의 진한 부분이 바로 이 영역에 해당한다. 이 영역을 적당히 대칭이동하면 기본셀 전체를 채우게 된다. 네 번째 그림에서 기본셀을 나눈 8개의 영역이 모두 같은 이미지임을 알 수 있다. 그리고 마지막 그림은 이 영역이 어떤 대칭이동에 의해 기본셀 전체를 채우는지 추상화하여 나타낸 것이다.

이 영역을 **기본 영역**(Fundamental Region)이라 한다. 기본 영역은 테셀레이션을 반복해서 채울 수 있는 최소한의 영역이다. 기본 영역과 기본셀과의 차이점을 살펴보면 기본셀은 평행이동만으로 테셀레이션을 만들 수 있지만 기본 영역은 꼭 그렇지는 않다는 것이다. 일반적으로 이 기본 영역은 기본셀보다 작다. 하지만 테셀레이션에 따라 기본셀과 기본 영역이 같을 수도 있다. 테셀레이션의 특징을 이해하려면 기본 영역과 기본셀의 관계도 알아야 한다. 따라서 테셀레이션의 대칭성에 대한 다이어그램에 이 기본영역도 표현해야 한다. 이런 점을 모두 정리해 p4gm의 다이어그램을 나타내면 그림17과 같다.

그림17

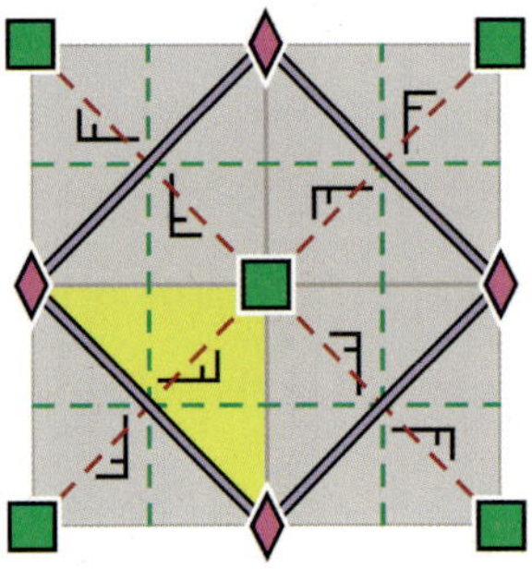

이 다이어그램과 국제결정학연합의 표준기호 p4gm을 비교해 보자. 기본셀은 정사각형 형태인 단순셀이어서 표준기호의 첫 자리가 p이다. 또한 2회 대칭과 4회 대칭을 갖고 있으므로 최대로 갖는 회전이동 대칭은 4회 대칭이고 표준기호의 두 번째 자리가 4이다. 가로선을 x축이라 할 때 x축에 수직인 미끄럼반사 대칭축이 존재하므로 표준기호의 세번째 자리는 g이다. 표준기호의 마지막 자리는 최대의 회전이동 대칭이 무엇이냐에 따라 표시하는 조건이 다르다. 이 다이어그램의 경우 최대의 회전이동 대칭은 4회 대칭이므로 표준기호의 마지막자리에는 x축과 $45°$로 만나는 반사 대칭축이나 미끄럼반사 대칭축의 존재 유무를 나타낸다. 다이어그램에 보이듯 x축과 $45°$로 만나는 반사 대칭축과 미끄럼 반사 대칭축이 모두 존재한다. 둘 다 표현할 수 없으므로 표준기호에서는 m으로 표현하였다.

평면상의 모든 대칭, 벽지군

이제 17가지 벽지군을 알아보자. 각 벽지군의 다이어그램에서 가로선이 x축에 해당한다. 다이어그램에 표기된 대칭과 국제결정학연합의 표준기호가 서로 잘 맞는지 확인하면서 보면 좀 더 이해를 높을 수 있을 것이다.

1) p1 : 이 유형은 모든 벽지군 중 가장 단순한 형태이다. 오직 평행이동 대칭만을 갖고, 기본 영역과 기본셀이 같다. 기본셀은 평행사변형이다.

그림18

2) pm : 이 유형은 반사 대칭을 갖고 있고, 회전이동 대칭이나 미끄럼반사 대칭은 없다. 반사 대칭축은 서로 평행하고 기본 영역은 기본셀의 절반이다. 기본셀은 직사각형이다.

그림19

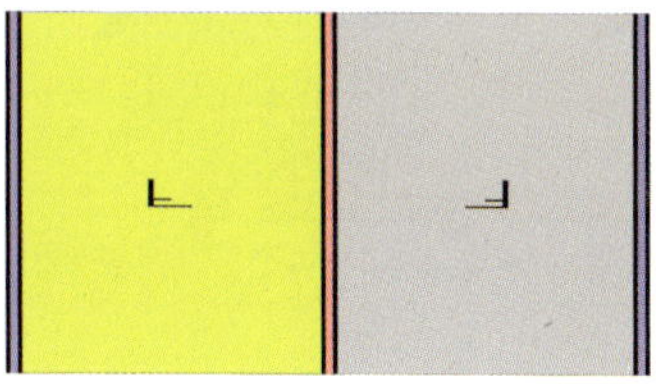

3) pg : 이 유형은 미끄럼반사 대칭을 갖고 있고, 회전이동 대칭이나 반사 대칭은 없다. 미끄럼반사 대칭축은 서로 평행하고 기본 영역은 기본셀의 절반이다. 기본셀은 직사각형이다.

그림20

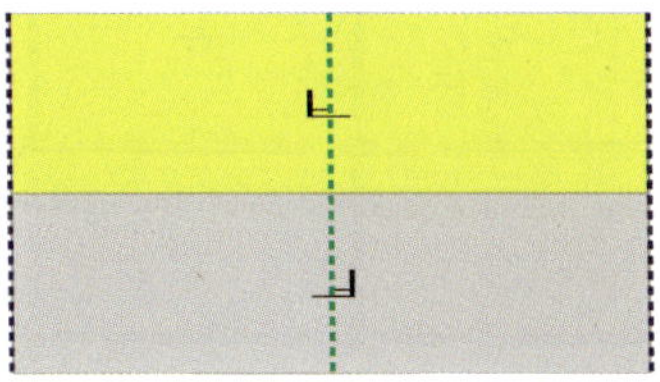

4) cm : 이 유형은 반사 대칭과 미끄럼반사 대칭을 갖고 있고, 회전이동 대칭은 없다. 반사 대칭축과 미끄럼반사 대칭축은 서로 평행하며 교대로 나타난다. 기본 영역은 기본셀의 절반이고, 기본셀은 마름모이다.

그림21

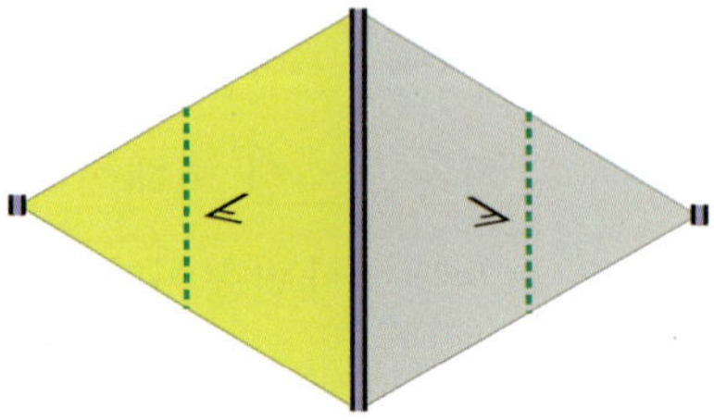

5) p2 : 이 유형은 위수가 2인 회전이동 대칭을 갖고 있고, 반사 대칭이나 미끄럼반사 대칭은 없다. 기본 영역은 기본셀의 절반이고 기본셀은 평행사변형이다.

그림22

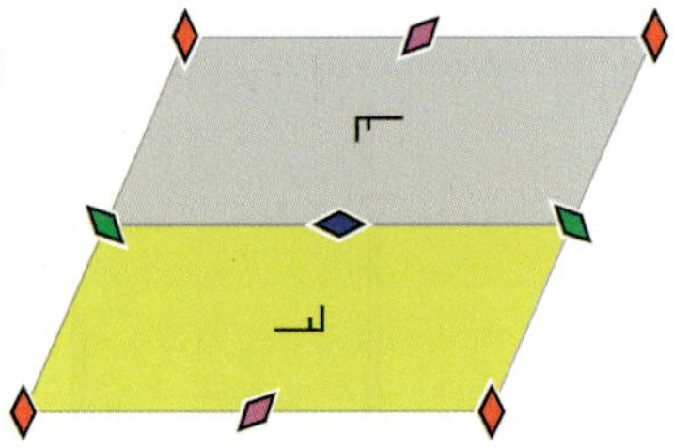

6) pmm : 이 유형은 반사 대칭과 회전이동 대칭을 갖고 있고, 미끄럼반사 대칭은 없다. 서로 수직으로 만나는 반사 대칭축이 있다. 회전이동 대칭축의 위수는 2로 모두 반사 대칭축 위에 있다. 기본 영역은 기본셀의 1/4이고 기본셀은 직사각형이다.

그림23

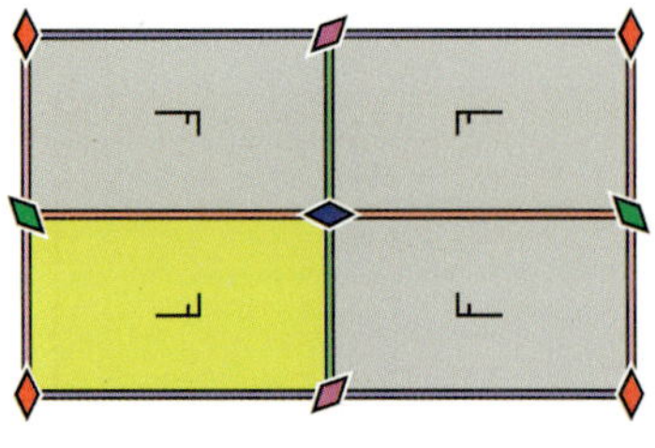

7) pmg : 이 유형은 반사 대칭, 회전이동 대칭, 미끄럼반사 대칭이 모두 존재한다. 반사 대칭축은 서로 평행하고 미끄럼반사 대칭축은 이와 수직이다. 회전이동 대칭축의 위수는 2로 모두 미끄럼반사 대칭축 위에 있다. 기본 영역은 기본셀의 1/4이고 기본셀은 직사각형이다.

그림24

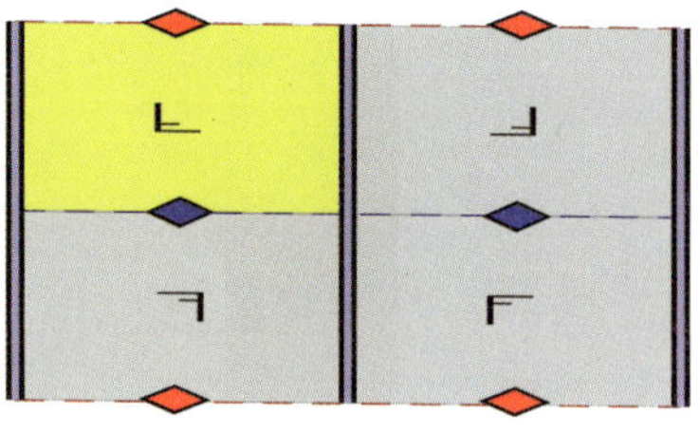

8) pgg : 이 유형은 미끄럼반사 대칭과 회전이동 대칭을 갖고 있고, 반사 대칭은 없다. 서로 수직으로 만나는 미끄럼반사 대칭축이 있고 회전이동 대칭축의 위수는 2로 미끄럼반사 대칭축 위에 있지 않다. 기본 영역은 기본셀의 1/4이고 기본셀은 직사각형이다.

그림25

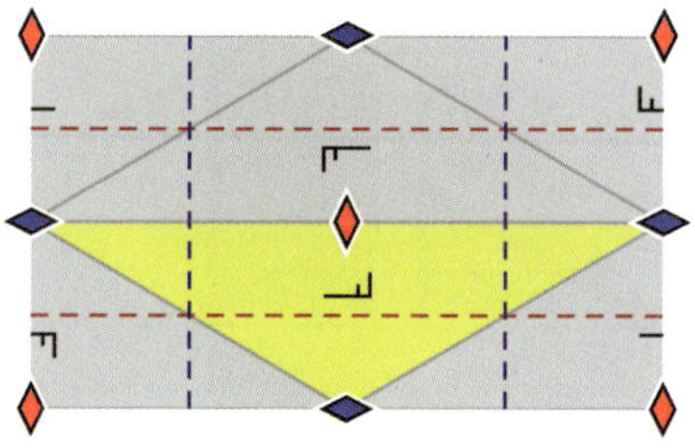

9) cmm : 이 유형은 반사 대칭, 회전이동 대칭, 미끄럼반사 대칭이 모두 존재한다. 서로 수직으로 만나는 반사 대칭축이 있고, 마찬가지로 서로 수직으로 만나는 미끄럼반사 대칭축이 있다. 회전이동 대칭축의 위수는 2이다. 기본 영역은 기본셀의 1/4이고 기본셀은 마름모이다.

그림26

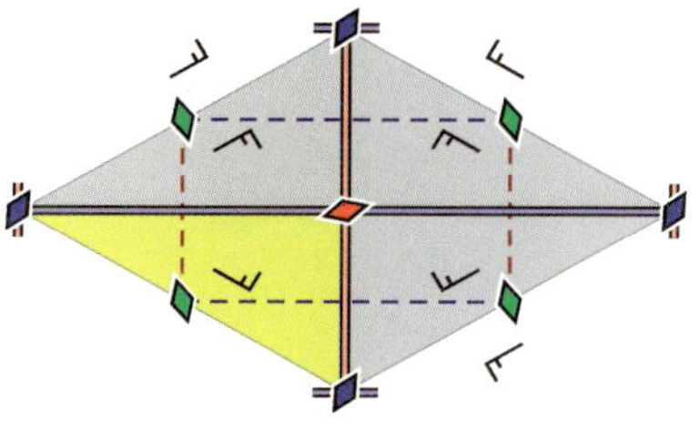

10) p3 : 이 유형은 위수가 3인 회전이동 대칭을 갖고 있고, 반사 대칭이나 미끄럼반사 대칭은 없다. 기본 영역은 기본셀의 1/3이고 기본셀은 마름모이며 내각 중 작은 각이 60°이다.

그림27

11) p3m1 : 이 유형은 반사 대칭, 회전이동 대칭, 미끄럼반사 대칭이 모두 존재한다. 회전이동 대칭축의 위수는 3으로 모두 반사 대칭축 위에 존재한다. 기본 영역은 기본셀의 1/6이고 기본셀은 마름모이며 기본셀의 내각 중 작은 각이 60°이다.

그림28

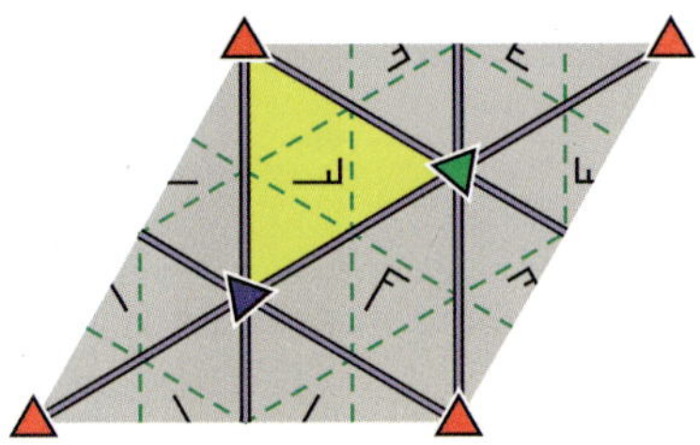

12) p31m : 이 유형은 반사 대칭, 회전이동 대칭, 미끄럼반사 대칭이 모두 존재한다. 회전이동 대칭축의 위수는 3으로 일부는 반사 대칭축 위에 있고 일부는 그렇지 않다. 기본 영역은 기본셀의 1/6이고 기본셀은 마름모이며 기본셀의 내각 중 작은 각이 60°이다.

그림29

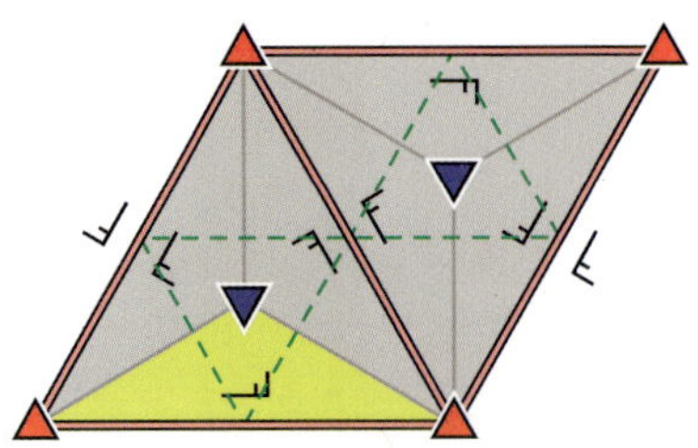

13) p4 : 이 유형은 위수가 2인 회전이동 대칭과 위수가 4인 회전이동 대칭을 갖고 있고, 반사 대칭이나 미끄럼반사 대칭은 없다. 기본 영역은 기본셀의 1/4이고 기본셀은 정사각형이다.

그림30

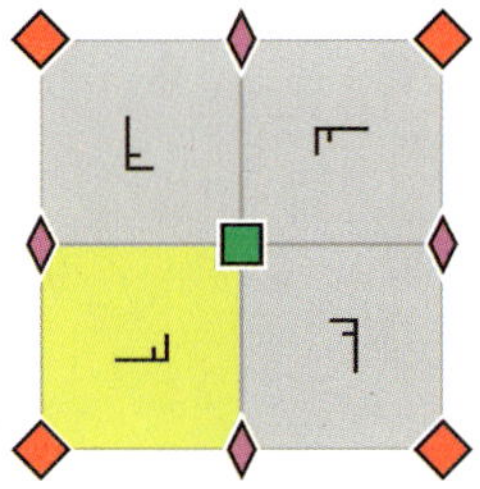

14) p4m : 이 유형은 반사 대칭, 회전이동 대칭, 미끄럼반사 대칭이 모두 존재한다. 서로 45°로 만나는 반사 대칭축과 서로 수직으로 만나는 미끄럼반사 대칭축이 있다. 위수가 2, 4인 회전이동 대칭축이 있는데 모두 반사 대칭축 위에 있다. 기본 영역은 기본셀의 1/8이고 기본셀은 정사각형이다.

그림31

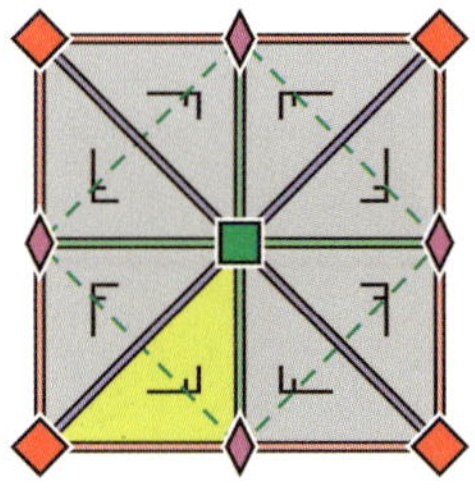

15) p4g : 이 유형은 반사 대칭, 회전이동 대칭, 미끄럼반사 대칭이 모두 존재한다. 서로 수직으로 만나는 반사 대칭축과 서로 수직으로 만나는 미끄럼반사 대칭축이 있다. 위수가 2, 4인 회전이동 대칭축이 존재한다. 위수 2인 회전이동 대칭축은 반사 대칭축 위에 있고 위수 4인 회전이동 대칭축은 미끄럼반사 대칭축 위에 있다. 기본 영역은 기본셀의 1/8이고 기본셀은 정사각형이다.

그림32

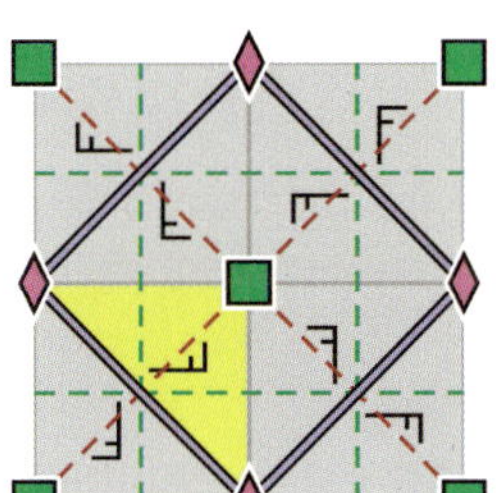

16) p6 : 이 유형은 위수가 2, 3, 6 인 회전이동 대칭이 있고, 반사 대칭과 미끄럼반사 대칭은 없다. 기본 영역은 기본셀의 1/6 이고 기본셀은 마름모이며 기본셀의 내각 중 작은 각은 60° 이다.

그림33

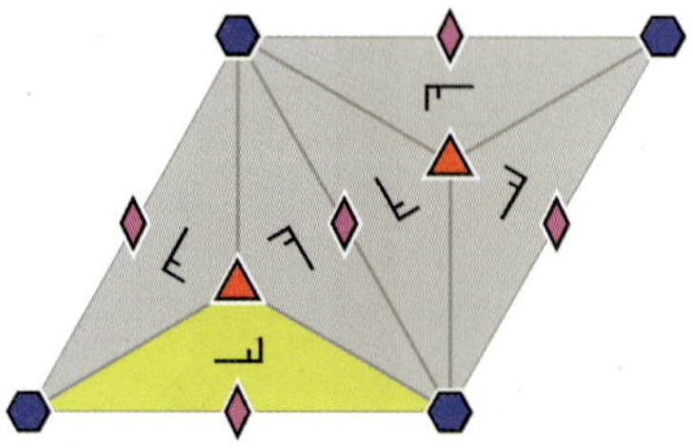

17) p6m : 이 유형은 반사 대칭, 회전이동 대칭, 미끄럼반사 대칭이 모두 존재한다. 6 개 방향의 반사 대칭축과 미끄럼반사 대칭축이 존재한다. 위수가 2, 3, 6 인 회전이동 대칭축이 존재하는데 모두 반사 대칭축 위에 있다. 기본 영역은 기본셀의 1/12 이고 기본셀은 마름모이며 기본셀의 내각 중 작은 각이 60° 이다.

그림34

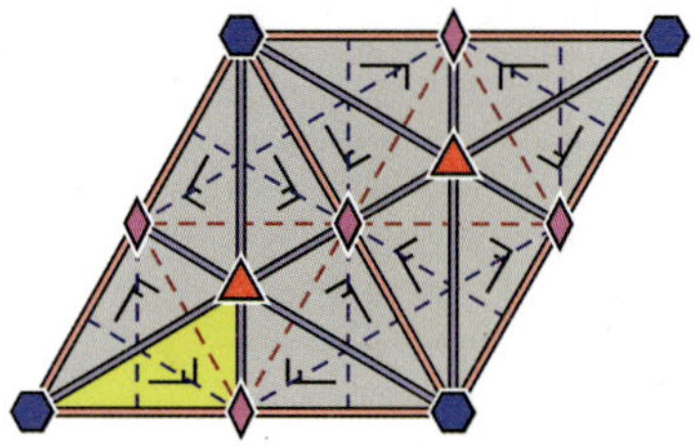

이렇게 17 개의 벽지군을 모두 알아보았다. 테셀레이션이 대칭과 관련하여 어떤 성질을 갖고 있는지 알면 어떤 벽지군에 해당하는지도 알 수 있다.

우리 모두 즐기는 **다함께 체험수학**

대칭의 아름다움
테셀레이션 분류하기

체험시간 30분

체험난도 ★★★★☆

준비물 우리 주변에 있는 여러 테셀레이션 사진 = 준비 완료^-^

우리는 주변에서 다양한 형태의 테셀레이션을 관찰할 수 있다. 화장실 타일, 보도블럭, 포장지 등은 모두 테셀레이션의 예이다. 이런 테셀레이션을 수학이라는 관점으로 분류해 보는 것은 재미있는 경험이다. 어떤 테셀레이션은 서로 전혀 달라 보이지만 같은 원리로 이루어져 있고, 어떤 테셀레이션은 서로 비슷해 보이지만 서로 다른 원리로 이루어져 있다.

위 그림은 테셀레이션과 그 대칭성을 표현한 것이다. 이 테셀레이션은 최대 위수가 4인 회전 대칭을 갖고 있고, 반사 대칭도 갖고 있다. 또한 회전이동 대칭축은 반사 대칭축 위에 있다. 이런 특징을 고려했을 때, 이 테셀레이션은 p4m에 해당함을 알 수 있다.

이런 분류는 어떤 방법으로 하는 것이 좋을까? 테셀레이션을 대칭을 기준으로 분류 할 때, 제일 먼저 생각해야 할 것은 '최대 위수의 회전 대칭'과 '반사대칭의 존재 여부'이다. 이것만 해도 17개의 종류 중 4종류는 구별이 가능하다. p3, p4, p6, p6m이 이에 해당한다. 이 두 질문으로 구분이 안 된다면 좀 더 추가적인 질문이 필요하다.

구체적인 질문은 아래 다이어그램과 같다. 테셀레이션의 대칭성을 잘 관찰하고 아래 다이어그램에 따라 하나씩 질문하며 테셀레이션을 분류해 보자. 아마도 같은 무늬의 반복으로만 보였던 테셀레이션이 다른 시각으로 보일 것이다. 어쩌면 그 패턴을 디자인한 사람이 어떻게 그런 무늬를 디자인하게 됐는지 알 수 있을지도 모른다.

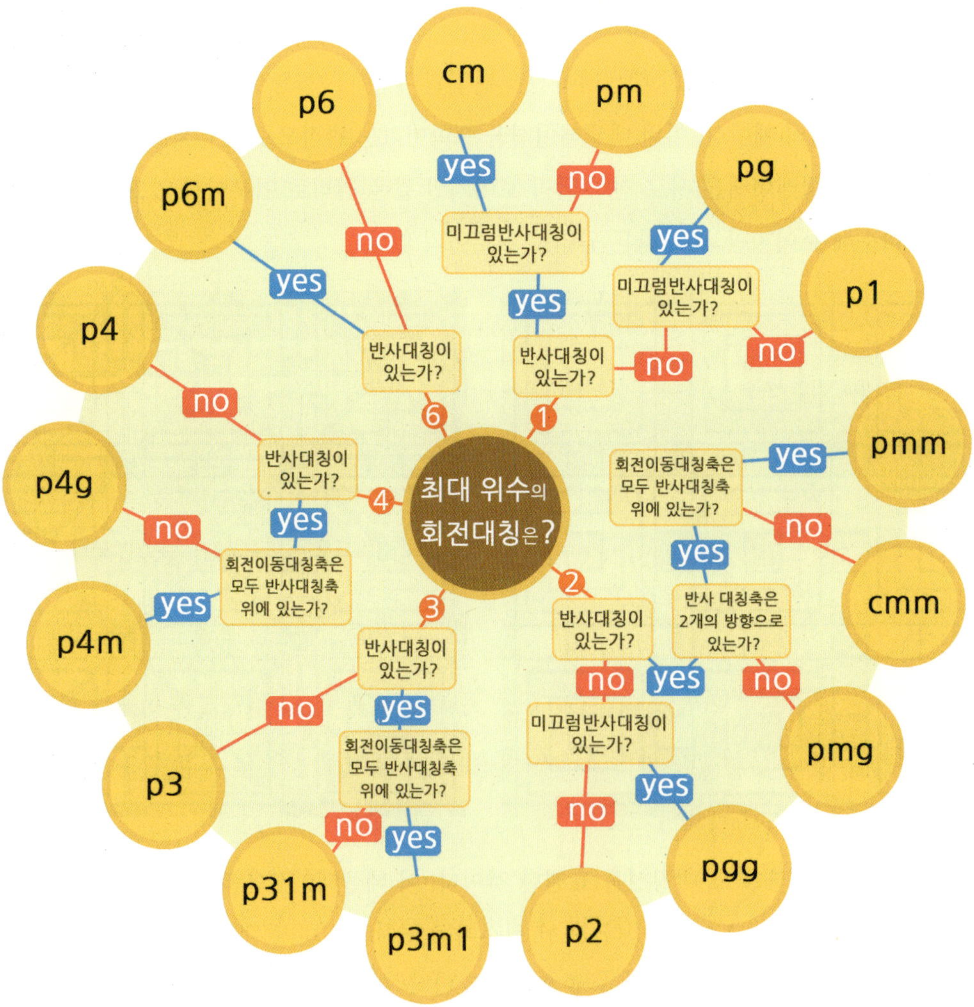

아래 테셀레이션의 대칭성을 알아보고 평면대칭군 중 어디에 해당하는지 분류해 보자.

1)

2)

3)

4)

5)

6)

7)

8)

9)

10)

11)

12)

평면대칭군 정답

1) p3
2) p3m1
3) p4g
4) p31m
5) pmg
6) cmm
7) pmm
8) pm
9) p6m
10) p6m
11) p4m
12) p6

Chapter 04

에셔 따라잡기
테셀레이션 : 헤슈 타일

어떤 체험을 할까요?

1 여름을 시원하게 보내는 테셀레이션 부채 만들기

2 헤슈 타일로 나만의 테셀레이션 만들기

01

헤슈 타일(Heesch Tile)

테셀레이션을 그릴 때 가장 좋은 방법은 헤슈 타일을 이용하는 것이다. **헤슈 타일**은 독일의 수학자인 하인리히 헤슈(Heinrich Heesch)가 고안한 방법이다. 그는 1932년 비대칭 형태의 타일로 평면을 채우는 28가지 방법을 증명하였다. 그리고 1963년 킨질레(Kienzele)와 함께 이에 관한 내용을 출판하였다.

헤슈 타일을 간단히 설명하면 다각형의 변을 변형한 뒤, 짝이 되는 다른 변으로 대칭이동시켜 테셀레이션 타일을 만드는 방법이다. 이때 변형되는 다각형은 삼각형, 사각형, 오각형, 육각형이고 각각 5, 11, 5, 7가지 방법이 존재한다. 그리고 변형된 변을 대칭이동 시킬 때 이용되는 방법은 평행이동, 미끄럼 반사, 회전이동이다.

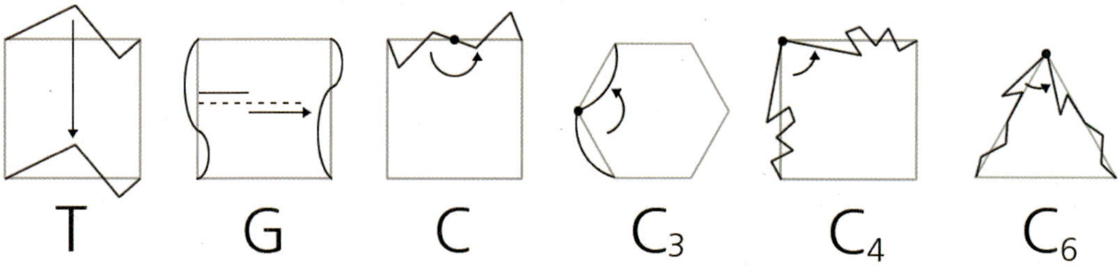

그림1 헤슈 타일에서 다각형의 변을 변형하는 방법

헤슈 타일에 대해 알아보려면 먼저 그림1의 기호 표현을 알아야 한다. 그림1에서 T는 평행이동, G는 미끄럼반사, C는 회전이동을 나타내는 기호로 사용한다. 회전이동의 경우 4가지가 존재한다. 바로 180°, 120°, 90°, 60° 회전이동 하는 경우이다. 180° 회전이동은 그대로 C로 나타낸다. 그리고 120° 회전이동은 C_3, 90° 회전이동은 C_4, 60° 회전이동은 C_6으로 나타낸다. 밑에 붙은 첨자는 각 각도가 나오기 위해 360°를 얼마로 나눠야 하는지를 생각하면 쉽게 알 수 있다. 여기서는 헤슈 타일 28가지 중 상대적으로 다루기 쉬운 정삼각형, 정사각형, 정육각형을 중심으로 몇 가지만 알아볼 것이다.

정삼각형을 이용해 헤슈 타일 만들기

1) CCC : 삼각형의 각 변의 중점을 회전의 중심으로 하여 180° 회전이동인 C를 변마다 적용해 테셀레이션 타일을 만드는 방법이다.

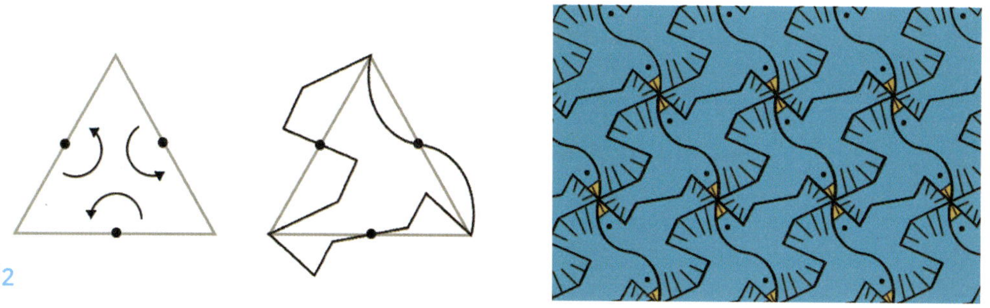

그림2

2) CC_6C_6 : 삼각형의 한 변에 60° 회전이동인 C_6를 적용해 다른 변으로 이동시킨다. 남는 한 변에는 변의 중점을 회전의 중심으로 하여 180° 회전이동인 C를 적용해 테셀레이션 타일을 만드는 방법이다.

그림3

3) CGG : 삼각형의 한 변에 미끄럼반사인 G를 적용해 다른 변으로 이동시킨다. 남는 한 변은 변의 중점을 회전의 중심으로 하여 180° 회전이동인 C를 적용해 테셀레이션 타일을 만드는 방법이다.

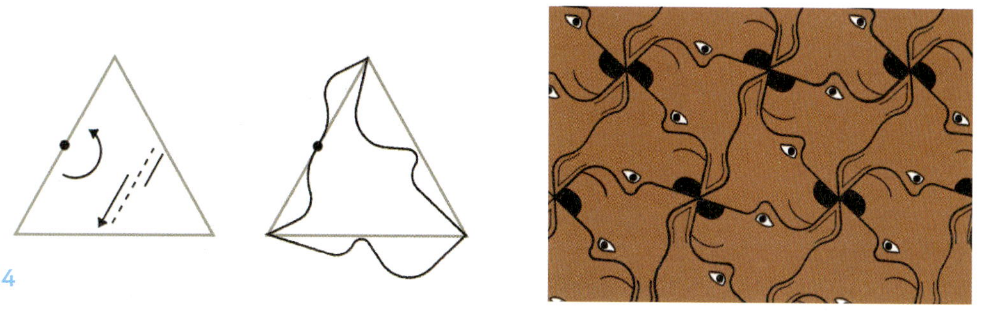

그림4

정사각형을 이용해 헤슈 타일 만들기

1) TTTT : 사각형의 두 쌍의 대변에 각각 평행이동인 T를 적용해 테셀레이션 타일을 만드는 방법이다.

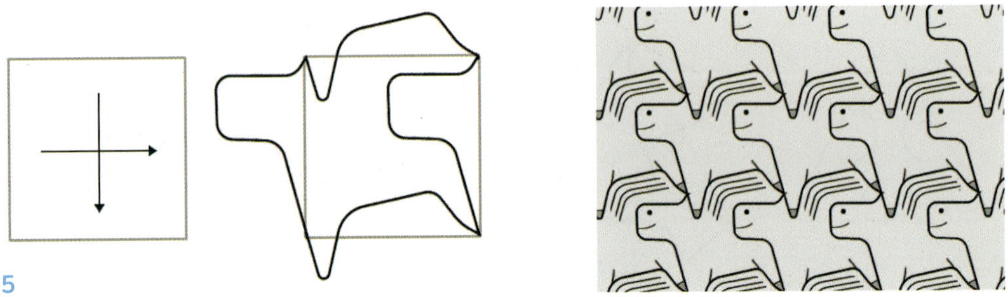

그림5

2) CCCC : 사각형의 각 변의 중점을 회전의 중심으로 하여 180° 회전이동인 C를 변마다 적용해 테셀레이션 타일을 만드는 방법이다.

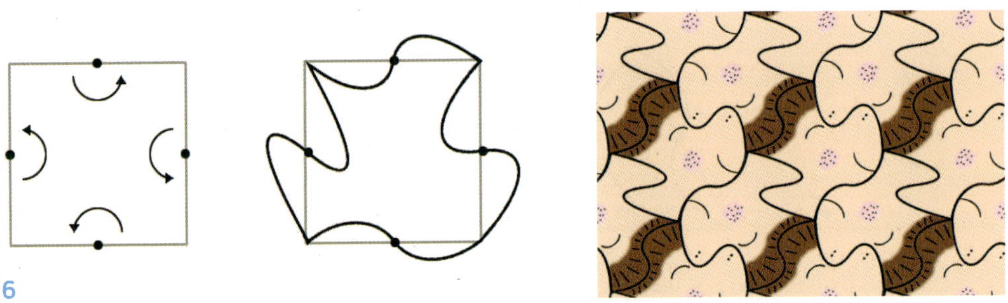

그림6

3) TCTC : 한 쌍의 대변에는 평행이동인 T를 적용하고, 나머지 두 변은 각 변의 중점을 회전의 중심으로 하여 180° 회전이동인 C를 적용해 테셀레이션 타일을 만드는 방법이다.

그림7

4) $C_4C_4C_4C_4$: 사각형에 두 쌍 있는 서로 이웃하는 두 변에서 한 변에 90° 회전이동인 C_4를 적용해 다른 변으로 이동시켜서 테셀레이션 타일을 만드는 방법이다.

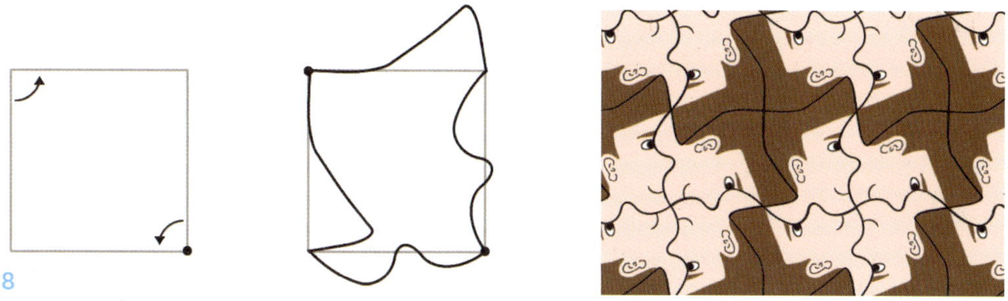

그림8

5) TGTG : 사각형의 두 쌍의 대변 중 한 쌍에는 평행이동인 T를 적용하고, 다른 한 쌍에는 미끄럼 반사인 G를 적용해 테셀레이션 타일을 만드는 방법이다.

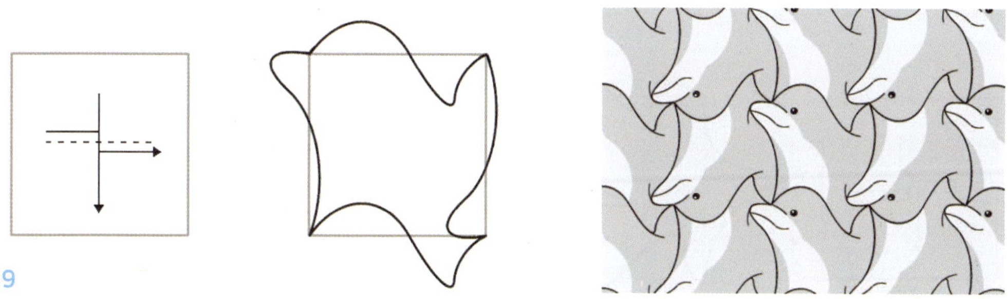

그림9

6) CCGG : 사각형의 한 쌍의 이웃하는 두 변에는 미끄럼 반사인 G를 적용하고, 나머지 두 변은 각 변의 중점을 회전의 중심으로 하여 180° 회전이동인 C를 적용해 테셀레이션 타일을 만드는 방법이다.

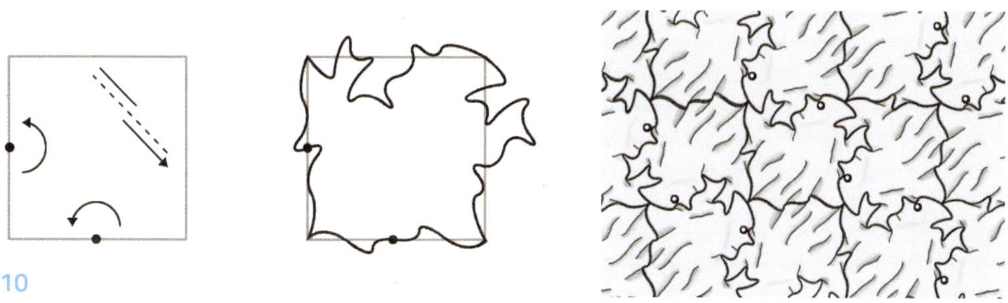

그림10

7) CGCG : 한 쌍의 대변에는 미끄럼 반사인 G를 적용하고, 나머지 두 변은 각 변의 중점을 회전의 중심으로 하여 180° 회전이동인 C를 적용해 테셀레이션 타일을 만드는 방법이다.

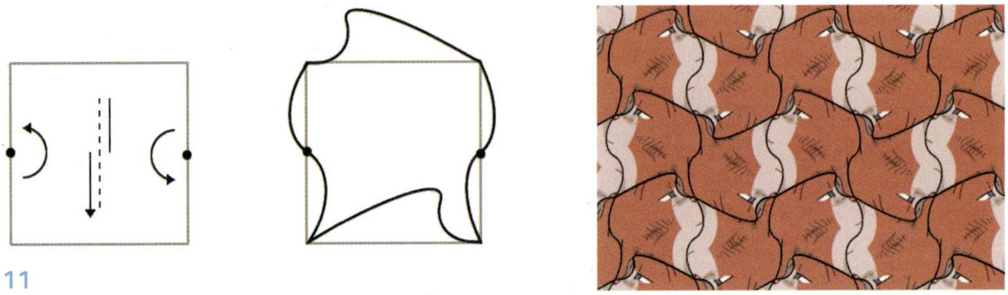

그림11

8) $G_1G_2G_1G_2$: 사각형의 두 쌍의 대변에 각각 미끄럼 반사인 G를 적용해 테셀레이션 타일을 만드는 방법이다.

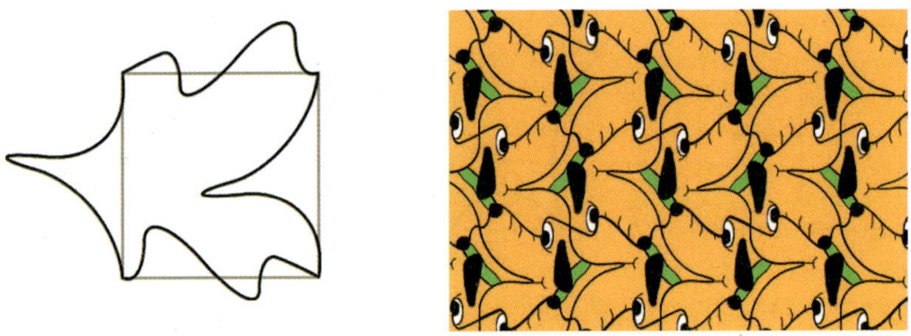

그림12

정육각형을 이용해 헤슈 타일 만들기

1) TTTTTT : 육각형의 세 쌍의 대변에 각각 평행이동인 T를 적용해 테셀레이션 타일을 만드는 방법이다.

그림13

2) TCCTCC : 육각형의 한 쌍의 대변에는 평행이동인 T를 적용하고, 나머지 네 변은 각 변의 중점을 회전의 중심으로 하여 180° 회전이동인 C를 적용해 테셀레이션 타일을 만드는 방법이다.

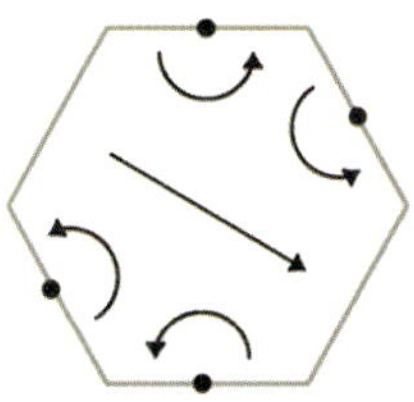

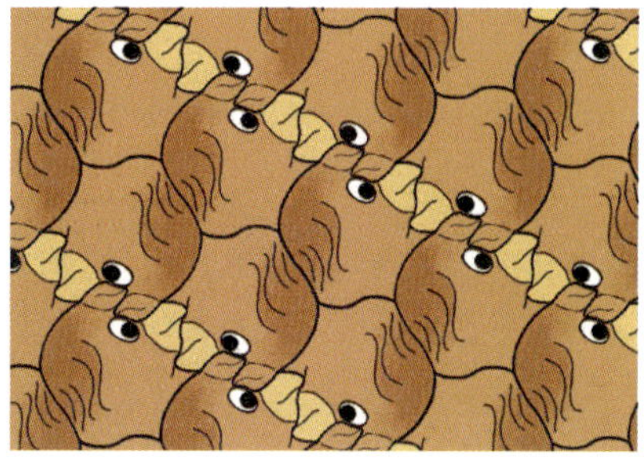

그림14

3) $C_3C_3C_3C_3C_3C_3$: 육각형에 세 쌍 있는 서로 이웃하는 두 변에서 한 변에 120° 회전이동인 C_3를 적용해 다른 변으로 이동시켜서 테셀레이션 타일을 만드는 방법이다.

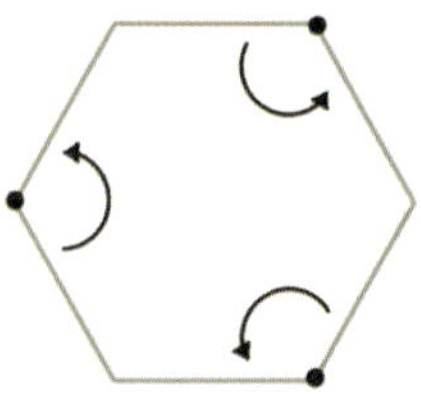
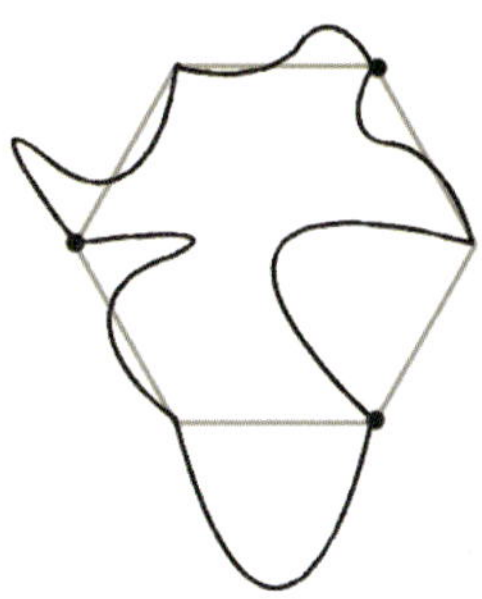

그림15

4) $TG_1G_2TG_2G_1$: 육각형의 한 쌍의 대변에는 평행이동인 T를 적용한다. 나머지 네 변 중 서로 이웃하지도 않고 대변도 아닌 변과 쌍을 묶었을 때, 각각 미끄럼 반사인 G를 적용해 테셀레이션 타일을 만드는 방법이다.

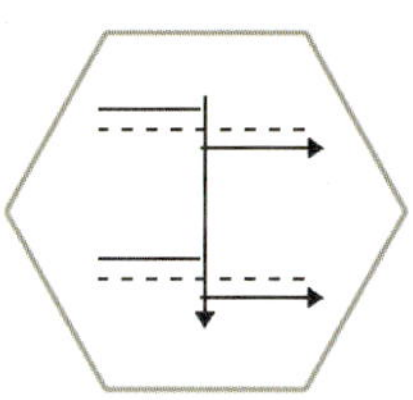
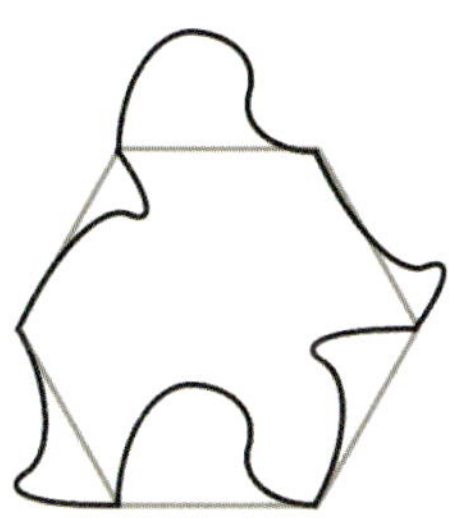
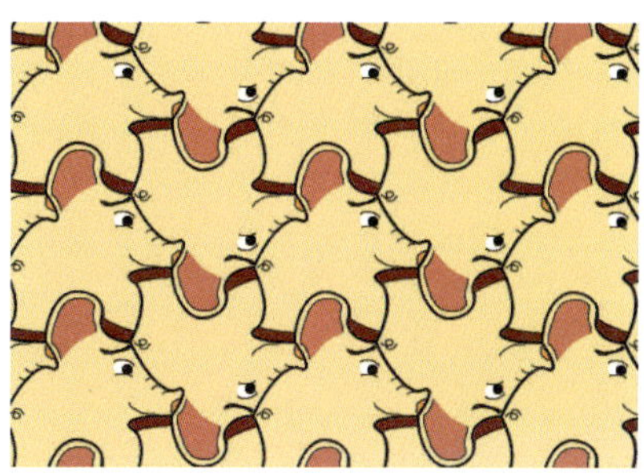

그림16

5) $CG_1CG_2G_1G_2$: 육각형의 한 쌍의 대변에는 미끄럼 반사인 G를 적용한다. 나머지 네 변 중 서로 이웃하지도 않고 대변도 아닌 변과 쌍을 묶었을 때, 한 쌍에는 미끄럼 반사인 G를 적용하고, 다른 쌍에는 각 변의 중점을 회전의 중심으로 하여 180° 회전이동인 C를 적용해 테셀레이션 타일을 만드는 방법이다.

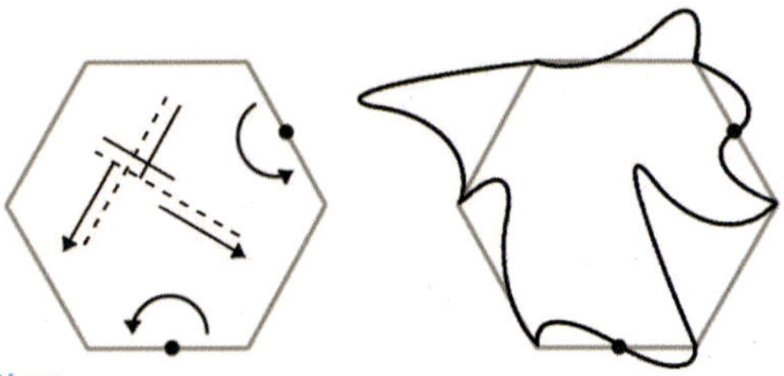

그림17

02

테셀레이션과 판화가 에셔

그림18 M. C. Escher

네덜란드의 판화가인 M. C. 에셔(Maurits Cornelis Escher)는 테셀레이션과 관련된 이야기에서 빠질 수 없는 인물로 평생 448개의 판화와 2000개가 넘는 스케치를 남겼다. 그는 정교한 수학적 계산을 통해 초현실적이면서도 신비로운 작품세계를 구축하였다.

그는 수많은 테셀레이션 작품을 남겼는데 〈도마뱀(Lizard)〉(1942), 〈변형Ⅲ(MetamopphosisⅢ)〉(1967 - 68), 〈만남(Encounter)〉(1944), 〈원형 극한 Ⅰ-Ⅳ(Circle Limit Ⅰ-Ⅳ)〉 등이 대표적이다. 이 작품들을 보면 반복과 순환의 고리에 대한 작가의 깊이 있는 사색을 엿볼 수 있다. 특히, 이 작품들 중 〈변형Ⅲ(MetamorphosisⅢ)〉는 그의 작품 중 가장 긴 길이를 자랑하는데 가로의 길이가 680*cm*나 된다.

에셔는 이슬람 궁전인 알함브라(Alhambra)를 방문했을 때, 궁전의 평면 분할 양식에서 깊은 인상을 받았다고 한다. 훗날 그는 궁전의 평면 분할 양식이 자신의 가장 풍부한 영감의 원천이란 말을 남기기도 했다. 또한 그는 수학자이자 수학교육자인 폴리아(George Polya)의 17개의 벽지 패턴을 접하고 이와 관련해 깊이 있게 탐구했다. 그리고 그 탐구 결과를 자신의 작품에 녹여냈다. 에셔의 작품이 궁금하다면 Wikiart 사이트나 에셔의 공식 사이트를 통해 보는 것이 가능하다. 그리고 작품과 함께 그의 저서인 《무한의 공간》을 같이 읽기를 추천한다. 작품에 대한 작가의 해설을 볼 수 있어 흥미롭다. 이제 에셔의 작품 중 몇몇 작품이 어떤 원리에 의하여 제작됐는지 헤슈 타일을 이용해 알아보자.

1) 도마뱀 테셀레이션

도마뱀 테셀레이션은 에셔의 테셀레이션 작품 중 가장 대표적인 작품이다. 에셔는 수많은 작품에서 도마뱀을 표현했는데 생김새가 다양하다. 먼저 1939년도 작품 〈Lizard (No. 25)〉이다. 이것은 헤슈 타일에서 $C_3C_3C_3C_3C_3C_3$ 타입이다.

그림19

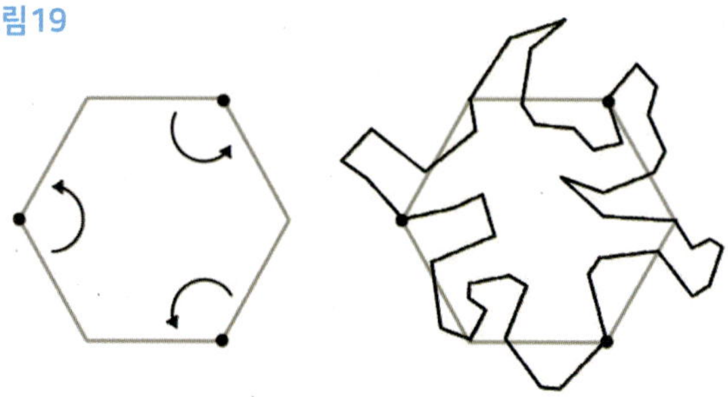

다음은 〈Lizard 2〉이다. 이것은 헤슈 타일에서 CC_4C_4 타입이다.

그림20

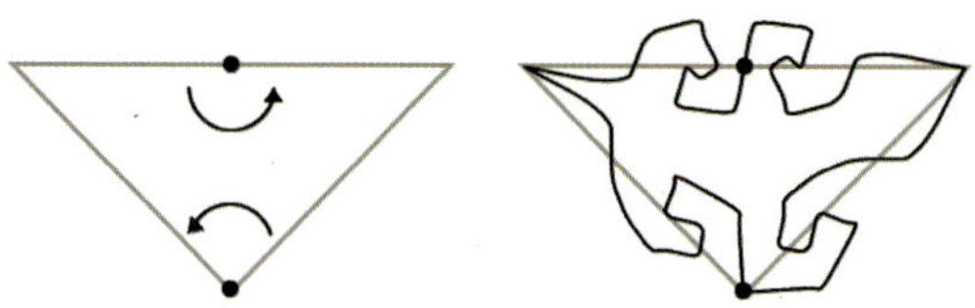

마지막으로 흑과 백으로 이루어진 1959년도 작품 〈Lizard (No. 104)〉이다. 이것은 헤슈 타일에서 $C_4C_4C_4C_4$ 타입이다.

그림21

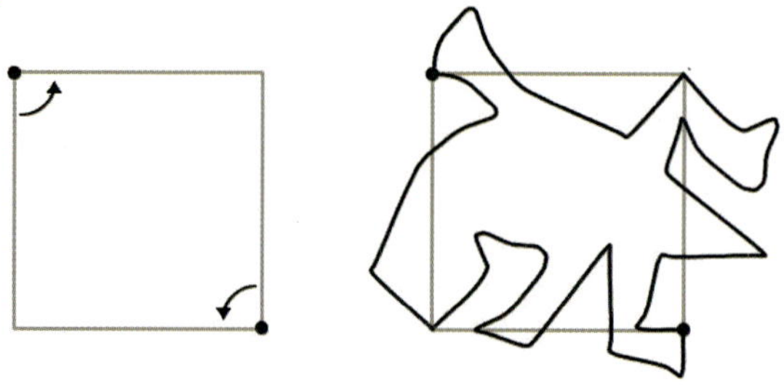

2) 물고기 테셀레이션

물고기와 관련된 에셔의 두 작품을 알아보자. 먼저 〈Flying Fish〉이다. 이것은 헤슈 타일에서 CC_6C_6 타입이다.

그림22

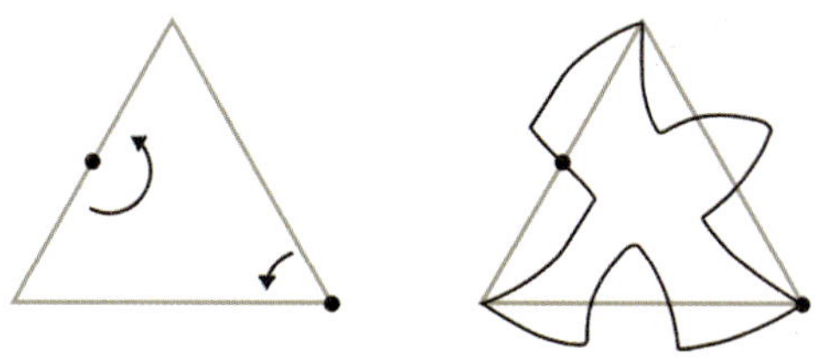

다음 작품은 1942년도 작품인 〈Fish (No. 55)〉이다. 이것은 헤슈 타일에서 $C_3C_3C_6C_6$ 타입이다.

그림23

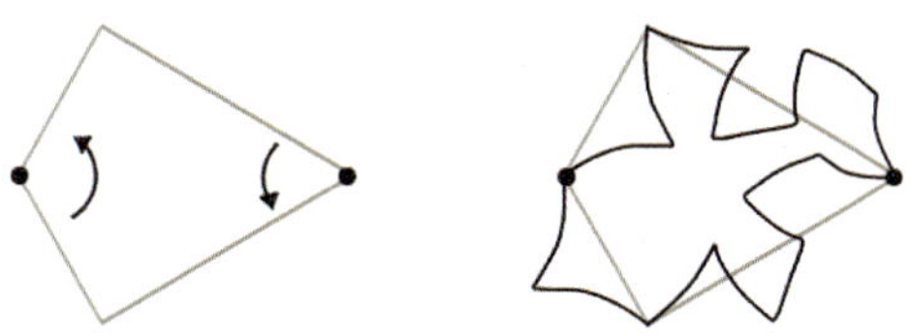

3) 말 테셀레이션

1946년도 작품인 〈Horseman (No. 67)〉이다. 이것은 헤슈 타일에서 $G_1G_1G_2G_2$ 타입이다.

그림24

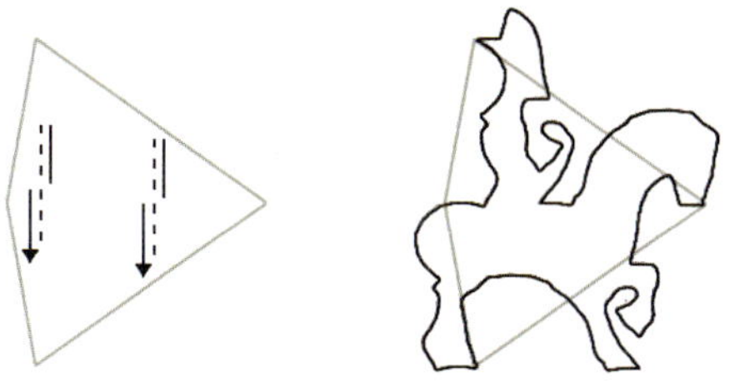

다음은 1959년도 작품인 〈Pegasus (No.105)〉이다. 이것은 헤슈 타일에서 TTTT 타입이다.

그림25

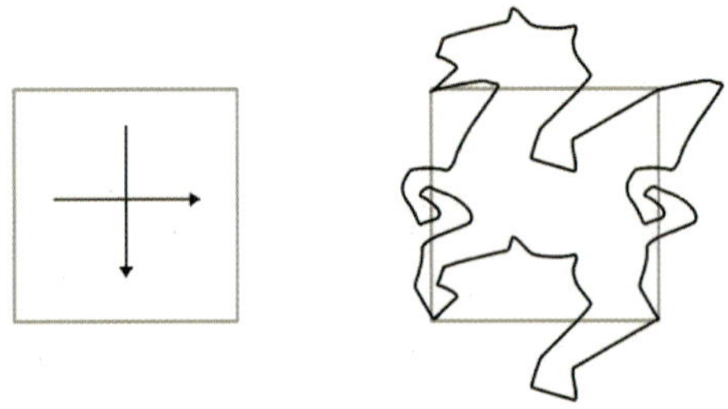

4) 새 테셀레이션

새 테셀레이션은 한 작품만 알아보자. 1967년도 작품인 〈Bird (No.128)〉로 에셔가 말년에 만들었다. 이것은 헤슈 타일에서 TTTT 타입이다.

그림26

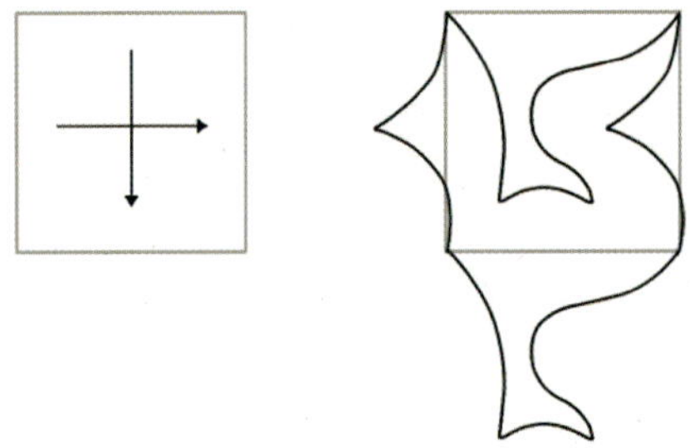

5) 천사와 악마 테셀레이션

천사와 악마 테셀레이션은 1941년도 작품인 〈Angle-Devil (No.45)〉이다. 그림의 가운데 파란선은 헤슈타일에 의해 대칭이동한 선은 아니고 천사와 악마를 나누기 위한 선이다. 이것은 헤슈 타일에서 $C_4C_4C_4C_4$ 타입이다.

그림27

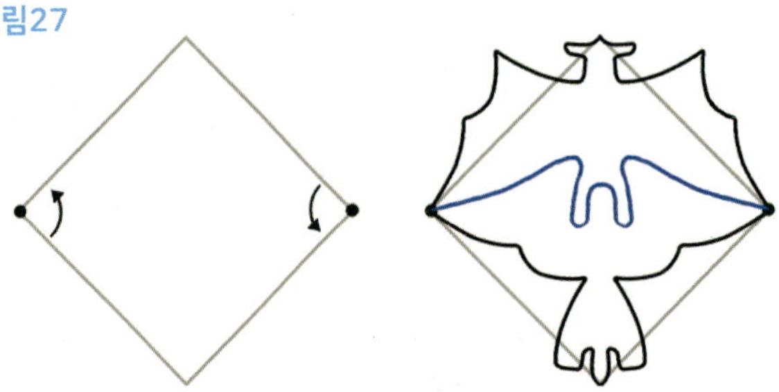

우리 모두 즐기는 **다함께 체험수학**

여름을 시원하게 보내는
테셀레이션 부채 만들기

체험시간 60분

체험난도 ★★☆☆☆

준비파일 04/테셀레이션_도안.pdf

준비물 테셀레이션 도안(**평량 80g 정도로 얇은 종이에 인쇄**) + 색지 2종류 + A4 용지(부채틀) + 풀 + 부채대 + 코팅지 + 펀치 = 준비 완료^-^

Check **Point**

테셀레이션 부채를 만들기 위해서는 테셀레이션 도안이 필요하다. 이 책에서는 테셀레이션 도안을 제공하고 있으므로 이를 사용해도 된다. 하지만 만약 자신만의 테셀레이션 도안을 제작하기를 원한다면 테셀레이션을 만드는 수학 프로그램 TESS를 사용하기를 추천한다. 테셀레이션 모양은 단순한 형태로 제작하는 것이 좋다. 그래야 제작시간도 적게 걸리고 완성된 부채도 예쁘게 나온다.

테셀레이션 패턴 한 조각의 크기가 너무 작아도 작업시간이 오래 걸리므로 적당히 크기를 조절해야 한다. 색지의 두께는 얇아야 좋다. 코팅을 한 후 부채를 만들 것이기 때문에 너무 두꺼우면 애써 작업한 부채틀이 코팅과정에서 망가질 수 있다.

부채가 아닌 책갈피의 형태로 만드는 것도 좋다. 적당한 문구를 넣어 주변에 선물해 보자.

도안을 2종류의 색지에 인쇄한 후, 오리기. 다 오렸으면 부채틀인 A4용지에 붙이기.

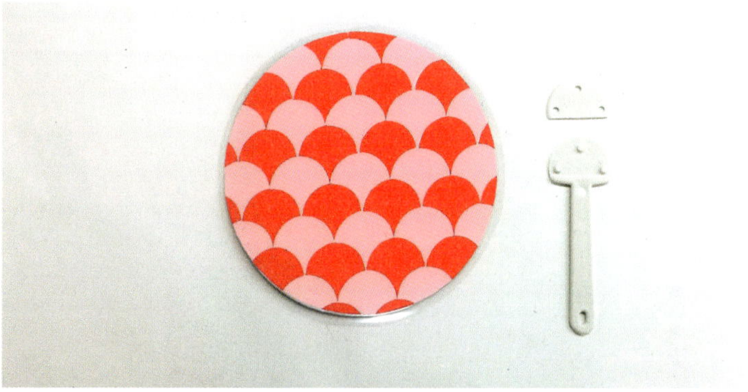

부채틀을 오린 후, 코팅하기.

코팅한 부채틀에 펀치로 구멍을 뚫은 뒤, 부채대와 연결하면 완성.

헤슈 타일로
나만의 테셀레이션 만들기

체험시간 120분

체험난도 ★★★☆☆

준비파일 04/그래프종이.pdf

준비물 작은 도화지 + 그래프 종이(**평량 180g 정도로 두꺼운 종이에 인쇄**) + 색연필(또는 물감) + 가위 + 연필과 볼펜 = 준비 완료^-^

헤슈 타일을 이용해 나만의 테셀레이션을 그려보자. 정사각형을 변형하려면 정사각형으로 칸이 분할된 그래프 종이가 필요하고, 정삼각형이나 정육각형을 변형하려면 정삼각형으로 칸이 분할된 그래프 종이가 필요하다. 이 책에서는 그래프 용지 도안을 제공하고 있다. 이 그래프 종이는 테셀레이션을 그릴 기본 타일을 만드는 데 사용할 것이므로 적당히 두꺼운 것이 좋다. 그림 그리는 데 시간이 꽤 오래 걸리므로 B5와 A5 같은 작은 크기의 도화지를 추천한다.

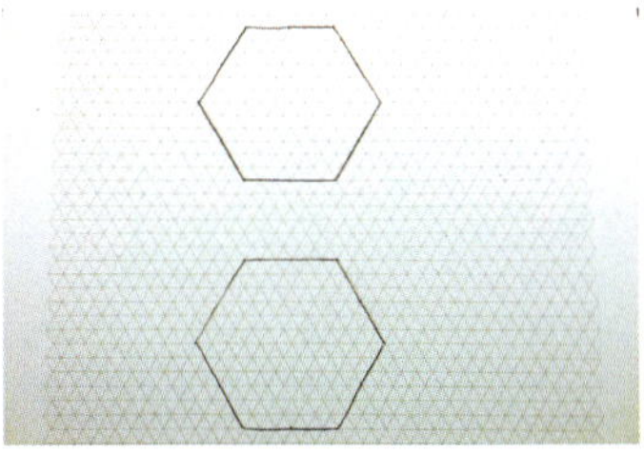

그래프 종이에 기본 정다각형 2개 그리기.

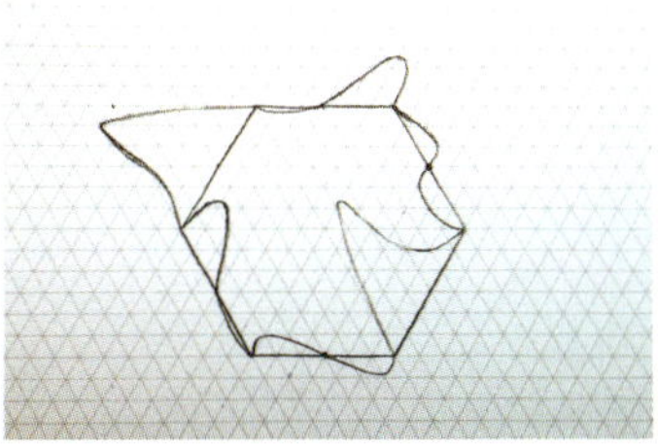

정다각형을 변형하여 헤슈 타일 그리기. 위의 예시는 $CG_1CG_2G_1G_2$ 타입의 경우임.

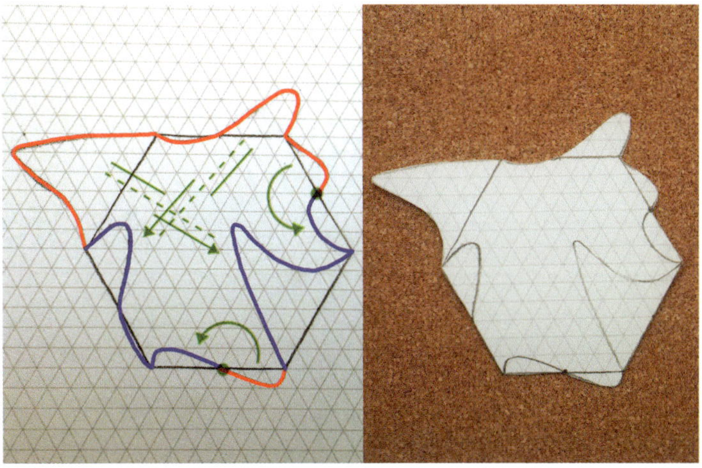

헤슈 타일에서 변이 변형된 빨간색 부분만 오리고 대칭이동에 의해 생긴 파란색 선부분은 다각형 형태로 오리기.

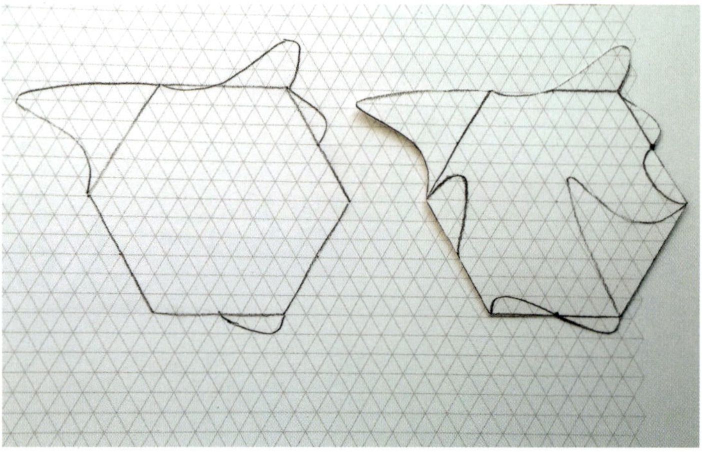

방금 오린 타일을 이용해 두 번째로 그린 기본 정다각형에 변이 변형된 빨간색 부분 그리기.

Check **Point**

헤슈 타일을 이용해 기본 조각을 디자인할 때, 나비나 동물 등 어떤 대상을 미리 정하고 그 모양이 나오도록 디자인할 수 있으면 좋지만 이는 그리 쉽지 않다. 따라서 변의 다양한 변형을 시도해 보고 그 변형된 형태에서 어떤 모양이 연상되는지 생각하며 디자인하는 것이 좋다. 스스로의 상상력을 믿어보자. 의외로 훌륭한 테셀레이션 작품이 나올 수 있다. 이 책의 예시 작품도 모두 이런 방식으로 완성됐다.

Check **Point**

완성된 헤슈 타일 조각으로 도화지에 반복해서 패턴을 그릴 때, 실제 조각의 크기보다 조금 더 크게 그려지게 된다. 따라서 그릴 때 조금씩 왜곡이 생긴다. 조각을 약간 안쪽으로 이동을 시킨 후 그리면 이런 왜곡을 줄일 수 있다.

색칠을 할 때, 조각의 모양이 단순한 경우 이웃한 조각을 서로 다른 색으로 칠하면 좀 더 감각적인 느낌의 작품을 완성할 수 있다.

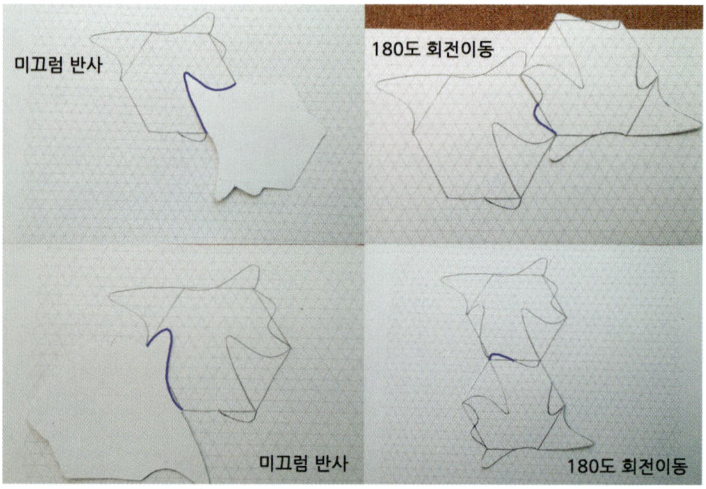

마찬가지로 방금 오린 타일과 도형의 대칭이동을 이용해 정다각형에 파란색 부분 그리기.

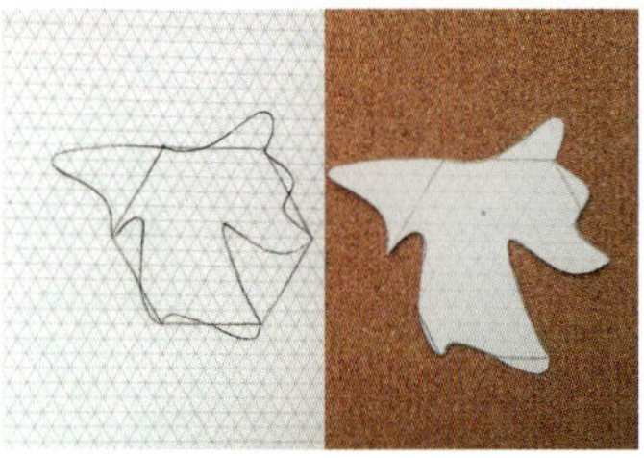

새로 그린 헤슈타일 오리기. 오른쪽이 오린 헤슈타일의 모습.

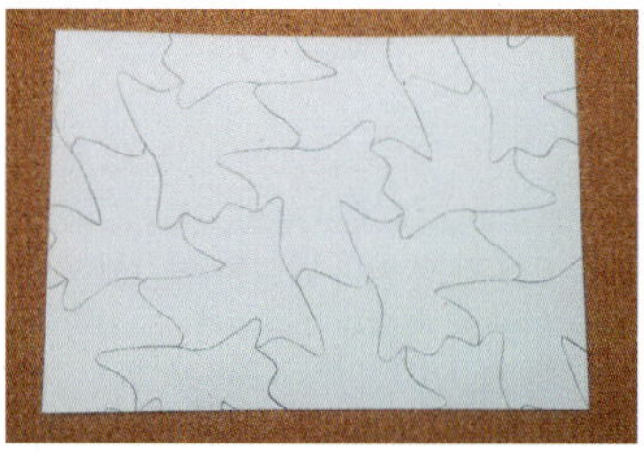

헤슈 타일을 이용해 연필로 도화지에 반복해서 패턴 그리기.

그림 꾸미기.

색연필이나 물감을 이용해 색칠하기.

라인 그리기. 완성.

본인이 직접 디자인한 테셀레이션 작품을 여러 생활 용품에 적용해 보는 것도 좋다. 그 중 하나는 도자기이다. 초벌 도자기에 도자기 전용 물감을 이용해 테셀레이션을 그리고 재벌을 하면 멋진 도자기 작품이 완성된다. 아래 사진은 실제 학생들이 제작한 도자기 작품의 예이다.

Chapter
05

대표적인 프랙털
시어핀스키 삼각형

어떤 체험을 할까요?

1 전개도로 만들어 보는 시어핀스키 삼각형
2 종이접기로 만드는 시어핀스키 삼각형01
3 종이접기로 만드는 시어핀스키 삼각형02
4 폴리머 클레이로 시어핀스키 삼각형 열쇠고리 만들기

01

영국 해안선의 길이는 얼마나 될까?

1967년, 당시 IBM 토머스 J. 왓슨 연구소의 연구원이었던 브누아 망델브로(B. B. Mandelbrot)는 다음과 같은 제목의 논문을 발표하였다.

'영국 해안선의 길이는 얼마나 될까?'

그림1 브누아 망델브로

이 질문은 얼핏 보기에 집에서 학교까지의 거리를 묻는 것처럼 단순해 보이지만 생각보다 심오한 의미를 담고 있다. 그는 지리적 곡선의 길이에 대한 본질적인 문제에 의문을 던진 것이다. 그에 따르면 정확한 해안선의 길이라는 것은 존재하지 않는다. 어떻게 측정하느냐에 따라 영국 해안선의 길이는 2000*km* 또는 3000*km* 일 수도 있고 혹은 그 이상일 수도 있다. 하지만 이 중 어떤 길이가 더 정확하다고 말할 수는 없다. 어떻게 이런 결론이 가능할까?

지리학자가 영국 해안선의 길이를 측정한다고 하자. 지리학자는 어떤 측정 도구를 사용할 것이고 그 측정 도구엔 최소 측정 단위가 있을 것이다. 만약 측정 단위를 200*km*로 한다면 영국 해안선의 길이는 약 2400*km*가 된다. 측정 단위를 줄여 100*km*로 한다면 영국 해안선의 길이는 약 2800*km*가 되고, 측정 단위를 더 줄여 50*km*로 한다면 영국 해안선의 길이는 약 3500*km*가 된다. 즉, 측정 단위가 얼마냐에 따라 해안선의 길이가 달라지는 것이다. 아마도 누군가는 최소 측정 단위를 작게 할수록 더 정확한 수치가 아니냐고 말할지도 모른다. 이는 일면 타당하게 들린다. 최소 측정 단위를 1*m*로 하는 것보다 1*cm*로 하는 것이, 1*cm*로 하는 것보다 1*mm*로 하는 것이 더 정확한 것으로 판단할 수 있다. 하지만 조금만 생각해 보면 그렇지 않다는 것을 알 수 있다.

해안선의 길이를 측정할 때, 측정 단위가 작아지면 그 이전에는 직선으로 측정했던 부분의 굴곡을 좀 더 세밀하게 측정하게 된다. 따라서 계속해서 측정 단위를 작게 한다면 해안선을 이루는 바위, 돌멩이 심지어 모래의 굴곡까지 측정하게 될 것이고 해안선의 길이는 점점 늘어날 것이다. 측정 단위를 작게 하는 일이 물리적으로는 한계가 있으나 수학적으로는 한계가 없다. 무수히 많은 측정 단위를 선택하는 일이 가능하고 이에 따라 무수히 많은 해안선의 길이가 생긴다. 이 중에서 어떤 것이 가장 정확하다고 말할 수 있을까? 지리학적으로 어떤 길이가 더 유용한지는 말할 수 있지만 어떤 길이가 더 정확한지는 말할 수 없다. 다시 말하지만 결론은 정확한 해안선의 길이라는 것이 존재하지 않는다는 것이다.

측정 단위마다 해안선의 길이가 달라지는 것은 해안선이 심한 굴곡으로 이루어져 있기 때문이다. 그리고 확대할 때마다 더 많은 굴곡이 관찰된다. 재미있는 것은 이러한 굴곡들이 서로 비슷한 형태를 띠고 있다는 점이다. 해안선 여기저기서 동일한 모양과 패턴의 굴곡들이 관찰된다. 해안선의 이러한 성질에 망델브로는 집중했고 자기 생각을 발전시켰다. 그리고 그렇게 프랙털 이론이 탄생했다.

그림2

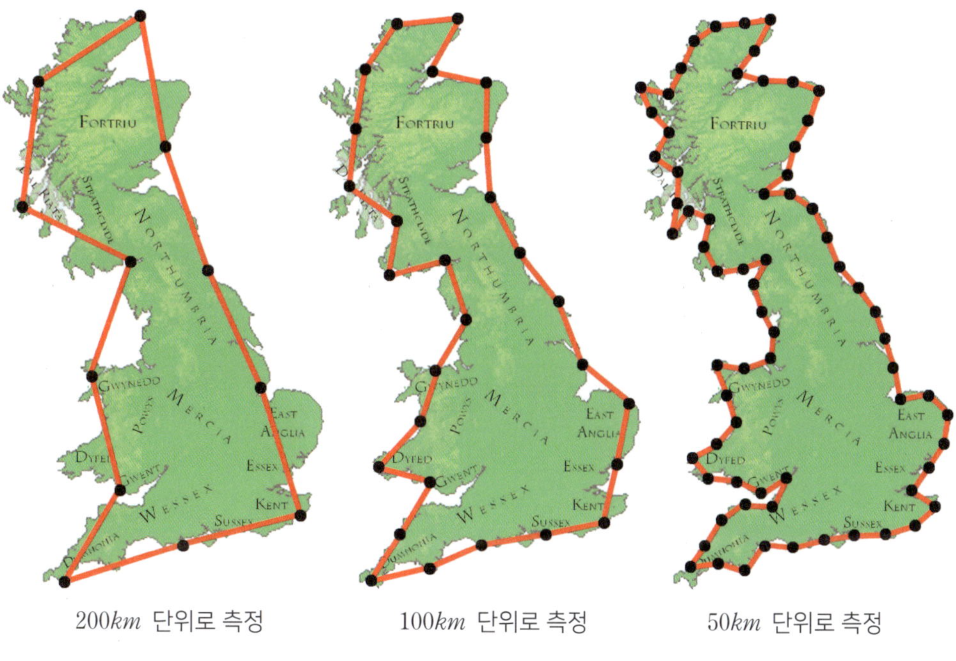

200*km* 단위로 측정 100*km* 단위로 측정 50*km* 단위로 측정

프랙털(Fractal)이란 전체 구조나 전체 구조의 변형된 형태가 작은 부분에 끝없이 되풀이되어 나타나는 기하학적 구조를 말한다. 프랙털이라는 용어는 망델브로가 1975년 자신의 논문〈프랙털 – 형태, 우연성과 차원〉에서 처음 사용했다. 그는 '쪼개다'라는 뜻을 가진 라틴어 형용사 'Fractus'에서 착안해 이 용어를 만들었다.

프랙털의 가장 대표적인 성질은 자기유사성이다. **자기유사성**(Self-Similarity)은 전체 구조 중 일부를 확대했을 때 전체 구조와 유사한 형태를 보이는 성질을 말한다. 프랙털에서는 이런 자기유사성이 무한히 반복해서 나타나는데 이를 **순환성**(Recursiveness)이라 한다. 자기유사성과 순환성은 프랙털의 핵심적인 개념이다. 그림3은 대표적인 프랙털 도형 중 하나인 망델브로 집합이다. 그림에서 볼 수 있듯이 계속 확대해도 처음의 구조와 비슷한 형태가 계속해서 나타난다.

망델브로는 기존의 유클리드 기하학으로는 자연의 여러 형태를 충분히 설명할 수 없다고 생각했고 프랙털 기하학이 자연의 여러 '거친' 대상을 설명하기에 유용한 모델이라는 점을 강조했다. 1982년에 자신의 연구 결과가 담긴 《자연의 프랙털 기하학》이란 책을 출간한 망델브로는 이 책에서 다음과 같은 말을 하였다.

> **구름은 구가 아니고, 산은 원뿔이 아니며 해안선은 원이 아니다. 그리고 나무껍질은 부드럽지 않고 번개는 직선으로 내려치지 않는다.**

만델브로의 이런 생각을 입증하듯 프랙털은 이후 불규칙적이고 복잡한 자연 현상을 설명

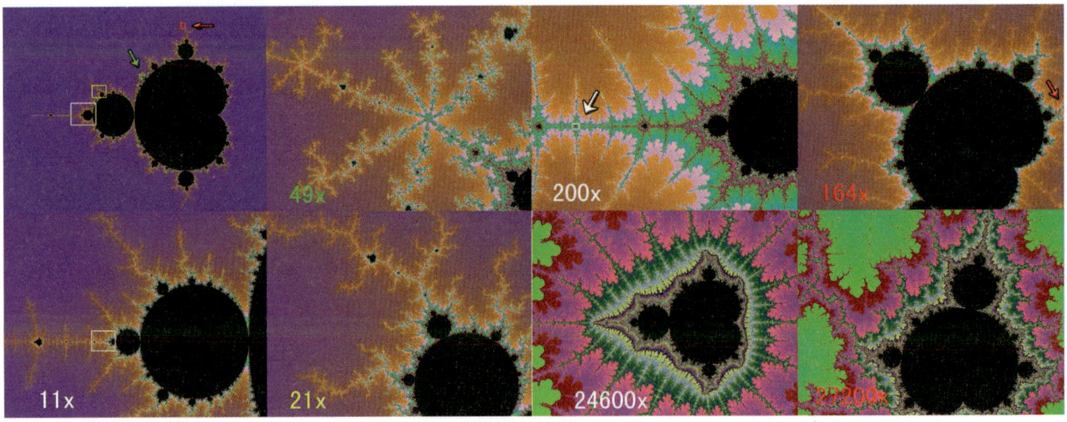

그림3 망델브로 집합

그림4 자연에서 관찰할 수 있는 여러가지 프랙털의 모습

하는 대표적인 이론이 되었고 '자연의 기하학'이라 불리게 되었다. 실제 자연의 많은 대상은 프랙털 구조를 하고 있다. 구불구불한 해안선, 사방으로 뻗어 나가는 웅장한 산맥, 하늘이 갈라지는 소리를 내며 내리치는 번개, 오랜 세월의 흔적을 간직한 고목의 나뭇가지, 뭉게뭉게 피어오른 구름, 바싹 말라 쩍쩍 갈라진 진흙 바닥, 생명을 머금은 듯한 나뭇잎 등이 모두가 프랙털 구조를 하고 있다. 자연에서 볼 수 있는 이런 프랙털은 부분이 전체와 일치하지는 않지만, 전체를 변형한 모습과 유사하다. 이를 통계적 자기유사성(Statistical Self-Similarity)이라 한다.

그림5 칸토어 집합

사실 망델브로가 프랙털의 개념을 제안하기 전에도 이미 여러 프랙털 도형이 알려져 있었다. 대표적인 예가 칸토어 집합과 코흐 곡선이다. 하지만 프랙털 이론이 만들어지기 전에는 칸토어 집합이나 코흐 눈송이 같은 프랙털은 극히 예외적이며 특이한 '괴물'로 여겨

졌다. 프랙털 이론의 탄생 이후 이러한 특징을 가진 구조들은 좀 더 체계적으로 연구되었고 자연스럽게 받아들여지기 시작했다.

프랙털이라는 개념이 대중에게 많이 알려지고 친숙하게 된 데는 컴퓨터의 영향이 컸다. 컴퓨터의 발달과 함께 복잡한 프랙털을 시각적으로 표현하는 것이 가능해졌고 누구나 쉽게 프랙털 이미지를 접할 수 있게 되었다. 사실 프랙털과 관련된 대부분의 연구는 컴퓨터를 통해 이루어진다. 프랙털은 예술 분야에서도 활용된다. 바로 프랙털 아트다. 이런 프랙털 아트 역시 컴퓨터의 발전으로 가능해졌다.

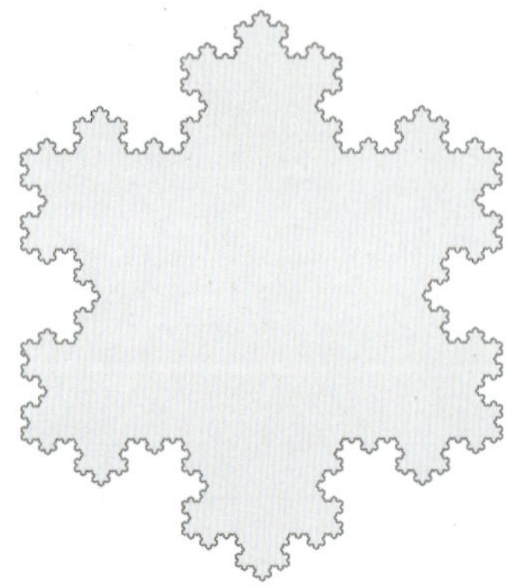

그림6 코흐 눈송이

집합론을 만든 수학자 칸토어(Cantor)는 '수학의 본질은 자유'라는 말을 남겼다. 칸토어는 자유로운 상상력이야말로 수학을 연구하는 데 가장 중요한 요소라고 말하고 싶었던 것이다. 아마도 망델브로가 창시한 프랙털이 이 말에 대한 적절한 예시일 것이다. 그의 지적 호기심과 상상력 덕분에 유클리드 기하학과는 다른 새로운 기하학이 만들어졌다. 그리고 이 프랙털 이론은 자연을 이해하고 분석하는 대표적인 이론이 되었다.

그림7 프랙탈 아트 작품

02

시어핀스키 삼각형이란?

시어핀스키 삼각형(Sierpiński triangle)은 폴란드 수학자인 바츠와프 시어핀스키(Wacław Sierpiński)의 이름이 붙여졌지만 실제로 이러한 패턴이 발견된 것은 그보다 수 세기 전으로 알려져 있다. 시어핀스키 삼각형을 구성하는 방법에는 여러 가지가 있는데 그 중 가장 간단한 방법은 그림 8과 같다.

그림8

1) 속이 찬 정삼각형에서 시작한다.
2) 각 변의 중점끼리 연결한 후 중심에 만들어진 삼각형을 제거한다.
3) 남겨진 작은 삼각형에 대해 2)의 과정을 반복해서 시행한다.

2)의 과정을 한 번 시행하면 1단계 시어핀스키 삼각형이 만들어지고 n번 시행하면 n단계 시어핀스키 삼각형이 만들어진다. 시어핀스키 삼각형을 3차원으로 일반화한 것을 시어핀스키 피라미드라 한다. 그림 9가 시어핀스키 피라미드의 모습이다.

그림9 시어핀스키 피라미드

03

시어핀스키 삼각형의 여러 가지 성질

대표적인 프랙털인 시어핀스키 삼각형은 여러 가지 방법으로 구성할 수 있다. 그중 한 가지가 카오스 게임이다. **카오스 게임**은 주어진 적당한 정다각형에 대해 내부에 임의로 한 점을 찍고 이 점에서 시작해 규칙에 따라 반복해서 점을 찍는 게임이다. 점을 찍는 규칙은 다음과 같다.

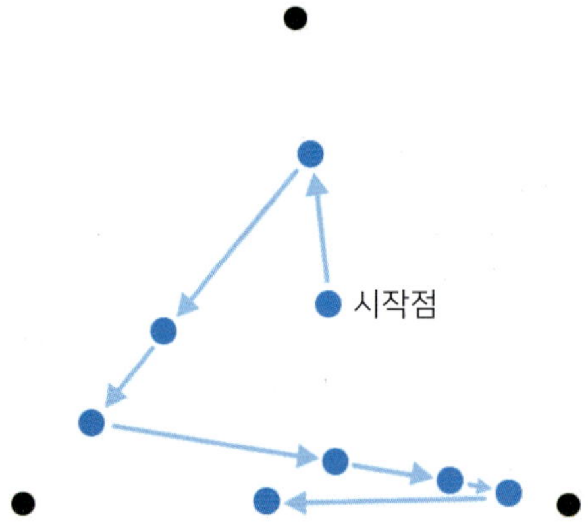

그림10 정삼각형에서 카오스 게임을 진행하는 모습

1) 정다각형 내부에 임의의 점을 찍는다.
2) 임의로 꼭짓점을 선택한 후 방금 찍은 점과 꼭짓점 사이의 거리의 r배 한 위치에 점을 찍는다. (r은 $0 < r < 1$인 분수)
3) 2)의 과정을 반복한다.

다각형의 꼭짓점을 선택할 때 주사위를 사용해도 된다. 주사위를 던져 얼마가 나오는지에 따라 꼭짓점을 결정하는 것이다. 무작위로 반복해서 점을 찍는 것처럼 보이는 이 게임의 결과는 놀랍게도 프랙털이다. 정다각형을 정삼각형으로 하고 $r = \frac{1}{2}$로 한다면 시어핀스키 삼각형이 만들어진다. 즉, 시어핀스키 삼각형이 만들어지는 과정은 다음과 같다.

1) 평면상에 삼각형이 되도록 세 꼭짓점을 찍고 삼각형의 내부에 임의로 점 하나를 찍는다.
2) 삼각형의 세 꼭짓점 중 하나를 임의로 선택하고 방금 찍은 점과 이 꼭짓점의 중점에 점을 찍는다.
3) 2)의 과정을 반복한다.

카오스 게임을 통해 점찍기를 수백, 수천 번 반복하면 시어핀스키 삼각형의 모습이 나타나게 된다.

그림11 카오스 게임을 통해 시어핀스키 삼각형이 만들어지는 모습

시어핀스키 삼각형이 가진 재미있는 성질 중 하나는 파스칼의 삼각형과의 관계이다. 파스칼의 삼각형에서 짝수를 흰색으로 칠하고 홀수를 검은색으로 칠하면 시어핀스키 삼각

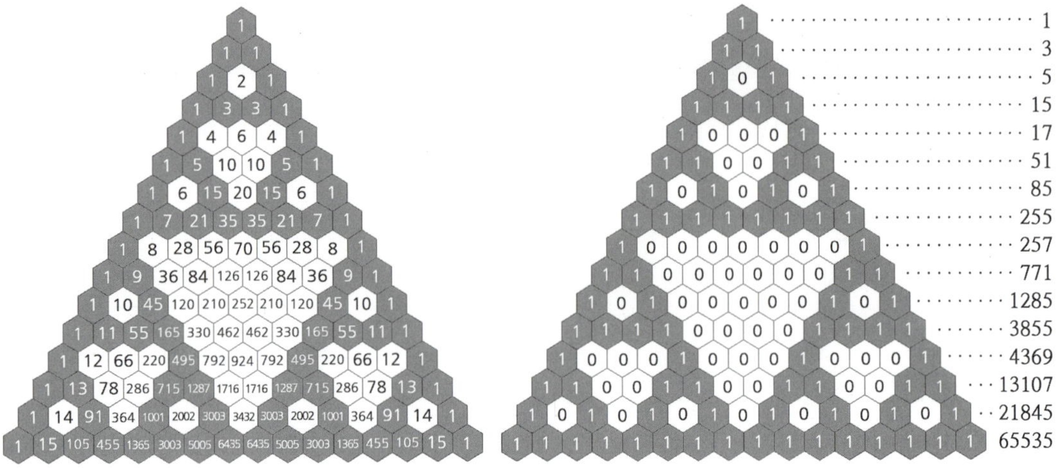

그림12 시어피스키삼각형과 파스칼의 삼각형의 관계

형이 만들어진다.

이를 약간 다르게 표현하면 2로 나눴을 때 나머지가 0인 경우는 흰색, 나머지가 1인 경우는 검은색으로 칠하는 것이다. 그리고 그것을 표현한 것이 그림12의 오른쪽 그림이다. 이때, 각 열을 이진법으로 생각하면 1, 11, 101, 1111, 10001, ⋯ 인 수열이 만들어진다. 이 수열을 십진법으로 나타내면 다음과 같다. 이를 수열 $\{a_n\}$이라 하자.

$$1, 3, 5, 15, 17, 51, 85, 255, 257, 771, 1285, 3855, 4369, 13107, \cdots$$

그림13 하노이의 탑

이 수열은 여러 가지 재미있는 성질이 있다. a_1부터 a_{32}까지가 모두 $2^{32}-1$의 약수라는 것, $3a_{2n-1}=a_{2n}$이 성립한다는 것 등이 그런 성질에 해당한다. 가장 흥미로운 성질은 첫째 항을 제외한 모든 항이 페르마의 소수의 곱으로 표현 가능하다는 것이다. 페르마의 소수는 $2^{2^n}+1$(n은 음이 아닌 정수)로 표현되는 소수를 말한다. 이 수열은 시어핀스킨 삼각형과 파스칼의 삼각형 그리고 페르마 소수와의 관계를 보여주는 멋진 수열이다. 시어핀스키 삼각형은 하노이의 탑과도 관련이 있다. 하노이의 탑 문제는 다음과 같다.

세 개의 기둥이 있고 이 중 한 기둥에 원판이 쌓여 있다. 원판은 큰 원판이 아래, 작은 원판이 위에 가도록 놓여 있다. 이 기둥에 쌓여있는 원판을 그 순서 그대로 다른 기둥으로 옮기려 한다. 이때, 한 번에 한 개의 원판을 옮길 수 있고 작은 원판이 큰 원판의 아래에 있을 수 없다. 64개의 원판이 있다고 할 때, 최소한의 이동 횟수는 얼마인가?

이 문제는 프랑스 수학자인 에두아르 뤼카(Édouard Lucas)가 클라우스 교수(Professeur N. Claus)라는 필명으로 1883년에 발표해 처음 알려졌다. 때때로 원판을 모두 옮기면 세상이 종말한다는 이야기로 소개되기도 한다. 하노이의 탑을 그래프로 나타낼 수도 있다. 원판을 하나 움직여서 만들 수 있는 경우끼리 선으로 연결해서 나타내는 것이다. 이를 하노이 그래프라 한다. 그리고 이렇게 그래프로 나타내면 하노이 탑 문제는 하노이 그래프에서 최단 경로를 찾는 문제로 바꿔 생각할 수 있다.

그림14는 원판이 3개인 경우의 하노이 그래프이다. 원판을 옮기는 경우에 따라 하노이 문제의 해법이 어떻게 되는지 그림으로 나타낸 것이다. 놀랍게도 이 그래프는 시어핀스키 삼각형을 나타낸다. 원판의 개수를 늘릴수록 높은 단계의 시어핀스키 삼각형이 만들어 짐을 알 수 있다. 시어핀스키 삼각형, 카오스 게임, 파스칼의 삼각형, 페르마의 소수, 하노이의 타워는 모두 서로 별다른 관련이 없어 보지만 사실은 특별한 성질에 의해 관계를 맺고 있다. 놀랍지 않은가? 바로 이것이 수학이 가진 매력이다.

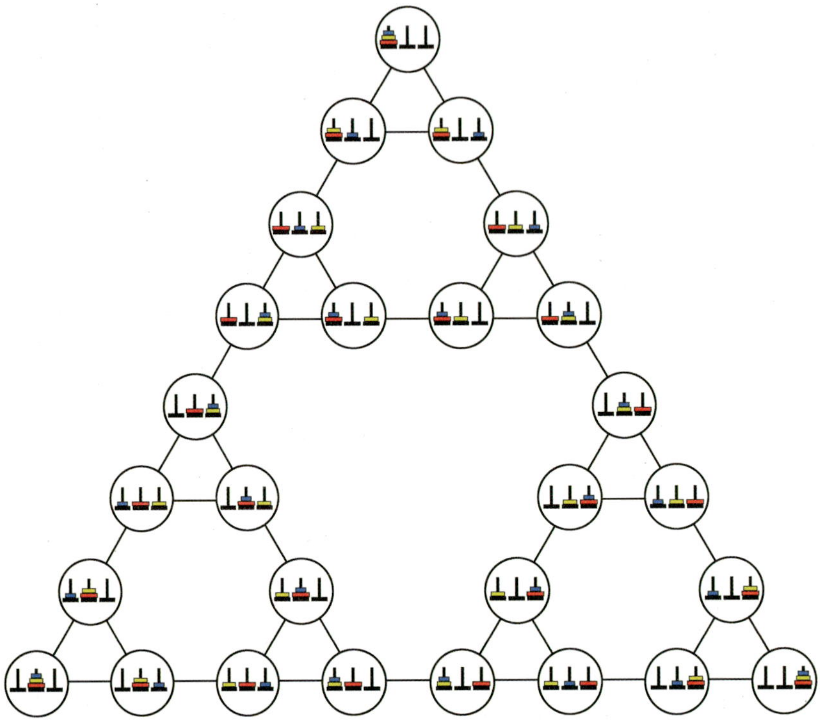

그림14 하노이 그래프

전개도로 만들어 보는 **시어핀스키 삼각형**

체험시간 180분 이상

체험난도 ★☆☆☆☆

준비파일 05/정사면체_전개도.pdf

준비물 정사면체 전개도 64개(**인쇄**) + 가위 + 풀 + 투명테이프 = 준비 완료^-^

전개도를 오리고 풀로 붙여 정사면체 만들기.

테이프를 사용해 정사면체 4개를 연결. 1단계 완성.

1단계 시어핀스키 삼각형 4개를 연결. 2단계 완성.

Check **Point**

더 높은 단계의 시어핀스키 삼각형의 제작을 원한다면 한 단계 높일 때마다 4배의 전개도를 준비하면 된다.

다만 그럴 경우 입체가 커지므로 그 크기를 유지할 수 있도록 좀 더 견고하게 제작해야 한다. 여기서는 테이프만을 사용해 각 사면체를 연결하지만, 더 큰 단계에서는 이쑤시개나 얇은 철사, 핀 등을 테이프와 같이 사용해 연결해야 한다.

2단계 시어핀스키 삼각형 4개를 연결. 3단계 시어핀스키 삼각형 완성.

우리 모두 즐기는 **다함께 체험수학**

종이접기로 만드는 **시어핀스키 삼각형01**

체험시간 180분 이상

체험난도 ★★★☆☆

준비물 양면 색종이 128장 + 투명테이프 = 준비 완료^-^

정사면체 접기 〈방법 1〉

앞으로 접기(골짜기 접기) - - - - - - -

넘겨 접기(산 접기) —·—·—

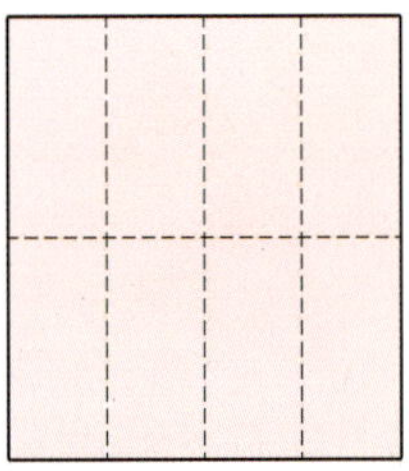

1. 가로 4등분, 세로 2등분이 되도록 접기.

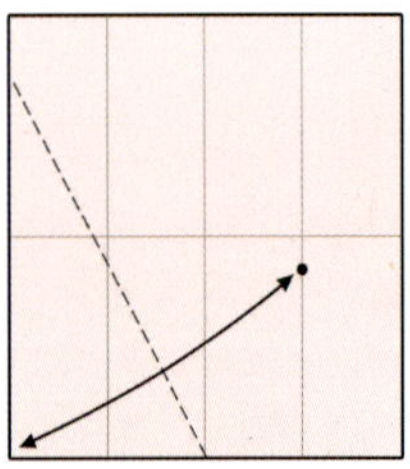

2. 왼쪽 하단 꼭짓점을 오른쪽 4등분 선에 맞춰 접었다 펴기

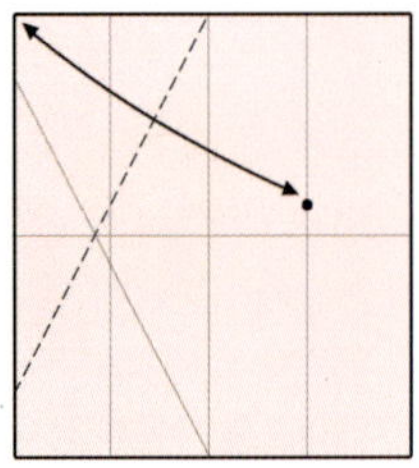

3. 왼쪽 상단 꼭짓점도 앞의 경우처럼 접었다 펴기

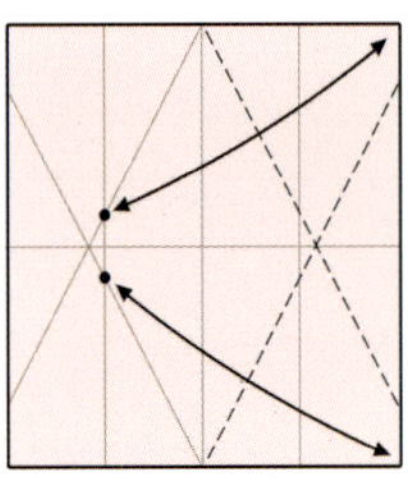

4. 오른쪽 꼭짓점도 앞의 경우와 마찬가지로 접었다 펴기.

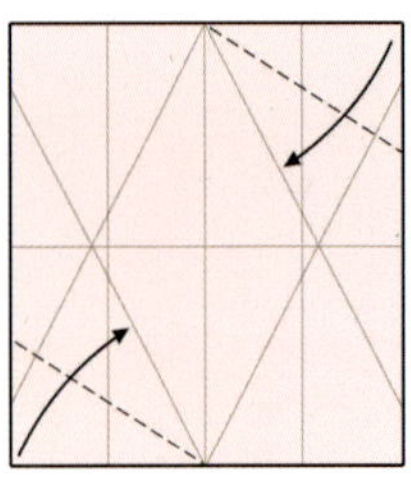

5. 접는 선에 따라 종이 접기

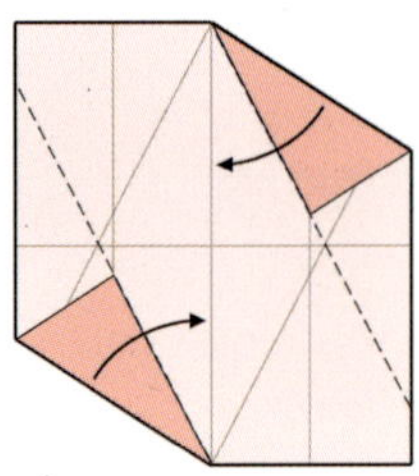

6. 접는 선에 따라 종이 접기

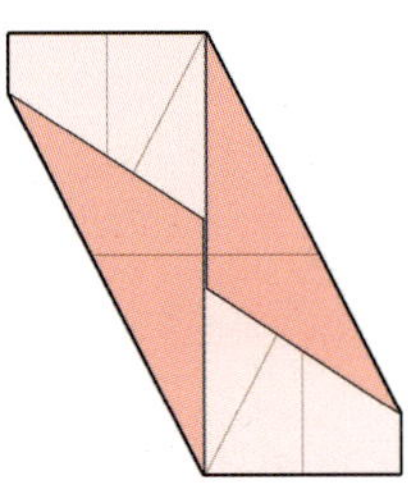

7. 접은 모습.

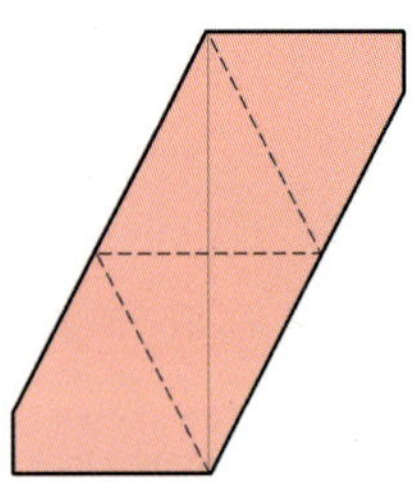

8. 종이를 뒤집은 뒤, 점선에 맞춰 접었다 펴면 모듈A 완성.

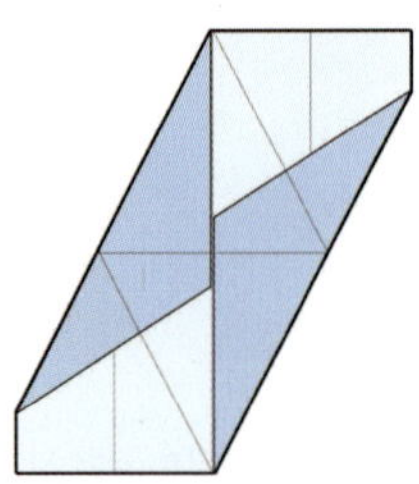

9. 1~4를 반복하고 5~8의 과정을 대칭이 되게 접으면 모듈B 완성.

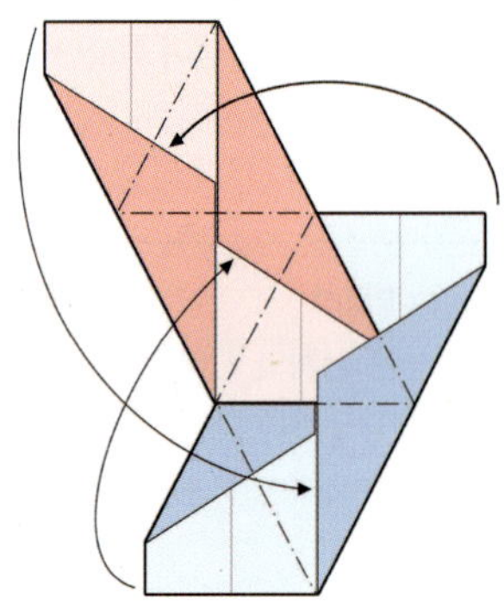

10. 모듈A와 B를 그림처럼 연결하고 종이를 점선에 맞춰 접고 조립해 사면체 만들기.

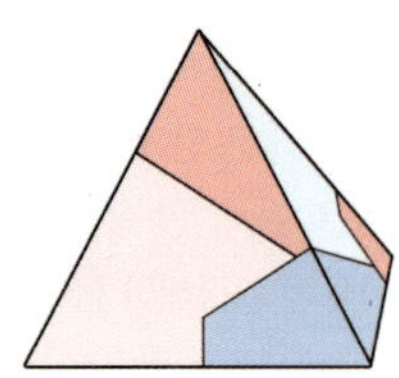

11. 완성된 정사면체의 모습.

종이접기로 만드는 시어핀스키 삼각형02

체험시간 180분 이상

체험난도 ★★★☆☆

준비물 단면 색종이 64장 + 투명테이프 = 준비 완료^-^

앞으로 접기(골짜기 접기) ------- 넘겨 접기(산 접기) —·—·—

정사면체 접기 <방법 2>

1. 정사각형 색종이 이등분하기.

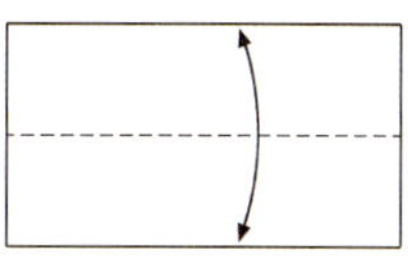

2. 종이를 세로로 반 접었다 펴기.

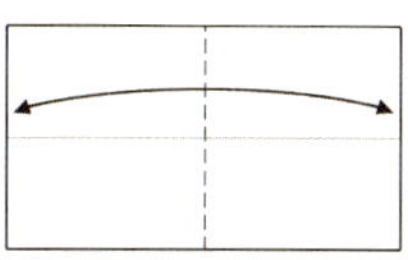

3. 종이를 가로로 반 접었다 펴기.

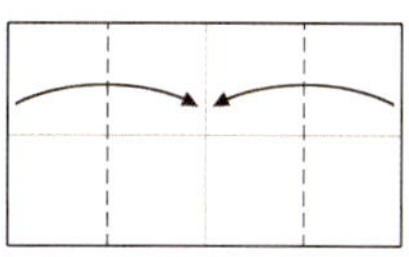

4. 그림처럼 접기.

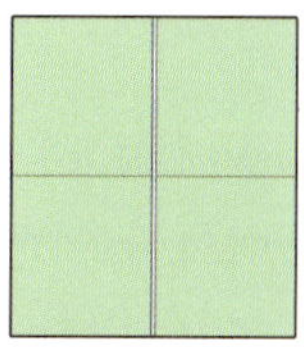

5. 접은 모습.

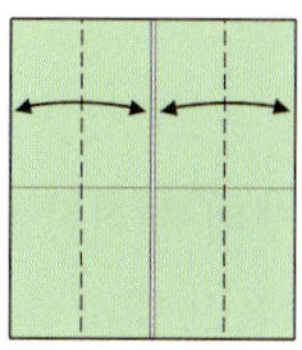

6. 그림처럼 접었다 펴기.

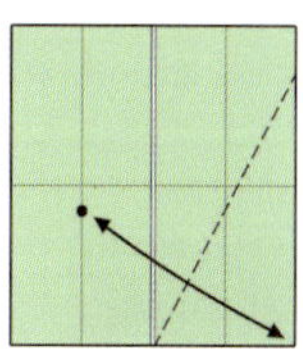

7. 오른쪽 하단 꼭짓점을 왼쪽 4등분 선에 맞춰 접었다 펴기.

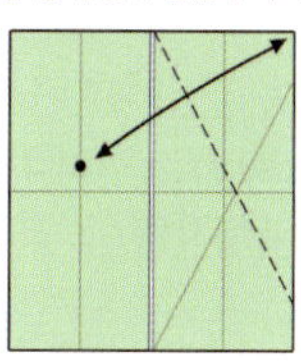

8. 오른쪽 상단 꼭짓점도 앞의 경우처럼 접었다 펴기.

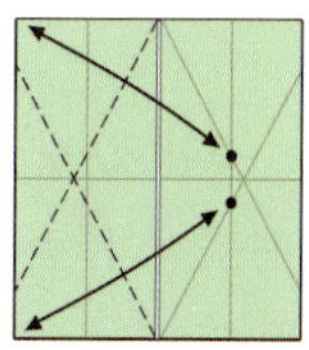

9. 왼쪽의 꼭짓점도 오른쪽과 마찬가지로 접었다 펴기.

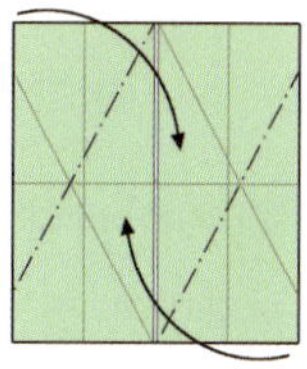

10. 그림의 두 부분을 안으로 접어 넣기.

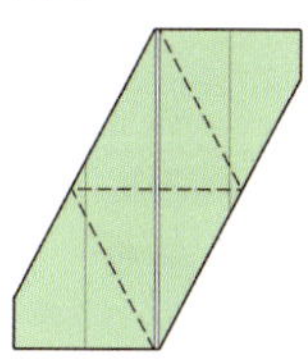

11. 점선에 맞춰 접었다 펴기.

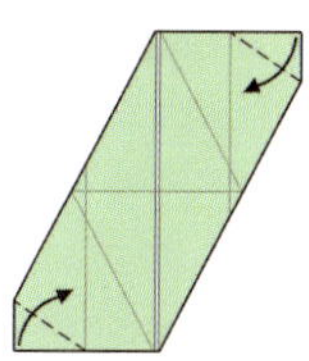

12. 그림처럼 접기.

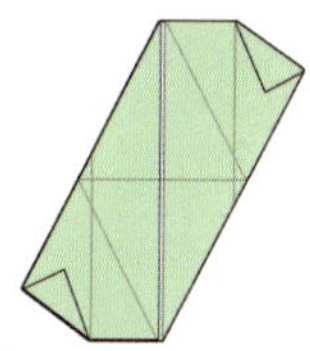

13. 모듈A 완성.

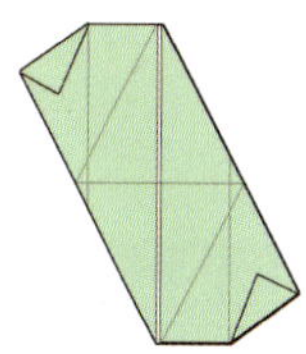

14. 2~9를 반복하고 10~13을 대칭이 되게 접으면 모듈B 완성.

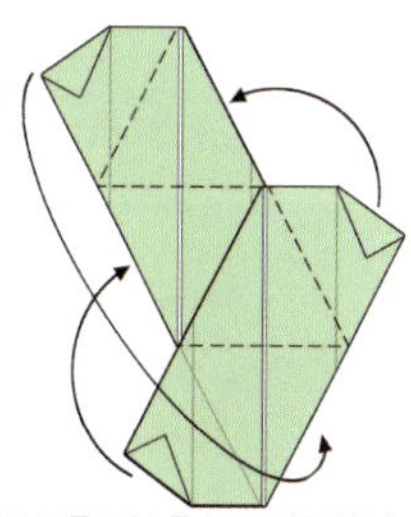

15. 모듈A와 B를 그림처럼 연결하고 종이를 점선에 맞춰 접고 조립해 사면체 만들기.

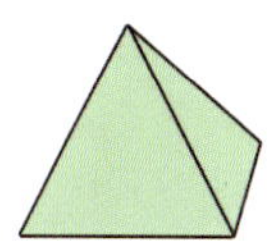

16. 완성된 정사면체의 모습.

우리 모두 즐기는 **다함께 체험수학**

폴리머 클레이로 시어핀스키 삼각형 열쇠고리 만들기

체험시간 180분

체험난도 ★★★★☆

준비물 피모 소프트 연핑크 1개, 화이트 2개 + 공구(커터칼, 스텐강선, 평집게, 니퍼, 구자말이집게) + 오븐 + 열쇠고리 부자재 + 귀고리 부자재 + 연결 재료(오링, T핀, 볼핀, 시드비즈) = 준비 완료^-^

폴리머 클레이란?

폴리머 클레이란 폴리머(Polymer：중합체)와 클레이(Clay：점토)의 합성어로서 PVC(폴리염화비닐)가 주성분으로 이루어진 점토이다. 폴리머 클레이의 독특한 성질 중 한 가지는 오븐에 구우면 단단하게 굳는다는 것이다. 폴리머 클레이는 제품이 다양한데 여기서는 스테들러(Staedtler)사의 피모 소프트(Fimo Soft)를 사용하였다.

실제 제작에서 모든 재료가 필요한 것은 아니다. 단순한 형태로 제작한다고 할 때, 필요한 기본 물품은 아래와 같다. 여기서 스텐강선은 구멍을 뚫는 용도이다. 스텐강선 대신 철사나 이쑤시개, 바늘 등을 사용해도 된다. 오븐의 경우 가격이 저렴한 토스트 오븐을 추천한다.

1
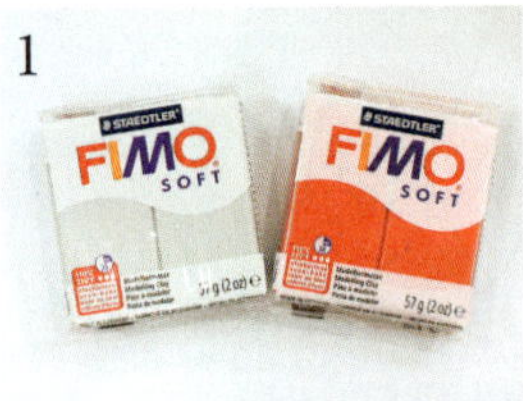

2
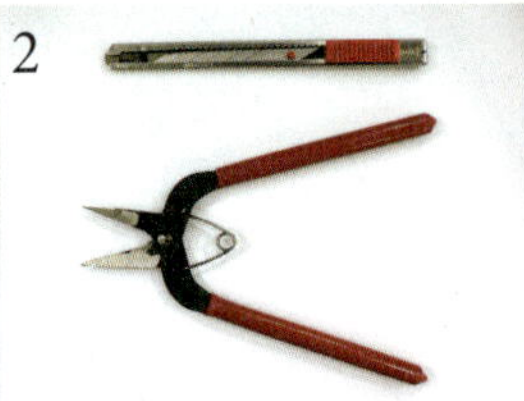

3
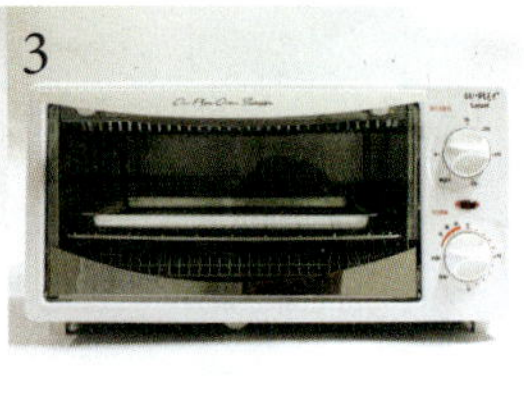

4

5
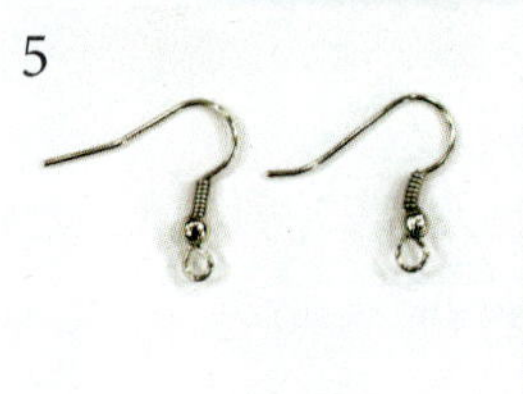

6
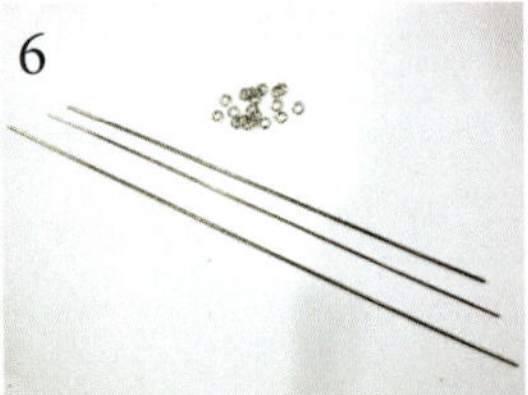

1. 피모 소프트 / 2. 커터칼, 평집게 / 3. 오븐
4. 열쇠고리 부자재 / 5. 귀고리 부자재 / 6. 오링, 스텐강선

시어핀스키 삼각형과 열쇠고리나 귀고리 부자재를 어떻게 연결하느냐에 따라 다음과 같은 추가 재료가 필요하다. 구자말이 집게는 핀의 끝을 '9'자의 형태로 만들 때 사용하는 도구로, 잘 사용하려면 약간의 연습이 필요하다. T핀, 볼핀은 보통 비즈공예에서 부속품들을 서로 연결하는 데 사용하는 재료이다. 시드비즈는 비즈공예에서 사용되는 씨앗 모양의 작은 비즈를 말한다.

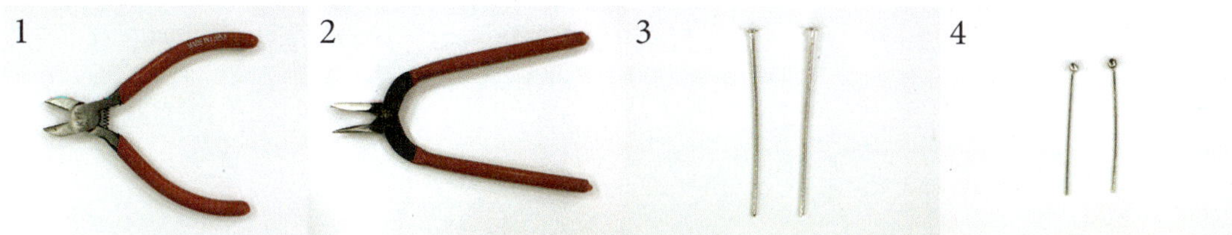

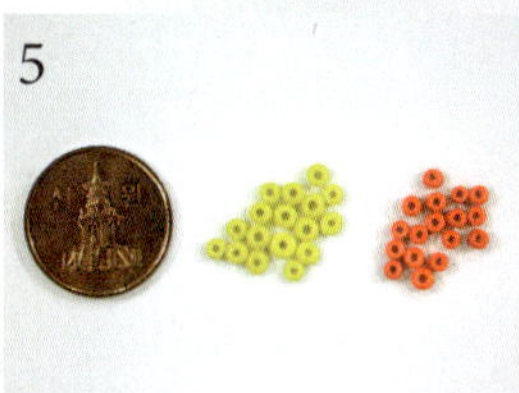

1. 니퍼 / 2. 구자말이 집게 / 3. T핀 / 4. 볼핀 / 5. 시드비즈

Check **Point**

폴리머 클레이 작업에서 몇 가지 주의해야 할 점에 대해 알아보자. 첫 번째로 제작 전에 손과 작업대를 청결하게 해야 한다. 그렇지 않고 작업을 하면 손과 작업대에 있는 먼지가 클레이에 붙을 수 있다. 둘째로 유색 클레이는 손에 묻으므로 여러 가지 색을 사용할 때는 작업하던 클레이가 다른 클레이에 묻지 않도록 주의해야 한다. 필요에 따라 작업 중에 손을 여러 번 씻어야 할 수도 있다. 마지막으로 만들기를 시작하기 전에 클레이 반죽을 충분히 해야 한다. 폴리머 클레이는 반죽이 반이라는 말이 있다. 밀대가 있다면 반죽이 말랑말랑해질 때까지 충분히 밀고 접고를 반복해야 한다. 밀대가 없다면 손으로 반죽을 눌러서 납작하게 펴고 다시 접고를 반복해야 한다. 전문가들은 보통 클레이 머신(파스타 머신 같은 기계)이라는 기계를 사용해 반죽하기도 한다. 어린 아이들과 하는 작업이라면 '피모 키즈'라는 제품을 사용하는 것도 좋다. 아이들을 위해 좀 더 말랑하게 나온 클레이 제품이다. 아니면 '믹스 퀵'이란 제품을 사용해 볼 수도 있다. 이 제품은 클레이와 섞어서 사용하는 제품으로 짧은 반죽 시간으로도 클레이를 부드럽게 만들어 준다.

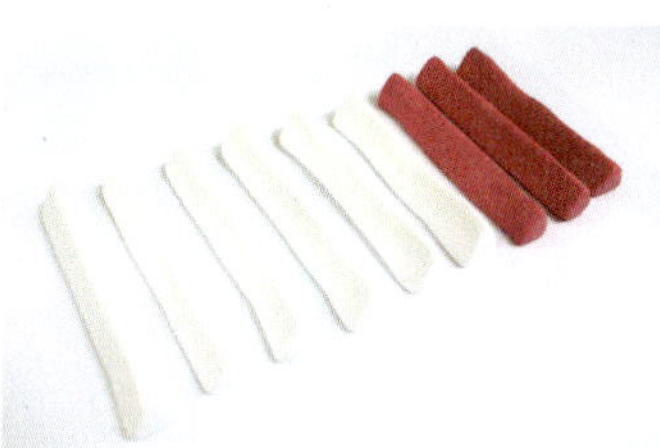

충분히 반죽한 뒤, 삼각형인 밑면의 한 변이 2cm, 높이는 9cm인 삼각기둥 만들기 (연핑크 3개, 화이트 6개)

연핑크 삼각기둥 3개와 화이트 삼각기둥 1개를 그림처럼 붙이기. 1단계 시어핀스키 삼각형.

만들어진 삼각기둥을 4배로 늘이기.

늘인 삼각기둥을 잘라서 높이가 9cm인 삼각기둥 3개 만들기.

방금 만들어진 삼각기둥 3개와 화이트 삼각기둥 1개를 그림처럼 붙이기. 2단계 시어핀스키 삼각형.

앞의 과정을 반복해 그림처럼 삼각기둥 3개 만들기.

방금 만들어진 삼각기둥 3개와 화이트 삼각기둥 1개를 그림처럼 붙이기. 3단계 시어핀스키 삼각형.

앞의 과정을 반복해 4단계 시어핀스키 삼각형 만들기.

Check **Point**

폴리머 클레이를 늘일 때, 모양의 변형이 생기지 않도록 천천히 주의해서 늘일 필요가 있다.

7단계 이상의 시어핀스키 삼각형을 제작할 경우 모양이 너무 세밀해서 잘 보이지 않을 수 있으니 유의해야 한다.

또한 폴리머 클레이를 자를 때 일반 커터칼은 모양이 뭉개질 수 있으니 신중히 잘라야 한다. 폴리머 클레이 전용 블레이드를 사용하면 모양이 더 잘 나온다.

앞의 과정을 반복해 5단계와 6단계 시어핀스키 삼각형 만들기.

이렇게 만들어진 1~6단계 시어핀스키 삼각형을 다양한 크기와 두께(5~10mm)로 자르기.

열쇠고리, 귀고리 부자재와 연결하기 위해 스텐강선으로 구멍 뚫기. 왼쪽이 방법1, 오른쪽이 방법2.

구멍을 다 뚫었으면 오븐에 130도로 30분 동안 굽기. 방법2의 경우 스텐강선이 있는 채로 굽기.

Check **Point**

방법1로 구멍을 뚫을 때는 오링으로 연결할 것을 고려하여 적당한 높이에 뚫어야 한다. 너무 아래쪽에 구멍을 뚫으면 오링을 연결할 때 문제가 생길 수 있다.

방법2로 구멍을 뚫을 때는 중앙을 잘 맞춰 뚫는 것이 중요하다. 각도가 조금만 틀어져도 전혀 엉뚱한 위치에 구멍이 뚫릴 수 있으니 주의해야 한다.

방법1의 경우 평집게를 사용해 오링으로 열쇠고리나 귀고리 부자재를 시어핀스킨 삼각형과 연결하면 완성.

방법2의 경우 볼핀, T핀 중 편한 것을 사용하고 시드비즈는 기호에 따라 사용. 그림처럼 1~5의 과정으로 제작. 3에서 구자말이집게를 사용하여 4의 형태로 만들고 귀고리 부자재를 연결하면 완성.

제작과정에서 클레이를 늘이다 보면 양쪽 끝부분에서 모양의 변형이 생긴다. 이 끝부분도 나름의 멋이 있기 때문에 열쇠고리로 제작하면 색다른 매력이 있다. 그리고 폴리머 클레이로 제작을 하다 보면 남는 클레이가 생긴다. 남는 클레이는 지퍼백에 보관하여 나중에 재사용하도록 한다. 위의 제작에서는 연핑크와 화이트 색상을 사용했지만 다른 색을 조합하면 또 다른 느낌의 열쇠고리와 귀고리를 만들 수 있다.

Chapter 06

새로운 차원의 등장
멩거 스펀지

어떤 체험을 할까요?

1 전개도로 만들어 보는 멩거 스펀지
2 4단계 멩거 스펀지 만들기, 메가 멩거 프로젝트
3 폴리머 클레이로 멩거 스펀지 열쇠고리 만들기

01

하우스도르프 차원

보통 우리가 사는 공간을 3차원이라 한다. 이 공간은 앞뒤가 있고, 좌우가 있으며, 위아래가 있다. 고대 철학자인 아리스토텔레스도 '3차원은 완전하며, 3차원을 넘는 차원은 존재하지 않는다'라고 했다고 한다. 그래서인지 그 이상의 차원은 많은 사람의 호기심을 자극한다. 4차원 또는 5차원 혹은 6차원이라 하면 신비로운 미지의 영역처럼 생각된다. 이런 고차원들은 영화나 만화의 단골 소재이기도 하다. 주인공이 4차원의 세계를 넘나들며 진행되는 스토리는 소재만으로 흥미롭다.

우리가 지금부터 알아보려는 것은 프랙털의 차원이다. 프랙털 도형들은 소수점 차원을 갖는다. 1.58차원이나 2.73차원이니 하는 식으로 말이다. 정수 차원도 4차원 이상이 되면 상상이 되지 않는데 소수점 차원은 도대체 무엇이란 말인가? 한 판타지 소설의 주인공이 기차역의 9와 3/4플랫폼에 들어가는 것만큼 이상하게 생각된다. 그런 차원이 존재한다는 것이 가능한가? 도대체 그것은 무슨 의미인가? 여러 가지 의문이 꼬리에 꼬리를 문다. 지금부터 이에 대해 하나씩 알아보고자 한다. 그리고 프랙털 차원이 무엇인지 이해하려면 먼저 차원이 무엇인지에 대해서 다시 생각해 봐야 한다.

그림1

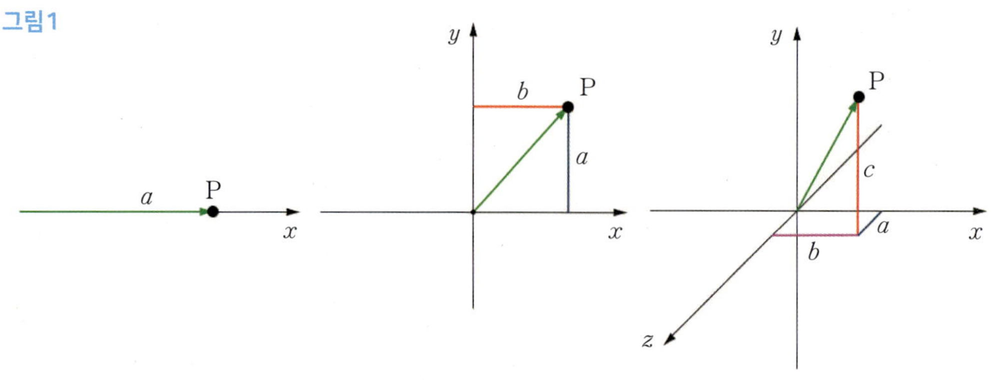

우리가 보통 이야기하는 차원은 유클리드가 연구한 평면과 공간을 일반화한 유클리드 공간의 차원이다. 이런 관점에서 수학적 공간의 차원은 공간의 한 점을 나타내고자 할 때 필요한 최소한의 좌표의 개수라고 할 수 있다. 따라서 점은 0차원, 직선은 1차원, 평면은 2차원, 공간은 3차원이다.

그림2

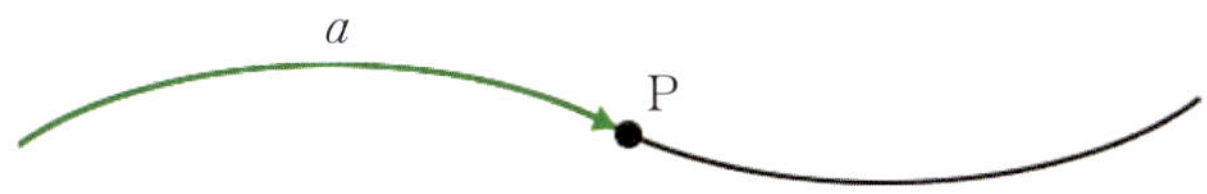

직선이 아닌 곡선이나 평면이 아닌 곡면의 차원도 생각해 볼 수 있다. 곡선의 경우 휘어져 있기에 2차원이라 생각할 수도 있지만 1차원이다. 곡선 위의 한 점을 나타내고자 할 때 기준점으로부터의 거리만 알면 위치를 말할 수 있다. 즉, 한 개의 수치만으로 위치를 표현할 수 있는 것이다. 비슷하게 생각하면 곡면도 3차원이 아닌 2차원임을 알 수 있다.

1차원인 선과 2차원인 면 그리고 3차원인 입체 사이에는 분명하게 구별되는 성질이 있다. 바로 측도가 다르다는 것이다. 수학에서 **측도**(Measure)란 여러 수학적 대상의 '크기'를 나타내는 방법을 말한다. 1차원인 선의 측도는 '길이'이고 2차원인 면의 측도는 '넓이', 3차원인 입체의 측도는 '부피'이다. 우리가 잘 알다시피 선은 길이는 있고 넓이는 없다. 1차원이기 때문이다. 그런데 과연 그럴까?

페아노 곡선(Peano Curve)이라 불리는 곡선은 이탈리아 수학자 주세페 페아노(Giuseppe Peano)에 의해 고안된 곡선이다. 이 곡선은 그림3과 같은 규칙에 따라 정사각형 위에 그

그림3 페아노 곡선(Peano Curve)

릴 수 있다. 페아노는 이 곡선으로 평면을 완전히 채울 수 있음을 보였다. 이러한 특징을 가진 곡선을 **공간충전곡선**(Space-Filling Curve)이라 한다. 공간충전곡선에는 페아노 곡선 외에도 힐버트 곡선, 무어 곡선, 고스퍼 곡선 등이 있다.

페아노 곡선은 공간을 채움으로써 넓이를 갖는다. 그렇다면 페아노 곡선은 1차원인가 아니면 2차원인가? 선이니까 1차원이라고 생각되면서도 넓이를 가지니까 2차원이라고도 생각된다. 쉽게 대답할 수 있는 문제는 아니지만 확실한 것은 기존의 차원의 개념으로는 설명하기가 어렵다는 점이다. 이를 설명하기 위해서는 무엇인가 새로운 개념이 필요하다.

다시 차원에 대해 생각해 보자. 앞서 차원이 다르면 측도가 다르다고 하였다. 1차원의 측도는 '길이', 2차원의 측도는 '넓이', 3차원의 측도는 '부피'이다. 어떤 수학적 대상의 '크기'를 생각하려면 그 대상에 맞는 '측도'로 측정해야 한다. 2차원 도형인데 길이를 생각하거나 또는 부피를 생각하는 것은 의미 없는 일이다. 그럼에도 한 번 생각해 보면 어떨까? 예를 들어 2차원인 사각형의 '길이'를 생각해 보는 것이다. 사각형의 한 변의 길이가 아니라 사각형의 길이 말이다. 점이 움직이면 선이 만들어지고 선이 움직이면 면이 만들어지므로 적당한 선을 연속적으로 움직이면 사각형을 만들 수 있다. 따라서 사각형은 무수히 많은 선을 포함하고 있다. 그러므로 사각형의 길이라는 것을 굳이 말한다면 ∞이다. 반면 사각형의 부피는 0이다. 당연하게도 삼각형이나 오각형, 육각형 등에 대해서도 비슷한 이야기를 할 수 있다. 평면도형의 길이는 ∞이고 부피는 0이다.

이를 좀 더 일반화하여 생각하면 우리는 다음과 같은 사실을 알 수 있다. 어떤 대상의 '크기'를 구하고자 할 때, 그 대상보다 낮은 차원의 '측도'를 이용하면 '크기'가 ∞가 나오고 더 높은 차원의 '측도'를 이용하면 '크기'가 0이 나온다는 사실 말이다.

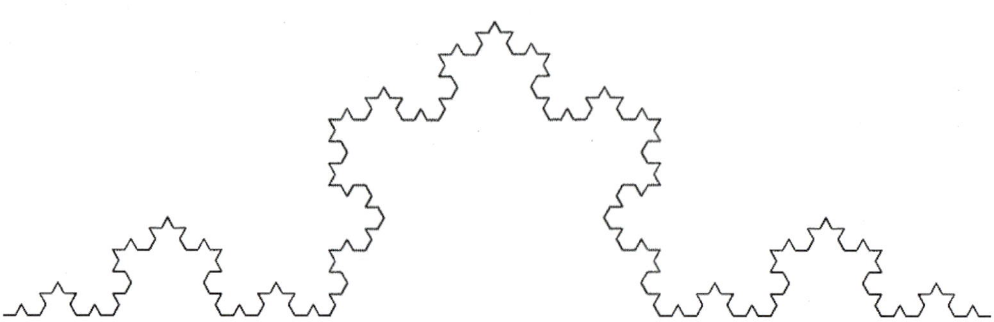

그림4 코흐의 눈송이(Koch Snowflake)

코흐 곡선의 경우 1차원의 측도인 '길이'로 측정하면 ∞가 나오고 2차원의 '측도'인 '넓이'로 측정하면 0이 나온다. 따라서 우리는 코흐 곡선의 차원이 1차원보다는 크고 2차원보다는 작은 것이 아니냐는 추측을 해볼 수 있다. 그리고 이러한 관점에서 차원에 대한 새로운 개념을 정의하고자 한 수학자가 있었다. 바로 독일의 수학자인 펠릭스 하우스도르프(Felix Hausdorff)이다.

하우스도르프는 기존의 차원 개념을 일반화하여 소수점 차원을 정의하는 대담함을 보였고 그의 이런 정의는 기존 차원의 정의에도 잘 맞는다. 다시 말해 우리에게 익숙한 1차원인 대상은 하우스도르프 차원이 1차원이고, 2차원인 대상은 하우스도르프 차원이 2차원이며 3차원인 대상은 하우스도르프 차원이 3차원이다.

하우스도르프 차원의 정의는 생각보다 복잡하다. 하지만 정확한 자기유사성(Exact Self-Similarity)을 가진 프랙털 도형의 경우엔 하우스도르프 차원을 좀 더 쉽게 정의하고 구할 수 있다. 그래서 우리는 이에 대해 알아보려 한다. 정확한 자기유사성을 갖는다는 것은 전체 구조 중 일부를 확대했을 때 전체 구조와 완전히 동일한 구조를 갖고 있는 것을 말한다.

우리는 도형의 축소비율과 차원과의 관계를 통해 하우스도르프 차원을 정의하고자 한다. 먼저 1차원 도형인 선분이 주어졌을 때 이 도형을 1/2로 줄인 선분을 측정단위로 하여 이 도형을 측정하면 전체 길이가 2배가 됨을 알 수 있다. 즉, 측정값이 2라고 할 수 있다. 반면 2차원 도형인 정사각형이 주어졌을 때 이 도형을 1/2로 줄인 정사각형을 측정단위로 하여 이 도형을 측정하면 측정값이 4가 된다. 비슷하게 3차원 도형인 정육면체가 주어졌을 때 이 도형을 1/2로 줄인 정육면체를 측정단위로 이 도형을 측정하면 측정값이 8임을 알 수 있다. 이를 그림으로 나타내면 그림5와 같다. 그림5에서 색칠된 부분이 주어진 도형의 측정 단위가 되는 도형이다.

그림5

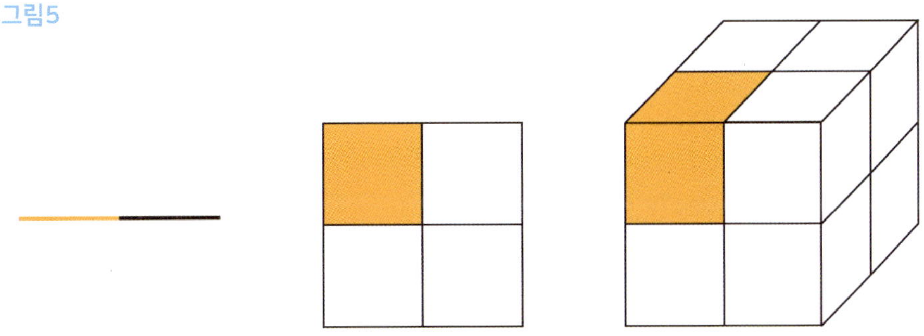

앞에서 측정 단위를 만들기 위해 일정하게 줄인 비율을 축소비율 ε 이라 하자. 그리고 축소비율로 만들어진 측정 단위인 도형으로 처음 주어진 도형을 측정했을 때 나온 측정값을 N 이라 하자. 마지막으로 도형의 차원을 D 라 하자. 그러면 다음과 같은 관계가 성립한다.

$$N = (1/\varepsilon)^{D}$$

이를 일반화하여 하우스도르프 차원을 정의하는 것은 기존의 정의와도 잘 맞아 자연스럽게 받아들여진다. 따라서 위의 식을 D 에 관한 식으로 정리하면 하우스도르프 차원을 정의할 수 있다.

하우스도르프 차원(Hausdorff Dimension)
어떤 도형이 주어졌을 때, 도형의 측정 단위를 만드는 축소비율을 ε, 축소비율로 만들어진 도형으로 주어진 도형을 측정한 측정값을 N, 차원을 D 라 하면 다음이 성립한다.

$$D = \frac{\log N}{\log(1/\varepsilon)}$$

앞서 말했듯이 하우스도르프 차원은 소수점으로 표현되는 차원이다. 이런 하우스도르프 차원의 정의를 통해 기존의 차원 개념으로 설명할 수 없는 기하학적 대상에 대해 좀 더 풍부한 설명을 할 수 있게 되었다. 그리고 현실 세계에서도 프랙털 구조라 여겨지는 여러 대상을 이해하고 분석하는 데 하우스도르프 차원을 적용하여 그 대상에 대한 이해를 높일 수 있게 되었다.

02

멩거 스펀지란?

멩거 스펀지는 칸토어 집합(Cantor Set)과 시어핀스키 카펫(Sierpinski Carpet)을 3차원으로 일반화시킨 것으로 1926년에 오스트리아 수학자인 카를 멩거(Karl Menger)에 의해 처음 고안되었다. 멩거 스펀지의 각 면은 시어핀스키 카펫으로 되어 있다. 멩거 스펀지를 구성하는 방법은 다음과 같다.

그림6

1) 정육면체에서 시작한다.
2) 정육면체의 각 면을 루빅스 큐브처럼 9개의 면으로 나눈다. 그러면 총 27개의 작은 정육면체가 생긴다.
3) 여기서 각 면의 중심에 있는 작은 정육면체를 제거하고, 큰 정육면체의 중심에 있는 작은 정육면체도 제거한다. 그러면 총 20개의 작은 정육면체가 남는다.
4) 남아 있는 작은 정육면체에 대해 2), 3)의 과정을 반복해서 시행한다.

2), 3)의 과정을 n번 시행하면 n단계 멩거 스펀지가 만들어진다.

03

멩거 스펀지의 여러 가지 성질

오스트리아 수학자인 카를 멩거(Karl Menger)가 고안한 멩거 스펀지는 시어핀스키 카펫(Sierpinski Carpet)을 3차원으로 일반화한 것이기 때문에 시어핀스키 스펀지라고도 한다. 멩거 스펀지는 재미있게도 단계를 반복할수록 겉넓이는 무한히 커지고 부피는 0에 가까워진다. 어떻게 이런 일이 가능할까? 한번 생각해 보자.

그림7 시어핀스키 카펫

처음에 주어진 정육면체의 한 모서리의 길이를 1이라 할 때, 그 부피는 1이다. 멩거 스펀지는 각 단계가 진행될 때마다 하나의 정육면체를 27개의 작은 정육면체로 나누고 7개의 작은 정육면체를 제거해 20개의 작은 정육면체를 남긴다. 따라서 전체 부피는 전 단계의 $\frac{20}{27}$이 된다. 그러므로 멩거 스펀지의 부피는 다음과 같이 0에 수렴한다.

$$\lim_{n \to \infty}\left(\frac{20}{27}\right)^n = 0$$

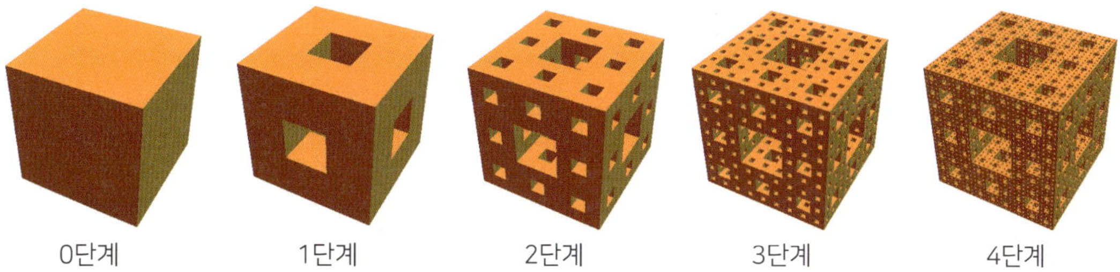

그림8

이제 겉넓이를 생각해 보자. n단계일 때, 겉넓이를 a_n이라 하면 $a_0 = 6$이다. $n \geq 1$에 대하여 $(n-1)$단계 멩거 스펀지 20개를 붙인 뒤, $\frac{1}{3}$ 비율로 줄이면 n단계 멩거 스펀지가 된다.

그림9

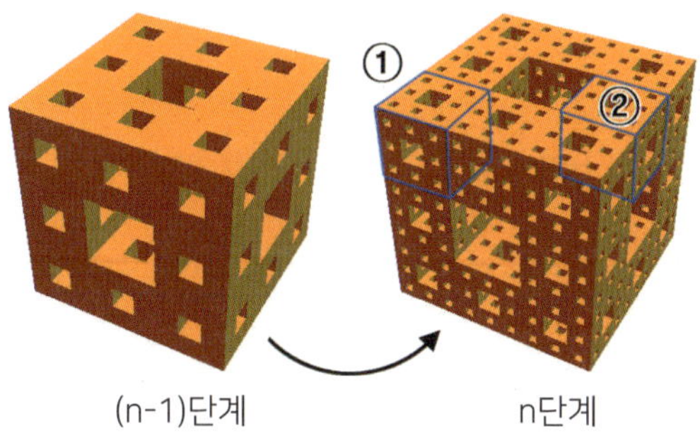

20개를 붙일 때, ①과 같은 위치는 8개, ②와 같은 위치에는 12개의 멩거 스펀지가 온다. 그리고 ①의 위치의 멩거 스펀지는 세 면에 다른 멩거 스펀지와 붙고 ②의 위치의 멩거 스펀지는 두 면에 다른 멩거 스펀지와 붙는다. 이 붙은 면이 시어핀스키 카펫인데 그 넓이가 $\left(\frac{8}{9}\right)^{n-1}$이다. n단계 멩거 스펀지의 겉넓이를 생각하고자 할 때, $(n-1)$단계 멩거 스펀지끼리 붙는 부분의 넓이는 빼야 한다. 그리고 $\frac{1}{3}$ 비율로 크기를 줄이면 넓이는 $\frac{1}{9}$이 된다. 따라서 다음과 같은 관계식이 성립한다.

$$a_n = \frac{1}{9}\left(20a_{n-1} - 8 \times 3 \times \left(\frac{8}{9}\right)^{n-1} - 12 \times 2 \times \left(\frac{8}{9}\right)^{n-1}\right) = \frac{20}{9}a_{n-1} - 6\left(\frac{8}{9}\right)^n$$

이 점화식의 양변을 $\left(\frac{20}{9}\right)^n$으로 나누면

$$\left(\frac{9}{20}\right)^n a_n = \left(\frac{9}{20}\right)^{n-1} a_{n-1} - 6\left(\frac{2}{5}\right)^n$$

이다. $b_n = \left(\frac{9}{20}\right)^n a_n$ 이라 하면 $b_n = b_{n-1} - 6\left(\frac{2}{5}\right)^n$ 이다. 따라서

$$b_n = b_0 + \sum_{k=1}^{n}\left\{-6\left(\frac{2}{5}\right)^k\right\} = 6 + \frac{-\frac{12}{5}\left(1-\left(\frac{2}{5}\right)^n\right)}{1-\frac{2}{5}} = 2 + 4\left(\frac{2}{5}\right)^n$$

$$\left(\frac{9}{20}\right)^n a_n = 2 + 4\left(\frac{2}{5}\right)^n$$

$$a_n = 2\left(\frac{20}{9}\right)^n + 4\left(\frac{8}{9}\right)^n$$

이므로 극한을 구하면

$$\lim_{n\to\infty}\left\{2\left(\frac{20}{9}\right)^n + 4\left(\frac{8}{9}\right)^n\right\} = \infty$$

이다. 그러므로 멩거 스펀지의 겉넓이는 무한대로 발산한다.

이번엔 멩거 스펀지의 차원을 구해보자. 축소비율을 $\varepsilon = \frac{1}{3}$ 이라 하면 축소비율로 만들어진 도형으로 멩거 스펀지를 측정한 측정값은 $N = 20$ 이다. 따라서 차원 D 는 다음과 같다.

$$D = \frac{\log N}{\log(1/\varepsilon)} = \frac{\log 20}{\log 3} \fallingdotseq 2.73$$

우리 모두 즐기는 **다함께 체험수학**

전개도로 만들어 보는 **멩거 스펀지**

체험시간 180분 이상

체험난도 ★★☆☆☆

준비파일 06/정육면체_전개도.pdf

준비물 정육면체 전개도(**인쇄**) 400개 + 가위 + 풀 + 투명 테이프 = 준비 완료^-^

전개도를 오리고 풀로 붙여 정육면체 유닛 만들기.

정육면체 유닛 20개를 연결해 1단계 멩거 스펀지 만들기.

1단계 멩거 스펀지 20개를 연결하여 2단계 멩거 스펀지 만들기.

Check **Point**

더 높은 단계의 멩거 스펀지를 제작 하려면 단계를 높일 때마다 20배의 전개도가 필요하다. 2단계 멩거 스펀지의 경우 400개의 전개도가 필요하기 때문에 적어도 10명 이상의 인원이 있어야 제작이 수월하다. 만약 3단계 멩거 스펀지를 제작하길 원한다면 한 학년 전체가 참가해야 할 것이다.

2단계 멩거 스펀지 완성.

우리 모두 즐기는 **다함께 체험수학**

4단계 멩거 스펀지 만들기
메가 멩거 프로젝트

체험시간 180분 이상

체험난도 ★★★★☆

준비파일1 06/정사각형_유닛_전개도.pdf **준비파일2** 06/패널_전개도.pdf

준비물 정사각형 유닛 전개도(**인쇄**) 200장 + 패널 전개도(**인쇄**) 88장 + 가위 = 준비 완료^-^

이 방법은 멩거 스펀지를 제작하는 방법 중 가장 유명한 방법으로 정사각형 유닛과 패널 유닛을 사용해 멩거 스펀지를 제작한다. 먼저 정사각형 유닛 6장으로 정육면체 유닛을 만든다. 그리고 정육면체 유닛을 서로 연결하여 멩거 스펀지를 제작하고, 멩거 스펀지 겉면에는 패널 유닛을 부착한다. 그림으로 나타내면 대략 다음과 같다.

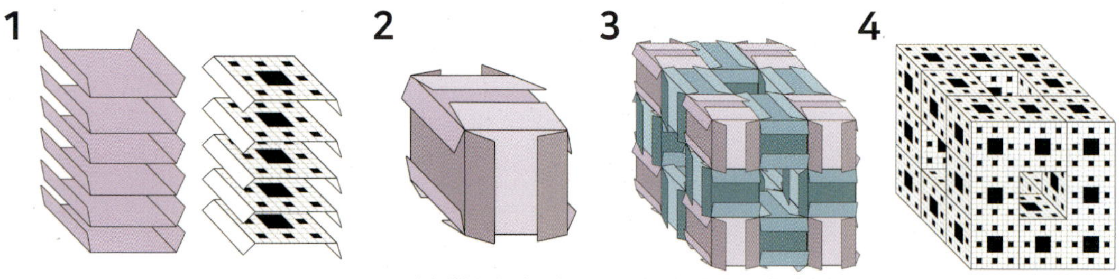

1 정사각형 유닛 패널 유닛

2 정사각형 유닛 6개로 만든 정육면체 유닛

3 정육면체 유닛 20개를 연결해 만든 1단계 멩거 스펀지

4 겉면에 패널 유닛을 부착한 1단계 멩거 스펀지

그림에서는 패널이 마지막에 부착되는 것처럼 표현했지만 실제 제작에선 멩거 스펀지 형태를 구성하며 중간중간에 필요에 따라 패널을 부착한다. 우리가 제작할 것은 2단계 멩거 스펀지이다. 2단계 멩거 스펀지를 제작하기 위해선 2400개의 정사각형 유닛과 1056개의 패널이 필요하다. 만약 3단계 멩거 스펀지를 제작하려 한다면 48000개의 정사각형 유닛과 18048개의 패널이 필요하다(정사각형 유닛 전개도 4000장과 패널 전개도 1504장이 필요하다). 3단계 멩거 스펀지의 경우 너무나 많은 양이 필요하여 거의 불가능해 보이지만 MIT를 비롯해 이미 전 세계 20군데 이상에서 이 방법으로 3단계 멩거 스펀지를 완성하였다. 바로 'MegaMenger'라는 프로젝트를 통해서이다. 이 프로젝트는 4단계 멩거 스펀지를 만드는 것을 목표로 퀸 메리 런던 대학의 매튜 파커(Matt

Parker)와 제임스 매디슨 대학교의 라우라 탤먼(Laura Taalman)의 제안으로 시작되었다. 현재 프로젝트는 완료되었지만 사이트를 통해 전개도와 제작법을 안내하고 있다. 아래 그림은 전 세계에서 제작된 멩거 스펀지로 4단계 맹거 스펀지를 완성할 수 있음을 표현한 것으로 사이트에 올려져 있다. 더 자세한 내용이 궁금하다면 사이트를 방문하여 알아보기 바란다. 사이트 주소는 아래와 같다.

http://www.megamenger.com

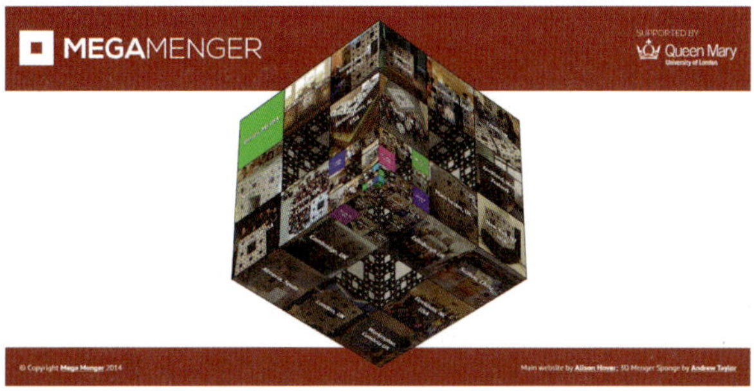

이제 제작법을 알아보자. 이는 MegaMenger 프로젝트에서 안내하는 것과 같다. 다만 패널 전개도의 형태는 다르다. 먼저 정사각형 유닛 만드는 법을 알아보자. 아래 그림처럼 정사각형 유닛 전개도를 오리고 접은 후 다시 오리면 12개의 정사각형 유닛이 만들어진다. 패널의 경우에도 마찬가지다.

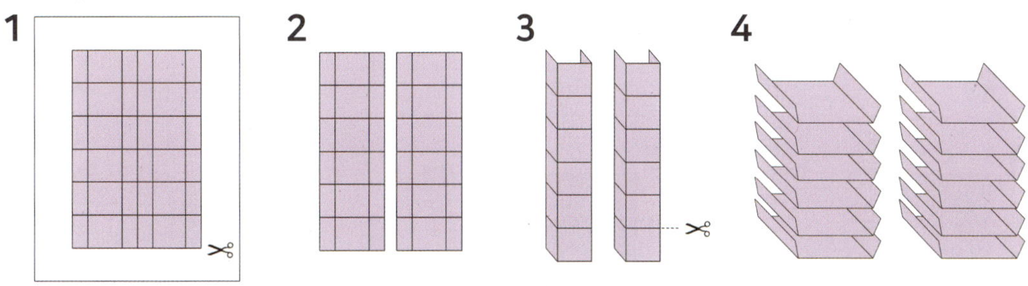

명함을 사용할 수도 있다. 명함으로 정사각형 유닛을 만들 거라면 다음과 같이 만들면 된다.

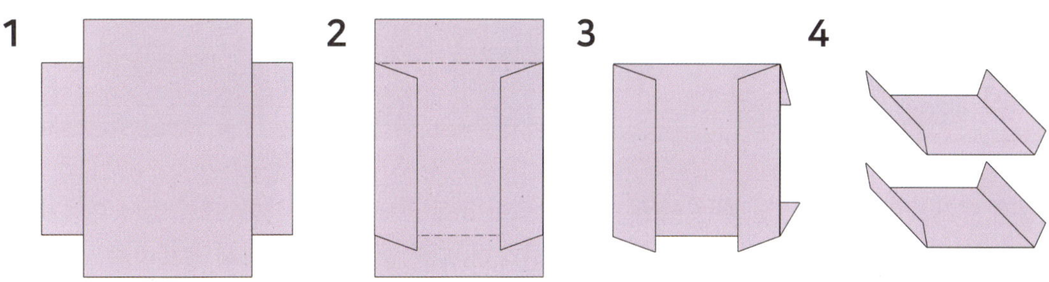

6장의 정사각형 유닛으로 정육면체 유닛을 만들 수 있다. 방법은 아래와 같다.

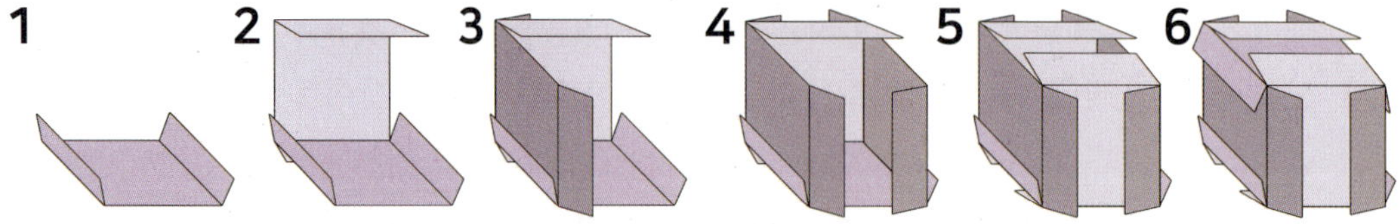

이렇게 만들어진 정육면체 유닛을 서로 연결하는 방법은 2가지가 있다. 한 가지 방법은 아래 그림처럼 한 개의 정육면체 유닛의 두 날개를 다른 정육면체 유닛의 날개에 넣어 연결하는 것이다.

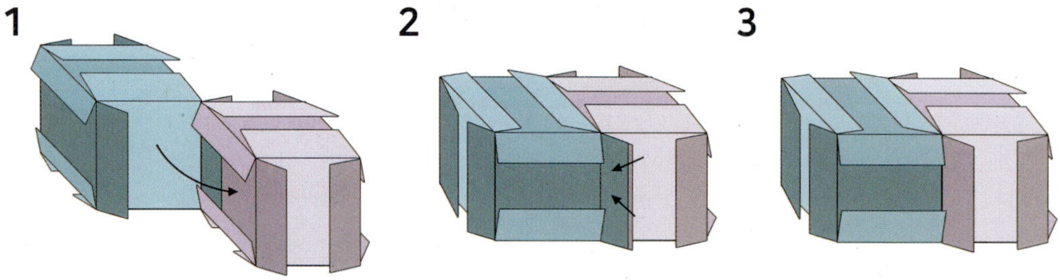

다른 방법은 아래 그림처럼 한 개의 정육면체 유닛 옆에 정사각형 유닛을 조립하여 두 개의 연결된 정육면체 유닛을 만드는 것이다.

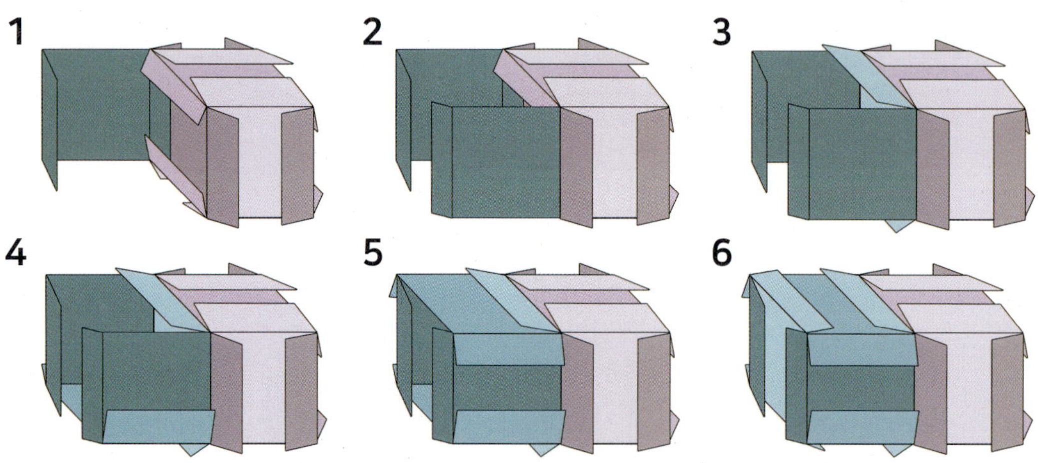

실제 멩거 스펀지를 제작할 때는 이 두 가지 방법이 모두 적당히 활용된다. 예를 들어 다음 쪽 그림과 같이 1에서 2로 멩거 스펀지 제작이 진행된다고 하자. 2번 아래 초록색 정육면체 유닛은 그

전에 제작된 것과 한 면에서만 만나므로 정육면체 유닛끼리 서로 연결하는 방법 중 첫 번째로 설명한 방법으로 연결하면 된다. 하지만 빨간색 유닛은 두 개의 정육면체 유닛과 만나므로 첫 번째 방법으로 제작하기엔 어려움이 있다. 따라서 두 번째로 설명한 방법으로 연결하는 것이 더 수월하다.

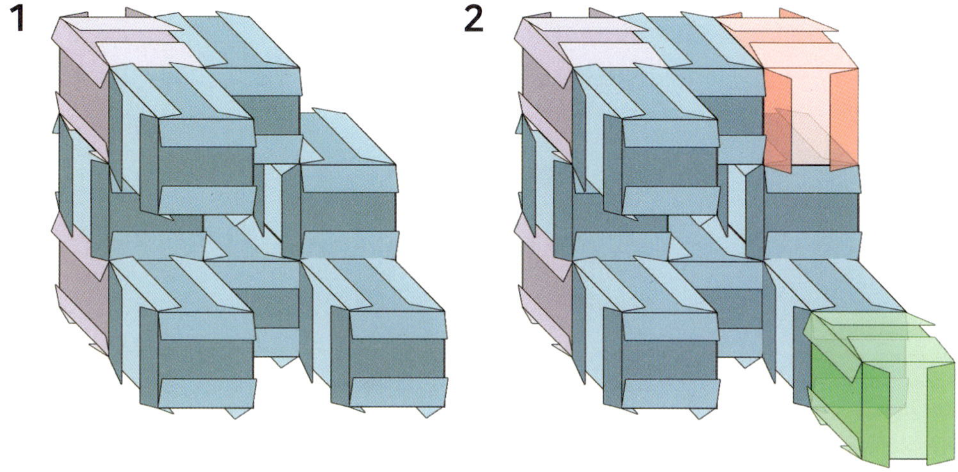

마지막으로 알아볼 것은 패널 유닛을 연결하는 방법으로 아래 그림과 같다. 여기까지의 방법은 멩거 스펀지를 구성하기 위한 기초적인 방법들이다. MegaMenger 프로젝트에서는 이 방법들을 바탕으로 높은 단계의 멩거 스펀지를 구성하기 위한 다양한 방법을 안내하고 있다. 하지만 실제로 이 정도 방법만 알아도 정사각형 유닛끼리 연결하고 패널을 끼우며 모든 단계의 멩거 스펀지를 만들 수 있다. 이제 실제 제작되는 과정을 간단히 살펴보자.

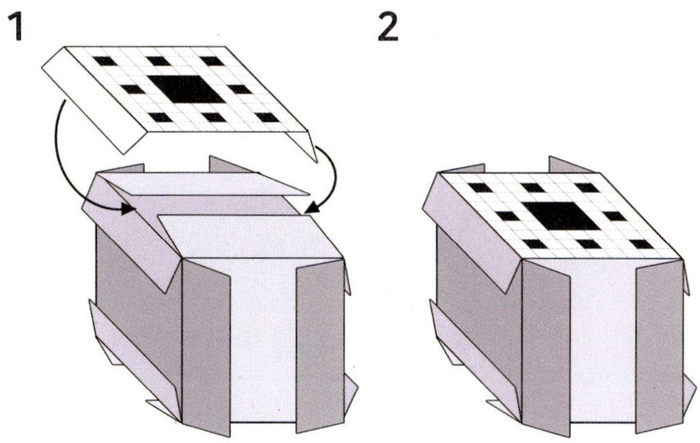

1단계 멩거 스펀지 제작 과정.

1단계 멩거 스펀지 완성.

2단계 멩거 스펀지를 제작 중인 모습으로 약 1/3이 완성된 상태.

2단계 멩거 스펀지를 제작 중인 모습으로 약 2/3가 완성된 상태.

Check **Point**

멩거 스펀지를 제작하는 과정에서 풀과 테이프를 사용하지 않기 때문에 정사각형 유닛과 패널 유닛이 완전히 조립되지 않으면 튼튼하게 연결되지 않는다. 따라서 제작과정 중엔 연결상태가 약한 부분이 생길 수밖에 없다. 이런 점을 고려하여 제작해야 한다.

또한, 패널 유닛을 그때그때 알맞게 연결하지 않으면 나중에 구조적으로 연결하기 어려운 경우가 있다. 따라서 조립하는 과정에서 패널 유닛을 상황에 맞게 미리미리 연결해 놓아야 한다.

2단계 멩거 스펀지 완성.

폴리머 클레이로
멩거 스펀지 열쇠고리 만들기

체험시간 180분

체험난도 ★★★★☆

준비물 피모 소프트 체리레드 2개, 화이트 1개 + 공구(커터칼, 스텐강선, 평집게, 니퍼, 구자말이집게, 본드) + 오븐 + 열쇠고리 부자재 + 귀고리 부자재 + 연결 재료(오링, T핀, 볼핀, 시드비즈) = 준비 완료^-^

우리가 제작할 것은 4단계 멩거 스펀지이다. 더 높은 단계의 제작을 원한다면 같은 과정을 한 번 더 반복하면 된다. 하지만 5단계 멩거 스펀지의 경우 그 형태가 상당히 미세해 5단계라는 것을 알아보기가 쉽지 않다. 제작 방법은 아래와 같다. 폴리머 클레이 사용법과 관련해서는 앞에 있는 '시어핀스키 삼각형 열쇠고리 만들기'를 참고하자.

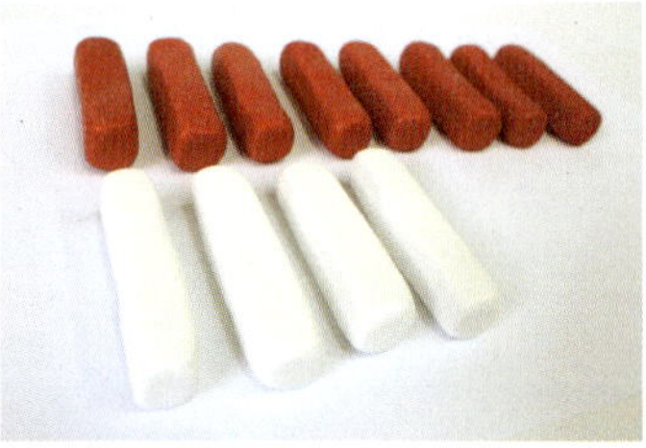

충분히 반죽한 뒤, 밑면은 한 변의 길이가 1.5cm인 정사각형, 높이는 5cm인 직육면체 만들기 (체리레드 8개, 화이트 4개).

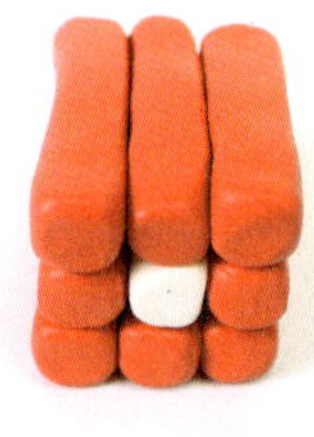

체리레드 직육면체 8개와 화이트 직육면체 1개를 그림처럼 붙이기. 1단계 멩거 스펀지.

만들어진 직육면체를 9배로 늘이기.

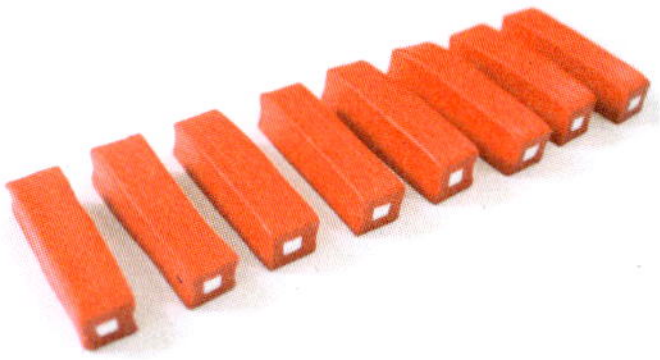

늘인 직육면체를 잘라서 높이가 5cm인 직육면체 8개 만들기.

방금 만들어진 직육면체 8개와 화이트 직육면체 1개를 그림처럼 붙이기. 2단계 멩거 스펀지.

앞의 과정을 반복해 그림처럼 직육면체 8개 만들기.

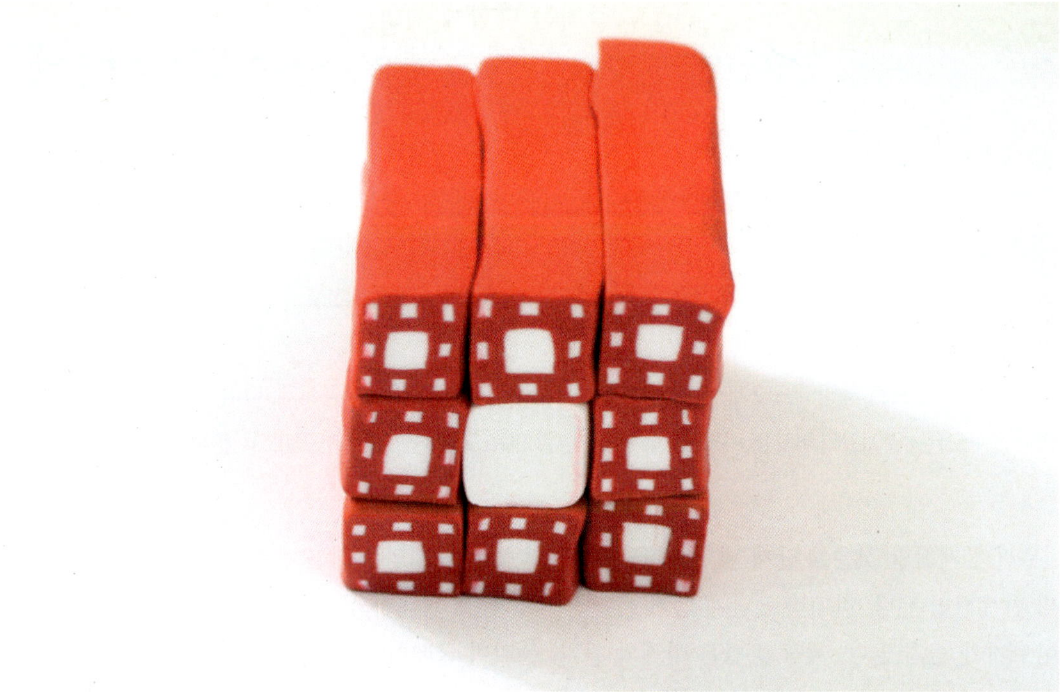

방금 만들어진 직육면체 8개와 화이트 직육면체 1개를 그림처럼 붙이기. 3단계 멩거 스펀지.

앞의 과정을 반복해 4단계 멩거 스펀지 만들기.

이렇게 만들어진 1~4단계 멩거 스펀지를 다양한 크기와 두께(5~10mm)로 자르기.

귀고리로 만들 것과 열쇠고리로 만들 것을 고려해 자르기. 자른 클레이를 측면에서 본 모습.

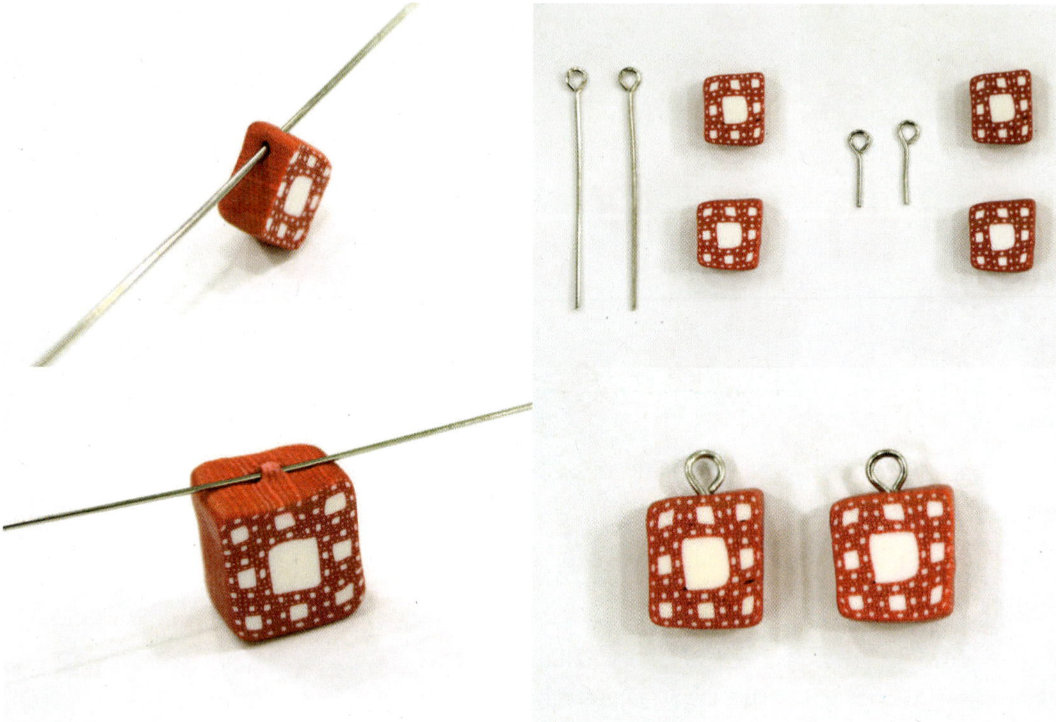

스텐강선으로 구멍 뚫거나 구자핀을 맹거 스펀지 크기에 맞춰 자른 후 꽂기. 왼쪽이 방법1, 오른쪽이 방법2.

구멍을 뚫거나 구자핀을 꽂았으면 오븐에 130도로 30분 동안 굽기.

방법1의 경우 평집게를 사용해 오링으로 열쇠고리나 귀고리 부자재를 맹거 스펀지와 연결하면 완성.

방법2의 경우 구자핀을 빼고 본드칠을 한 후, 다시 꽂기. 오링으로 귀고리 부자재를 맹거스펀지와 연결하면 완성.

시어피스킨 삼각형의 경우와 마찬가지로 다양한 색을 사용하면 색다른 느낌의 맹거 스펀지 귀고리나 열쇠고리를 만들 수 있다. 아래 그림은 노란색 폴리머 클레이를 이용해 만든 맹거 스펀지 귀고리와 열쇠고리의 모습이다.

Chapter 07

단순한 종이접기 드래곤 커브

어떤 체험을 할까요?

1 단순한 종이접기, 드래곤 커브 만들기

2 규칙을 찾아라, 드래곤 커브 그리기

3 빈틈을 찾아서, 드래곤 커브로 평면 채우기

01

드래곤 커브와 수열

드래곤 커브(Dragon Curve)는 프랙털의 한 종류이다. 나사의 물리학자인 존 하이웨이(John Heighway), 부르스 뱅크(Bruce Banks), 윌리엄 하터(William Harter)에 의해 발견되어 하터-하이웨이 커브(Harter-Heigway Curve)로 불리기도 한다. 마이클 크라이튼(Micheal Crichton)의 소설 《쥬라기 공원(Jurassic Park)》에도 등장하는데 각 챕터 제일 처음에 이 드래곤 커브가 그려져 있고 챕터가 늘어날수록 점점 복잡한 형태를 띠고 있다. 드래곤 커브를 만드는 방법은 상당히 단순하다. 종이를 한쪽 방향으로 반으로 접기를 반복한 후 각 접힌 부분이 직각이 되도록 펼치면 된다. 반으로 접기를 n번 반복하고 종이를 펼치면 n단계 드래곤 커브가 만들어진다. 그림1에 있는 4단계 드래곤 커브 정도는 잠깐이면 만들 수 있다.

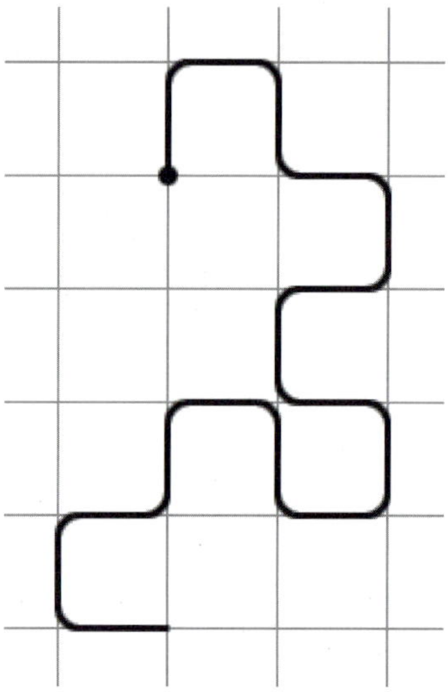

그림1 4단계 드래곤 커브

드래곤 커브는 복잡해 보이지만 알고 보면 생각보다 단순한 규칙이 존재한다. 이런 드래곤 커브를 이해하기 위한 방법 중 하나는 드래곤 커브를 수열로 표현하는 것이다. 드래곤 커브를 어떤 관점에서 보는지에 따라서 수열로 표현하는 방법은 4가지 정도 있다. 각각의 수열에 대해 알아보고 그 성질에 대해 탐구해 보자.

첫 번째 방법은 드래곤 커브를 좌표평면 위에서 생각하여 수열로 표시하는 것이다. 시작점의 좌표를 (0, 0)이라 할 때, 수열 $\{x_n\}$, $\{y_n\}$을 순서대로 드래곤 커브가 꺾이는 점에서의 x좌표와 y좌표로 생각할 수 있다. 이때, 다음과 같은 수열이 만들어진다.

n	1	2	3	4	5	6	7	8	9	10	11	12	13	⋯
x_n	0	0	1	1	2	2	1	1	2	2	1	1	0	⋯
y_n	0	1	1	0	0	-1	-1	-2	-2	-3	-3	-2	-2	⋯

두 번째 방법은 시작점에서 출발해 동(East), 서(West), 남(South), 북(North) 중 어느 방향으로 가느냐에 따라 이를 수열로 나타내는 것이다. 이 수열을 $\{d_n\}$이라 하고 위쪽을 북쪽이라고 하면 다음과 같은 수열이 만들어진다.

n	1	2	3	4	5	6	7	8	9	10	11	12	13	⋯
d_n	n	e	s	e	s	w	s	e	s	w	n	w	s	⋯

세 번째 방법은 그 이전의 방향 전환에 따라 수열로 나타내는 것이다. 시작점에서 출발하여 드래곤 커브를 따라 움직이면 오른쪽이나 왼쪽으로 방향을 전환하게 된다. 이때, 그 이전의 방향 전환과 같은 쪽으로 방향을 전환하면 s, 다른 쪽으로 방향을 전환하면 d로 표현하여 수열을 만든다. 이 수열을 $\{t_n\}$이라고 할 때, 두 번째 방향 전환부터 수열로 표시된다.

n	1	2	3	4	5	6	7	8	9	10	11	12	13	⋯
t_n	s	d	d	s	d	s	d	s	s	d	s	d	d	⋯

마지막으로 알아볼 것은 가장 대표적인 방법으로 시작점에서 출발해 오른쪽이나 왼쪽으로 방향 전환하는 것을 수열로 나타내는 것이다. 이 수열을 **정규 종이접기 수열**(Regular Paperfolding Sequence)이라고 한다. 오른쪽으로 전환하는 것을 R, 왼쪽으로 전환하는 것을 L이라 하고 이를 수열 $\{x_n\}$이라 하면 다음과 같은 수열이 만들어진다.

n	1	2	3	4	5	6	7	8	9	10	11	12	13	…
x_n	R	R	L	R	R	L	L	R	R	R	L	L	R	…

이 외에도 종이를 접을 때 생기는'마루'와 '골'을 이용하여 수열로 표현하는 방법도 있는데 본질적으로 R, L로 나타내는 방법과 같다. 보통 드래곤 커브의 수열을 나타낸다고 하면 많은 경우 R과 L을 이용해 나타내는 것을 말한다. 이 수열에 대해 좀 더 자세히 알아보도록 하자. 드래곤 커브의 각 단계를 정규 종이접기 수열로 표현하면 다음과 같다.

드래곤 커브	수열	4단계 드래곤 커브
1단계	R	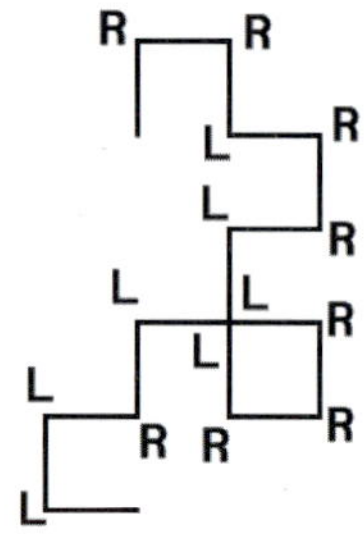
2단계	RRL	
3단계	RRLRRLL	
4단계	RRLRRLLRRRLLRLL	
5단계	RRLRRLLRRRLLRLLRRRLRRLLLRRLLRLL	

이 수열에서 R과 L의 배열을 보면 특별한 규칙 없이 임의로 배열된 것처럼 보일 수 있다. 하지만 드래곤 커브를 만드는 방법이 간단하다는 점을 생각해 보면 이 수열에 어떤 규칙이 존재하는 것이 아닌가 추측할 수 있고 이는 실제로 사실이다. 다음은 정규 종이접기 수열이 갖는 성질이다.

정규 종이접기 수열의 성질

수열 $\{x_k\}$를 n단계 드래곤 커브에서 생성된 정규 종이접기 수열이라고 하자. 수열 $\{x_k\}$는 다음을 만족한다.

1. 수열 $\{x_k\}$의 항의 수는 $2^n - 1$개이다.
2. 수열의 가운데 항은 항상 R이다.
3. m이 $1 \leq m \leq 2^{n-1}$인 정수일 때, $x_{2m} = x_m$이다.
4. m이 $1 \leq m \leq 2^n - 1$인 정수일 때, x_m의 값은 다음과 같다.

1) m이 홀수인 경우

$$x_m = \begin{cases} \text{R}, & m = 4k + 1 \\ \text{L}, & m = 4k + 3 \end{cases}$$

2) m이 짝수인 경우

$m = p2^r$(p는 홀수, r은 자연수) 꼴로 표현할 때,

$$x_m = \begin{cases} \text{R}, & p = 4k + 1 \\ \text{L}, & p = 4k + 3 \end{cases}$$

설명) 1. 수열 $\{x_k\}$의 항의 개수를 $|\{x_k\}|$라 하자. 종이를 n번 접으면 종이는 2^n겹이 된다. R과 L은 종이가 접히는 선에 대응하고 접히는 선은 2^n겹보다 1개 적다. 따라서 항의 수는 $2^n - 1$개다.

2. 드래곤 커브를 만들기 위해 종이를 한 번 접으면 종이에 접힌 선이 하나 생기는데, 이 선이 1단계 드래곤 커브 수열의 항에 대응되는 선이다. 즉, 이 선은 수열의 항의 값 R에 대응된다. 여기서 종이를 다시 반으로 접으면 처음에 생긴 이 선은 접힌 선 중 가운데에 위치하게 되고, 이는 종이를 반복해서 반으로 접을 때마다 마찬가지다. 따라서 모든 단계의 드래곤 커브 수열의 가운데 항의 값은 R이다.

3. $n - 1$단계 드래곤 커브를 만들기 위해 종이를 접었을 때, 종이가 접히는 부분을 그림

2의 검은 점선이라고 하자. 각 점선은 수열의 하나의 항에 대응된다.

여기서 n단계 드래곤 커브를 만들기 위해 종이를 한 번 더 접으면 그림2의 빨간색 점선이 접히게 된다. 이를 잘 관찰하면 각 검은 선 앞에 빨간 선이 하나씩 추가된다는 것을 알 수 있다. 그러므로 $n-1$단계에서 m번째 항은 n단계에서는 $2m$번째 항이 된다. 그런데 $n-1$단계의 m번째 항은 n단계 항의 m번째 항과 그 값이 같다. 따라서 $x_{2m}=x_m$이 성립한다.

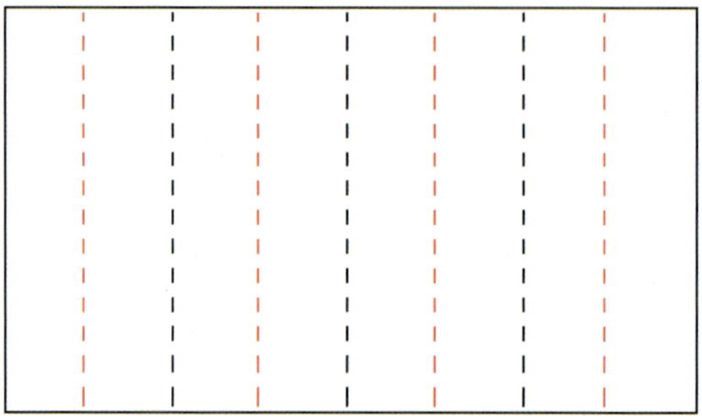

그림2

4. 1) 그림2를 참고하자. $n-1$번 접은 상태에서 종이는 검은 점선을 기준으로 2^{n-1}개의 부분으로 나뉘게 된다. 그리고 검은 점선에서 종이가 접히므로 2^{n-1}개의 각 부분을 기준으로 보면 각 부분은 바로 옆에 이웃하는 부분과 종이 면의 윗부분과 아랫부분이 서로 반대가 된다. 따라서 각 빨간 점선을 접으면 이웃하는 빨간 점선과 접히는 방향이 반대일 수밖에 없다. 처음에 빨간 점선에 대응되는 수열은 R이다. 즉, $x_1=\mathrm{R}$이다. 그다음 빨간 점선에 대응되는 수열은 이와 반대가 돼야 하므로 그 값은 L이다. 즉, $x_3=\mathrm{L}$이고 이는 반복된다. $x_5=\mathrm{R}$, $x_7=\mathrm{L}$이다. 그러므로 주어진 등식이 성립한다.
2) $m=p2^r$이라 할 때, 3의 공식에 의해 x_m의 값은 $p2^{r-1}$번째 항에 대응된다. $p2^{r-1}$이 짝수이면 이를 다시 반복한다. 이렇게 적당히 반복하면 $x_m=x_p$임을 쉽게 확인할 수 있다. 1)의 공식에 의해 p를 4로 나누었을 때 나머지가 1이면 $x_m=\mathrm{R}$, 나머지가 3이면 $x_m=\mathrm{L}$이다. ■

이 외에도 드래곤 커브 수열은 다양한 성질을 갖고 있다. 직접 탐구하며 드래곤 커브 수열이 가진 성질을 알아가는 것도 재미있을 것이다.

02

드래곤 커브와 L-시스템

헝가리의 생물학자인 린덴마이어(Aristid Lindenmayer)는 1968년 식물의 성장 규칙을 파악하여 이를 구현할 수 있는 린덴마이어 시스템(Lindenmayer System)을 만들었다. 병렬 문자변환 시스템(Parallel String-Rewrite Systems)으로도 불리며 보통 L-시스템이라 한다.

그림3 L-시스템으로 생성된 나무 이미지

L-시스템(L-system)은 선분과 같은 단순한 대상에 일련의 규칙을 반복 적용함으로써 복잡한 대상을 만드는 알고리즘이다. 초기 단순한 대상은 보통 선분이지만 L-시스템 프로그래밍에서 이는 문자로 주어진다. 그리고 규칙에 따라 이 문자를 새로운 문자로 대치함으로써 점점 복잡한 구조를 만들어 간다.

L-시스템은 변수 V, 상수 c, 공리 ω, 치환규칙 P로 구성된다. 변수 V는 치환규칙에 의해 대치될 문자의 집합으로 치환만이 목적일 수도 있고 어떤 생성규칙일 수도 있다. 상수 c는 치환규칙에 의해 대치되지 않는 문자의 집합으로, 각각은 대상이 그려지는 데 필요한 생성규칙이다. 공리 ω는 초기에 주어지는 문자열이고, 치환규칙 P는 말 그대로 변수에 대치될 문자열을 나타낸 치환규칙의 모임이다. L-시스템을 통해 만들어진 문자열은 보통 이미지로 나타내는 것이 목적이므로 문자열이 완성되면 이미지로 모델링하는 과정이 진행된다. 코흐 곡선(Koch Curve)의 L-시스템을 살펴보도록 하자.

변수 V	F
상수 c	+, −
공리 ω	F
치환규칙 P	$F \rightarrow F + F - - F + F$
각도	60°

코흐 곡선의 L-시스템

여기서 F는 '선분 그리기'를 의미하며, +는 '주어진 각도만큼 왼쪽으로 회전', -는 '주어진 각도만큼 오른쪽으로 회전'하는 것을 의미한다. 코흐 곡선의 경우 주어진 각도가 60°이므로 60°만큼 회전하게 된다. 1번 시행한 문자열의 경우 'F + F − − F + F'인데 이는 그림4의 제일 위의 이미지이다. 이 문자열을 해석해 보면 제일 왼쪽 점에서 그려진다고 할 때, '선분 그리기, 왼쪽으로 60° 회전 후 선분 그리기, 오른쪽으로 120° 회전 후 선분 그리기, 왼쪽으로 60° 회전 후 선분 그리기'의 과정으로 진행된다.

그림4

아래는 2번 시행할 때까지의 문자열을 나타낸 표이다.

시행	문자열
공리(초기값)	F
1번 시행	F + F − − F + F
2번 시행	F+F−−F+F+F+F−−F+F−−F+F−−F+F+F+F−−F+F

코흐 곡선의 L-시스템을 반복 시행했을 때의 문자열

이제 드래곤 커브의 L-시스템에 대해 알아보도록 하자.

변수 V	X, Y
상수 c	F, +, −
공리 ω	FX
치환규칙 P	X → X + YF + Y → − FX − Y
각도	90°

드래곤 커브의 L-시스템

여기서 F는 '선분 그리기'를 의미하며, +는 '주어진 각도만큼 왼쪽으로 회전', −는 '주어진 각도만큼 오른쪽으로 회전'하는 것을 의미한다. X와 Y는 그리는 과정에서는 아무런 역할을 하지 않는다. 단지 치환규칙에서 문자를 대치하는 데만 사용할 뿐이다. 다음 쪽에 주어진 표는 드래곤 커브의 L-시스템에 따라 3번 시행했을 때의 결과를 보여주는 표이다. 복잡해 보이지만 시행될 때마다 X와 Y 대신에 치환 규칙의 문자열로 바꿔쓰면 표의 내용과 같다는 것을 알 수 있다. 여기서 2번 시행했을 때 나오는 문자열

$$FX + YF + + - FX - YF +$$

시행	문자열
공리(초기값)	FX
1번 시행	FX + YF +
2번 시행	FX + YF + + − FX − YF +
3번 시행	FX + YF + + − FX − YF + + − FX + YF + − − FX − YF +

드래곤 커브의 L-시스템을 반복 시행했을 때의 문자열

을 해석해 보자. 일단 X, Y는 그리는 과정에서 아무 역할을 하지 않는다고 했으므로 그 외의 문자열만 보면 된다. 즉, F + F + + − F − F +에 의해 이미지가 그려진다. 먼저 선분이 그려지고 왼쪽으로 90° 회전 후 선분이 그려진다. 그다음에 '+ + −'는 왼쪽 90°, 왼쪽 90°, 오른쪽 90°의 의미이며 결과적으로 왼쪽으로 90°를 의미한다. 따라서 왼쪽으로 90° 회전 후 선분이 그려지고, 다음에 오른쪽으로 90° 회전하고 선분이 그려진다. 이 과정을 표현하면 그림 5와 같다.

그림5

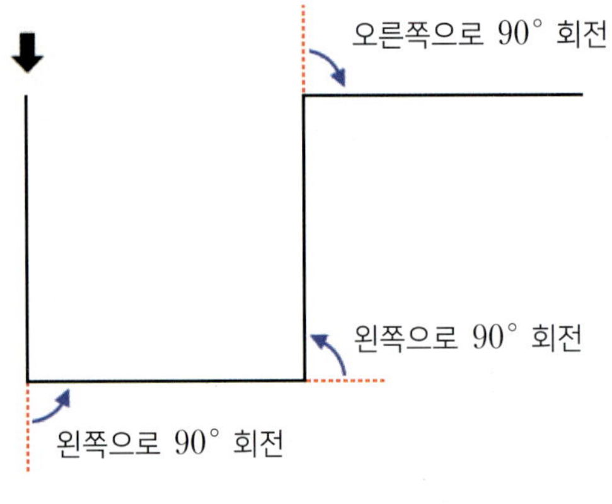

L-시스템은 식물의 성장 규칙을 파악하기 위해 고안되었지만 자기-유사성(Self-Similarity)이 있는 프랙털 기하를 표현하는 데도 유용하다. 앞서 소개한 코흐 곡선을 포함해 대표적인 프랙털 기하인 망델브로 집합, 시어핀스키 삼각형, 페아노 곡선, 힐베르트 곡선 등 모두 L-시스템으로 표현 가능하다.

03

드래곤 커브와 반복함수계

드래곤 커브는 함수에 의해서 생성될 수도 있다. 이를 확인하기 위해 먼저 두 가지 좌표 평면에서 점의 이동을 알아보자. 먼저 점의 평행이동이다.

점의 평행이동

좌표평면 위의 점 (x, y)를 x축으로 a만큼, y축으로 b만큼 평행이동한 점의 좌표는 다음과 같다.

$$(x, y) + (a, b) = (x + a, y + b)$$

다음으로 점의 회전이동이다.

점의 회전이동

좌표평면 위의 점 (x, y)에 대하여

$$\begin{pmatrix} x' \\ y' \end{pmatrix} = \begin{pmatrix} \cos\theta & -\sin\theta \\ \sin\theta & \cos\theta \end{pmatrix} \begin{pmatrix} x \\ y \end{pmatrix}$$

라 할 때, (x', y')는 (x, y)을 원점을 중심으로 θ만큼 회전이동한 점의 좌표이다.

이제 **반복함수계**(Iterated Function System)를 이용해 드래곤 커브를 생성하는 방법을 알아보자. 이 반복함수계는 간단하게 IFS라고 부르는데 1981년 수학자 존 E. 허친슨(John E.

Hutchinson)에 의해 고안되었다. 반복함수계는 자기유사성이 있는 식물의 잎, 고사리 등 자연의 대상을 연구하는 데 유용한 모델이다.

반복함수계를 이용한 드래곤 커브의 생성

점 $A_0(0,0)$, $B_0(1,0)$에 대해 v_0는 점 A_0를 시점, 점 B_0를 종점으로 하는 벡터이다. 이때, $H_0 = \{v_0\}$이고 이를 0단계 드래곤 커브라 한다.

시점이 $A(a, b)$, 종점이 $B(c, d)$인 벡터 v에 대하여

$$f_1(x, y) = \frac{1}{\sqrt{2}}\begin{pmatrix}\cos\frac{\pi}{4} & -\sin\frac{\pi}{4} \\ \sin\frac{\pi}{4} & \cos\frac{\pi}{4}\end{pmatrix}\left(\begin{pmatrix}x \\ y\end{pmatrix} - \begin{pmatrix}a \\ b\end{pmatrix}\right) + \begin{pmatrix}a \\ b\end{pmatrix}$$

$$f_2(x, y) = \frac{1}{\sqrt{2}}\begin{pmatrix}\cos\frac{3\pi}{4} & -\sin\frac{3\pi}{4} \\ \sin\frac{3\pi}{4} & \cos\frac{3\pi}{4}\end{pmatrix}\left(\begin{pmatrix}x \\ y\end{pmatrix} - \begin{pmatrix}a \\ b\end{pmatrix}\right) + \begin{pmatrix}c \\ d\end{pmatrix}$$

라 할 때, $f_i(v)$는 시점이 $f_i(A)$, 종점이 $f_i(B)$인 벡터라 하자. (단, $i = 1,2$)

$n \in \mathbb{N}$에 대해 $f_i(H_{n-1}) = \{f_i(v) \mid v \in H_{n-1}\}$라 하고, $H_n = f_1(H_{n-1}) \cup f_2(H_{n-1})$라 하자. 그러면 H_n은 n단계 드래곤 커브이다.

임의의 벡터 v에 대하여 벡터 $f_1(v)$는 v를 A를 중심으로 반시계 방향으로 45° 회전한 후 $\frac{1}{\sqrt{2}}$만큼 크기를 줄인 벡터와 같다. 또한 $f_2(v)$는 v를 A를 중심으로 반시계 방향으로 135° 회전한 다음 x축으로 $c-a$만큼, y축으로 $d-b$만큼 평행이동시킨 후 $\frac{1}{\sqrt{2}}$만큼 크기를 줄인 벡터와 같다. 이를 그림으로 표현하면 그림6과 같다.

그림6

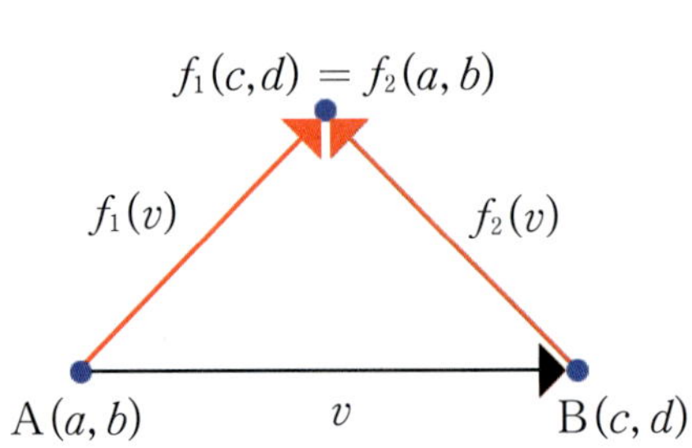

따라서 H_0에 이를 반복 적용해서 H_1, H_2, H_3를 생성하면 그림 7의 빨간색 선과 같다.

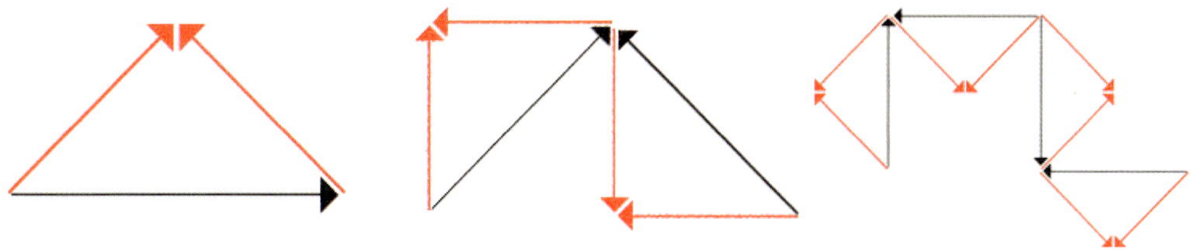

그림7 반복함수계로 드래곤커브를 그리는 모습

1980년대 이전까지 프랙털 구조를 컴퓨터로 구현하는 것은 매우 어려운 작업이었다. 하지만 허치슨의 이 아이디어는 이런 현실에 획기적인 변화를 주었고 프랙털 구조를 쉽게 구현할 수 있는 기반을 마련하였다. 현대에는 파이썬, 매스매티카, 매트랩 등 다양한 툴을 사용해 비교적 쉽게 드래곤 커브를 구현할 수 있다.

그림8 1~8단계 드래곤 커브

우리 모두 즐기는 **다함께 체험수학**

단순한 종이접기
드래곤 커브 만들기

체험시간 30분

체험난도 ★★☆☆☆

준비물 적당히 두꺼운 종이 + 가위 + 테이프(선택) = 준비 완료^-^

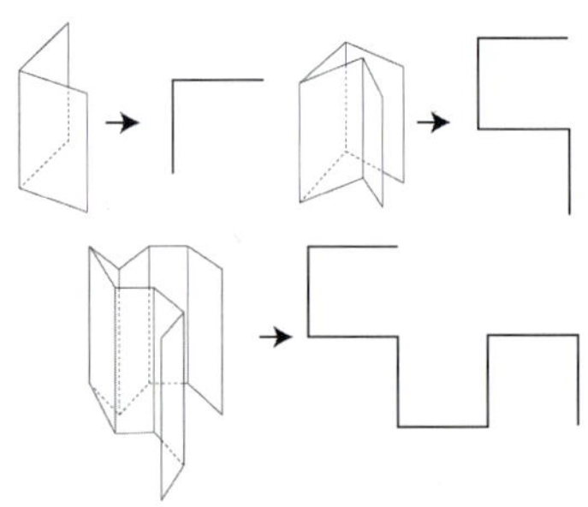

드래곤 커브 제작 방법

1) 준비한 종이를 긴 띠 모양으로 자른다.
2) 종이를 한쪽 방향으로 반복해서 접고 펼친 후, 접힌 부분을 직각이 되도록 펼치면 드래곤 커브가 완성된다.
3) 접은 횟수가 n번이면 n단계 드래곤 커브가 만들어진다. 왼쪽 그림은 1~3단계 드래곤 커브의 제작 모습이다.

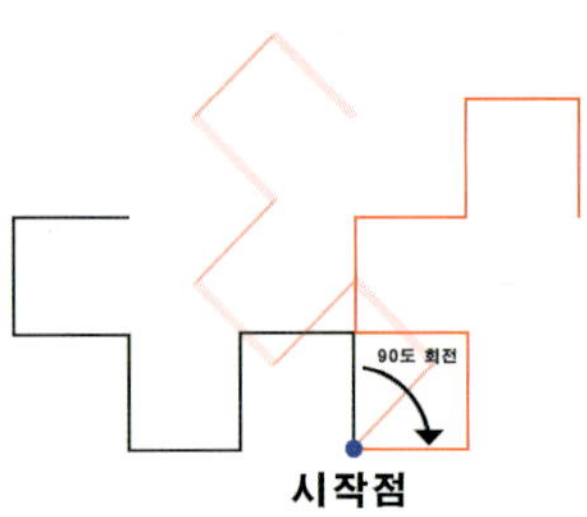

드래곤 커브 제작 방법2

1) 위의 방법으로 n단계 드래곤 커브를 2개 만든다.
2) 두 개를 포갠다. 시작점을 중심으로 하나의 드래곤 커브를 90° 회전이동시킨 후 테이프로 연결하면 $n+1$단계 드래곤 커브가 된다.

드래곤 커브 제작을 위한 팁

1) 정사각형으로 만나는 부분을 테이프로 고정하면 좀 더 수월해진다.
2) 여러 명이 드래곤 커브를 제작할 때 누구는 오른쪽 방향에서 접고 누구는 왼쪽 방향에서 접는다면 드래곤 커브 제작에 어려움이 생긴다. 반드시 접는 방향을 통일해야 한다.

우리 모두 즐기는 **다함께 체험수학**

규칙을 찾아라
드래곤 커브 그리기

체험시간 30분

체험난도 ★★☆☆☆

준비파일 07/모눈종이.pdf

준비물 모눈종이(**인쇄 또는 구입**) + 사인펜 = 준비 완료^-^

드래곤 커브의 제작 원리를 이용해 모눈종이에 그림으로 그려보자. 드래곤 커브를 잘 살펴보면 전체 종이가 반으로 접힌 상태에선 종이의 가운데 선을 기준으로 종이의 두 부분이 완전히 포개진다는 것을 알 수 있다. 포개진 두 부분 중 한 부분의 종이를 $90°$가 되도록 펼치기 때문에 여기서 회전이동이 일어나게 되고 다음 단계의 드래곤 커브가 만들어지는 것이다. 따라서 n단계 드래곤 커브를 그린다고 할 때, 이 n단계 드래곤 커브의 끝점을 기준으로, 같은 n단계 드래곤 커브를 $90°$ 회전이동한 모양으로 그려주면 $n+1$단계 드래곤 커브가 된다. 이 과정을 반복하면 우리는 높은 단계의 드래곤 커브를 그릴 수 있다.

선분을 그리고 선분의 끝점을 중심으로 $90°$ 회전한 선분을 그리면 1단계 드래곤 커브가 된다.

1단계 드래곤 커브의 끝점을 기준으로 같은 1단계 드래곤 커브를 $90°$ 회전한 모양으로 그린다.

물음표 모양의 2단계 드래곤 커브에서 앞의 과정을 반복하면 3단계 드래곤 커브가 된다.

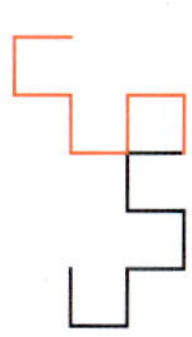

앞의 과정을 반복해 4단계 드래곤 커브를 그린다.

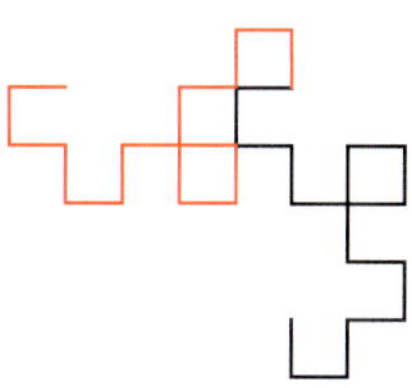

앞의 과정을 반복해 5단계 드래곤 커브를 그린다.

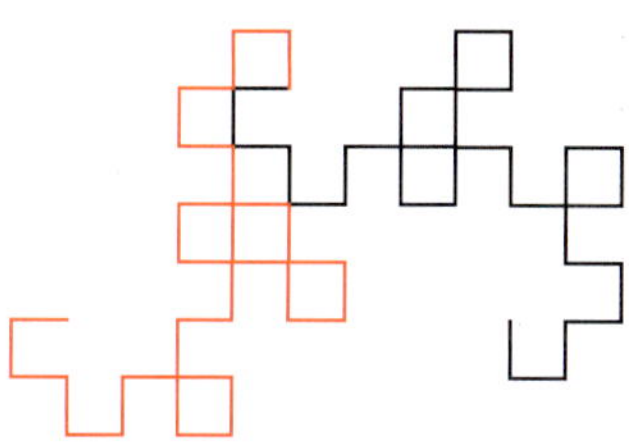

앞의 과정을 반복해 6단계 드래곤 커브를 그린다.

우리 모두 즐기는 **다함께 체험수학**

빈틈을 찾아서
드래곤 커브로 평면 채우기

체험시간 50분

체험난도 ★★☆☆☆

준비물 적당히 두꺼운 종이 + 가위 + 테이프(선택) = 준비 완료^-^

드래곤 커브를 배열하여 평면을 채울 수 있다. 드래곤 커브로 평면을 채우는 방법은 여러 가지가 있는데 여기서는 2가지 방법을 알아보도록 하자.

드래곤 커브의 회전이동으로 공간 채우기

드래곤 커브의 한쪽 끝점을 중심으로 90° 씩 회전이동한 형태로 4개의 드래곤 커브를 배열하면 평면이 채워진다. 컴퓨터 과학자인 데이비스(C. Davis)와 크누스(E. Knuth)는 1970년에 그의 논문에서 이와 같은 사실을 증명하였다. 드래곤 커브가 있을 때, 어느 쪽 끝점을 중심으로 회전이동 하느냐에 따라 아래처럼 두 가지 형태가 나온다. 오른쪽 그림은 왼쪽 첫 번째 그림의 형태를 이용해 평면을 채운 모습이다. 아래 예시는 3단계 드래곤 커브지만 이 방법은 모든 단계에서 가능하다.

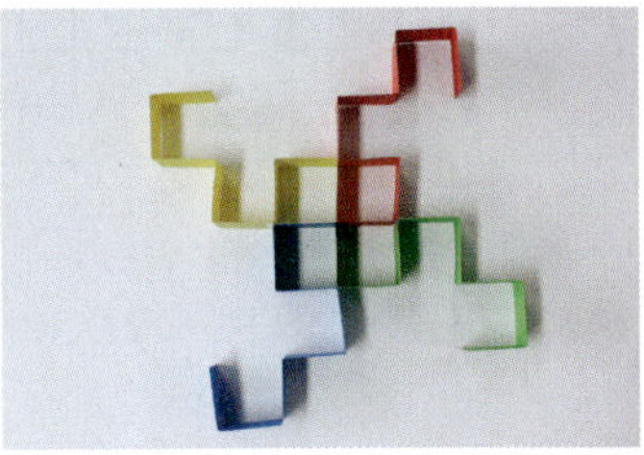

트윈 드래곤(TwinDragon)을 이용한 공간 채우기

트윈 드래곤은 두 개의 드래곤 커브의 서로 다른 양쪽 끝점을 연결하여 만든 도형으로 데이비드-크누스 드래곤(Davis-Knuth Dragon)이라고도 한다. 이 트윈 드래곤을 평행이동하면 평면을 채울 수 있다.

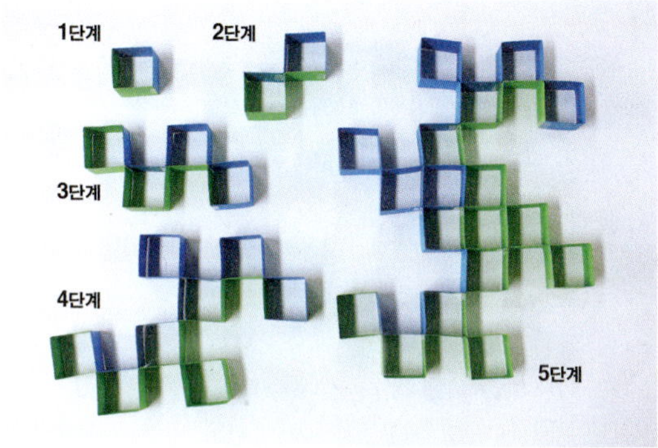

<1~5단계 트윈 드래곤의 모습>

<4단계 트윈 드래곤으로 평면을 채운 모습>

Chapter 08

선으로 만드는 예술
스트링 아트

어떤 체험을 할까요?

1 **스트링 아트 책갈피 만들기**

2 **마음을 전하는 스트링 아트 카드 만들기**

3 **캔버스에 만드는 스트링 아트 작품**

4 **나무판에 만드는 스트링 아트 작품**

5 **미국 원주민이 만드는 스트링 아트, 드림캐쳐**

01

스트링 아트 디자인의 기초

스트링 아트(String Art)는 직선만을 이용해서 기하학적인 패턴을 만드는 예술의 한 분야이다. 반복적으로 직선을 그리는 것으로 여러 가지 아름다운 패턴을 만들 수 있다. 단순하게는 곡선부터 복잡하게는 동물이나 풍경과 같은 것도 디자인이 가능하다. 보통 보드 위에 볼펜이나 실, 철사 등으로 선을 표현해 작품을 만든다. 작품에 따라 3차원 형태의 스트링 아트를 제작하기도 한다.

직선을 이용해 곡선을 표현한 첫 기록은 영국의 여성인 메리 에버레스트 불(Mary Everest Boole)에 의한 것으로 알려져 있다. 그녀는 곡선 스티칭(Curve Stitching)이란 방법으로 아이들이 이해하기 쉽게 이를 소개했다고 한다. 그녀가 1909년에 출판한 책인 《Philosophy & Fun of Algebra》에 이와 관련된 내용이 나와 있다.

스트링 아트는 1900년대 중반에 큰 인기를 끌었다. 당시에 대표적인 스트링 아트 작품 중 하나는 1962년에 미국의 아티스트인 존 아이힝어(John Eichinger)가 만든 〈String Mandalas〉라는 작품이다. 'Mandalas'는 힌두어로 '원 안의 원'이란 의미이다. 그는 1960년대 후반 한 기업을 통해 이를 제작하는 공예 키트를 시중에 판매하였다. 또한 루이스 크라이셔(Lois Kreischer)는 1971년에 《String Art: Symmography》라는 책을 출판하기도 했다.

이런 스트링 아트의 매력적인 부분 중 하나는 직선을 통해 곡선을 만들 수 있다는 것이다. 그리고 실제 'Mandalas'를 포함한 많은 작품에서 이를 적극적으로 활용하였다. 스트링 아트 작품을 만들기 위해서는 몇 가지 기본적인 개념을 이해하고 대표적인 패턴을 알아보는 것이 좋다. 여기서는 가장 기초적인 패턴이라 할 수 있는 두 직선 축과 원 위에서의 스트링 아트 패턴에 대해 알아보도록 하자.

두 직선 축에서의 기본 패턴

두 축 위의 점들을 연결할 때, 기본적인 방법은 그림1과 같이 점에 대응된 수의 합이 일정하도록 연결하는 것이다. 그림2는 그림1의 방법을 다른 도안에 적용한 것이다.

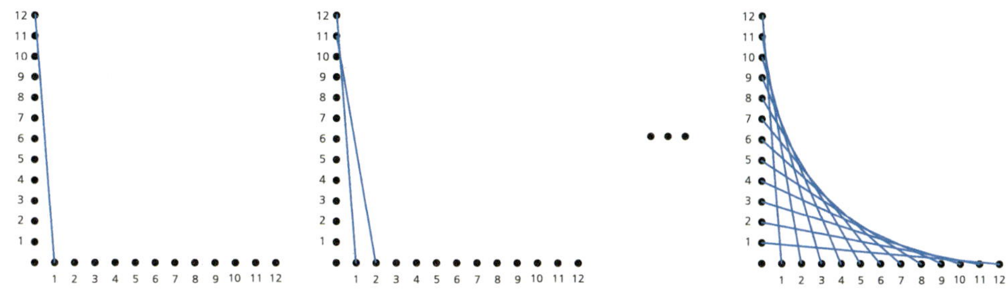

그림1

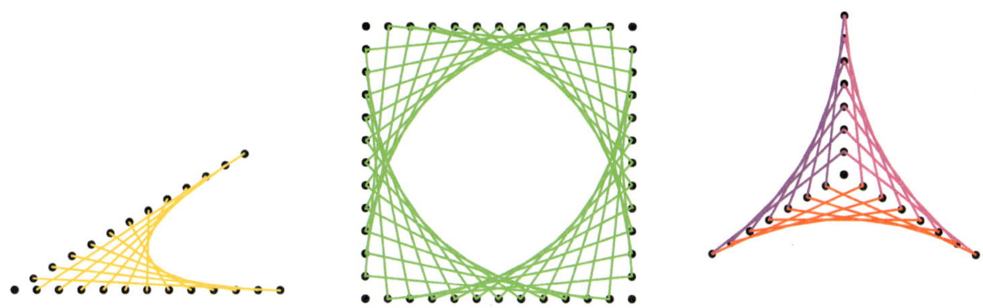

그림2

원 위에서의 기본 패턴

원 위에 일정한 간격으로 점이 있을 때, 기본적인 방법은 연결하는 두 점이 일정한 거리만큼 떨어지게 연결하는 것이다. 두 점의 거리가 크면 가운데 작은 원이 만들어지고, 두 점의 거리가 짧으면 가운데 큰 원이 만들어진다.

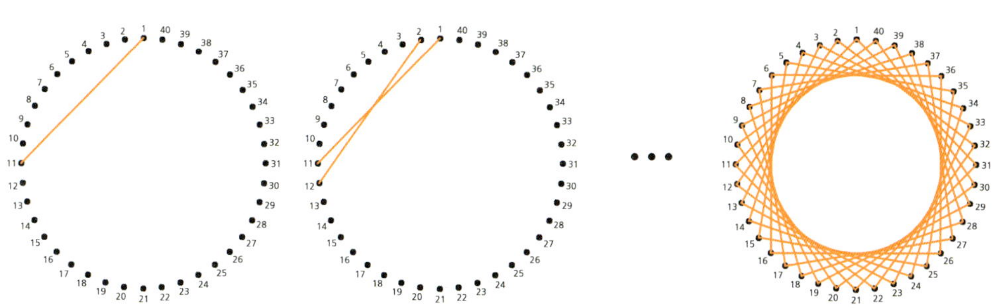

그림3

이를 응용해서 이 중 일부만 그리거나 같은 방법을 반복하면 다른 패턴을 만들 수 있다.

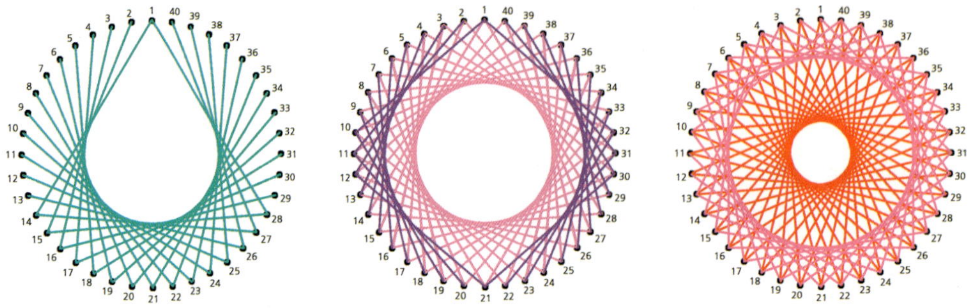

그림4

그림4의 경우 선분의 두 점을 반시계방향으로 한 칸씩 옮기며 연결하기를 반복한 것이다. 한 점은 한 칸씩 옮기고 다른 점은 두 칸씩 옮기며 연결하면 또 다른 패턴이 나타난다. 이와 비슷하게 다른 변형도 가능하다. 그림5는 그 예이다.

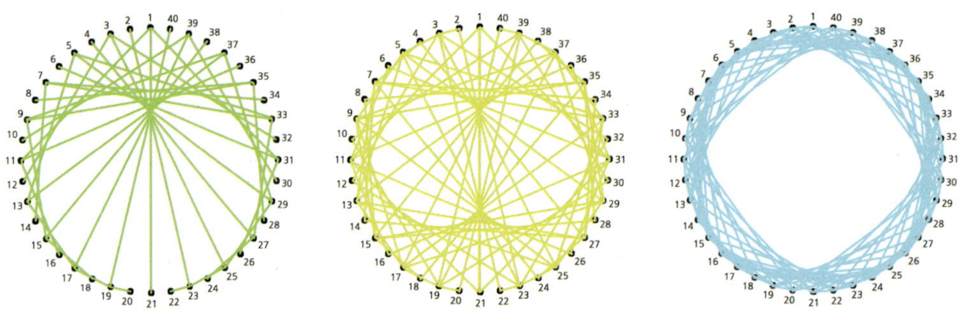

그림5

원 위에서의 하트 패턴

위의 방법을 응용하면 하트 패턴도 만들 수 있다. 이는 두 단계를 거쳐 제작된다.

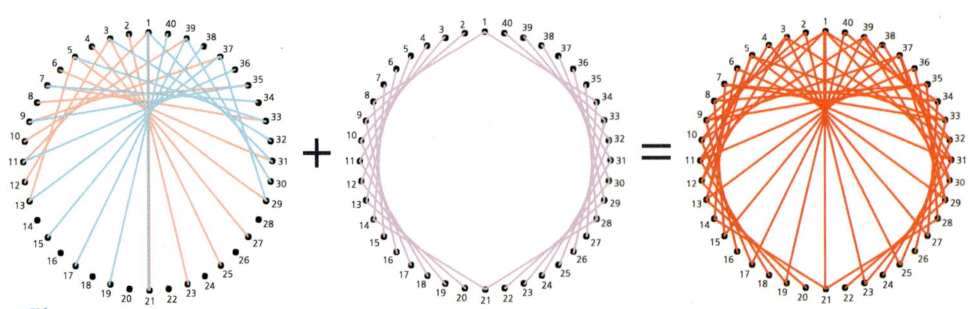

그림6

우리는 스트링 아트 디자인의 몇 가지 기본적인 방법을 알아보았다. 하지만 중요한 것은 이외에도 여러 가지 창의적인 방법으로 연결이 가능하다는 것이고 그것이 스트링 아트가 갖고 있는 매력이다. 자신만의 독특한 방법으로 여러 가지 스트링 아트 작품을 만들어 보자.

02

스트링 아트, 규칙성과 함수

스트링 아트는 점과 점을 연결해 선분을 만들고 이를 통해 여러 아름다운 패턴과 형상을 만드는 예술이다. 한 점을 다른 점과 대응시켜서 연결하는 이러한 과정은 함수로 설명하기에 적합하다. 그림 7의 스트링 아트의 경우 점과 점 사이의 대응 관계를 다음과 같은 함수로 설명할 수 있다.

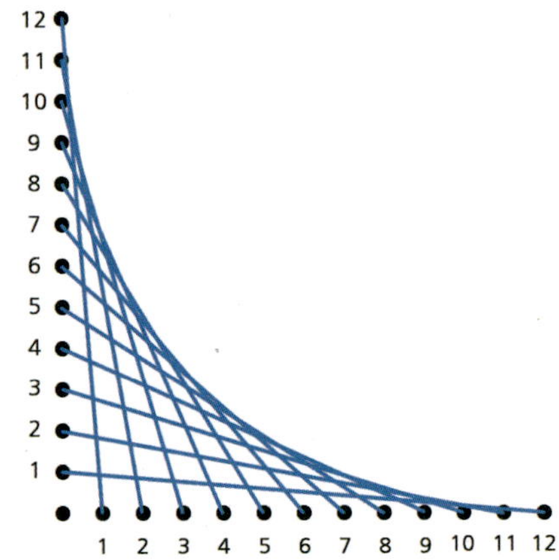

그림7

$$f: \{1, 2, 3, \cdots, 12\} \rightarrow \{1, 2, 3, \cdots, 12\}$$
$$f(x) = 13 - x$$

우리는 원 위에서 만들어지는 스트링 아트를 이처럼 함수로 표현할 것이다. 그 전에 한 가지 개념을 알아보자.

합동과 시계 산술

수학에서 '같다'라는 개념은 중요하다. 수학에서는 보통 '동치'라는 말을 사용하며 다양한 수학 분야에서 어떤 수학적 대상이 어떤 경우에 서로 같은지를 정의하고 이론적으로 탐구한다. 그런데 이 '같다'라는 개념을 어떤 기준을 갖고 보느냐에 따라 두 대상은 서로 같을 수도 있고 다를 수도 있다.

2와 4를 생각해 보자. 이 두 수는 2의 배수라는 기준으로 보면 서로 같다. 반면에 약수의 개수라는 기준으로 보면 서로 다르다. 2의 약수는 2개인 반면에 4의 약수는 3개이기 때문이다. 수학에서는 2와 같은 수를 소수라고 하고 4와 같은 수를 합성수라고 한다.

이렇게 두 정수가 같은지 다른지를 구분하는 기준 중 하나는 바로 양의 정수로 나누었을 때 나머지가 어떻게 되는지이다. 4와 7의 경우 둘 다 3으로 나누었을 때 나머지가 1이다. 따라서 이 두 수는 '3으로 나누었을 때의 나머지'라는 기준으로 보았을 때 서로 같다. 반면 5와 9의 경우는 3으로 나누었을 때 나머지가 서로 다르다. 따라서 이 두 수는 '3으로 나누었을 때의 나머지'라는 기준으로 보았을 때 서로 다르다. 수학에서는 이를 '합동'이라는 개념으로 정의한다.

두 정수의 합동

두 정수 a, b가 있을 때 양의 정수 n으로 나눈 나머지가 서로 같으면 'a는 법(Modulus) n에 관하여 b와 합동이다'라고 말하고 기호로는 아래와 같이 표현한다.

$$a \equiv b \pmod{n}$$

예를 들어 $12 \equiv 40 \pmod{7}$라는 식은 12와 40이 7로 나누었을 때 나머지가 같음을 의미한다. 합동 개념은 다소 어려워 보일 수 있지만 사실 우리가 평소에도 친숙하게 사용하는 개념이다. 바로 시계에서 우리는 이 합동 개념을 사용한다. 예를 들어 7시에서 6시간이 지나면 13시인데 보통 1시라고 말한다. 이를 식으로 표현하면 $7 + 6 \equiv 1 \pmod{12}$로 표현할 수 있다. 이러한 점 때문에 합동과 관련된 연산 체계를 시계 산술이라고도 한다.

그림8

원 위에서의 스트링 아트와 함수

1부터 12까지의 숫자만 사용해 시간을 나타내는 것처럼 원 위에서의 스트링 아트도 유한 개의 연속적인 점을 서로 연결하므로 시계 산술을 이용해 설명하기에 적합하다. 그림 9의 스트링 아트의 경우 1부터 40까지의 숫자가 반복되므로 대응 규칙을 함수로 정의하고자 할 때, 전체집합 U는 $\{1, 2, 3, \cdots, 40\}$이다. 대응 규칙을 함수의 관계식으로 나타내면 그림9와 같다.

그림9

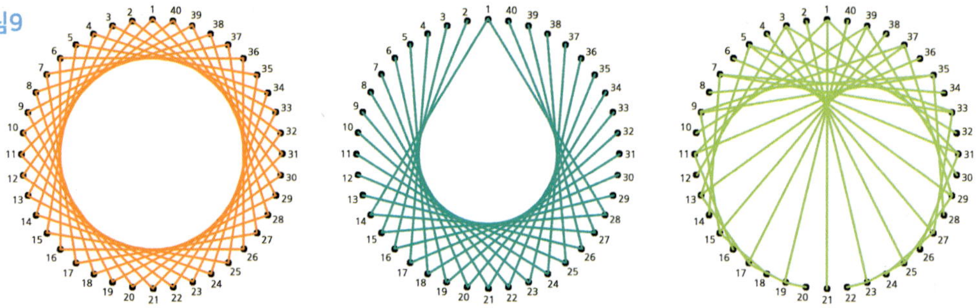

$f : \mathrm{U} \to \mathrm{U}$
$f(x) \equiv x + 10 \pmod{40}$

$\mathrm{X} = \{1, \cdots, 28\}$ 일 때,
$g : \mathrm{X} \to \mathrm{U}$
$g(x) \equiv x + 13 \pmod{40}$

$h : \mathrm{U} \to \mathrm{U}$
$h(x) \equiv 2x + 19 \pmod{40}$

비슷하게 하트의 경우도 대응규칙을 함수로 생각할 수 있다.

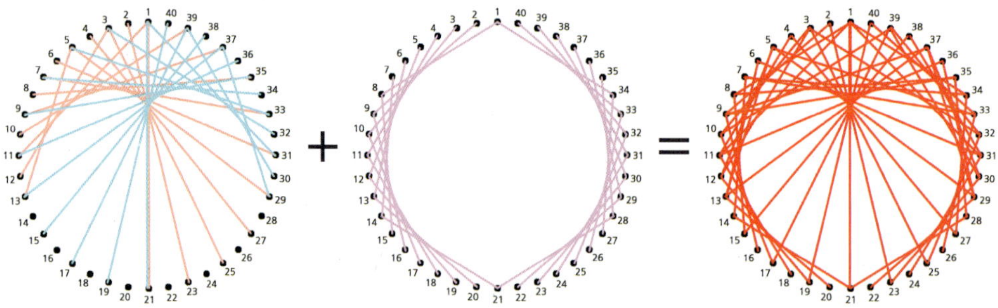

그림10 하트 스트링 아트

하트의 경우 위의 그림10처럼 두 개의 스트링 아트가 합쳐져서 만들어지므로 아래와 같이 두 개의 함수를 통해 만들 수 있음을 알 수 있다.

$$\mathrm{X} = \{1, \cdots, 13\} \cup \{29, \cdots, 40\},\ f : \mathrm{X} \to \mathrm{U} \text{ 일 때, } f(x) \equiv 2x + 19 \pmod{40}$$
$$\mathrm{Y} = \{1, \cdots, 14\} \cup \{21, \cdots, 34\},\ g : \mathrm{Y} \to \mathrm{U} \text{ 일 때, } g(x) \equiv x + 7 \pmod{40}$$

우리는 몇 가지 간단한 예에서 스트링 아트의 대응 규칙을 함수로 표현해 보았다. 다른 경우에도 스트링 아트의 대응 규칙을 파악해 함수로 표현해 볼 수 있다. 그리고 반대의 경우도 해 볼 수 있는데 바로 함수를 스트링 아트로 표현해 보는 것이다. 우리가 자주 다루는 상수함수, 다항함수, 지수함수 등을 스트링 아트로 표현해 보는 것도 흥미로울 것이다.

03

스트링 아트와 베지어 곡선

스트링 아트의 매력적인 부분 중의 하나는 직선으로 곡선을 만들 수 있다는 것이다. 그리고 우리는 이 곡선이 어떤 곡선인가에 대한 궁금증을 갖게 된다. 우리가 익숙하게 알고 있는 포물선인가? 아니면 원의 일부인가? 사인 곡선인가? 아니면 새로운 형태의 곡선인가? 이런 물음이 자연스럽게 떠오른다. 이를 해결하기 위해 기본적인 개념 하나를 알아야 한다. 바로 매개변수 곡선이다.

매개변수 곡선

x, y가 변수 t의 함수로 $x = f(t), y = g(t)$로 주어졌다고 하자. 이 때, t를 매개변수(Parameter)라 하고 이 방정식을 매개변수방정식(Parametric Equations)이라 한다. 또한 t가 변함에 따라 점 $(x, y) = (f(t), g(t))$도 변하면서 곡선 C를 그리는데, 이를 매개변수곡선(Parametric Curve)이라 한다.

먼저 간단한 형태의 스트링 아트 곡선에 대해 알아보자. 그림11에서 빨간색 선이 스트링 아트에 의해 생긴 곡선이다. 사실 그림11의 스트링 아트는 12개의 선분을 그려서 만든 것이므로 빨간색 선은 곡선이 아니다. 하지만 가능한 모든 경우에 대해 스트링 아트의 선분을 그리면 빨간색 선은 곡선이 된다.

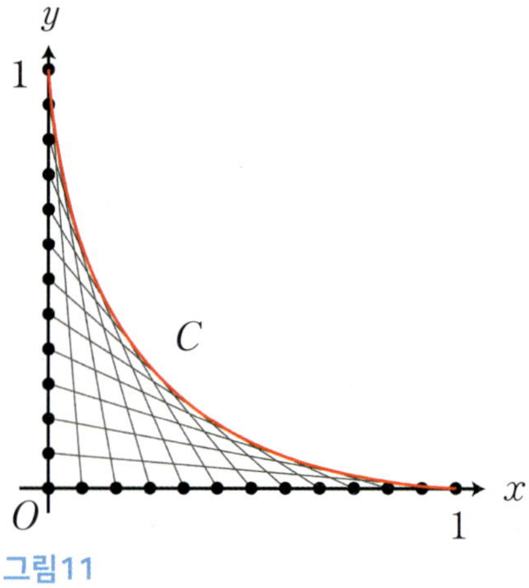

그림11

이를 좀 더 수학적으로 이야기해 보자. 이 스트링 아트의 각 선분은 $(t, 0)$과 $(0, 1-t)$를 연결한 것이고 1을 12등분했으므로 t의 값이 될 수 있는 것은 $\frac{1}{12}, \frac{2}{12}, \frac{3}{12}, \cdots, 1$이다. 하지만 이 선분을 x축과 y축의 가능한 모든 점에 대해 그린다고 생각하자. 그러면 $0 \leq t \leq 1$인 실수 t에 대해 두 점 $(t, 0)$과 $(0, 1-t)$를 연결한 선분들을 생각할 수 있다. 그리고 이때 빨간색 선은 곡선이 된다. 이를 곡선 C라 하자. 스트링 아트의 각각의 선분은 곡선 C의 접선이 된다.

이제 곡선 C의 방정식을 구해 보자. 이를 구하기 위해 두 개의 스트링 아트 선을 생각한다. 직선 l_α는 두 점 $(t, 0)$과 $(0, 1-t)$를 지나는 직선이고 곡선 C에서의 접점은 α이다. 직선 l_β는 두 점 $(s, 0)$과 $(0, 1-s)$를 지나는 직선이고 곡선 C에서의 접점은 β이다. 그리고 s, t는 0과 1 사이의 실수이고 $s < t$이며 직선 l_α와 l_β의 교점을 γ라 하자. 이때, l_α와 l_β의 직선의 방정식은 다음과 같다.

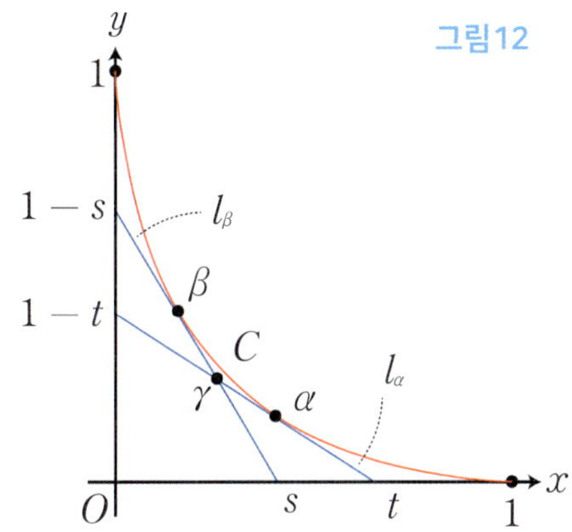

그림12

$$l_\alpha : y = \frac{t-1}{t}x + 1 - t, \quad l_\beta : y = \frac{s-1}{s}x + 1 - s$$

여기서 두 직선의 교점 γ의 좌표는 $(ts, (1-t)(1-s))$이다. 그리고 이때, s를 t로 보내면 l_β는 l_α로 가게 되고 β는 α로 가게 된다. 그리고 γ는 β와 α 사이에 있으므로 α로 가게 된다. 따라서 다음이 성립한다.

$$\lim_{s \to t} \gamma = \lim_{s \to t} (ts, (1-t)(1-s)) = (t^2, (1-t)^2) = \alpha$$

점 α는 곡선 C 위의 점이므로 C 위의 점의 매개변수 방정식을 구할 수 있다. 임의의 $0 < t < 1$에 대하여, $x(t) = t^2$, $y(t) = (1-t)^2$이라 하면 (x, y)는 C 위의 점이 된다. 그리고 두 점 $(1, 0)$과 $(0, 1)$도 C 위의 점이므로 임의의 $0 \leq t \leq 1$에 대하여, $x(t) = t^2$, $y(t) = (1-t)^2$ 이다. 이를 x와 y에 관한 식으로 표현하면 다음과 같다.

$$\sqrt{x} + \sqrt{y} = 1 \, (0 \leq x, y \leq 1)$$

바로 이 식이 곡선 C의 방정식이다. 이 식은 어려워 보이지만 사실 포물선을 나타내는 식이다. 실제로 이 곡선을 시계 반대 방향으로 $45°$ 회전시키면 포물선의 방정식을 구할 수 있다. 식을 구해 보면 다음과 같다.

$$y = \frac{\sqrt{2}}{2}x^2 + \frac{\sqrt{2}}{4}\left(-\frac{\sqrt{2}}{2} \le x \le \frac{\sqrt{2}}{2}\right)$$

따라서 우리가 방금 알아본 스트링 아트의 곡선은 포물선에 해당한다. 앞의 과정에서 우리는 접점 α의 기하학적인 성질을 한 가지 알 수 있다. 바로 접점 α가 두 점 $(0, 1-t)$와 $(t, 0)$을 $t:(1-t)$로 내분하는 점이라는 사실이다.

$$\left(\frac{t^2+(1-t)\times 0}{t+1-t}, \frac{t\times 0+(1-t)^2}{t+1-t}\right) = (t^2, (1-t)^2)$$

따라서 $0 < t < 1$인 t에 대해 $(0, 1)$와 원점 O를 $t:(1-t)$로 내분한 점을 α_1라 하고, 원점 O와 $(1, 0)$을 $t:(1-t)$로 내분한 점을 α_2라 하며, 점 α_1와 점 α_2를 $t:(1-t)$로 내분한 점을 α라 할 때, 곡선 C는 점 α가 그리는 자취이다. 위와 비슷한 논의 과정을 거치면 일반적인 스트링 아트에서도 이런 성질이 성립함을 알 수 있다. 따라서 이 성질을 이용해 좀 더 일반적인 스트링 아트의 매개변수 방정식을 구할 수 있다.

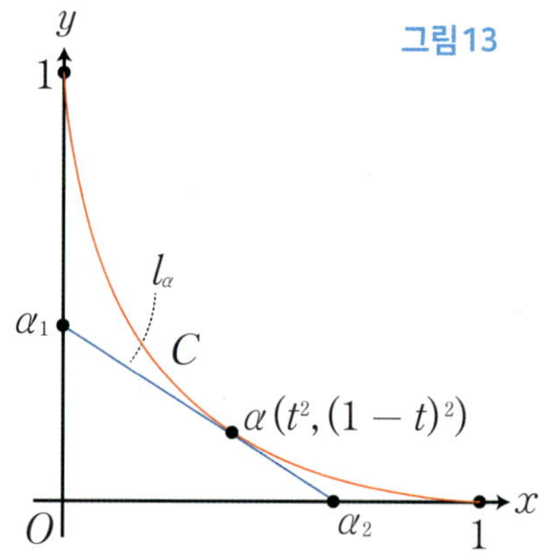

그림13

그림 14 의 스트링 아트는 원점에서 점 (x_1, y_1)을 연결한 직선을 한 축으로 하고 원점에서 점 $(x_2, 0)$을 연결한 직선을 또 다른 축으로 하여 만든 스트링 아트이다. 원점에서 점 (x_1, y_1)까지를 12등분하고 마찬가지로 원점에서 점 $(x_2, 0)$까지를 12등분하여 점을 연결한 것이다. 앞의 경우와 비슷하게 두 축의 모든 가능

그림14

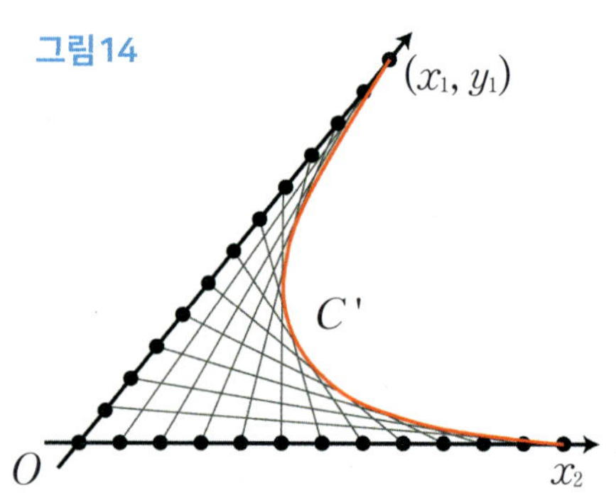

한 경우의 점들을 규칙에 맞게 연결하면 빨간색 선은 곡선이 된다. 이를 곡선 C'라 하자.

곡선 C'는 임의의 스트링 아트 선분을 그렸을 때, 그 선분과 곡선 C'가 만나는 접점의 자취이다. 임의의 선분이 그림 15처럼 점 A_1과 점 A_2를 지나고 접점이 점 A라고 하면 접점 A는 앞에서 이야기한 성질을 갖는다. 따라서 임의의 실수 $0 \le t \le 1$에 대하여 점 A_1은 점 (x_1, y_1)과 원점 O를 $t:(1-t)$로 내분하는 점이고, 점 A_2는 원점 O와 점 $(x_2, 0)$을 $t:(1-t)$로 내분하는 점이며, 점 A는 점 A_1과 점 A_2를 $t:(1-t)$로 내분하는 점이다. 이때, $\mathrm{A}_1((1-t)x_1, (1-t)y_1)$, $\mathrm{A}_2(tx_2, 0)$이다. 따라서 점 A의 좌표는 다음과 같다.

그림15

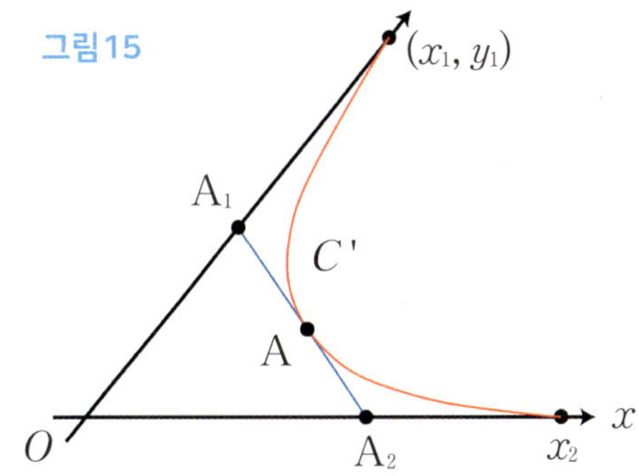

$$\mathrm{A}\left(\frac{t^2x_2 + (1-t)^2x_1}{t+1-t}, \frac{t \times 0 + (1-t)^2y_1}{t+1-t}\right) = \mathrm{A}(t^2x_2 + (1-t)^2x_1, (1-t)^2y_1)$$

그러므로 곡선 C'의 매개변수 방정식은 다음과 같다.

$$x(t) = t^2x_2 + (1-t)^2x_1, \quad y(t) = (1-t)^2y_1 \ (0 \le t \le 1)$$

비슷한 방법으로 좀 더 다른 형태나 특수한 형태에 대한 매개변수 방정식을 구할 수 있다.

베지어 곡선

앞에서 스트링 아트 곡선을 매개변수 방정식으로 표현해 보았다. 그런데 이는 베지어 곡선(Bézier Curve)으로 알려져 있다. 정확하게 말하면 앞에서 알아본 스트링 아트 곡선은 2차(Quadratic) 베지어 곡선에 해당한다. 그렇다면 베지어 곡선은 무엇인가?

베지어 곡선의 수학적 기초인 번스타인 다항식은 1912년에 알려졌지만 반세기 동안 이것이 그래픽과 관련해 활용되지는 않았다. 베지어 곡선을 처음으로 고안한 것은 프랑스 시트로엥 자동차의 공학자인 폴 드 카스텔죠(Paul de Casteljau)이다. 그는 1959년 드 카스텔죠(de Casteljau) 알고리즘을 사용하여 이를 만들었다. 그리고 1962년 프랑스의 르노 자동차 공학자였던 피에르 베지어(Pierre Bézier)가 이를 독립적으로 발견하였다. 두 사람은 서로의 연구에 대해서는 알지 못했다고 전해진다. 먼저 발견한 것은 카스텔죠였지만 베지어가 이 내용을 출판하면서 더 유명해져서 현재 '베지어 곡선'으로 불리고 있다. 베지어는 르노 자동차 몸체 디자인에 이를 사용했다고 한다.

이제 베지어 곡선의 정의를 알아보자. 1차, 2차, 3차 베지어 곡선에 대해 알아본 후 이를 일반화한 n차 베지어 곡선에 대해 생각해 보자. 1차(Linear) 베지어 곡선은 임의의 실수 t에 대하여 $0 \le t \le 1$일 때, 점 P_0와 점 P_1을 $t:(1-t)$로 내분하는 점 B의 자취이다. 이를 식으로 나타내면 다음과 같다.

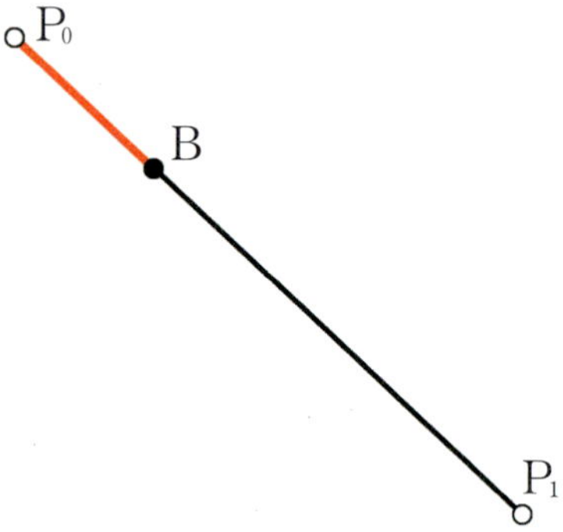

그림16 1차 베지어 곡선

$$B(t) = (1-t)P_0 + tP_1 \ (0 \le t \le 1)$$

사실상 1차 베지어 곡선은 단지 직선일 뿐이다.

그림17의 빨간색 선은 2차 베지어 곡선을 나타낸 것이다. 임의의 실수 t에 대하여 $0 \le t \le 1$일 때, 점 P_0와 점 P_1을 $t:(1-t)$로 내분하는 점 Q_0, 점 P_1과 점 P_2를 $t:(1-t)$로 내분하는 점 Q_1이라 하자. 이 때, 점 B가 Q_0와 Q_1을 $t:(1-t)$로 내분하는 점이라 하면, 점 B의 자취가 2차 베지어 곡선이고 이를 식으로 나타내면 다음과 같다.

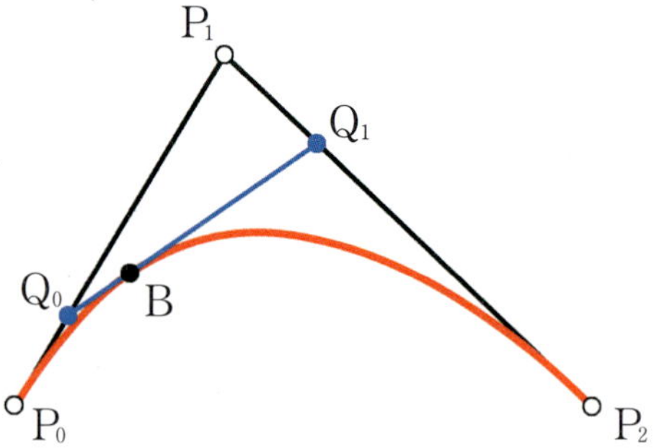

그림17 2차 베지어 곡선

$$B(t) = (1-t)^2P_0 + 2t(1-t)P_1 + t^2P_2 \ (0 \le t \le 1)$$

점 P_0, P_1, P_2에 $P_0(0,1)$, $P_1(0,0)$, $P_2(1,0)$을 대입하면 다음과 같은 식을 얻는다.

$$B(t) = (t^2, (1-t)^2) \ (0 \le t \le 1)$$

이 식은 우리가 처음에 알아봤던 스트링 아트의 매개변수 방정식이다.

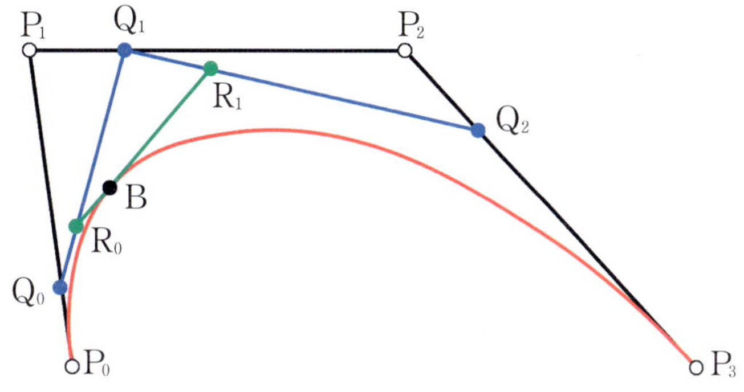

그림18 3차 베지어 곡선

마찬가지로 3차(Cubic) 베지어 곡선의 방정식을 구해보자. 임의의 실수 t에 대하여 $0 \le t \le 1$일 때, 점 $Q_i(i=0,1,2)$는 P_i와 P_{i+1}을 $t:(1-t)$로 내분하는 점이고, 점 $R_j\,(j=0,1)$는 Q_j와 Q_{j+1}을 $t:(1-t)$로 내분하는 점이라 하자. 이 때, 점 B가 R_0와 R_1을 $t:(1-t)$로 내분하는 점이라 하면 점 B의 자취가 3차 베지어 곡선이다.

$$B(t) = (1-t)^3 P_0 + 3t(1-t)^2 P_1 + 3t^2(1-t)P_2 + t^3 P_3 \quad (0 \le t \le 1)$$

앞의 과정을 일반화하면 n차 베지어 곡선을 생각할 수 있다. n차 베지어 곡선을 구하기 위해선 주어진 점 $P_0, P_1, \cdots, P_n$로부터 만들어지는 n개의 선분에 대해 $t:(1-t)$로 내분하는 점들을 구하고, 다시 이로 인해 생기는 $n-1$개의 선분을 $t:(1-t)$로 내분하는 점들을 구한다. 이 과정을 계속해서 반복하면 마지막으로 생기는 두 점을 $t:(1-t)$로 내분하는 점 B를 구할 수 있고, 이 점 B의 자취가 바로 n차 베지어 곡선이다. 이 식은 다음과 같다.

$$\begin{aligned} B(t) &= \sum_{i=0}^{n} \binom{n}{i} P_i (1-t)^{n-i} t^i \\ &= (1-t)^n P_0 + \binom{n}{1} t(1-t)^{n-1} P_1 + \cdots + t^n P_n \; (0 \le t \le 1, 0^0 = 1) \end{aligned}$$

베지어 곡선의 장점은 원하는 형태의 곡선을 쉽게 만들 수 있고 수정도 쉽다는 것이다. 그리고 수학적으로 안정화되어 있어 단순한 형태든 복잡한 형태든 일관된 수학적 표현을 이용해 나타낼 수 있다. 게다가 이를 표현하는 데 필요한 데이터 양이 적다.

베지어 곡선은 컴퓨터 그래픽 분야, 특히, 폰트 분야에서 자유로운 곡선을 만들고자 할 때 많이 사용된다. 애니메이션에서 캐릭터의 동선을 나타내는 데 활용되기도 한다. 보통 2차 베지어 곡선과 3차 베지어 곡선이 많이 활용되는데 더 복잡한 곡선은 이들의 조합으로 충분히 표현할 수 있다. 이런 베지어 곡선은 복잡한 곡선을 수학적으로 정확하게 표현하기 위한 노력의 결과라 할 수 있다.

우리 모두 즐기는 **다함께 체험수학**

스트링 아트
책갈피 만들기

체험시간 30분

체험난도 ★★☆☆☆

준비파일 08/책갈피용_스트링아트_도안.pdf

준비물 책갈피용 스트링 아트 도안(**평량 80g 정도로 얇은 종이에 인쇄**) + 색볼펜 + 색지 + 가위 + 풀 + 자 + 코팅기 = 준비 완료^-^

이 책에서는 스트링 아트의 기본 도안으로 아래 12가지 형태를 제공하고 있다. 이 기본 도안을 바탕으로 스트링 아트 책갈피를 만들어 보자.

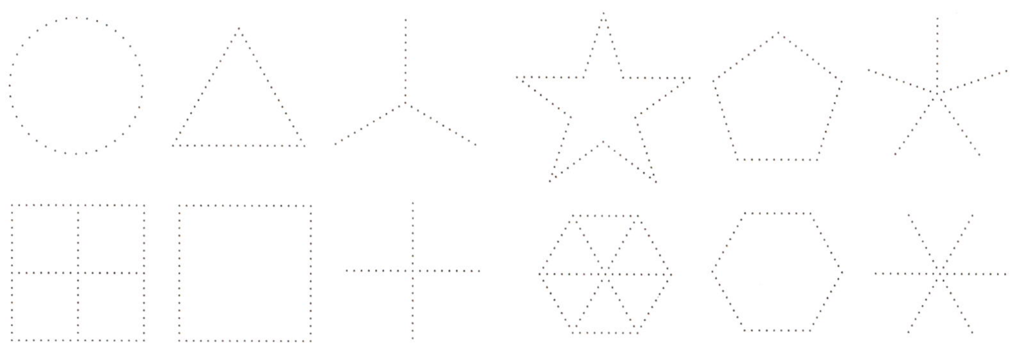

스트링 아트 도안에 스트링 아트 그리기.

제작한 스트링 아트 디자인을 오린 후, 색지를 붙여 코팅하면 완성.

마음을 전하는
스트링 아트 카드 만들기

체험시간 30분

체험난도 ★★☆☆☆

준비파일 08/홈이_있는_스트링아트_도안.pdf

준비물 홈이 있는 스트링 아트 도안(**평량 180g 정도로 두꺼운 종이에 인쇄**) + 색실 + 가위 + 테이프 + 양면테이프 + 카드 제작용 흰색 종이 = 준비 완료^-^

이 책에서는 홈이 있는 스트링 아트의 기본 도안으로 아래 7가지 형태를 제공하고 있다. 이 도안을 바탕으로 스트링 아트 카드를 만들어 보자.

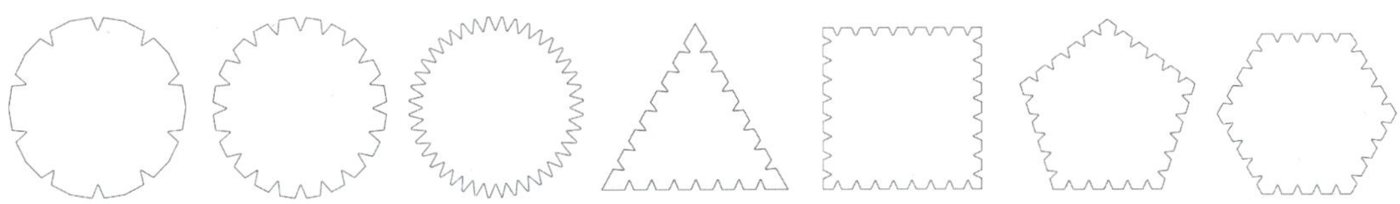

홈이 있는 스트링 아트 도안 오리기.

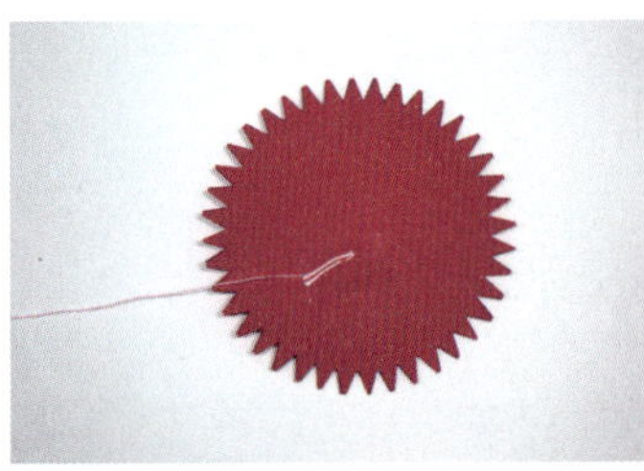

도안 뒷면에 테이프로 실을 붙여 고정하기.

홈에 실을 감아 스트링 아트를 만들고, 실의 끝부분을 도안 뒷면에 붙이기.

> Check **Point**
> 스트링 아트 도안을 인쇄한 종이는 적당히 두께가 있는 것이 좋다. 종이가 너무 얇으면 실에 의해서 쉽게 망가질 수 있기 때문이다.

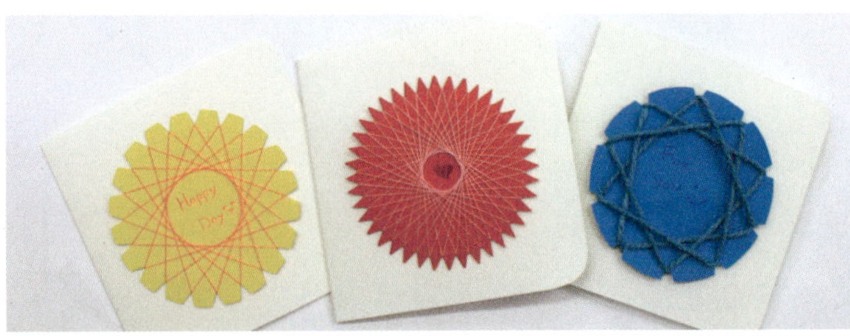

흰색 종이로 카드를 만들고 완성한 스트링 아트를 양면테이프로 카드에 붙이면 완성.

우리 모두 즐기는 **다함께 체험수학**

캔버스에 만드는
스트링 아트 작품

체험시간 60분

체험난도 ★★★☆☆

준비파일1 08/그래프종이.pdf　**준비파일2** 08/스트링아트_도안.pdf

준비물 그래프 종이 또는 스트링 아트 도안(**평량 80g 정도로 얇은 종이에 인쇄**) + 캔버스 + 테이프 + 바늘 + 색실 + 압정 + 가위 = 준비 완료^-^

그래프 종이에 직접 도안을 그리거나 책에서 제공하는 스트링 아트 도안을 사용하면 된다. 작은 캔버스는 비용이 저렴하고 액자 형태여서 일반 종이에 제작하는 것보다 전시 및 보관에 좋다.

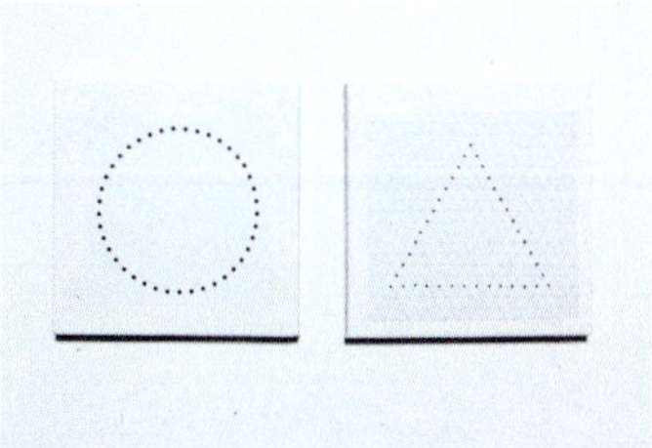

테이프로 스트링 아트 도안을 캔버스에 붙이기.

압정을 이용해 구멍을 뚫고 도안 제거.

캔버스 뒷면에 테이프로 실을 붙여 고정하기.

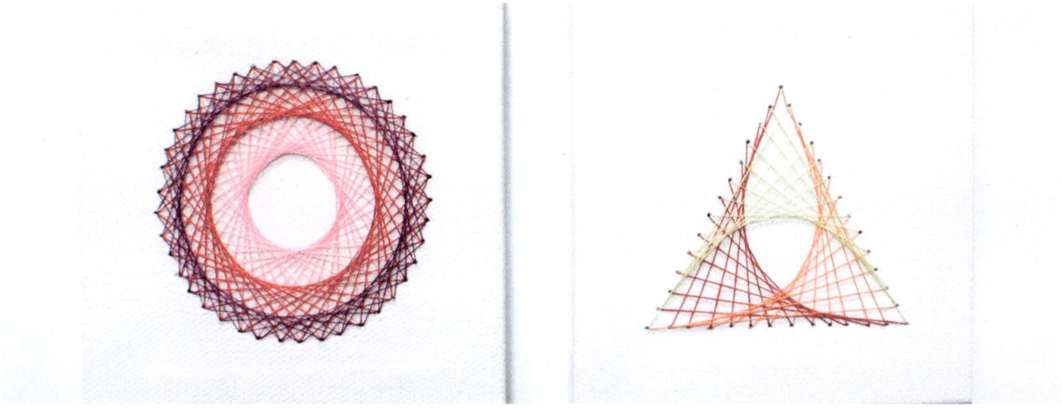

바늘과 실을 이용해 스트링 아트를 만들고 실의 끝부분을 캔버스 뒤에 붙이면 완성.

나무판에 만드는 **스트링 아트 작품**

체험시간 180분

체험난도 ★★★★☆

준비파일 08/그래프종이2.pdf

준비물 그래프 종이2(**평량 80g 정도로 얇은 종이에 인쇄**) + 나무판 + 망치 + 작은 못 + 색실 + 테이프 = 준비 완료^-^

스트링 아트의 경우 숙련자가 아니여도 꽤 멋진 작품을 완성할 수 있다. 창의력을 발휘해 나만의 멋진 스트링 아트 작품을 만들어 보자.

그래프 종이에 스트링 아트 도안 만들기.

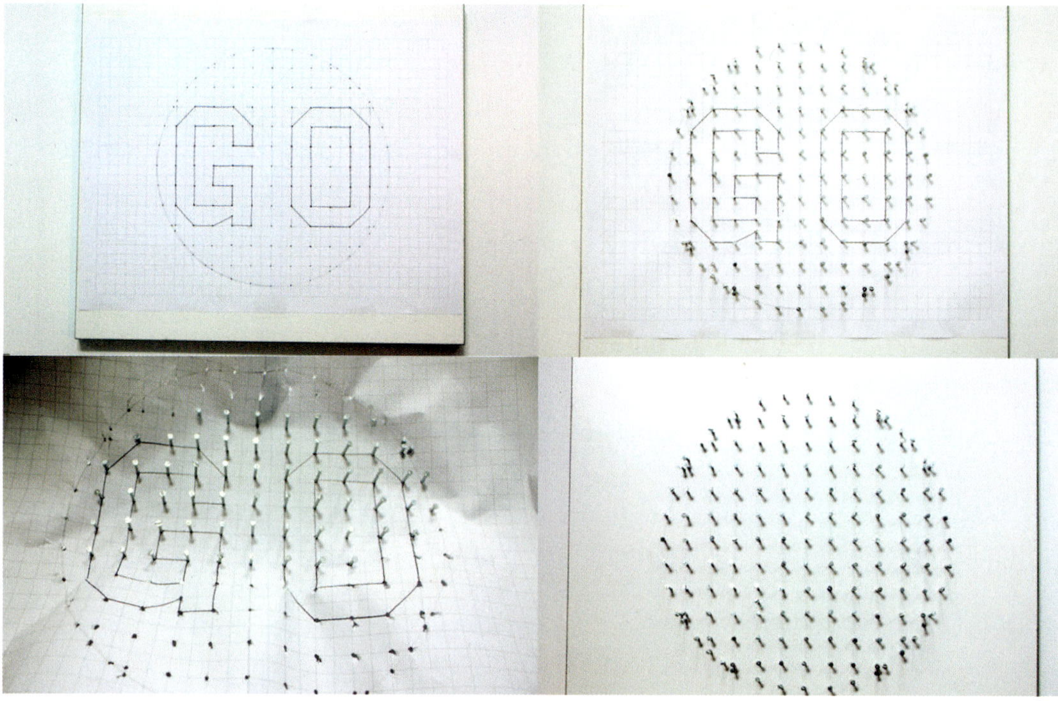

도안을 나무판에 붙이고 못 박은 후 도안 제거.

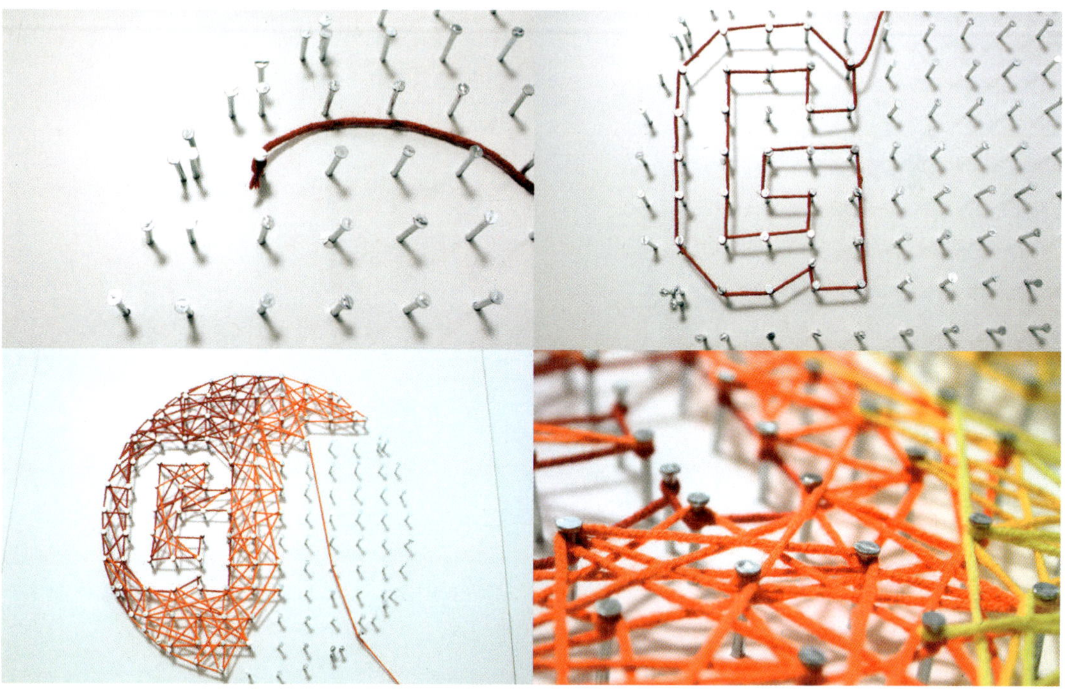

첫 번째 못에 실은 묶은 후, 글씨를 먼저 완성하고 스트링 아트 만들기. 각각의 못에 실을 한 번 감고 다음 못으로 연결.

중간중간에 실을 바꿔 연결하고 마지막 실을 못에 묶으면 완성.

우리 모두 즐기는 **다함께 체험수학**

미국 원주민이 만드는 스트링 아트
드림캐쳐

체험시간 60분

체험난도 ★★★★☆

준비물 철사(60cm) + 마사끈 2합(2m) + 마사끈 4합(2m) + 테이프 + 가위 = 준비 완료^-^

드림캐쳐(Dreamcatcher)는 미국 원주민들의 매력적인 공예품이자 전통 장식이다. 미국 원주민 중 오지브와족이 만들기 시작한 것이 그 기원이라 알려져 있다. 미국 원주민들은 밤공기에 좋은 꿈과 나쁜 꿈이 가득하다고 믿는다. 그래서 밤에 잠을 자면 이 꿈은 공기 중을 떠돌다 자연스럽게 우리에게 흘러온다. 우리에게 오는 꿈 중에서 좋은 꿈은 드림캐쳐를 통과하고 나쁜 꿈은 드림캐쳐에 엉켜 있게 된다. 그리고 아침이 밝아오면 첫 번째 빛줄기에 나쁜 꿈은 이슬처럼 소멸된다.

미국 원주민의 전통적인 드림캐쳐는 둥글게 만든 붉은 버드나무 가지에 애기쐐기풀의 줄기로 만든 실을 망의 형태로 엮어 만든다. 버드나무 가지 외에도 층층나무 가지와 같은 나무 가지를 사용하기도 한다. 여기에 깃털을 이용해 장식하고 망의 가운데에는 하나의 원석을 놓는다. 하나의 원석을 사용하는 이유는 창조주가 유일하기 때문이다. 우리는 깃털 장식이나 원석을 사용하지는 않을 것이다. 하지만 원하는 사람은 깃털, 비즈, 단추 등의 재료를 사용하여 꾸며도 된다.

이제 드림캐쳐의 제작법을 알아보자. 드림캐쳐는 어떻게 제작하느냐에 따라 다양한 형태로 제작할 수 있다. 아래는 대표적인 3가지 형태의 예이다. 순서대로 정오각형, 정팔각형, 정십이각형 모양

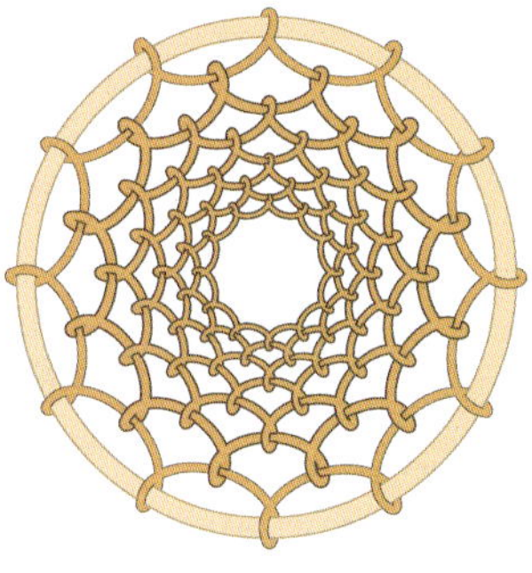

을 바탕으로 제작한 것이다. 자세히 보면 각 정다각형 모양이 반복해서 나타남을 알 수 있다. 당연히 다른 정다각형을 바탕으로 해도 제작이 가능하다. 따라서 어떻게 응용하고 변형하느냐에 따라 자신만의 독특한 드림캐쳐를 만들 수 있다. 드림캐쳐의 형태가 복잡하여 제작이 어려울 것 같지만 그렇지 않다. 한 가지만 잘 기억하면 되는데 바로 실을 링이나 다른 실에 감는 방법이다. 처음과 마지막에 실을 묶을 때를 제외하면 모든 경우에 오른쪽 그림과 같이 실을 감는다. 이를 계속해서 반복하면 드림캐쳐가 만들어진다. 이제 본격적으로 만들기를 해 보자. 우리는 정팔각형의 형태를 5번 반복하여 드림캐쳐를 만들 것이다.

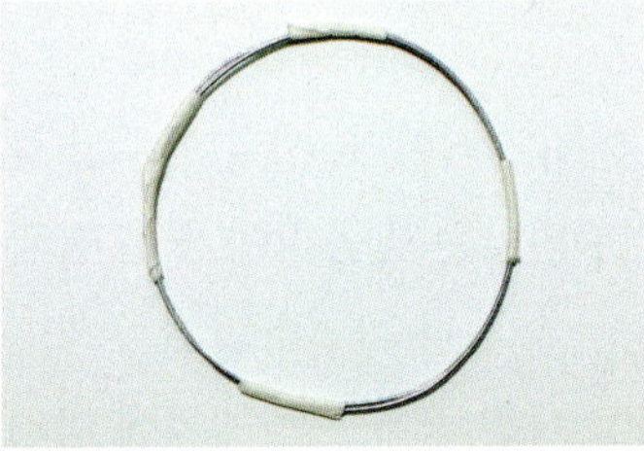

철사를 두 번 감아 테이프로 고정.

Check **Point**

링을 마사끈으로 감는 이유는 철사가 미끄럽기 때문이다. 링이 나무 재질이라면 마사끈으로 감지 않아도 된다.

마사끈 4합을 링에 묶고 감기. 다 감으면 고정이 되게 링에 묶고 남은 끈 자르기. 중간에 접착제를 바르면 더 튼튼해짐.

마사끈 2합으로 링 묶기.

8각형의 형태로 링을 감아갈 것이므로 적당히 간격을 줘서 감은 후 팽팽하게 당기기.

같은 방법으로 적당히 간격을 줘서 6번 더 감기.

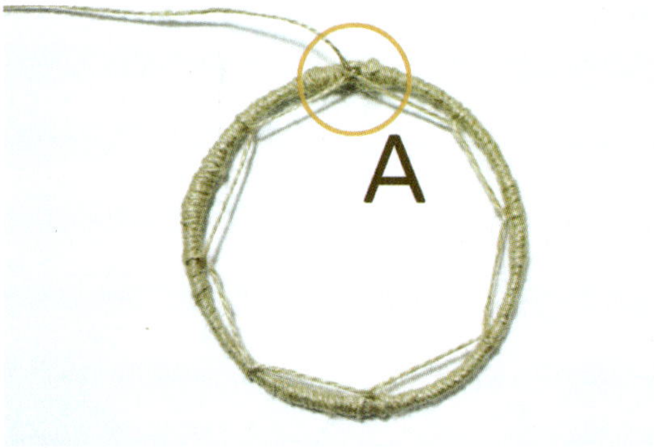

A까지 감으면 1바퀴 마무리. 튼튼하게 하기 위해 A는 두 번 감기.

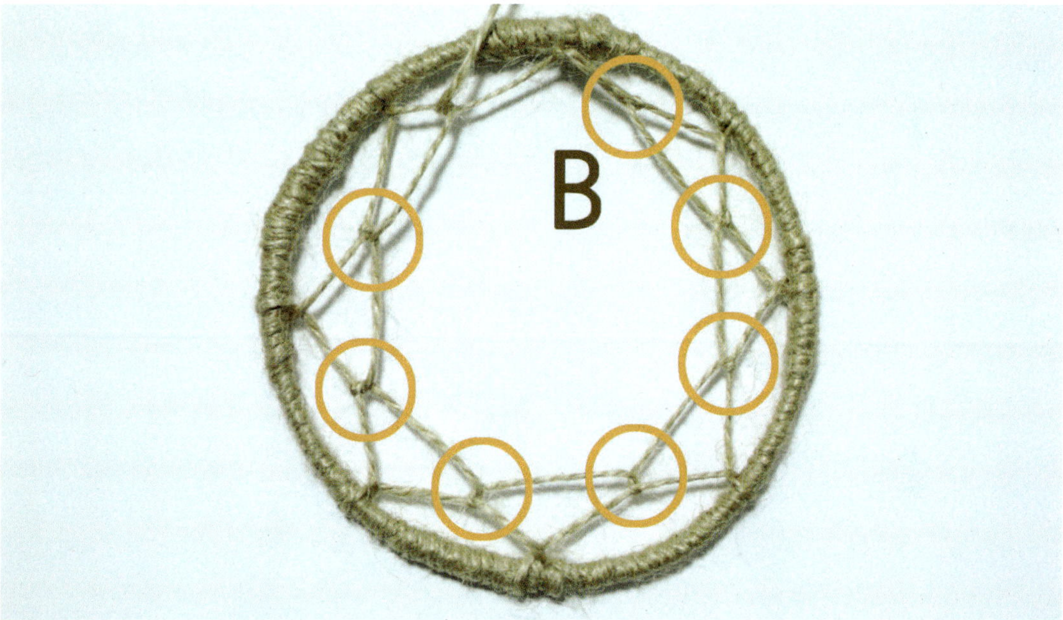

마찬가지로 8각형의 각 변의 가운데에 마사끈 감기.

B까지 감으면 2바퀴 마무리. 튼튼하게 하기 위해 B는 두 번 감기.

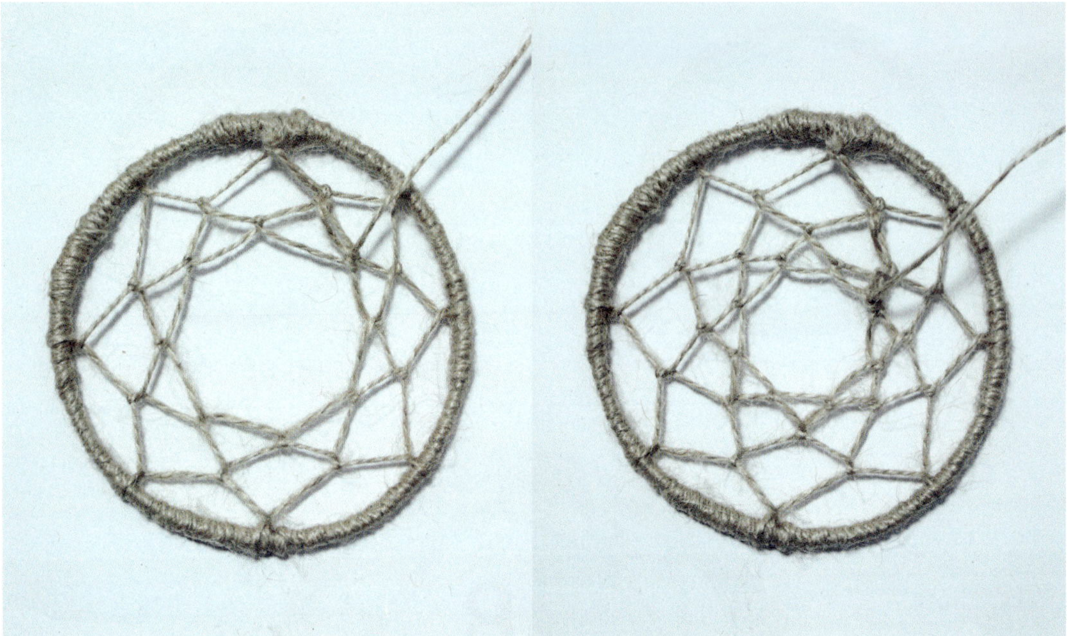

같은 방법으로 3바퀴와 4바퀴까지 감은 모습.

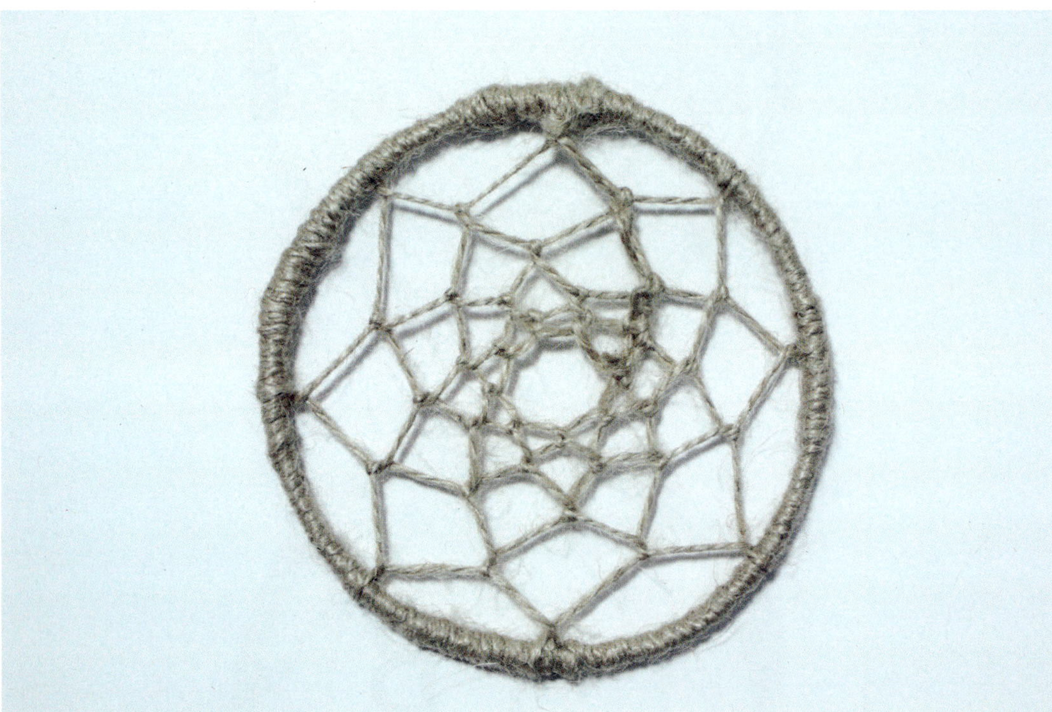

5바퀴까지 감고 마지막에 묶은 후 남은 끈 자르기.

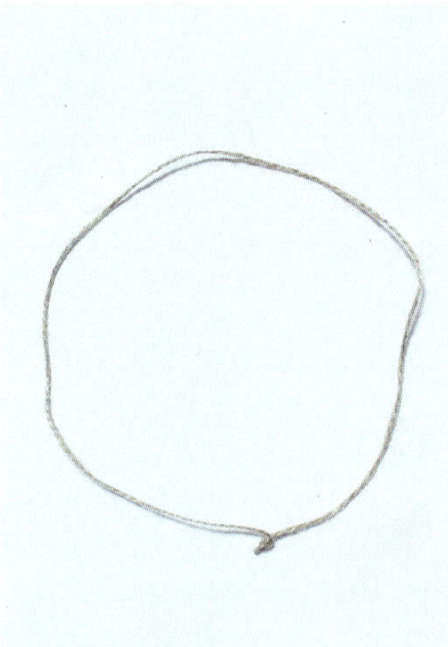

남은 끈으로 원 형태로 만들기.

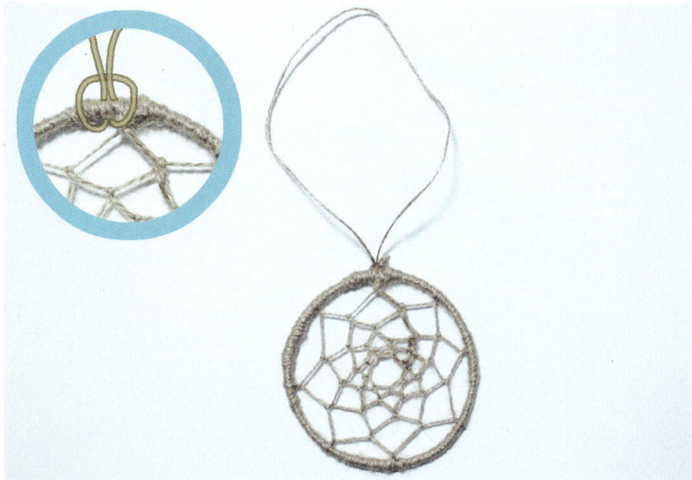

원 형태의 끈을 그림처럼 드림캐쳐에 연결하면 완성.

드림캐쳐는 인테리어나 선물용으로도 좋은 공예품이다. 자신이 만든 드림캐쳐를 주변 친구나 가족에게 선물해 보자. 서로 기분 좋게 행복한 꿈을 꾸는 하루가 될 것이다!

Chapter 09

동남아의 인기 스포츠 세팍타크로 공

어떤 체험을 할까요?

1 완전한 구를 위해, 축구공 만들기

2 동남아의 인기스포츠, 세팍타크로 공 만들기

3 골드버그 다면체, 10개의 끈으로 공 만들기

01

세팍타크로란?

태국과 말레이시아의 전통 스포츠인 세팍타크로(Sepaktakraw)는 말레이시아어로 '차다'는 뜻의 '세팍'과 태국어로 '공'을 뜻하는 '타크로'의 합성어이다. 동남아시아의 나라별로 약간씩 다른 형태와 규칙으로 경기를 치러왔으나 1965년에 아시아 세팍타크로 연맹이 설립되어 말레이시아, 태국, 싱가포르, 라오스 4개국의 협력으로 경기 규칙이 통일되었다. 1990년 베이징에서 열린 제11회 아시아경기대회부터는 정식종목으로 채택되었다.

공을 발로 차서 네트를 넘긴다는 점에서 우리나라의 전통 운동인 족구와 비슷하나 여러 가지 차이점이 있다. 가장 큰 차이점은 족구의 경우 공이 지면에 닿아도 되지만 세팍타크로는 안 된다는 것이다. 또한 세팍타크로의 경우 족구보다 네트의 높이가 더 높아 이로 인해 화려한 플레이가 이루어지는 경우가 많다.

과거엔 이런 세팍타크로 공을 등나무나 나무줄기를 이용해서 제작했었다. 현재 정식 공은 태국의 마라톤 회사에 의해 플라스틱으로 제조된다. 세팍타크로 공의 독특한 점 중 한 가지는 속이 훤히 보인다는 것이다. 이는 다른 스포츠에서 사용되는 공과는 비교되는 점이다. 또한 깎은 정이십면체의 형태를 하고 있다. 깎은 정이십면체는 정이십면체의 각 꼭짓점을 잘라 만든 다면체로 아르키메데스 다면체인 동시에 골드버그 다면체이다.

02

세팍타크로와 깎은 정이십면체 그리고 풀러렌

세팍타크로 공은 축구공과 같은 깎은 정이십면체 형태이다. 깎은 정이십면체는 아르키메데스 다면체이자 골드버그 다면체로 오각형인 면 12개, 육각형인 면 20개, 꼭짓점 60개, 모서리 90개로 이루어져 있다. 겉넓이와 부피를 생각해 볼 수 있는데, 겉넓이의 경우 정오각형의 넓이를 구할 수 있다면 비교적 쉽게 구할 수 있다. 부피는 정이십면체에서 깎여진 부분의 부피를 빼는 방법으로 구할 수 있다. 한 모서리의 길이를 a라 할 때 겉넓이 A와 부피 V는 다음과 같다.

$$A = \left(20 \times \frac{3}{2}\sqrt{3} + 12 \times \frac{5}{4}\sqrt{1 + \frac{2}{\sqrt{5}}}\right)a^2 \fallingdotseq 72.6a^2$$

$$V = \frac{1}{4}(125 + 43\sqrt{5})a^3 \fallingdotseq 55.3a^3$$

아래 두 그림은 세팍타크로 공과 깎은 정이십면체를 비교한 것이다.

그림1 세팍타크로 공과 깎은 정이십면체

깎은 정이십면체와 관련해 재미있는 문제를 하나 생각할 수 있다. 바로 다음 문제이다.

어떤 볼록 다면체가 다음 조건을 만족한다. 각 면은 정오각형 또는 정육각형이고 총 면의 개수는 32개다. 이런 다면체는 모두 몇 가지가 있는가?

한마디로 위의 조건을 만족하는 다면체가 깎은 정이십면체뿐인지 아니면 다른 다면체도 있는지를 묻는 문제이다. 이를 해결하기 위해서 다면체에서의 오일러 공식을 이용할 것이다. 이 공식에 따르면 다면체에서 면의 개수를 F, 모서리의 개수를 E, 꼭짓점의 개수를 V라 할 때, $F-E+V=2$가 성립한다.

다면체는 각 꼭짓점에서 최소 3개 이상의 면이 만난다. 또한 꼭짓점에서 만나는 면들의 각의 합이 $360°$를 넘어서는 안 된다. 정오각형은 한 내각이 $108°$이고 정육각형은 $120°$이므로 이 다면체의 경우 한 꼭짓점에서 4개의 면이 만날 수 없다. 즉, 이 조건을 만족하는 다면체는 모든 꼭짓점에서 항상 3개의 면이 만난다. 이제 정오각형인 면의 수를 x, 정육각형인 면의 수를 y라 하자. 총 면의 수는 32개이고 각 꼭짓점에서는 3개의 면이 만나며 모서리에서는 2개의 면이 만나므로 다음 식이 성립한다.

$$x+y=32,\ V=\frac{5x+6y}{3},\ E=\frac{5x+6y}{2}$$

(단, V는 꼭짓점의 수, E는 모서리의 수이다.)

다면체에서의 오일러 공식에 의해 다음과 같은 식을 세울 수 있다.

$$F-E+V=32-\frac{5x+6y}{2}+\frac{5x+6y}{3}=2$$

이를 계산하면 $5x+6y=180$이고 $x+y=32$와 연립하면 $x=12$, $y=20$이다. 따라서 정오각형인 면은 12개이고 정육각형인 면은 20개다. 또한 $V=60$, $E=90$이다. 앞서 우리는 각 꼭짓점에서 3개의 면이 모이는 것을 확인했다. 그런데 이 3개의 면이 모두 육각형일 수는 없다. 왜냐하면 정육각형의 한 내각은 $120°$이기 때문이다. 육각형인 면이 3개가 모이면 만나는 각의 합이 $360°$가 된다. 따라서 각 꼭젓점에서 최소 오각형인 면이 1개씩은 만난다.

어떤 꼭짓점에서 오각형인 면이 2개 이상 만난다고 가정하자. 각 꼭짓점에서 만나는 오각형의 꼭짓점의 총합을 생각할 수 있는데, 다면체의 모든 꼭짓점에서 오각형인 면이 최소 1개씩은 만나므로 그 합이 61 이상이다. 그런데 오각형의 개수는 12이고 오각형의 꼭짓점의 개수의 총합은 60이므로 이는 모순이다. 즉, 어떤 오각형도 서로 만나지 않는다. 다시 말해 오각형인 면은 육각형인 면에 둘러싸여 있게 된다. 그러므로 모든 꼭짓점에서 오각형인 면은 1개가 만나고 육각형인 면은 2개가 만난다. 오각형인 면이 12개이고 육각형인 면이 20개이며, 모든 꼭짓점에서 1개의 오각형과 2개의 육각형이 만나는 다면체는 깎은 정이십면체뿐이다. 결과적으로 문제의 조건을 만족하는 다면체는 깎은 정이십면체가 유일하다.

세상에서 가장 작은 축구공

아름다운 대칭성을 가진 깎은 정이십면체는 자연계에도 존재한다. 일명 버키볼(Buckyball)이라 불리는 탄소 분자가 바로 그것이다. 이 분자의 또 다른 이름은 버크민스터풀러렌(Buckminster-fullerene)으로 보통 풀러렌 C_{60}이라 부른다. 풀러렌 C_{60}은 탄소 원자 60개로 이루어져 있으며, 정확하게 깎은 정이십면체의 모양을 하고 있다. 지름은 약 1나노미터(10억분의 1 미터)로 축구공 크기의 3억 분의 1정도이다. 그래서 세상에서 가장 작은 축구공 또는 나노 축구공이라고 불리기도 한다.

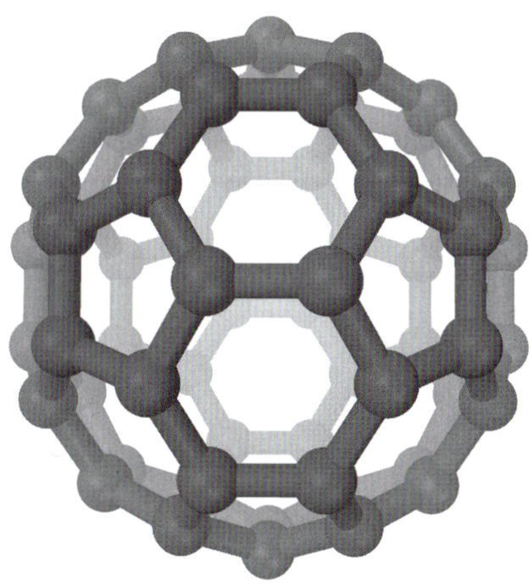

그림2 풀러렌 C_{60}

1985년 화학자인 로버트 컬(Robert Curl), 하롤드 크로토(Harold Kroto), 리차드 스몰리(Richard Smalley)는 대학원생인 제임스 히드와 숀 오브리엔과 함께 이 분자를 처음 발견하였다. 이 발견은 레이저로 탄소를 기화시키는 첨단 장비의 사용으로 이루어졌다. 현재에는 촛불의 그을음에서도 이 물질이 소량 나온다는 것이 알려졌다. 그들은 이 새로운 분자의 이름을 유명한 미국의 건축가 버크민스터 풀러(Buckminster Fuller)의 이름을 따서

'버크민스터풀러렌'이라고 명명했다. 그리고 그는 이 공로를 인정받아 1996년 노벨 화학상을 수상하였다.

이 발견이 왜 중요한지를 이해하려면 탄소로 이루어진 물질에 대해 생각해 보면 된다. 탄소로 이루어진 물질에는 석탄, 코크스, 흑연, 다이아몬드 등이 있다. 이들은 수많은 용도로 활용되며 우리의 생활과 밀접하게 연관을 맺고 있다. 풀러렌 C_{60} 역시 이들과 마찬가지로 탄소로 이루어져 있어서 많은 활용이 기대된다. 또한 거대 분자구조로 되어 있는 흑연이나 다이아몬드와는 달리 봉합된 작은 분자 구조를 하고 있다. 따라서 상대적으로 쉬운 화학반응을 통해 많은 응용이 가능하다. 실제로 초전도체, 윤활제, 촉매 등 다양한 용도로 활용되고 있다. 풀러렌 C_{60}은 나노 과학 분야의 대표적인 소재 중 하나이다.

03

아르키메데스 다면체

플라톤 입체라 불리는 **정다면체**는 그림3과 같이 5가지만 존재한다.

그림3

정사면체 정육면체 정팔면체 정십이면체 정이십면체

정다면체는 두 가지 조건을 만족한다. 첫 번째는 모든 면이 합동인 정다각형으로 되어 있다는 것이고 두 번째는 각 꼭짓점에서 만나는 면의 개수가 서로 같다는 것이다. 이 두 조건을 만족한다는 것은 상당히 엄격한 기준을 통과한 것이다. 우리는 이 조건을 변경하여 좀 더 느슨한 조건의 다른 다면체를 생각해 볼 수 있다. 이렇게 해서 나오는 다면체 중의 하나가 반정다면체(Semiregular Polyhedron)이다. 반정다면체의 정의는 아래와 같다.

반정다면체

반정다면체는 다음 조건을 만족하는 다면체이다.

1. 모든 면은 변의 길이가 같은 2개 이상의 정다각형으로 이루어져 있다.
2. 임의의 서로 다른 두 꼭짓점에 대하여 한 꼭짓점을 다른 꼭짓점으로 이동시키는 대칭변환이 항상 존재한다.

이 중 두 번째 조건을 이해하기는 쉽지 않다. 한 꼭짓점을 다른 꼭짓점으로 이동시키는 대칭변환이 존재한다는 것은 적당한 축을 중심으로 회전이동시키거나 반사시키면 한 꼭짓점이 다른 꼭짓점의 위치에 가게 되고 도형은 이러한 변환을 하기 전과 똑같은 모습이라는 것이다. 이런 반정다면체는 각 꼭짓점에서 만나는 면의 배열이 서로 같다. 때로는 위의 2번째 조건 대신에 이를 정의로 제시하기도 하는데 이는 정확한 정의가 아니다. 왜냐하면 반정다면체는 아니지만 이를 만족하는 다면체가 하나 존재하기 때문이다.

바로 37번째 존슨 다면체인 J37이다. **존슨 다면체**(Johnson Solid)는 모든 면이 정다각형으로 되어 있는 볼록 다면체 중에서 정다면체와 반정다면체(아르키메데스 다면체, 각기둥, 엇각기둥)를 제외한 다면체를 말한다. 1966년에 수학자인 노먼 존슨(Norman Johnson)은 92개의 존슨 다면체 목록을 만들었고 순서를 정해 숫자를 부여하였다. 그는 이 존슨 다면체가 92개뿐이라고 예측하였고 1969년에 수학자 빅터 자겔러는 존슨 다면체가 92개뿐임을 수학적으로 증명하였다.

그림4 존슨 다면체 J37

반정다면체는 볼록 반정다면체와 오목 반정다면체로 나눌 수 있고 볼록 반정다면체는 아르키메데스 다면체, 각기둥, 엇각기둥으로 나눌 수 있다. 먼저 각기둥에 대해 알아보자. **각기둥**(Prism)은 두 밑면이 서로 평행하며 합동인 다각형이고 옆면은 평행사변형인 다면체를 말한다. 이때 옆면이 직사각형이면 직각기둥이 되며 두 밑면이 정다각형이고 옆면이 정사각형이면 반정다면체인 각기둥이다. 다음은 **엇각기둥**(Antiprism)으로 두 밑면이 서로 평행하며 합동인 다각형이고 옆면은 삼각형인 다면체를 말한다. 이때 두 밑면이 정다각형이고 옆면이 정삼각형이면 반정다면체인 엇각기둥이다. 반정다면체인 각기둥과 엇각기둥은 무수히 많다.

그림5

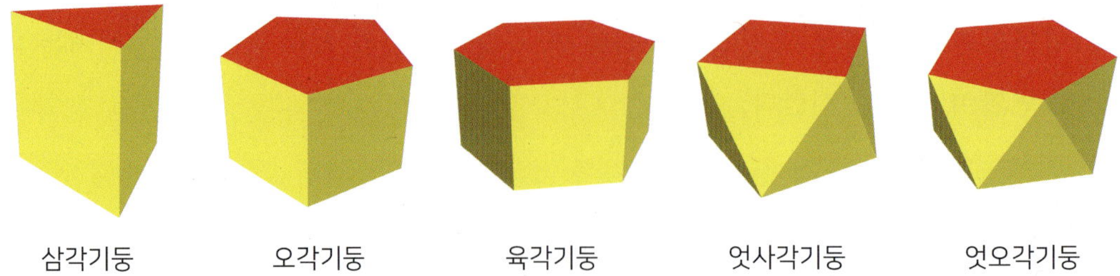

마지막으로는 아르키메데스 다면체이다. **아르키메데스 다면체**(Archimedean Solid)는 반정다면체의 조건 두 가지를 만족하는 다면체 중 각기둥과 엇각기둥을 제외한 다면체를 말한다. 아르키메데스가 발견했다고 알려져 있으나 자료가 남아있지는 않다. 후에 케플러에 의하여 재발견되었다. 아르키메데스 다면체는 13개가 존재한다고 알려져 있고 다음과 같다.

그림6 아르키메데스 다면체

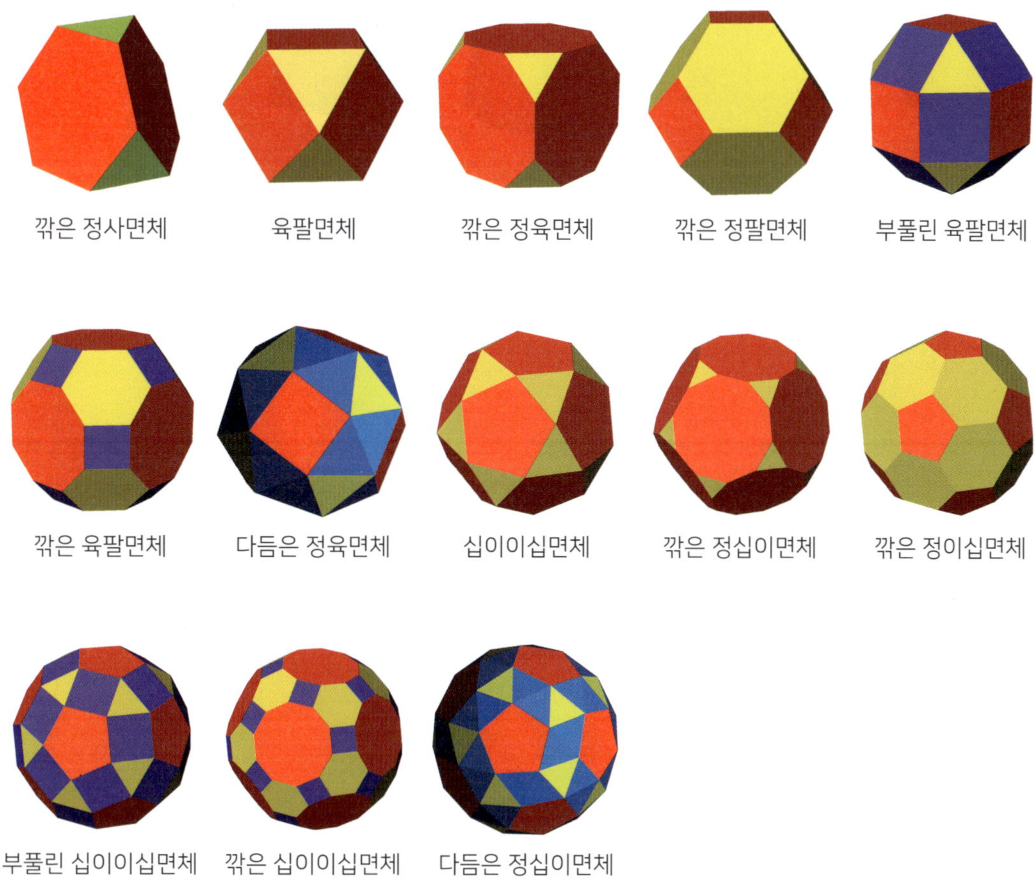

이런 아르키메데스 다면체는 플라톤 입체인 정다면체에 적당한 기하학적인 연산을 시행해 구성할 수 있다. 가장 대표적인 연산은 **깎기**(Truncation)이다. 깎기는 말 그대로 다면체를 깎는 것인데 어떤 부분을 어떻게 깎느냐에 따라 다양한 방법이 존재한다. 가장 기본적인 방법은 꼭짓점을 중심으로 다면체를 깎는 것이다.

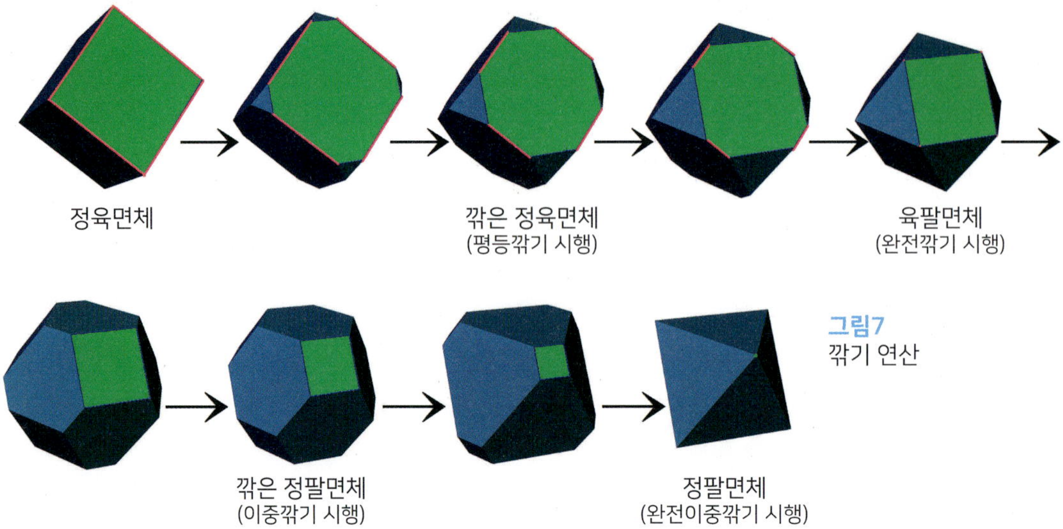

그림7
깎기 연산

위의 그림은 정육면체를 점점 더 깊게 깎는 것을 연속적인 열로 나타낸 것이다. 어느 정도의 깊이로 깎느냐에 따라 여러 가지로 구별이 된다.

- **평등깎기**(Uniform Truncation) : 다면체의 면이 처음으로 다각형이 될 때까지 꼭짓점을 중심으로 잘라 내는 것이다. 좀 더 정확히 말하면 정 n 각형인 면을 정 $2n$ 각형이 되도록 깎는 것이다. 보통은 **깎기**(Truncation)라고 하며 다면체에 대하여 깎기를 한다고 하는 것은 평등깎기를 시행하는 것이다.

- **완전깎기**(Rectification) : 주어진 다면체의 모서리가 꼭짓점이 되도록 깎는 것이다.

- **이중깎기**(Bitruncation) : 주어진 다면체를 완전깎기가 되는 정도의 깊이만큼 깎은 후 그 정도 깊이 만큼을 더 깎는 것이다. 다르게 말하면 평등깎기를 했을 때 꼭지점에 생기는 면이 정 n 각형이라 할 때, 이 면이 정 $2n$ 각형이 되는 정도로 깎는 것이다.

- **완전이중깎기**(Birectification) 또는 **쌍대**(Dual) : 주어진 다면체의 면이 꼭짓점이 되도록 깎는 것이다. 완전이중깎기는 쌍대 연산이기도 하다. 쌍대는 주어진 다면체의 꼭짓점을 면으로 면을 꼭짓점으로 치환하여 다면체를 만드는 것이다. 쌍대 연산으로 생긴 입체를 주어진 다면체의 쌍대 다면체라 한다.

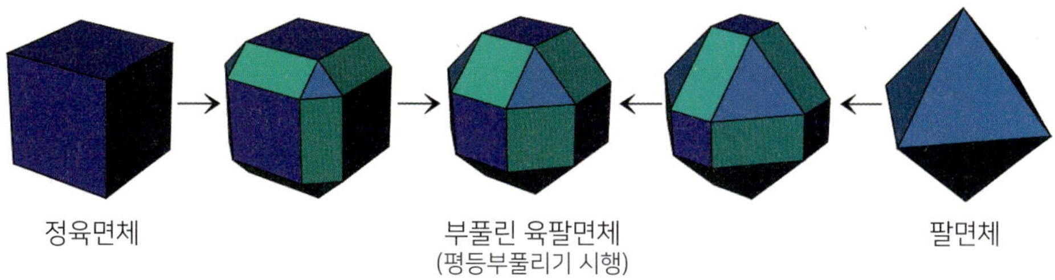

그림8 평등부풀리기 연산

- **평등부풀리기**(Uniform Expansion) : 다면체의 각 면을 분리해서 다면체의 중심으로부터 떨어트린 후 각 면에서 서로 붙어 있었던 꼭짓점끼리 연결해 새로운 입체를 만드는 것이다. 이때, 새로 만들어진 입체는 모든 모서리의 길이가 같아야 한다. 보통은 **부풀리기**(Expansion)라고 한다. 쌍대 다면체의 경우 부풀리기를 하면 서로 같은 다면체가 만들어진다.

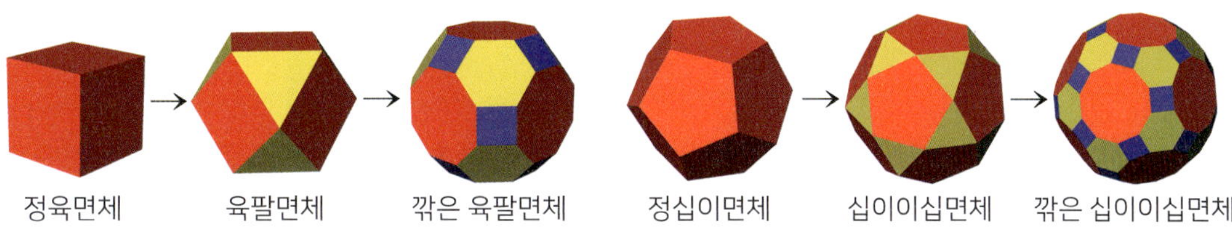

그림9 전방향깎기 연산

- **전방향깎기**(Omnitruncation) : 주어진 다면체에 대해 완전깎기를 하고 이때 만들어진 다면체에 대해 깎기를 시행하여 새로운 다면체를 만드는 것이다. 그림9는 정육면체와 정십이면체에 전방향깎기를 시행하여 깎은 육팔면체와 깎은 십이이십면체를 만든 모습이다.

그림10 교대 연산

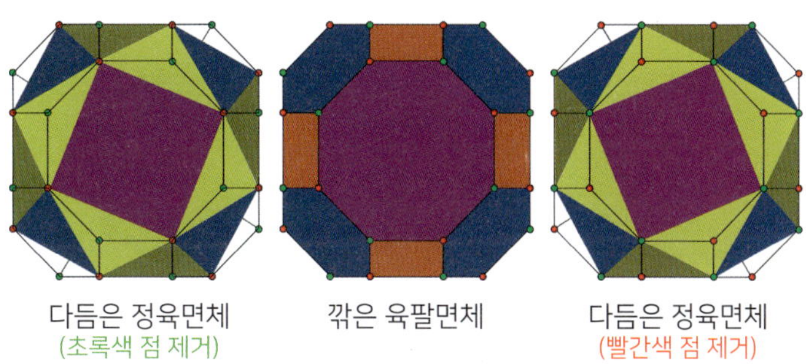

- **교대**(Alternation) : 주어진 다면체에서 꼭짓점을 하나씩 건너뛰며 제거한 후 남겨진 꼭짓점 중 이웃하는 꼭짓점끼리 연결하여 입체를 만드는 것이다. 그림10은 깎은 육팔면체에 교대로 점을 제거하여 다듬은 정육면체를 만드는 과정이다.

그림11 다듬기 연산

- **다듬기**(Snub) : 주어진 다면체에 전방향깎기를 하고 이때 만들어지는 다면체에 교대를 시행하여 새로운 다면체를 만드는 것이다. 그림11은 정육면체와 정십이면체에 다듬기를 시행하여 다듬은 정육면체와 다듬은 정십이면체가 만들어진 모습이다.

지금 알아본 것 외에도 다양한 연산이 존재하며 이를 좀 더 고차원으로 일반화할 수도

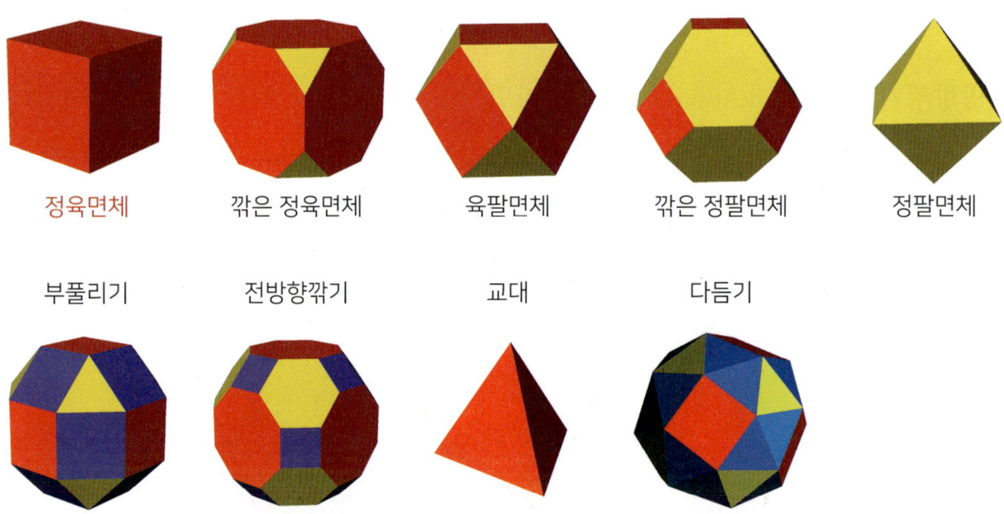

그림12 기하학적 연산

있다. 정육면체에 대해 이 연산들을 시행하면 아래 그림과 같은 다면체들을 얻을 수 있다.

이 연산들을 이용해 플라톤 입체인 정다면체로부터 아르키메데스 다면체를 만드는 과정을 나타내면 그림13과 같다. 세팍타크로의 공은 깎은 정이십면체이므로 반정다면체 중 아르키메데스 다면체에 해당한다. 그리고 이 그림을 통해 정이십면체에 깎기를 하거나 정십이면체에 이중깎기를 하면 깎은 정이십면체가 만들어짐을 알 수 있다.

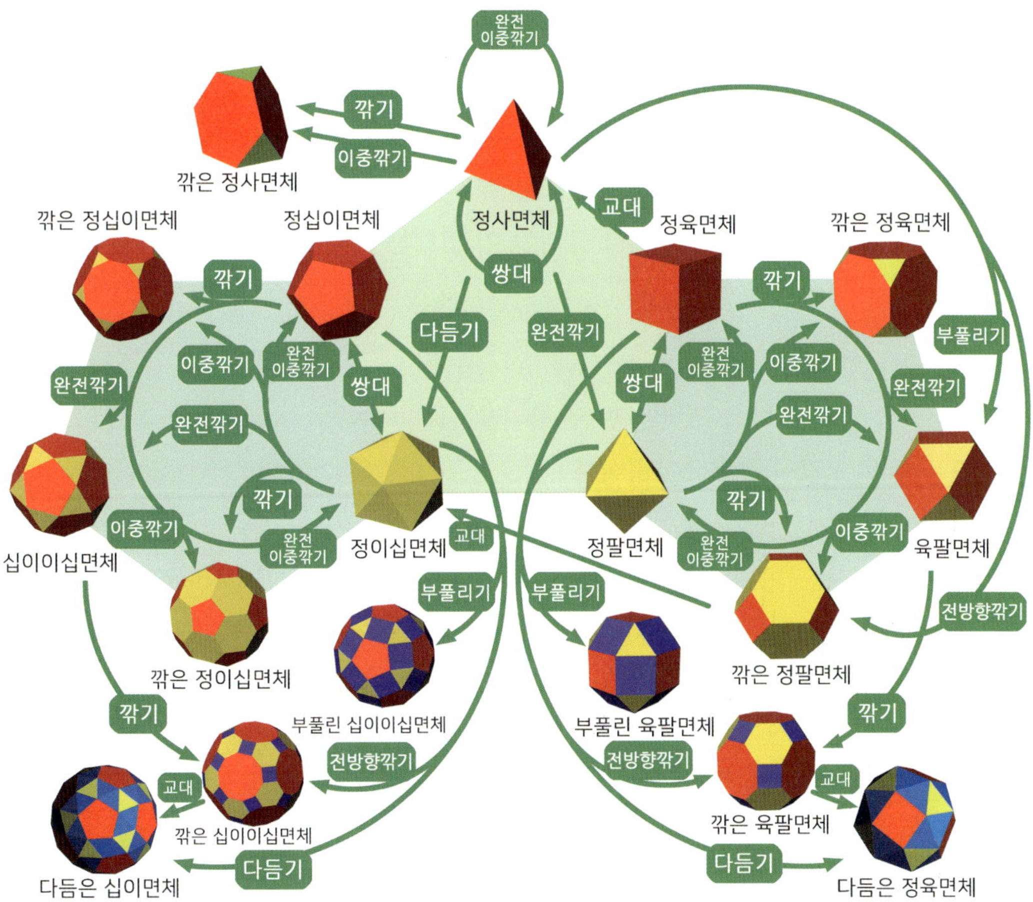

그림13 다면체 사이의 관계

04

골드버그 다면체

세팍타크로 공은 깎은 정이십면체로 모든 면이 오각형과 육각형으로 되어 있다. 수학자인 마이클 골드버그(Michael Goldberg)는 이렇게 오각형과 육각형으로 되어있는 입체에 대해 탐구하였고 1937년에 그의 논문인 〈A Class of Multi-Symmetric Polyhedra〉를 통해 이를 설명하였다. 골드버그 다면체라 불리는 이 입체는 세 가지 조건을 만족한다.

골드버그 다면체

골드버그 다면체는 다음 조건을 만족하는 입체를 말한다.

1. 모든 면은 오각형이나 육각형이다.
2. 각 꼭짓점에서는 항상 세 개의 면이 만난다.
3. 오각형인 면을 꼭짓점으로 치환하고 이웃하는 점끼리 연결하면 정이십면체가 된다.

골드버그 다면체는 정확하게 12개의 오각형인 면을 가지며 모두 정오각형이다. 반면에 육각형인 면은 항상 정육각형이 되는 것은 아니다. 그리고 골드버그 다면체의 모든 꼭짓점은 하나의 구 위에 있다. 대표적인 골드버그 다면체에는 정십이면체와 깎은 정이십면체가 있다. 아마도 골드버그 '다면체'라는 이름 때문에 이 입체를 '다면체'라고 생각할 수 있지만, 정십이면체와 깎은 정이십면체 등 몇몇 골드버그 다면체를 제외한 골드버그 다면체는 엄격한 의미에서 다면체가 아니다. 그 이유는 입체의 각 면이 평면이 아니기 때문이다. 이런 골드버그 다면체의 쌍대 다면체는 지오데식 다면체이다. **지오데식 다면체**(Geodesic Polyhedron)는 삼각형을 기반으로 해 구형으로 만든 볼록 다면체로, 보통 5개의 삼각형이 모이는 꼭짓점이 12개 존재하고, 나머지 꼭짓점에서는 6개의 삼각형이 모인다. 지오데식 다면체에서 반구 모양만 선택하면 지오데식돔이 된다.

골드버그 다면체는 무수히 많은데 이 각각을 의미하는 기호표현이 존재한다. 임의의 골드버그 다면체에 대해 한 오각형 위에 체스말이 있다 하자. 이 체스말이 면을 따라 한쪽 방향으로 m만큼 움직인 후, 왼쪽으로 $60°$로 방향을 바꿔 n만큼 이동할 때 이웃하는 다른 오각형에 위치하게 되면 이 골드버그 다면체를 $G(m,n)$으로 표현한다. 아래는 몇 가지 골드버그 다면체의 예이다. 실제 기호표현에 따라 한 오각형에서 다른 오각형으로 이동해 본다면 더 쉽게 이해할 수 있을 것이다. 여기서 $G(1,0)$은 정십이면체, $G(1,1)$은 세팍타크로의 공과 축구공의 형태인 깎은 정이십면체, $G(3,0)$은 이번 장에서 체험할 10개의 끈으로 만들어지는 입체의 형태임을 알 수 있다.

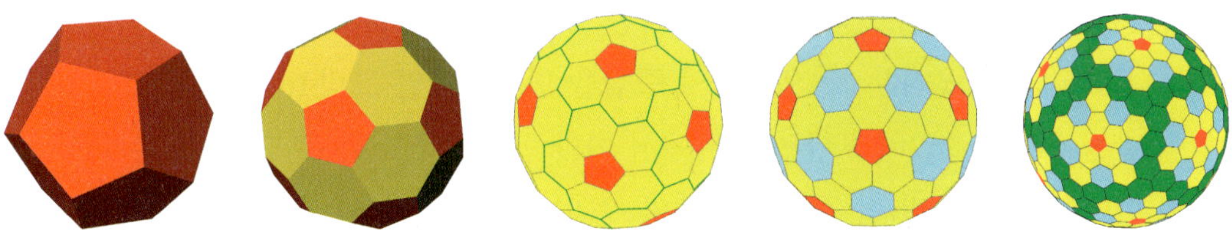

$G(1,0)$ $G(1,1)$ $G(1,2)$ $G(3,0)$ $G(2,4)$

그림14 여러 가지 골드버그 다면체

골드버그 다면체 $G(m,n)$에 대해 다음 공식이 성립함이 알려져 있다.

> 골드버그 다면체 $G(m,n)$에 대해 $T = m^2 + mn + n^2$이라 하자. 이때, 꼭짓점의 수는 $20T$, 모서리의 수는 $30T$, 면의 수는 $10T + 2$이다.

이 공식을 알아보기 위해 $G(1,4)$인 골드버그 다면체에 대해 생각해 보고 이를 일반화해 보자. $G(1,4)$인 골드버그 다면체는 그림15에 보이는 것처럼 하나의 오각형을 한쪽 방향으로 1번 움직인 후, 왼쪽으로 $60°$ 방향을 바꾼 후에 4번 움직이면 다른 오각형에 위치하는 입체이다. (엄격한 의미에서 $60°$는 아니지만, 육각형인 면을 평면인 정육각형이라 생각하면 $60°$라고 할 수 있다.)

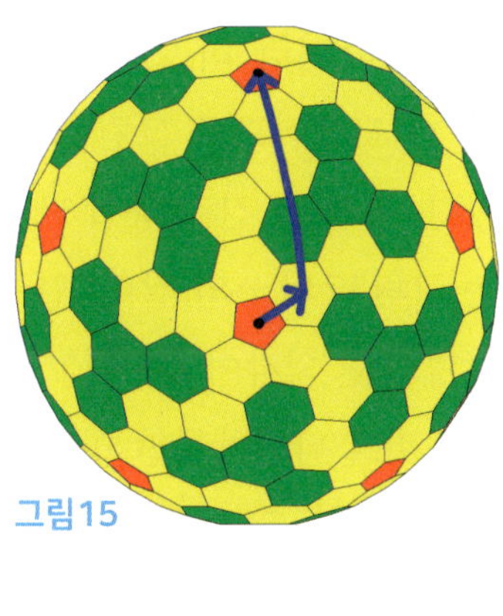

그림15

그림16

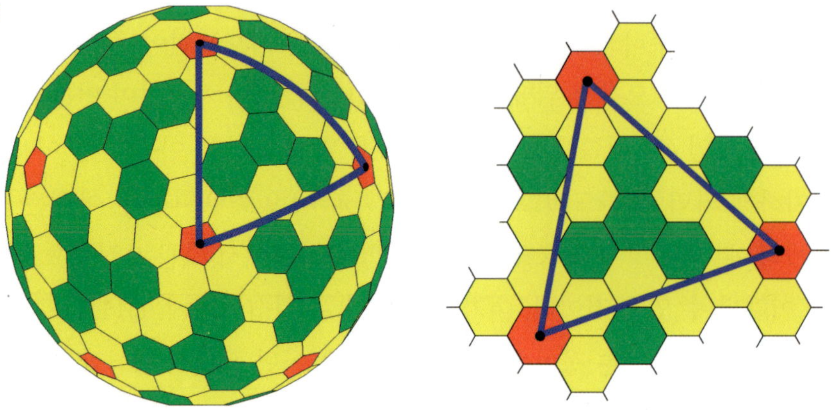

앞에서 언급했듯 골드버그 다면체는 12개인 오각형을 점으로 치환하면 정십이면체가 만들어진다. 따라서 이웃하는 세 오각형의 중심을 연결한다면 그림16의 왼쪽 그림처럼 삼각형이 만들어지고 골드버그 다면체 위에서 이와 합동인 형태는 총 20개가 존재한다. 이 삼각형 안에 육각형이 몇 번 들어가는지 알 수 있다면 전체 면의 개수를 구할 수 있다. 우리는 이를 위해 이 삼각형 부분을 평면으로 치환하여 생각할 것이다. 삼각형 부분에서 오각형 대신에 육각형으로 바꾸면 위 오른쪽 그림처럼 평면상의 벌집 구조에 대응시킬 수 있다. 이때, 골드버그 다면체 위의 삼각형 안에 있는 육각형 개수와 벌집 구조 위의 삼각형 안의 육각형의 개수는 서로 같다. (단, 벌집 구조에서 오각형이 치환된 육각형은 제외해서 생각한다.)

그림17

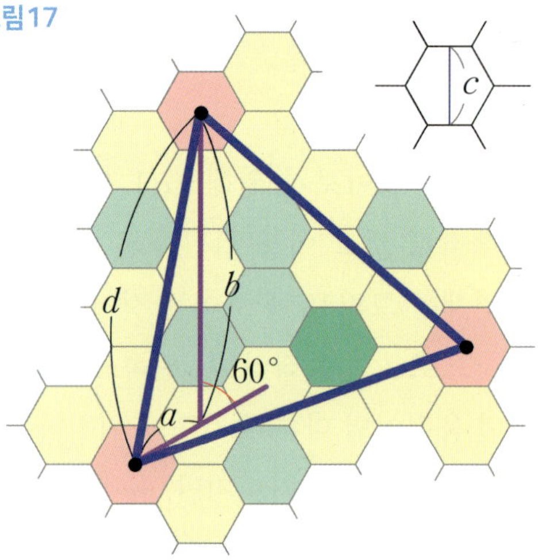

평면상의 벌집 구조로 치환하여 생긴 삼각형은 정삼각형이다. 이 삼각형의 한 변의 길이를 d라 하고 정육각형의 한 변의 길이를 1이라 하자. 이 골드버그 다면체는 $G(1,4)$이므로 그림17처럼 나타낼 수 있다. 또한 한 칸 이동할 때 이동하는 길이는 그림17의 c와 같다. 안쪽에 생기는 삼각형의 한 외각이 $60°$이고 이는 $G(1,4)$인 골드버그 다면체뿐만 아니라 모든 경우에 마찬가지다. 그 이유는 앞서 언급했듯 $60°$

의 방향 전환이 이루어지기 때문이다. 여기서 $c = \sqrt{3}$ 이고 a, b는 각각 1칸, 4칸 이동했을 때 생기는 길이이므로 $a = \sqrt{3}$, $b = 4\sqrt{3}$ 이다. 제2 코사인 법칙을 이용하면 다음이 성립한다.

$$d^2 = a^2 + b^2 - 2ab\cos 120^\circ = a^2 + b^2 + ab = 63$$

따라서 치환하여 생긴 삼각형의 넓이는 $\frac{63\sqrt{3}}{4}$ 이 된다. 이 삼각형 안에서 빨간색 부분의 넓이를 빼야 하는데 그 이유는 이 부분이 치환 전에는 오각형이었던 부분이기 때문이다. 그리고 이 부분의 넓이의 합은 정육각형 넓이의 절반이다. 정육각형의 넓이는 $\frac{3\sqrt{3}}{2}$ 이므로 이것의 절반을 빼면 $15\sqrt{3}$ 이다. 이 값을 정육각형의 넓이로 나누면 10이 나오는데 이는 육각형이 10번 들어간다는 것을 의미한다. 골드버그 다면체의 오각형인 면을 꼭짓점으로 치환하고 이웃하는 점끼리 연결하면 정이십면체가 되므로 이런 삼각형은 20개 존재한다. 따라서 총 200개의 육각형이 있는 것이고 오각형의 개수가 12개이므로 모든 면의 개수는 212개다.

이제 좀 더 일반화하여 생각해 보자. $G(m, n)$인 골드버그 다면체의 경우 위와 같은 논의를 거치면 그림 18과 같은 삼각형을 생각할 수 있다. a와 b는 각각 m칸, n칸 이동했을 때 생긴 길이이므로 $a = m\sqrt{3}$, $b = n\sqrt{3}$ 이다. 따라서 제 2 코사인 법칙에 의해 다음이 성립한다.

$$\begin{aligned} d^2 &= a^2 + b^2 - 2ab\cos 120^\circ \\ &= a^2 + b^2 + ab = 3(m^2 + n^2 + mn) \end{aligned}$$

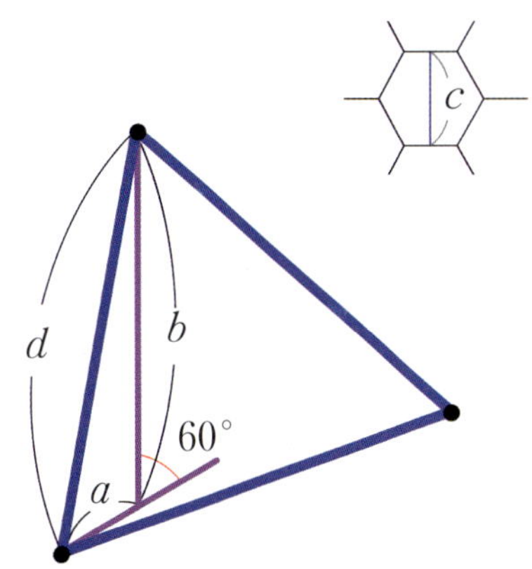

그림18

오각형이었던 부분을 뺀 삼각형의 남은 부분의 넓이는 $\frac{3\sqrt{3}(m^2 + n^2 + mn - 1)}{4}$ 이고 육각형의 넓이로 나누면 $\frac{m^2 + n^2 + mn - 1}{2}$ 이다. 즉, $\frac{m^2 + n^2 + mn - 1}{2}$ 개의 육각형이 이 삼각형 안에 있는 것이고, 전체 육각형의 개수는 $10(m^2 + n^2 + mn - 1)$ 이다. 여기서 오각형 12개를 더하면 전체 면의 개수는 $10(m^2 + n^2 + mn) + 2$ 이고, $T = m^2 + n^2 + mn$ 이라 하면 전체 면의 개수는 $10T + 2$ 이다.

이제 꼭짓점과 모서리의 개수를 생각해 보자. 한 꼭짓점에 3개의 면이 만나므로 모든 면의 꼭짓점 개수를 더하고 3으로 나누면 된다. 육각형은 $10T-10$개이고 오각형은 12개이므로 육각형과 오각형의 전체 꼭짓점의 개수는 $6(10T-10)+5\times 12=60T$이다. 골드버그 다면체의 한 꼭짓점에서 3개의 면이 만나므로 이를 3으로 나누면 골드버그 다면체의 꼭짓점의 수는 $20T$이다. 한 모서리에서 2개의 면이 만나므로 위와 비슷한 계산을 거치면 전체 모서리의 개수가 $30T$임을 확인할 수 있다. 마지막으로 꼭짓점의 개수를 V, 모서리의 개수를 E, 면의 개수를 F라 할 때, 이 공식을 이용해 몇몇 골드버그 다면체에 대한 꼭짓점, 모서리, 면의 개수를 구하면 아래와 같다.

그림19

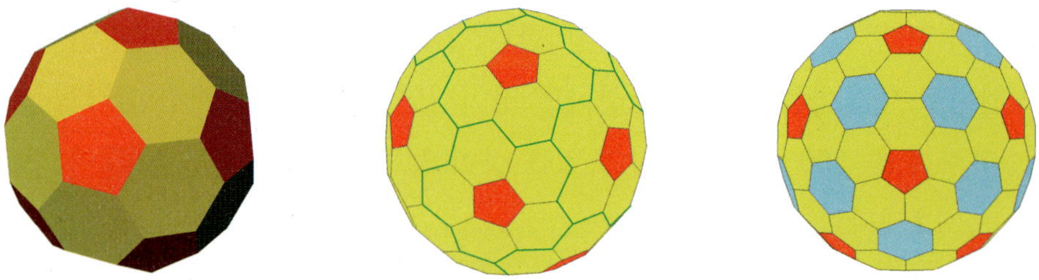

$G(1,1)$ $V=60, E=90, F=32$

$G(1,2)$ $V=140, E=210, F=72$

$G(3,0)$ $V=180, E=270, F=92$

완전한 구를 위해 **축구공 만들기**

체험시간 30분

체험난도 ★★☆☆☆

준비파일 09/축구공_전개도.pdf

준비물 축구공 전개도(**평량 180g 정도로 두꺼운 종이에 인쇄**) + 가위 + 테이프 = 준비 완료^-^

1960년대까지만 해도 축구공의 형태는 배구공과 같았다. 1970년 멕시코에서 열린 월드컵에서 아디다스에서 제조한 '텔스타'가 FIFA 공인구로 선정되면서 이 형태는 축구공의 대명사가 되었다. 'TV 속의 별'이란 뜻이 있는 '텔스타'는 깎은 정이십면체이다. 2002년 한일월드컵에는 '피버노바(Fevernova)'가 공인구로 선정되었다. '피버노바'는 텔스타와 디자인은 다르지만 깎은 정이십면체의 형태이다. 2006년 월드컵 공인구 '팀가이스트'는 이전의 공인구와는 또 다른 형태를 하고 있다. 바로 8개의 정육각형과 6개의 정사각형으로 구성된 깎은 정팔면체 모양이다. 이는 축구공의 면의 수를 줄임으로써 더욱 구에 가까운 형태로 만들기 위한 결과라 한다. 이후에도 면의 수를 줄여 2010년 공인구인 '자블라니'는 8조각, 2014년 공인구인 '브라주카'와 2018년 공인구인 '텔스타18'은 6조각으로 제작되었다.

축구공 텔스타(Telstar)

전개도 오리고 접히는 부분 접기.

테이프를 이용해 전개도 붙이면 완성.

우리 모두 즐기는 **다함께 체험수학**

동남아의 인기스포츠
세팍타크로 공 만들기

체험시간 30분

체험난도 ★★★☆☆

준비물 노끈(40cm) 6개 + 클립 5개 + 글루건 + 자 + 볼펜 = 준비 완료^-^

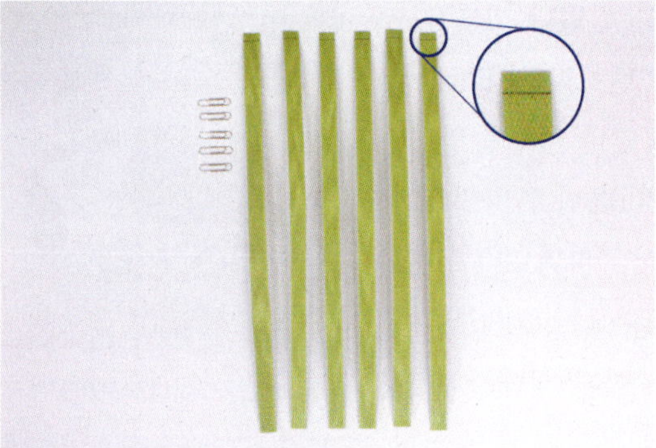

40cm 노끈 6개 준비. 각 노끈 끝에 1cm 선 긋기.

노끈 2개를 십자 형태로 배열하기. 가로로 놓이는 노끈이 위로 가게 놓기.

2개의 노끈을 추가. 노끈이 겹쳐지는 부분에 위에 있는 노끈과 아래 있는 노끈을 그림과 같게 놓기.

1개의 노끈을 더 추가해 별 모양으로 만들기. 각 노끈은 다른 노끈들의 위, 아래를 반복해 지나도록 하기.

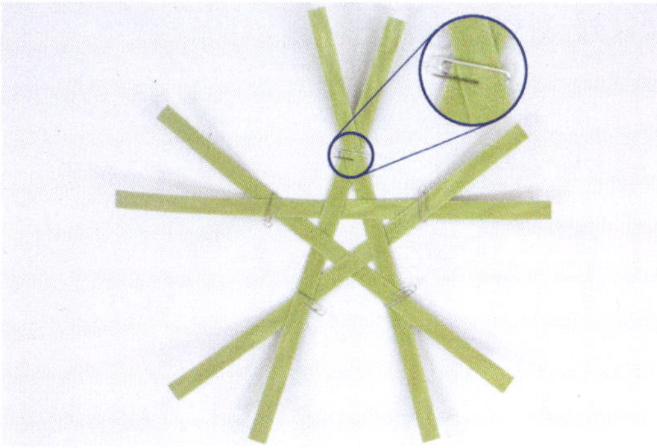

노끈이 겹치는 별의 꼭짓점 부분 다섯 군데를 클립으로 고정.

글루건을 이용해 노끈 한 개를 동그랗게 감아 원형으로 만들기.

원형인 노끈을 별 모양 위에 올리고 클립으로 고정된 부분의 노끈 중 아래 노끈을 원형 노끈 안쪽에 넣기.

별 모양에 고정된 클립 빼기. 그 후 그림처럼 원형 노끈 위쪽의 노끈을 엇갈리게 만들고 클립으로 고정.

노끈의 길이를 조정하고 미리 그려 놓은 선에 맞게 글루건을 이용해 같은 노끈끼리 연결.

한 노끈이 다른 노끈들의 위, 아래를 반복해서 지나가도록 연결하기. 모두 연결하면 완성.

노끈으로 만든 세팍타크로 공은 제법 튼튼한 편이기 때문에 세게 던지지만 않으면 공처럼 가지고 놀 수 있다.

우리 모두 즐기는 **다함께 체험수학**

골드버그 다면체
10개의 끈으로 공 만들기

체험시간 60분

체험난도 ★★★★☆

준비물 서로 다른 색의 A4용지 2장 + 클립 5개 + 가위 + 양면테이프 = 준비 완료^-^

10개의 끈으로 제작되는 이 입체는 세팍타크로의 공과 같이 골드버그 다면체이다. 골드버그 다면체는 수학자인 마이클 골드버그(Michael Goldberg)가 1937년에 처음 고안한 다면체이다. 골드버그 다면체는 무수히 많이 존재하는데 이 각각을 기호로 표현할 수 있다. 임의의 골드버그 다면체에 대해 한 오각형 위에 체스말이 있다 하자. 이 체스말이 면을 따라 한쪽 방향으로 m만큼 움직인 후, 왼쪽으로 $60°$로 방향을 바꿔 n만큼 이동할 때 이웃하는 다른 오각형에 위치하게 되면 이 골드버그 다면체를 $G(m,n)$으로 표현한다.

이번에 제작하려는 10개의 끈으로 만드는 공은 아래쪽 그림의 골드버그 다면체 $G(3,0)$에 해당한다. 그림을 보면 한 오각형에서 한쪽 방향으로 3칸 이동하면 이웃하는 다른 오각형에 위치함을 알 수 있다. 골드버그 다면체 $G(3,0)$은 180개의 꼭짓점과 270개의 모서리 그리고 92개의 면으로 되어 있다. 이 중에서 오각형은 12개이고 육각형은 80개다.

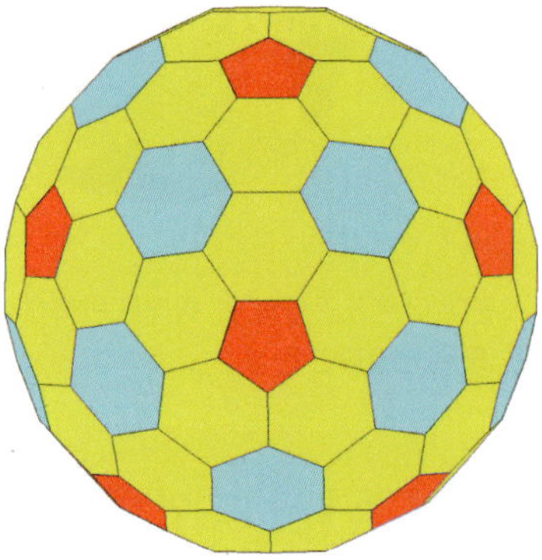

골드버그 다면체 $G(3,0)$과 10개의 끈으로 만든 공

두 색지를 21mm × 297mm의 크기로 5장씩 자르기.

자른 종이를 그림처럼 삼등분하여 접어 7mm × 297mm인 종이띠 10장 만들기.

7mm × 297mm인 종이띠 10장을 만든 모습.

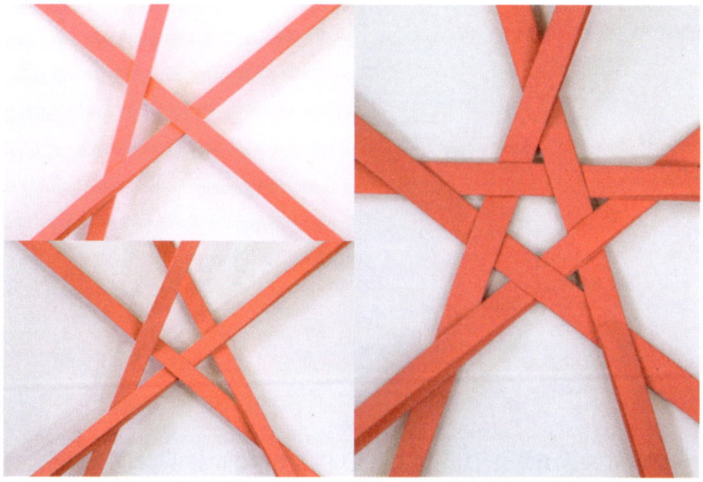

그림처럼 빨간색 종이띠를 별 모양으로 만들기. 서로 위아래가 엇갈리게 지나가도록 만들기.

그림처럼 분홍색 종이띠를 오각형 모양으로 만들기.

Check **Point**

제작 과정에서 중요한 것은 끈들이 서로 어떻게 엇갈리며 지나가는지이다. 이를 잘 맞추지 않으면 완성했을 때 완전한 모양을 갖추기 힘들다. 그리고 서로 엇갈리는 모습을 보면 한 선이 다른 선을 지날 때, 위로 지나가기와 아래로 지나가기를 반복한다는 점을 알 수 있다. 이 점만 잘 파악하고 있다면 복잡해 보이는 상황에서도 헷갈리지 않고 완성할 수 있다.

그림처럼 클립으로 고정.

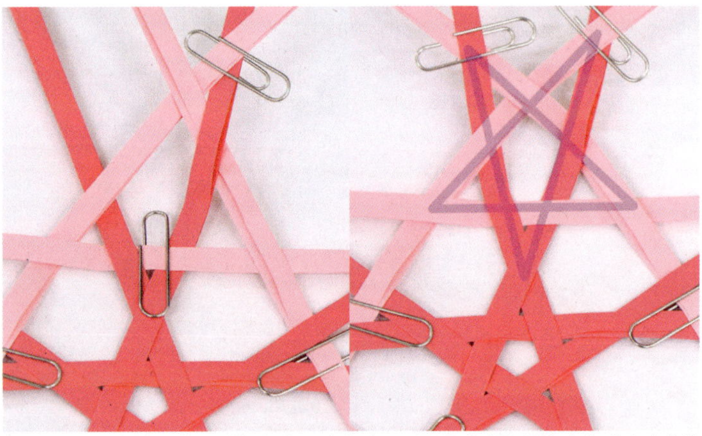

빨간색 별 모양 위쪽에 그림처럼 별 모양이 나오도록 종이띠를 엇갈리게 지나가게 하고 클립으로 고정.

빨간색 별 모양 주변의 다른 네 군데에도 모두 앞의 과정을 반복하기.

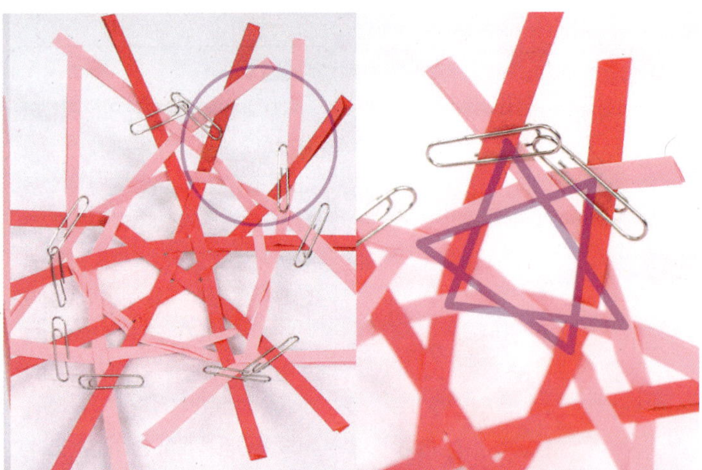

왼쪽의 보라색 원 부분을 오른쪽처럼 육각형 별 모양으로 종이띠를 엇갈리게 지나가게 하고 클립으로 고정.

나머지도 네 군데도 모두 앞의 과정을 반복.

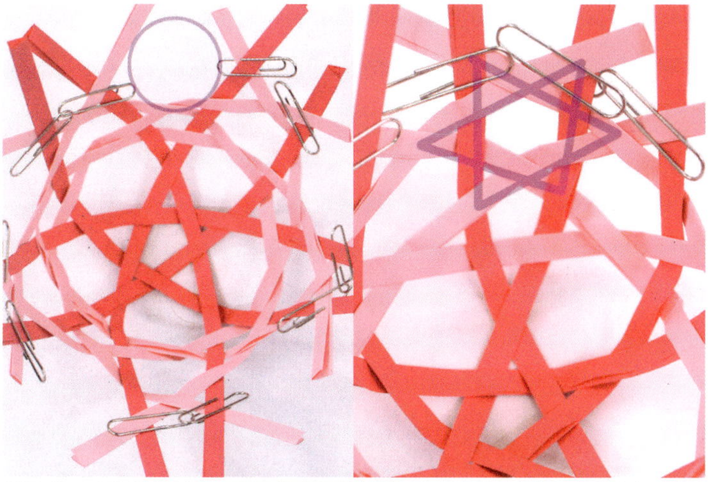

왼쪽의 보라색 원 부분을 오른쪽처럼 육각형 별 모양으로 종이띠를 엇갈리게 지나가게 하고 클립으로 고정.

나머지도 네 군데도 모두 앞의 과정을 반복.

클립을 제거하며 양면테이프를 이용해 분홍색 띠의 양 끝을 서로 연결.

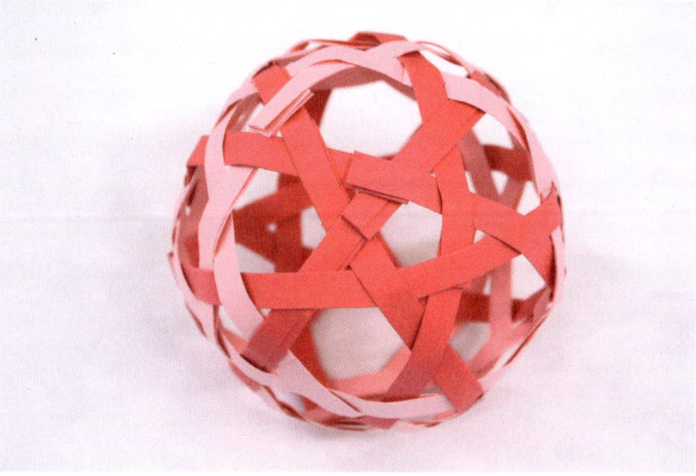

양면테이프를 이용해 빨간색 띠도 서로 엇갈리게 연결하면 완성.

Chapter
10

하늘에서 온 편지
눈송이

어떤 체험을 할까요?

1 **하늘에서 온 편지, 종이접기로 만드는 눈송이**
2 **대칭의 아름다움, 눈송이 열쇠고리 만들기**

01

눈송이는 왜 육각회전 대칭인가?

눈송이를 보고 있으면 그 아찔한 아름다움에 다시 한번 자연에 대한 경외감을 느끼게 된다. 이런 눈송이는 많은 학자를 매료시켰고 천문학자인 요하네스 케플러(Johannes Kepler)도 그중의 한 명이었다. 그는 1611년 〈6각 눈송이〉라는 소논문을 작성했다고 한다. 그가 그 논문을 통해 알아보고자 한 것은 눈송이가 왜 육각 대칭인가 하는 점이다. 대학자 역시 눈송이의 육각 대칭성이 궁금했던 것이다.

그렇다면 왜 눈송이는 육각 대칭일까? 이 점에 대해서 이해하려면 눈송이의 성장 과정을 살펴봐야 한다. 눈결정이 만들어지기 위한 첫 단계는 바로 빙정이 만들어지는 것이다. (학문적인 관점에서 눈송이와 눈결정은 서로 구별되나 여기서는 구별 없이 사용하도록 한다.) 빙정은 공기 중의 수증기가 물의 상태를 거치지 않고 바로 얼음 알갱이가 된 경우를 말한다. 빙정이 생성될 때, 빙정의 중심이 되는 고체 입자가 존재하면 빙정이 더 잘 생성된다. 이를 빙정핵이라 하는데 보통 공기 중의 미세 모래, 점토, 화산재 등이 이 역할을 한다. 이런 빙정의 모양은 여러 가지가 있지만 보통 육각기둥이다. 빙정이 성장해서 눈결정이 된다는 점을 생각하면 육각기둥인 이 빙정의 형태가 눈결정이 육각 대칭이 되는 핵심적 이유라고 생각할 수 있다.

그렇다면 빙정은 왜 육각기둥 모양으로 생길까? 이는 물 분자의 결합 방식과 관련이 깊다. 물 분자는 2개의 수소 원자와 1개의 산소 원자가 공유 결합이란 방식으로 결합하여 생긴다. **공유 결합**이란 원자들이 갖고 있는 전자를 서로 공유하여 결합하는 방식이다. 이때, 전자들 간의 반발력으로 인해 물 분자는 '굽은 구조'를 갖게 되고 수소 원자와 산

그림1

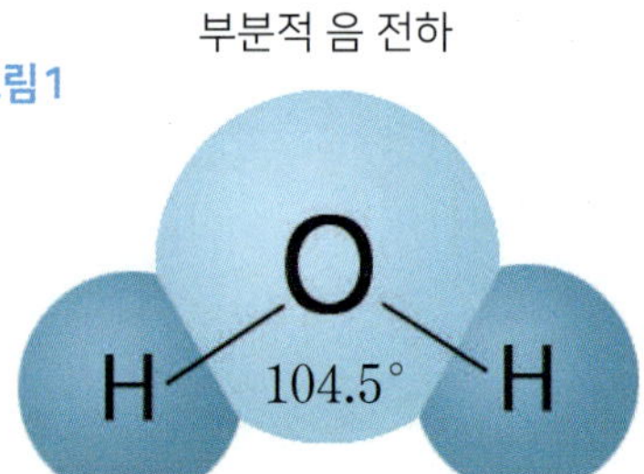

소 원자가 약 104.5°의 각도로 결합하게 된다. 그런데 산소 원자는 수소 원자보다 전자를 끌어당기는 힘이 더 크다. 이런 이유로 산소 원자 쪽은 부분적으로 음 전하를 띠게 되고 수소 원자 쪽은 부분적으로 양 전하를 띠게 된다.

물 분자에서 음 전하를 띠게 된 산소 원자는 다른 물 분자의 양 전하를 띠게 된 수소 원자를 끌어당기는 힘을 갖게 되고 이로 인해 물 분자 사이의 결합은 일반적인 분자 결합보다 더 강하게 이루어진다. 이를 수소 결합이라 한다. **수소 결합**은 전자를 끌어당기는 힘이 강한 F, O, N과 같은 원자와 수소 원자 사이의 정전기적 인력에 의해 생긴 결합이다. 모든 물 분자가 수소 결합을 하게 되면 얼음 결정이 만들어지기 시작한다. 물 분자의 굽은 구조와 음 전하를 띠는 산소 원자, 양 전하를 띠는 수소 원자로 인해 얼음 결정은 그림2와 같은 '주름진' 6각형의 형태로 결합된다. 물 분자의 이런 질서 정연한 결합은 빙정이 육각기둥으로 형성되는 토대가 된다.

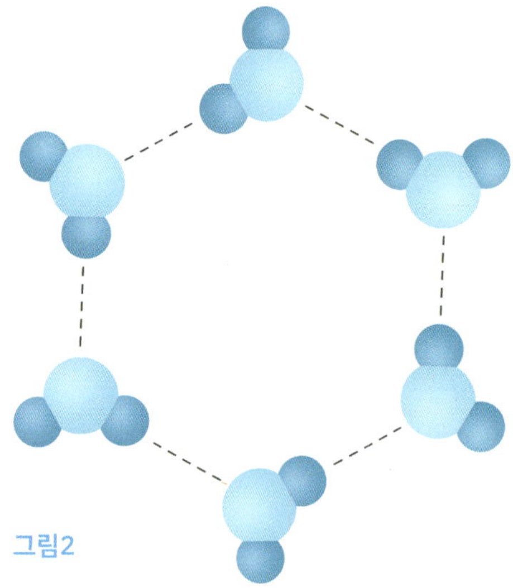

그림2

수만, 수억, 수조 개를 넘어 그 이상의 분자들이 빙정핵을 중심으로 수소 결합을 반복하며 빙정이 만들어지기 시작할 것이다. 처음 시작은 무작위로 일어나겠지만, 배열은 규칙적이다. 육각형의 연결 형태가 상하좌우로 반복되며 사방으로 뻗어갈 것이다. 하지만 분자들의 육각형 연결 구조의 크기와 빙정의 크기를 비교하면 탁구공의 크기와 지구의 크기만큼이나 간극이 크다. 물 분자의 수소 결합으로 생긴 육각형의 구조가 빙정의 형태를 결정하는 핵심적 이유이긴 하지만 이 형태가 반복해서 나타나 육각기둥의 빙정이 된다고 말하는 것은 충분하지 않다. 여기서 우리는 궁금증이 생긴다. 어떻게 극미한 세계의 물 분자 결합이 훨씬 더 거대한 빙정의 모양을 결정할 수 있는 것인가?

빙정핵을 중심으로 물 분자의 수소 결합이 반복되며 빙정이 만들어질 때 주변의 물 분자들이 빠르게 달라붙어 점점 빙정의 형태가 만들어진다. 이때, 물 분자들의 결합으로 형태가 비교적 안정적인 부분은 천천히 성장하지만 불안정한 부분은 빠르게 성장하며 안정적인 형태를 유지하려고 한다. 전체적으로 점점 안정되면 곧 천천히 성장하는 부분만 남게 되고 결정의 모양이 나타나게 된다. 그림3과 같은 빙정의 형태는 분자의 구조, 분자 간의 결합, 주변의 환경 등 여러 변인의 상호작용의 결과물이다. 육각기둥인 빙정의 모양은 이렇게 만들어진다.

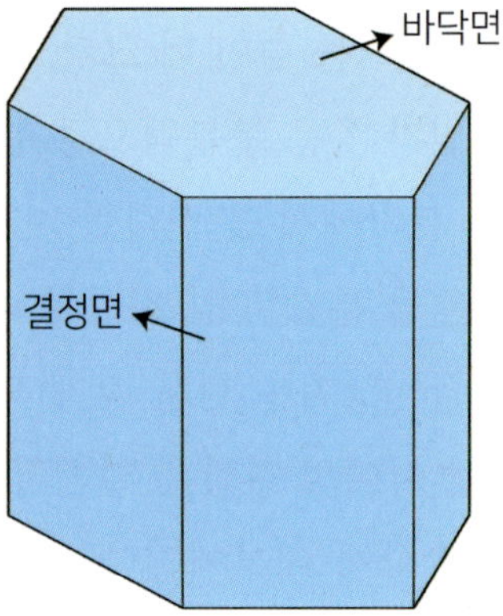

그림3

이런 빙정은 적당한 환경을 만나면 구름 속이나 대기 중을 떠돌며 눈 결정으로 성장한다. 빙정이 어떤 환경에서 어떤 경로로 대기 중을 여행하느냐에 따라 다양한 눈결정이 만들어지게 된다. 어떤 눈결정은 빙정의 육각기둥의 형태를 유지하며 성장하지만, 어떤 눈결정은 상당히 화려하고 복잡한 형태로 성장

그림4

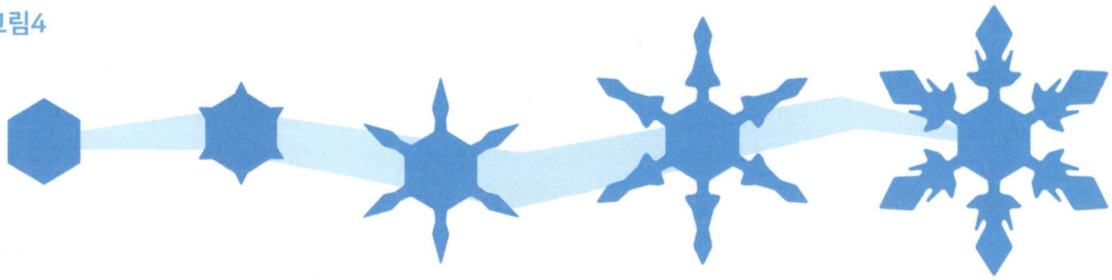

한다.

눈송이의 성장 과정 중 놀라운 점 한 가지는 상당히 복잡한 형태로 성장하는 경우에도 육각 대칭성이 유지된다는 점이다. 작은 기포 하나, 미세한 무늬 하나도 정확하게 대칭을 이루며 성장하는 눈결정도 있다. 서로 어떤 정보를 주고받지 않고 각 부분이 독립적으로 성장함에도 대칭성이 유지된다. 신비한 일이다. 또 다른 놀라운 점은 다양한 종류의 결정이 상당히 창의적이고 아름다운 형태로 존재한다는 것이다. 그 어떤 예술 작가 못지않은 실력을 뽐내며 말이다. 어떻게 이토록 다양한 형태의 결정이 만들어지는 것일까? 감탄을 자아낼 만큼 창의적이고 정교한 패턴이 나타나는 이유는 무엇일까? 단순히 자연의 신비라고 여기기엔 그 이면에 존재하는 근본적인 원리에 대한 호기심이 생긴다. 눈송이 과학자라 불리는 나카야 우키치로(Nakaya Ukichiro)도 이런 점을 진심으로 궁금해한 사람 중 한 명이

었다. 그의 열정적이고 체계적인 연구 덕분에 그 이면의 신비가 대부분 드러났다.

그림5 나카야 우키치로

나카야는 눈송이를 연구하며 눈송이의 종류를 분류하는 동시에 인공적인 눈을 만들고자 했다. 통제된 환경 속에서 눈송이를 만들어 눈송이의 특징과 성질을 알아보고자 한 것이다. 하지만 그는 이내 큰 어려움에 부딪힌다. 연구실은 눈송이가 성장할 수 있는 환경이 아니었던 것이다. 눈송이는 거의 무한과 같은 공간인 대기 중을 자유롭게 떠다니며 성장하게 된다. 하지만 연구실이라는 제한된 공간에서 눈송이는 충분히 여행할 수 없었던 것이다. 나카야는 공기 중에 있는 시간을 늘리기 위해 실과 같은 얇은 줄에 눈송이를 걸어 놓는 방법을 생각해 낸다. 하지만 또 다른 문제가 발생했다. 서리가 줄을 덮어 눈송이가 자연처럼 성장하지 않았던 것이다. 나카야는 포기하지 않고 다양한 줄을 시도해 보았다. 명주실, 무명실, 철사 등으로 말이다. 심지어 거미줄로도 시도했다. 수많은 실패를 반복하던 나카야는 1936년 세계 최초로 인공눈을 만드는 데 성공하게 된다. 바로 토끼털을 사용해서 말이다. 토끼털의 천연 지방 성분은 털에 서리가 끼는 것을 막아주었다.

나카야는 다양한 환경을 조성하여 인공 눈송이를 만들었다. 그는 그 과정을 통해 눈송이 성장에 온도와 습도가 큰 영향을 미친다는 사실을 알게 되었다. 나카야의 연구에 따르면 온도는 눈송이가 판형인지 기둥형인지에 영향을 주고, 습도는 눈송이 형태의 복잡성에 영향을 준다. 온도가 내려감에 따라 얇은 판형과 기둥형이 반복해서 나타나고, 특히, −25°C 이하일 때는 두 형태가 같이 나타난다. 습도가 높아지면 눈송이 형태의 복잡성도 커진다. 습도가 구름 속만큼이나 높은 경우엔 기둥형은 얇은 바늘 형태가 여러 개 붙은 형태로 나타나거나 속이 빈 형태로 나타나고, 얇은 판형은 6개의 방향으로 가지를 뻗으며 복잡하고 화려한 형태로 나타난다.

그의 연구는 눈송이의 형태가 상당히 복잡한 경우에도 왜 6각 대칭성이 유지되는지도 설명해 주었다. 육각기둥 형태의 빙정은 대기 중을 떠다니며 적당한 환경을 만났을 때 눈송

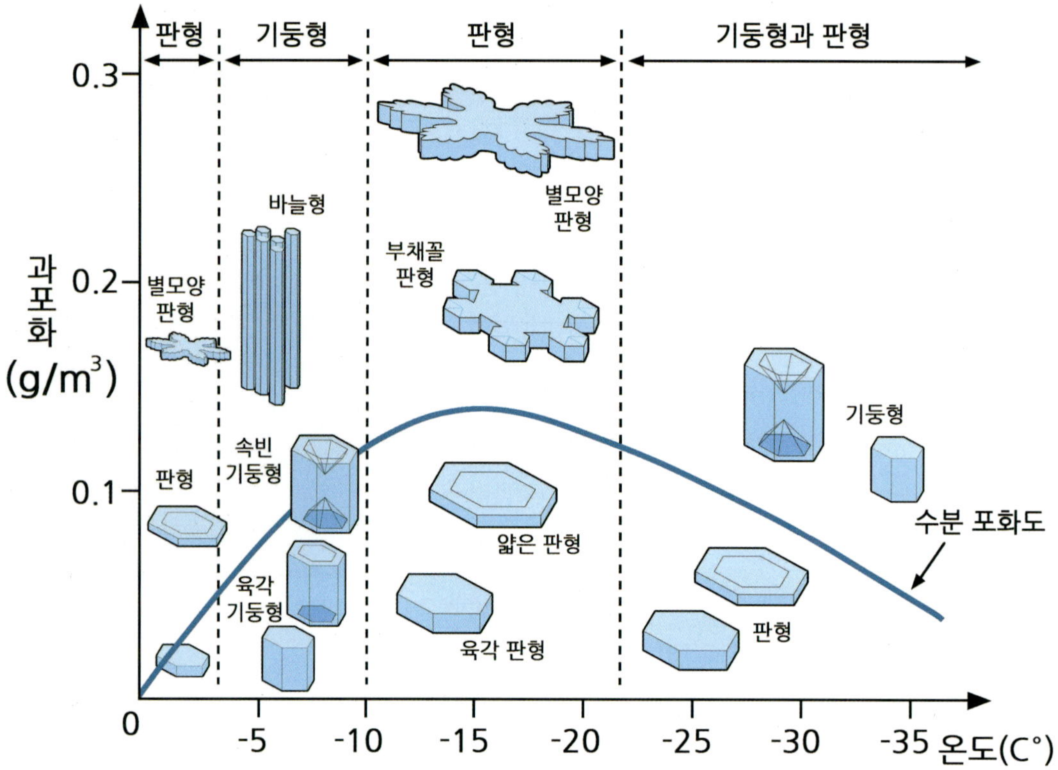

그림6 온도와 과포화에 따른 눈송이 성장 그래프

이로 성장한다. 이때, 대기 중의 온도와 습도에 따라 눈송이의 형태가 결정된다. 이 성장하는 눈송이는 끊임없이 대기 중을 돌아다니며 여행할 것이다. 그리고 그때 눈송이 주변의 온도와 습도는 시시각각 변할 것이다. 눈송이들은 서로 다른 경로와 서로 다른 환경(온도와 습도)에 노출되기에 각자의 개성을 갖고 다양한 형태로 성장한다. 하지만 눈송이의 6개의 가지는 거의 똑같은 경로와 환경에 노출되게 된다. 따라서 각자 독립적으로 성장하지만 거의 비슷한 모양으로 성장하게 된다. 눈송이가 어느 정도 성장하면 무거워질 것이고 땅으로 내려올 것이다. 수많은 눈송이가 서로 다른 모습으로 육각 대칭성을 유지하며 말이다. 그야말로 장관이다.

나카야는 눈송이를 하늘이 보내준 편지라고 하였다. 이 하늘이 보내준 편지를 직접 볼 수 있다면 그 아름다움이 더 크게 와닿을 것이다. 그리고 누구나 마음만 먹으면 눈송이를 직접 관찰할 수 있다. 이때 필요한 것은 돋보기와 약간의 인내심뿐이다. 눈송이와 마주한 그 순간을 상상해 보라. 반짝이는 눈송이가 우아한 패턴을 자랑하며 수줍게 인사할 것이다.

02

다양한 눈 결정의 모습

눈 결정의 구조와 형태에 대해 구체적으로 기술한 최초의 사람은 바로 수학자 데카르트(Descartes)이다. 그는 자기 저서인 《기상학》에서 맨눈으로 관찰한 눈 결정의 모습에 대해 상세히 묘사했다. 그리고 그 후에도 많은 사람이 눈결정을 관찰하고 기록과 저서를 남겼다. 영국의 과학자인 로버트 후크는 1665년에 출간된 그의 책 《마이크로그라피아》에서 현미경으로 관찰한 눈 결정의 모습을 스케치하였다. 영국의 탐험가인 윌리엄 스코어스비는 1820년에 출간한 그의 저서 《북반구 고래 사냥의 역사와 현황을 포함한 북극 지방 보고서》에서 북극을 탐사하며 관찰한 눈결정의 미세한 부분까지 묘사한 스케치를 실었다. 눈송이 예술가인 프랜시스 놀턴 치커링(Mrs. Frances E. Chickering)은 1864년 출판된 그녀의 저서 《구름 결정 눈송이 앨범》에서 다양한 눈 결정의 형태를 소개했다. 그녀는 겨울 동안 눈 결정을 관찰하고 그 형태를 재빨리 종이를 오려서 만들었다고 한다.

눈 결정에 대해 이야기할 때 빼놓을 수 없는 사람은 바로 미국 버몬터주에 살았던 농부 윌슨 벤틀리(Wilson Bentley)이다. 그는 최초의 눈송이 사진작가로 알려져 있다. 그는 눈 결정 사진을 찍기 위해 현미경에 카메라를 단 장치를 직접 만들었고 1885년 첫 촬영에 성공했다. 그는 평생에 걸쳐 눈송이 사진을 찍었으며 5000점이 넘는 작품을 남겼다.

그림7 윌슨 벤틀리

그는 1931년에 눈 결정에 대한 기념비적인 책인 《눈 결정(Snow Cristals)》을 출판하였다. 이 책에는 약 2500점의 눈 결정 사진이 실려 있다. 벤틀리는 눈 결정을 '아름다움의 작은 기적(Tiny Miracles of Beauty)' 또는 '얼음

꽃(Ice Flowers)'이라고 묘사했다고 한다. 평생에 걸쳐 눈송이에 열정을 쏟은 벤틀리는《눈 결정》을 출판하고 몇 주 뒤에 세상을 떠났다. 그가 남긴 눈송이 사진 원판은 현재 버팔로 과학 박물관에 소장되어 있다. 그림 8은 그가 찍은 눈결정 사진이다.

그림8 윌슨 벤틀리의 눈 결정 사진

연구가들은 눈송이를 관찰하며 그 형태에 따라 분류를 시도했다. 여러 연구가와 학자들에 의한 이런 시도는 점점 체계를 갖추기 시작했다. 토끼털을 이용해 세계 최초로 인공 눈을 만든 일본의 과학자인 나카야 우키치로는 세키로 야타로와 함께 1938년에 눈 결정을 21가지로 분류하였다. 이후 나카야 우키치로는 이를 발전시켜 41가지로 새롭게 분류하였다. 이 분류는 다시 C. 메거노와 C.W. 리에 의해 80가지로 확대 정리되었다. 최근에는 8가지의 대분류, 39가지의 중분류, 121가지의 소분류로 나누고 있다. 8개의 대분류에는 기둥형 결정, 평면형 결정, 기둥과 평면의 조합형 결정, 눈 결정의 집합형 결정, 서리형 결정, 싸눈형 결정, 무정형 결정, 강수 입자형 결정이 있다. 우리가 일반적으로 생각하는 눈

결정은 이 중에서 주로 평면형 결정에 해당한다. 대분류에 의해 나눠지는 8가지 형태는 다음과 같은 특징이 있다.

그림9

기둥형 결정
기둥형 결정은 긴 육각기둥 형태의 결정으로 바늘처럼 뾰족한 형태, 속이 빈 형태, 피라미드 형태, 총알 형태 등이 있다.

평면형 결정
평면형 결정은 얇은 평면 모양의 결정으로 단순 육각 판형, 별 모양, 부채꼴 모양, 가지를 뻗은 모양 등이 있다.

기둥과 평면의 조합형 결정
기둥과 평면의 조합형 결정은 기둥형 결정과 평면형 결정이 결합하여 생긴 결정이다. 8가지 대분류 중 가장 많은 형태가 있다.

그림10

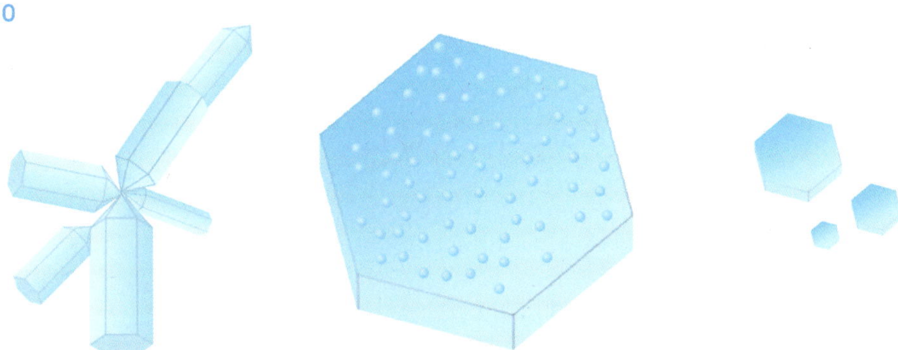

눈 결정의 집합형 결정
눈 결정의 집합형 결정은 많은 수의 눈결정이 하나의 큰 덩어리로 결합하여 생긴 결정이다. 121가지 중 3가지 형태가 있다.

서리형 결정
서리형 결정은 눈 결정이 물방울로 된 구름을 통과하며 생긴 결정으로 결정의 많은 부분이 작은 물방울 형태이다.

씨눈형 결정
씨눈형 결정은 크기가 $0.1mm$ 이하인 극미한 얼음 결정이다. 먼지만큼 작은 이 결정은 단순 육각형이나 단순 입체의 모양이다.

그림11

무정형 결정

무정형 결정은 지면에 쌓인 눈에 강한 바람이 불어서 생긴 입자처럼 된 결정이다. 보통 작은 얼음알갱이나 깨진 눈 결정이 뭉쳐 있는 형태이다.

강수 입자형 결정

구름입자, 눈송이, 빗방울 등이 얼어서 생긴 결정으로 주로 구형의 얼음결정이다. 진눈깨비, 우박 등이 이에 속한다.

우리 모두 즐기는 **다함께 체험수학**

하늘에서 온 편지
종이접기로 만드는 눈송이

체험시간 20분

체험난도 ★☆☆☆☆

준비물 색종이 + 가위 = 준비 완료^-^

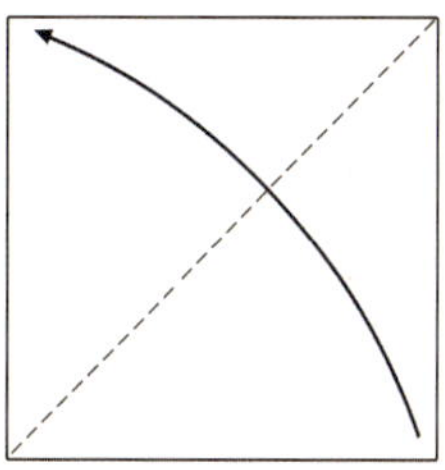

1. 정사각형 종이를 그림처럼 반으로 접기.

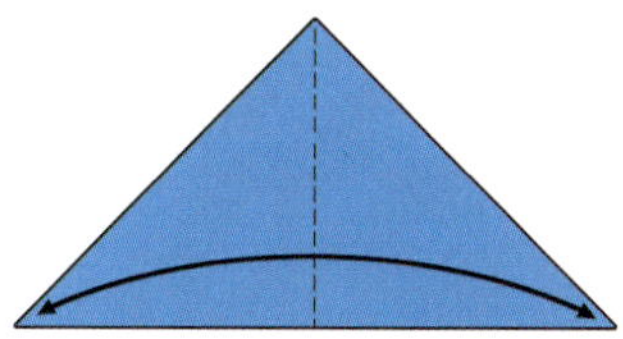

2. 종이를 그림처럼 반으로 접었다 펴기.

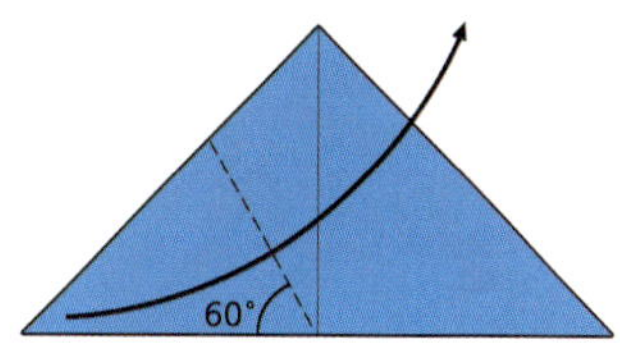

3. 그림처럼 60°로 종이접기(각도기를 사용하면 좀 더 정확하게 접을 수 있다).

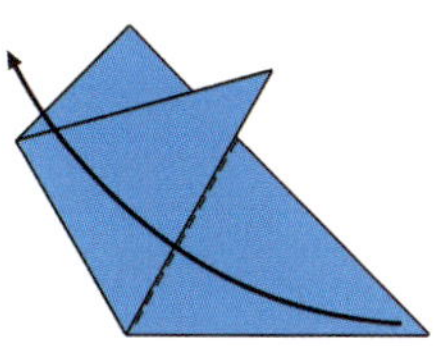

4. 반대쪽도 60°로 종이접기.

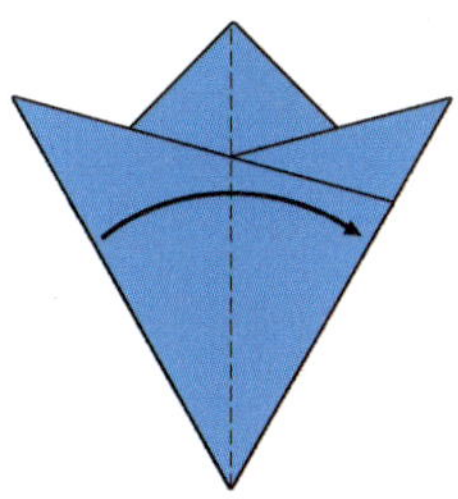

5. 그림처럼 반으로 종이접기.

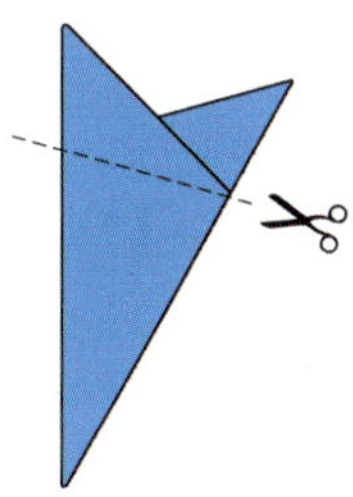

6. 점선에 맞춰 자르기.

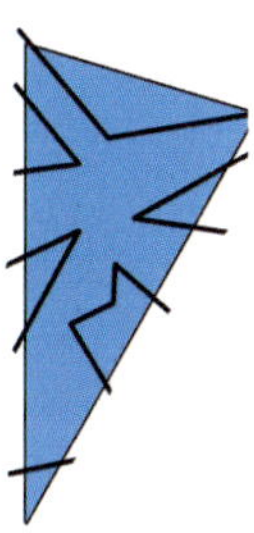

7. 원하는 형태로 자르기.

8. 자른 모습.

9. 종이를 펼치면 눈송이 완성.

종이접기로 만드는 눈송이는 만드는 방법이 간단할 뿐 아니라 자신만의 눈송이를 만든다는 점에서 창의력을 발휘하기에 좋다. 좀 더 정교한 눈송이를 만들기를 원한다면 앞의 제작 과정 중 7번 단계에서 연필 등을 이용해 종이 위에 도안을 그리고 오리면 된다. 아래는 학생 작품이다.

다음은 다양한 눈송이 디자인이다. 눈송이 만들기의 가장 큰 장점은 자신만의 눈송이를 디자인할 수 있다는 점이다. 이 자료는 제작 시에 참고만 하길 바란다.

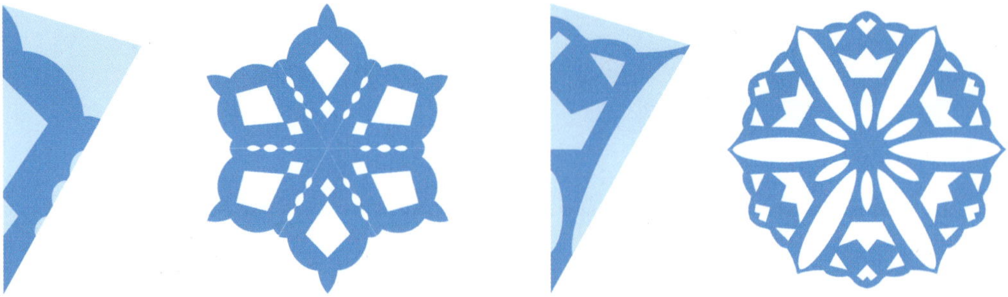

이렇게 만든 눈송이는 여러 가지 용도로 사용할 수 있다. 창가에만 붙여놔도 분위기 있고 멋진 장식이 된다. 혹은 코팅을 해서 책갈피로 사용할 수도 있다. 아래는 다양하게 사용하는 모습이다.

눈송이를 창가에 붙인 모습

코팅 후 책갈피로 사용하는 모습

천장에 달아 모빌로 사용하는 모습

사물함 이름표로 사용하는 모습

이 외에도 상상력만 발휘한다면 다양한 상황에 멋지게 사용할 수 있다. 자신만의 창의력으로 다양한 곳에 활용해 보자.

우리 모두 즐기는 **다함께 체험수학**

대칭의 아름다움
눈송이 열쇠고리 만들기

체험시간 60분

체험난도 ★★★☆☆

준비물 반투명 슈링클스 + 종이 + 오븐 + 공구(가위, 평집게, 연필, 지우개) + 열쇠고리 부자재
= 준비 완료^-^

하늘에서 내리는 눈송이 중 똑같은 모양은 하나도 없다. 모든 눈송이는 대기 중을 여행하며 자신만의 모양과 형태로 성장한다. 눈 결정의 형태가 그 눈송이의 여행에 대한 기록이다. 미국의 자연주의 작가인 헨리 데이비드 소로우드는 눈송이의 아름다움을 예찬하며 다음과 같은 말을 남겼다.

이런 결정을 만들어 낼 수 있다니. 대기란 얼마나 창조성으로 가득한가! 진짜 별들이 떨어져 나의 외투에 내려앉았다 해도 이처럼 놀라울 수는 없을 것이다.

이제 대기처럼 나의 창의성을 발휘할 시간이다. 눈송이 열쇠고리를 만드는 데는 슈링클스라는 종이를 사용한다. 슈링클스는 영국 Wizard toys사에서 만든 교구로, 실제로는 종이가 아닌 얇은 플라스틱이다. 슈링클스를 오븐에 구우면 살아있는 것처럼 오그라들다가 다시 평평하게 펴지게 된다. 그리고 크기는 1/7로 작아지고 두께는 7배인 플라스틱이 된다.

종이접기로 눈송이 만들기.

만든 눈송이 위에 반투명 슈링클스를 둔후 눈송이 모양에 맞게 슈링클스에 연필로 눈송이 라인 그리기.

슈링클스에 그린 모습.

가위와 커터칼을 이용해 눈송이 모양에 맞춰 슈링클스를 오린 후, 연필 자국 지우기. 위는 오린 모습.

오븐에서 200~250도로 슈링클스 굽기. 모양이 오그라들다가 다시 평평하게 펴지면 오븐에서 빼기.

다 구워지면 크기가 처음의 1/7로 작아지고 두께가 7배인 플라스틱이 됨. 크기를 비교한 모습.

오븐에 구운 후의 모습.

눈송이를 열쇠고리 부자재에 연결하면 완성.

슈링클스로 눈송이 열쇠고리를 만들고자 할 때, 종이로 만든 눈송이의 모양이 너무 복잡하면 슈링클스에 그려서 오리는 데 시간이 오래 걸릴 수 있다. 따라서 이를 고려할 필요가 있다. 열쇠고리와 연결할 부분은 펀치를 이용해서 뚫어도 된다.

Chapter 11

아무것도 믿지 마
착시도형

어떤 체험을 할까요?

1 **대표적인 불가능한 도형, 펜로즈 삼각형 만들기**
2 **나만의 불가능한 도형 그리기**
3 **스기하라의 거울 착시도형 만들기**
4 **나만의 거울 착시도형 만들기**

01

착시란?

착시(Optical Illusion)란 시각 자극을 인지하는 과정에서 다른 정보의 영향으로 생기는 원래의 사물에 대한 시각적인 착각을 말한다. 사실 외부 사물의 성질(크기, 형태, 색, 운동 등)과 눈으로 인지한 성질 사이에는 항상 어느 정도의 차이가 존재한다. 보통 이런 차이가 크게 일어날 때 이를 착시 현상이라 한다.

착시 현상에는 대표적으로 생리적 착시와 인지적 착시가 있다. **생리적 착시**란 사물의 이미지를 시각적으로 인지하는 과정에서 명암, 운동, 색상 등 특정 자극을 과도하게 수용하여 일어나는 착시를 말한다. 그림 1 의 '체커 그림자 착시'는 1995 년 MIT 시과학 교수인 에드워드 아델슨(Edward H. Adelson)이 소개한 착시로 생리적 착시의 대표적인 예이다. 두 이미지를 비교해 보면 체커보드 위의 A와 B가 서로 같은 색깔임에도 다른 색으로 인식된다는 것을 알 수 있다.

회전하는 뱀 착시도 생리적 착시의 한 종류이다. 일본의 심리학자 아키요시 키타오카

그림 1 체커 그림자 착시

그림2 회전하는 뱀 착시

(Akiyoshi Kitaoka)가 고안한 착시로 움직이지 않는 이미지임에도 계속 회전하는 듯한 착각을 일으킨다.

인지적 착시란 무의식적 추론에 의한 인지 과정에서 발생하는 착시로 19세기 생리학자이자 심리학자인 헤르만 폰 헬름홀츠(Hermann von Helmholtz)에 의해 처음 제기되었다. 인지적 착시의 종류에는 모호한 이미지에 의한 착시, 왜곡에 의한 착시, 패러독스 착시 등이 있다. 모호한 이미지에 의한 착시는 두 개의 서로 다른 이미지로 인식될 수 있는 이미지에 의한 착시로 대표적인 예는 미국의 만화가인 윌리엄 엘리 힐(William Ely Hill)이 1915년에 그린 작품 〈내 아내와 시어머니〉이다. 그는 미국의 한 유머 잡지에 '그 둘은 둘 다 이 그림에 있습니다 - 그들을 찾으십시오'라는 글과 함께 이 그림을 소개했다. (윌리엄 엘리 힐이 이 이미지를 처음 그린 것은 아니다. 이 이미지의 가장 오래된 버전은 1888년 독일

그림3 모호한 이미지 착시 : 왼쪽부터 시계방향으로 <내 아내와 시어머니>, <오리와 토끼>, <루빈의 잔>

의 엽서로 알려져 있다) 〈오리와 토끼〉, 〈루빈의 잔〉도 모호한 이미지에 의한 착시 작품의 대표적인 예이다.

왜곡에 의한 착시는 기하학적 착시라고도 하며 길이, 크기, 위치 등 기하학적 성질이 왜곡되어 보이는 착시이다. 주로 주변 이미지의 정보 때문에 실제와 다르게 보이는 착시를 말한다. 대표적으로는 뮐러-라이어 착시가 있다. 뮐러-라이어 착시는 독일의 사회학자

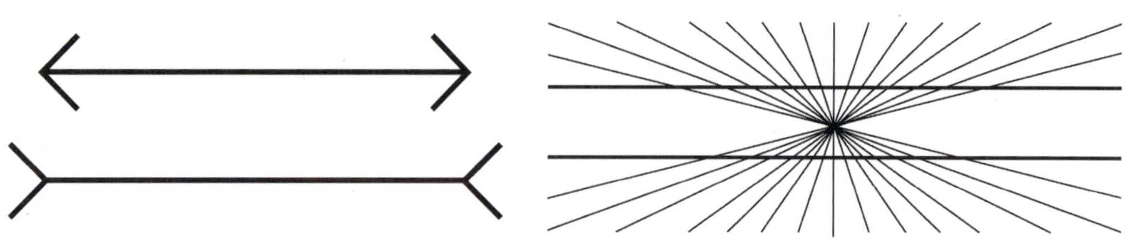

그림4 왜곡에 의한 착시 : 순서대로 <뮐러-라이어착시>, <헤링 착시>

뮐러-라이어(Müller-Lyer)가 1889년 고안한 착시로 길이가 같은 평행선이 그려져 있으나 좌우 꺾쇠로 인해 길이가 달라 보이는 착시이다. 또 다른 예로 헤링 착시가 있다. 헤링 착시는 평행한 직선이 바깥쪽으로 휜 것처럼 보이는 착시로 독일의 생리학자인 에발트 헤링(Ewald Hering)이 1861년에 고안했다.

패러독스 착시는 실제로 존재하지 않는 대상을 자연스럽게 받아들이는 착시로 인지적 오해에 의존하는 착시이다. 대표적으로 펜로즈의 삼각형이 있다. 1934년 스웨덴의 화가 오스카 레우테르스바드(Oscar Reutersvärd)가 처음 쓰기 시작했고, 1950년대에 영국의 수학자 로저 펜로즈(Roger Penrose)가 그와는 독립적으로 고안하여 널리 알렸다. 로저 펜로즈는 펜로즈의 삼각형을 '가장 순수한 형태의 불가능'이라고 소개하기도 했다. 펜로즈의 삼각형에서 영감을 얻은 판화가 M.C. 에셔는 자신의 작품 폭포(1961)에 이를 응용해 표현했다. 펜로즈의 삼각형과 같은 착시를 '불가능한 물체'라고도 하는데 3차원 도형으로 판단되는 2차원 도형으로 현실에서는 존재가 불가능한 도형이다. 불가능한 물체의 또 다른 예로 보로미안 고리와 불가능한 삼지창이 있다. 보로미안 고리는 세 원형 도형이 얽혀있는 형태이다. 하지만 세 도형이 원형을 유지한 채로 공간상에서 존재하는 것은 불가능하다. 불가능한 삼지창도 현실에 존재할 수 없다는 것을 쉽게 알 수 있다.

그림5 펜로즈의 삼각형

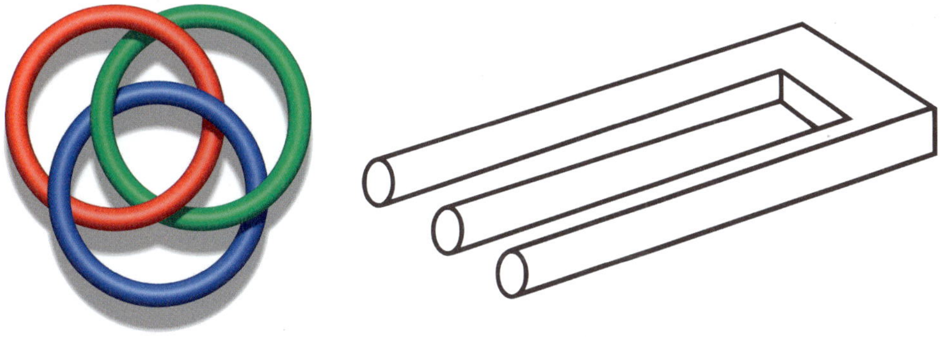

그림6 보로미안 고리(왼쪽)와 불가능한 삼지창(오른쪽)

02

스기하라 교수의 거울 착시도형

2005년에 시작된 세계 착시 대회(The Best Illusion of the Year Contest)는 인터넷 접속이 가능한 사람이라면 누구나 온라인으로 참여할 수 있는 대회이다. 대회에 참가하기 위해서는 1분 정도의 착시 영상을 제작해 제출하면 된다. 2016년 일본의 공학자인 코키치 스기하라(Kokichi Sugihara)는 애매모호한 원기둥 착시(Ambiguous Cylinder Illusion)라는 착시 작품을 제출해 2위를 차지했다. 이 착시 작품은 눈에 보이는 물체의 모양과 거울에 비친 물체의 모양이 서로 다르게 보이는 착시 작품이다. 대회 이후 이 작품은 각종 소셜 미디어에 공유되며 많은 사람에게 놀라움을 주었고 유튜브 영상은 800만 건 이상의 조회수를 기록했다.

어떻게 이런 착시가 가능할까? 그 원리에 대해 이해하기 위해서는 먼저 '사영'이라는 개념을 알아야 한다. 사영은 매우 오래된 수학 개념으로 지상의 물체에 생긴 그림자의 원리를 탐구하는 과정에서 발전한 개념이다. 이런 기초적인 탐구 과정에서 시작된 사영은 처음에는 기하학적 관점에서 연구가 진행됐고 점점 추상화되며 많은 수학 영역에 자리 잡게 됐다.

그림7 코키치 스기하라의 거울 착시를 이용해 만든 착시 작품

사영이란 개념이 그림자가 생기는 원리를 탐구하는 과정에서 발전했다고 말했듯 삼차원 공간상에서 **사영**이라 하면 어떤 도형에 빛을 비췄을 때 생기는 그림자로 이해할 수 있다. 이때, 빛이 어떻게 비치는지에 따라 여러 가지 사영을 생각할 수 있다. 이에 대해 알아보도록 하자.

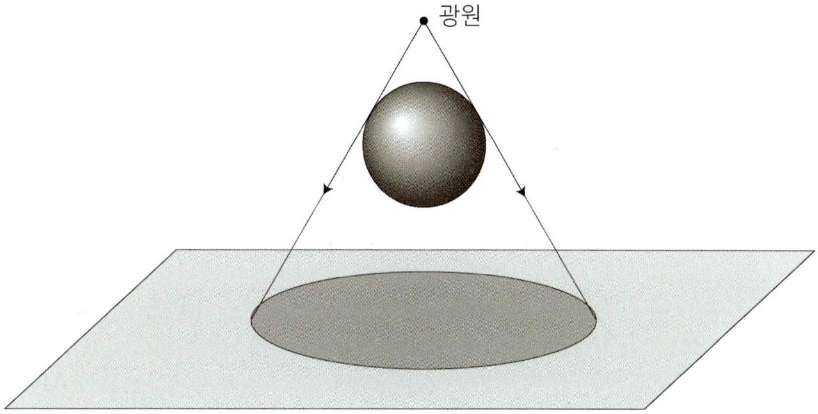

그림8 중심사영

첫 번째로는 **중심사영**이다. 중심사영은 공간상의 한 점(광원)에서 빛이 비췄을 때, 평면에 생기는 도형의 그림자라 할 수 있다. 기본적으로 빛은 직선으로 이동하므로 공간상의 한 점에서 구에 빛을 비춘다면 그림8과 같이 평면에 그림자가 나타난다는 것을 알 수 있다. 이때, 평면에 생긴 구의 그림자인 큰 원이 바로 구의 중심사영이다.

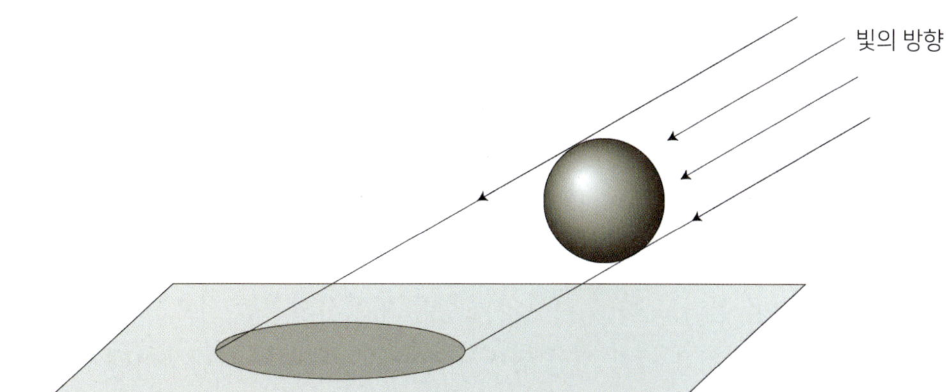

그림9 평행사영

또 다른 사영에는 평행사영이 있다. **평행사영**은 빛의 진행 방향이 서로 평행하게 진행할 때 평면에 생기는 도형의 그림자이다. 그림 9에서 평면의 그림자가 바로 구의 평행사영이다. 만약 빛의 진행 방향이 서로 평행하고 동시에 평면과 수직이면 이때 도형의 그림자를 **정사영**이라 한다. 따라서 정사영은 평행사영의 특별한 경우이다.

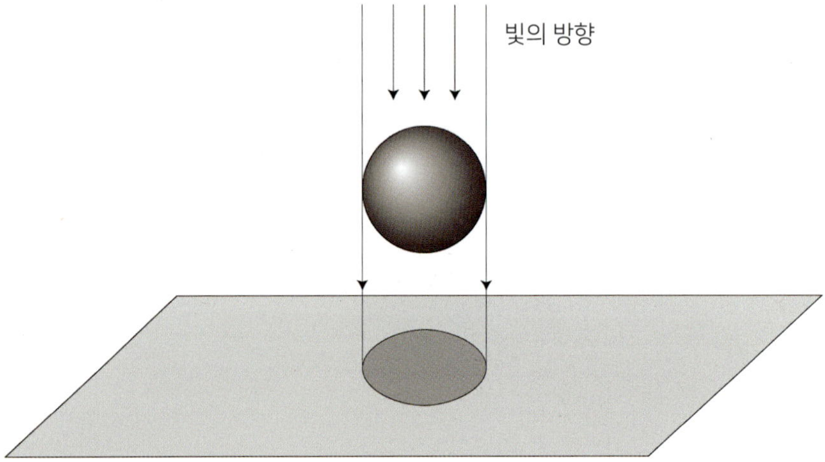

그림10 정사영

이제 사영이란 개념을 이용해 스기하라의 착시도형의 원리를 생각해 보자. 일단 기본적으로 스기하라의 착시를 관찰하기 위해서는 두 눈이 아닌 한쪽 눈으로만 봐야 한다는 것을 알아야 한다. (카메라로 촬영하는 것은 한쪽 눈으로 보는 것과 같은 효과가 있다.) 어떤 물체를 두 눈으로 볼 때, 두 눈 사이의 거리 차로 인해 두 눈에 맺히는 물체의 상에는 약간의 차이가 생기고 뇌에서 이를 해석하며 입체감과 거리감을 느끼게 된다. 하지만 한쪽 눈으로 보면 하나의 상만 해석하기 때문에 입체감과 거리감을 상대적으로 덜 느끼게 된다. 그리고 이렇게 한쪽 눈으로 볼 때 생기는 특징 중 하나는 서로 다른 대상이 같게 보일 수 있다는 것이다. 그리고 이것이 이 착시를 이해하는 시작이다. 그런데 다른 대상이 같게 보이는 것이 어떻게 가능할까?

그림 11 처럼 사각형을 본다고 하고 시선의 방향은 평행사영처럼 서로 평행하다고 하자. 빨간색 사각형의 네 꼭짓점을 각각 시선 위에서 적당히 움직이면 파란색이나 노란색 사각형을 만들 수 있다. (네 꼭짓점이 한 평면 위에 있지 않을 수 있다.) 한쪽 눈으로만 보기 때문에 이 세 개의 사각형은 서로 다른 사각형이지만 구별되지 않고 거의 같아 보인다. 다르

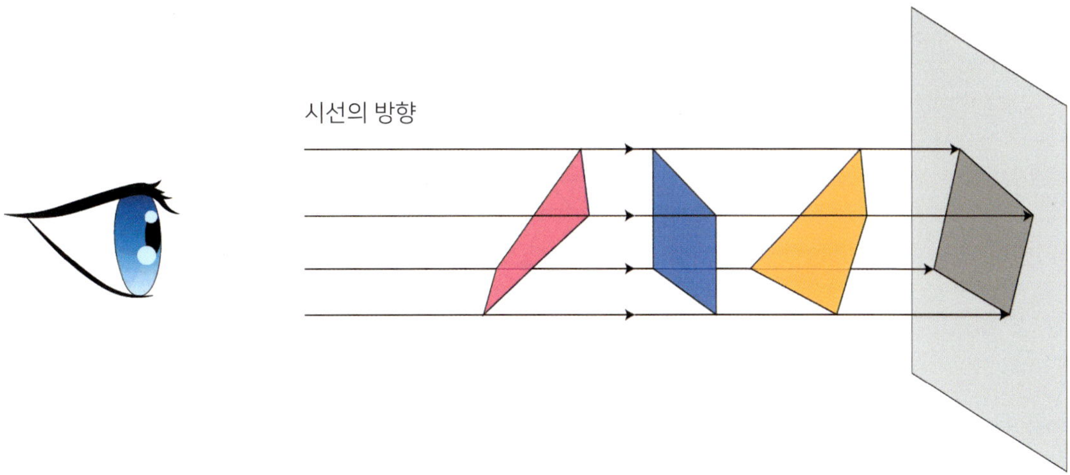

그림11 한쪽 눈으로 봤을 때 서로 같아 보이는 세 개의 사각형

게 말하면 그림11의 세 사각형은 평행사영이 서로 같은데 이런 경우 세 사각형은 서로 구별되지 않고 같아 보인다. 그리고 이 점을 이용하면 스기하라의 착시 도형을 만들 수 있다.

스기하라 교수가 만들었던 착시도형을 통해 착시의 원리를 생각해 보도록 하자. 이 착시 도형은 한쪽에서 보면 사각형으로 보이고, 다른 쪽에서 보면 원으로 보이는 착시도형이다. 이 착시도형을 디자인하기 위해 오른쪽 위에서 45°의 각도에서 보면 사각형으로 보이고, 왼쪽 위 45°의 각도에서 보면 원으로 보이도록 착시도형을 디자인한다고 하자. 이때, 각도는 평면과 시선이 이루는 각도이다. 이 각도는 조절 가능하며 각도를 어떻게 설정하는지에 따라 착시도형은 다르게 디자인된다. 하지만 가장 기본적인 각도는 45°이다.

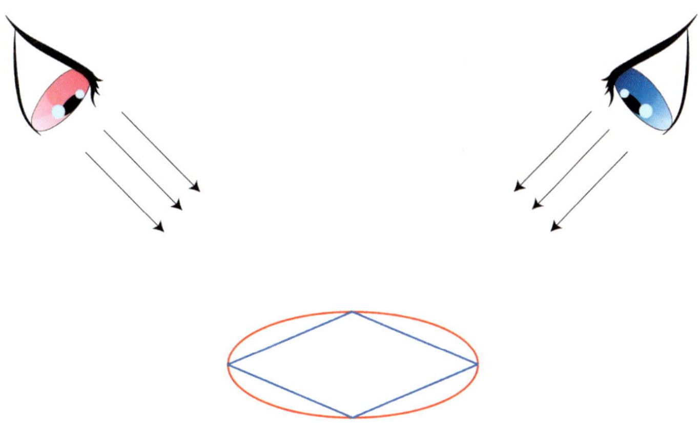

그림12 오른쪽 위에서 보면 사각형, 왼쪽 위에서 보면 원으로 보이는 착시도형 디자인하기

그림13

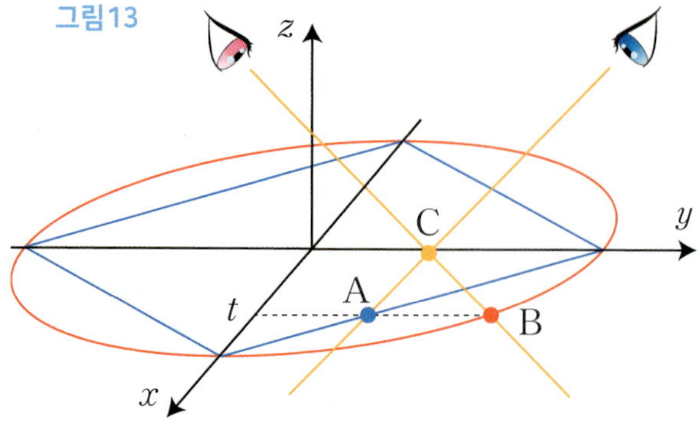

이 문제를 해결하기 위해 그림13처럼 공간좌표 위에서 이 문제를 생각해 보자. 이때, 사각형과 원은 xy 평면상의 도형이고 이 두 도형의 중심은 원점이다. 착시도형의 형태를 생각하려 할 때, 전체적인 모양을 바로 떠올릴 수는 없다. 따라서 한 점을 기준으로 생각해 보도록 하자. 임의의 t에 대해 x좌표의 값이 t이며 y 좌표가 양수인 사각형 위에 점을 점 A, 원 위의 점을 점 B라 하자. 이 두 점을 기준으로 생각하면 우리가 디자인하려는 착시도형 위에 어떤 점이 존재해 오른쪽 위에서 보면 점 A로 보이고, 왼쪽 위에서 보면 점 B로 보여야 한다. 그리고 앞서 언급했듯이 각 점을 시선 위에서 옮겨도 처음 위치에 있는 것과 구별되지 않는다. 따라서 그림13에서 두 시선의 교점인 점 C는 오른쪽 위에서 보면 점 A와 구별되지 않게 보이고, 왼쪽 위에서 보면 점 B와 구별되지 않게 보인다. 그러므로 점 C가 우리가 디자인하려는 착시도형 위의 점이다.

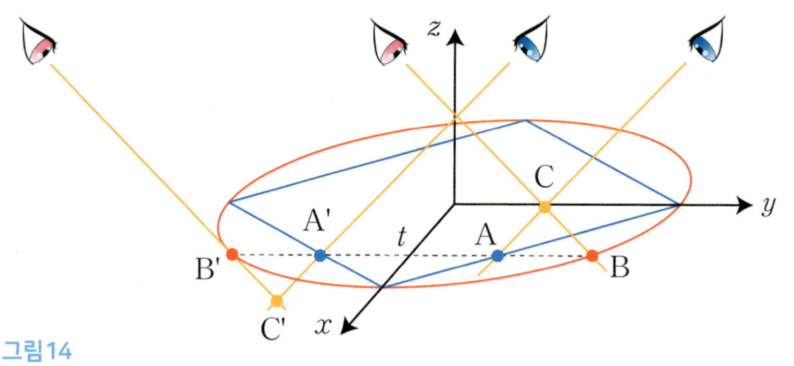

그림14

이번엔 그림14처럼 x좌표의 값이 t이며 y 좌표가 음수인 사각형 위에 점을 점 A', 원 위의 점을 점 B'라 하자. 비슷한 이유로 점 C'는 오른쪽 위에서 보면 점 A'와 구별되지 않게 보이고, 왼쪽 위에서 보면 점 B'에 있는 것과 구별되지 않게 보인다. 따라서 점 C'도 착시도형 위의 점이다. 이제 점 C와 점 C'의 좌표를 생각해 보자.

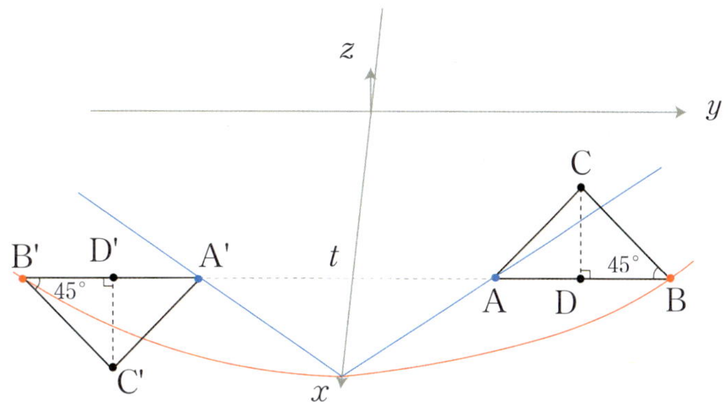

그림15

먼저 점 C의 좌표를 구할 것이다. 점 A와 점 B의 좌표는 xy평면 위에 있으므로 다음과 같이 둘 수 있다.

$$A(t, f_1(t), 0),\ B(t, g_1(t), 0)$$

이때, 시선이 평면과 이루는 각도는 45°라고 했으므로 그림15에서 삼각형 ABC는 직각이등변삼각형임을 알 수 있다. 그리고 점 D는 점 A와 점 B의 중점이며 점 D와 점 C의 y좌표는 같다. 또한 $\overline{CD} = \frac{1}{2}\overline{AB}$이다. 그러므로 점 C의 좌표는 다음과 같다.

$$C\left(t, \frac{g_1(t)+f_1(t)}{2}, \frac{g_1(t)-f_1(t)}{2}\right)$$

마찬가지로 점 C'의 좌표를 생각해 보자. $A'(t, f_2(t), 0)$, $B'(t, g_2(t), 0)$라 할 때, 삼각형 A'B'C' 역시 직각이등변삼각형이고 앞과 비슷하게 생각하면 점 C'의 좌표가 다음과 같다는 것을 알 수 있다.

$$C'\left(t, \frac{g_2(t)+f_2(t)}{2}, \frac{g_2(t)-f_2(t)}{2}\right)$$

착시도형 위의 다른 점에 대해서도 이런 점 C나 점 C'에 해당하는 점들을 모두 모으면 우리가 찾는 착시도형이 된다. 그런데 사실 시선의 방향이 서로 평행하기 때문에 다른 착시도형 위의 점에 대해서도 마찬가지의 식을 유도할 수 있다. 그림16을 보자. x좌표의 값이 t인 경우와 s인 경우를 같이 나타낸 것이다. 이 그림에서 검은색 곡선이 우리가 찾는 착시도형이다.

그림16

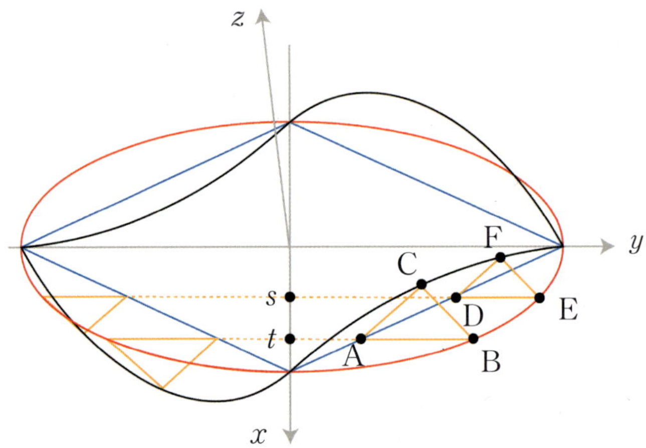

이제 이 착시도형의 방정식을 구해 보도록 하자. $y \geq 0$인 경우, 오른쪽에 있는 사각형의 절반의 방정식 $f_1(t)$와 오른쪽 반원의 방정식 $g_1(t)$는 각각 다음과 같다.

$$f_1(t) = (t, 1 - |t|, 0),\ g_1(t) = (t, \sqrt{1-t^2}, 0)\ (-1 \leq t \leq 1)$$

그리고 이때, 우리가 찾는 착시도형의 오른쪽 부분의 방정식 $c_1(t)$는 점을 기준으로 했을 때와 같은 이유로 다음과 같이 식이 세워진다.

$$c_1(t) = \left(t, \frac{\sqrt{1-t^2} + 1 - |t|}{2}, \frac{\sqrt{1-t^2} - 1 + |t|}{2}\right)\ (-1 \leq t \leq 1)$$

비슷하게 $y \leq 0$인 경우, 왼쪽에 있는 사각형의 절반의 방정식 $f_2(t)$와 왼쪽 반원의 방정식 $g_2(t)$는 각각 다음과 같다.

$$f_2(t) = (t, -1 + |t|, 0),\ g_2(t) = (t, -\sqrt{1-t^2}, 0)\ (-1 \le t \le 1)$$

그리고 이때, 우리가 찾는 착시도형의 왼쪽 부분의 방정식 $c_2(t)$는 다음과 같다.

$$c_2(t) = \left(t, \frac{-\sqrt{1-t^2} - 1 + |t|}{2}, \frac{-\sqrt{1-t^2} + 1 - |t|}{2}\right)\ (-1 \le t \le 1)$$

이를 바탕으로 실제 착시도형을 제작을 한다면 어떻게 만들면 될까? 우리가 찾은 착시도형을 윗면과 밑면으로 하는 입체도형을 만들면 된다. 바로 그림 17과 같은 입체도형이다. 그런데 이 입체도형에는 한 가지 문제가 있다. 바로 밑면이 평평하지 않기 때문에 똑바로 세울 수가 없어 실제 착시를 관찰하기 힘들다는 점이다. 이를 해결하기 위해서는 두 가지 방법을 생각할 수 있다.

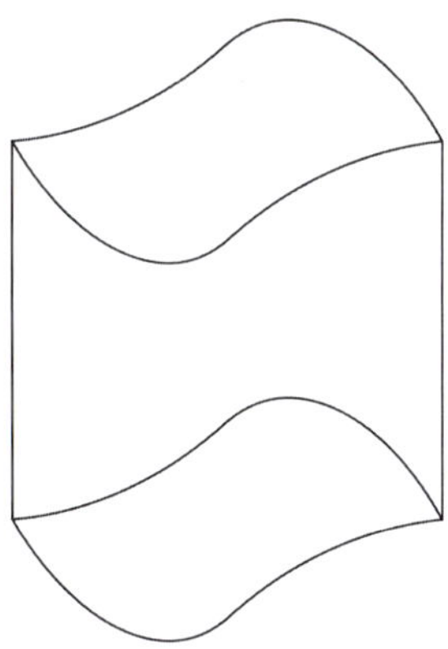

그림 17 오른쪽 위에서 보면 사각형, 왼쪽 위에서 보면 원으로 보이는 착시도형 (디자인1)

한 가지 방법은 이러한 입체를 여러 개 이어 붙이는 것이다. 예를 들어 2×3의 배열로 6개를 입체를 서로 붙이는 식으로 말이다. 확실히 코키치 스기하라는 이런 방식으로 착시도형을 만들었다. 하지만 이 방법은 3D 프린트를 이용하지 않는 이상 그리 효율적이지 않다. 다른 방법은 밑면을 평평하게 만드는 것이다. 이 방법은 착시 효과를 떨어트리기는 하지만 작업의 능률은 높일 수 있다. 그렇다면 밑면을 어떻게 평평하게 만들어야 할까? 바로 정사영을 이용해 평평하게 만들면 된다. 그림 18에서 초록색 선은 검은색 선을 xy 평면으로 정사영시킨 것이다.

그림18

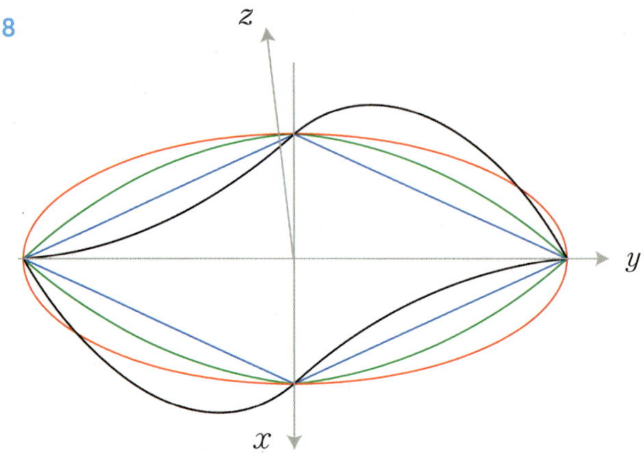

이때, 이 정사영의 방정식은 우리가 보이고자 하는 두 도형(원과 사각형)의 중선임을 알 수 있다. 그리고 이렇게 완성된 착시도형은 그림19 아래와 같다. 자, 이제 이 원리를 이용해 나만의 착시도형을 만들어보자. 생각만 해도 멋진 일이다.

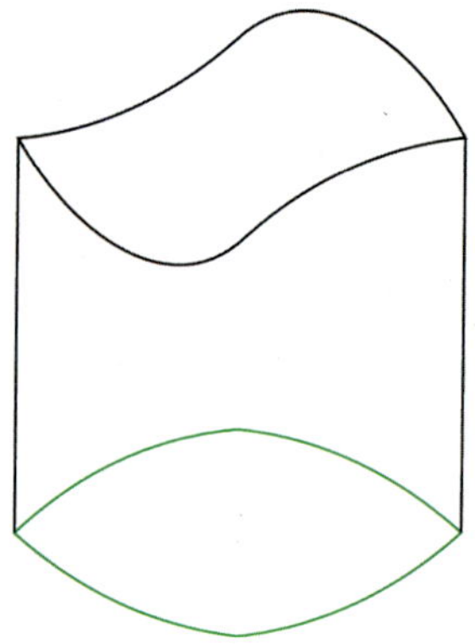

그림19 오른쪽 위에서 보면 사각형, 왼쪽 위에서 보면 원으로 보이는 착시도형 (디자인2)

03

생활 속 착시

착시는 호기심을 갖고 흥미롭게 접근할 수 있는 소재이기 때문에 미술, 광고, 디자인, 건축 등 다양한 분야에서 활용된다. 이런 생활 속의 착시를 알아보도록 하자.

그림20 옵아트 작품

착시를 활용한 대표적인 예술 분야에는 **옵아트**가 있다. 옵아트는 옵티컬 아트(Optical Art)를 줄여서 부르는 용어로서 시각적 착시를 활용한 미술이다. 옵아트 작품은 작가의 생각이나 감정을 배제하고 점, 선, 면 등 가장 기본적인 조형 요소를 사용해 착시를 일으킨다는 특징이 있다.

대표적인 옵아트 작가로는 헝가리계 프랑스 예술가인 빅토르 바사렐리(Victor Vasarely)

가 있다. 바사렐리는 엄격한 수학적 계산하에 여러 기하학적 대상을 표현했으며 옵아트 발전에 큰 기여를 했다. 그는 수많은 옵아트 작품을 남겼는데 대표적인 작품으로는 〈직녀성〉, 〈Gestalt-Zoeld〉, 〈초신성〉 등이 있다.

또 다른 작가로는 네덜란드 판화가인 M.C. 에셔가 있다. M.C. 에셔는 테셀레이션을 비롯해 여러 수학적 원리를 이용해 작품을 구성한 것으로 유명하다. 에셔의 대표적인 착시 작품에는 〈폭포〉, 〈Relativity〉가 있다. 〈폭포〉는 불가능한 건축 이미지의 대표적인 작품이다. 이것은 영국의 수학자 로저 펜로즈가 제시한 〈펜로즈의 삼각형〉에서 아이디어를 얻어 불가능한 패러독스의 세계를 시각적으로 표현한 것이다.

그림21 호주 멜버른에 있는 '포트1010 빌딩'

착시는 건축에서도 종종 사용된다. 자주 보이는 사례 중 하나는 착시를 이용해 건물의 내부나 외부를 독특하게 보이도록 하는 것이다. 호주 멜버른에 있는 포트1010 빌딩이 대표적인 예이다. 포트1010 빌딩은 카페 벽 착시로 외관을 장식했다. 이는 보는 이로 하여금 흥미를 자아낸다.

건물을 설계하고 건축물을 짓는 과정에서도 이런 착시의 원리가 이용된다. 대표적인 건

그림22 파르테논 신전

물이 바로 그리스의 파르테논 신전이다. 파르테논 신전은 고대 아테네의 수호자로 여겨지던 여신 아테나 파르테노스에게 헌정된 신전이다. 건축의 주재료는 대리석으로 되어 있다. 건축은 기원전 447년에 시작했는데 뼈대가 완성되는 데 10년이 걸렸고 외장 공사까지 마무리하는 데는 총 16년이 걸렸다. 파르테논 신전은 세계적인 문화유산이자 고대 그리스를 대표하는 건축물이다. 이런 파르테논 신전은 언뜻 보기에 모두 직선으로 이루어진 건축물로 보이지만 실제 직선이나 직각은 거의 없다.

파르테논 신전은 직선으로 이루어진 구조물처럼 보이기 위해 여러 건축 기법이 사용되었다. 먼저 파르테논 신전의 기둥을 보자. 기둥은 엔타시스 구조를 하고 있다. 엔타시스 구조는 기둥의 밑동이 가장 굵고 위로 갈수록 가늘어지는 구조이다. 다만 기둥의 경사선이 직선형이 아니고 약간 부푼 곡선형으로 처리된다. 이는 기둥의 중간 부분이 가늘어 보이는 착시 현상을 교정하기 위한 것이다. 또한, 기둥들은 모두 약간 안쪽으로 기울어져 있는데 모서리 기둥의 축은 약 6*cm* 정도 안쪽으로 기울어져 있다. 이는 기둥이 수직으로 세워졌을 때 밖으로

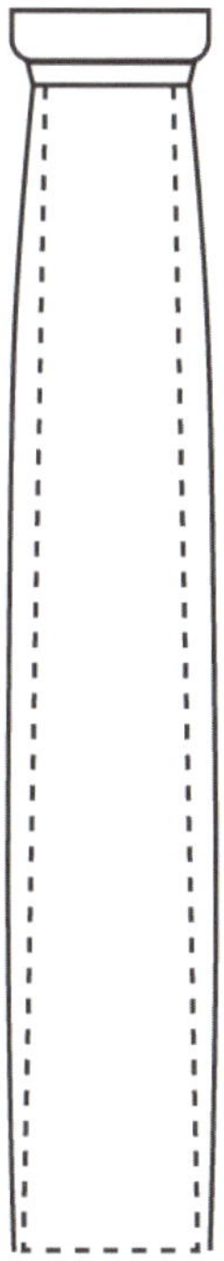

그림23 엔타시스 구조

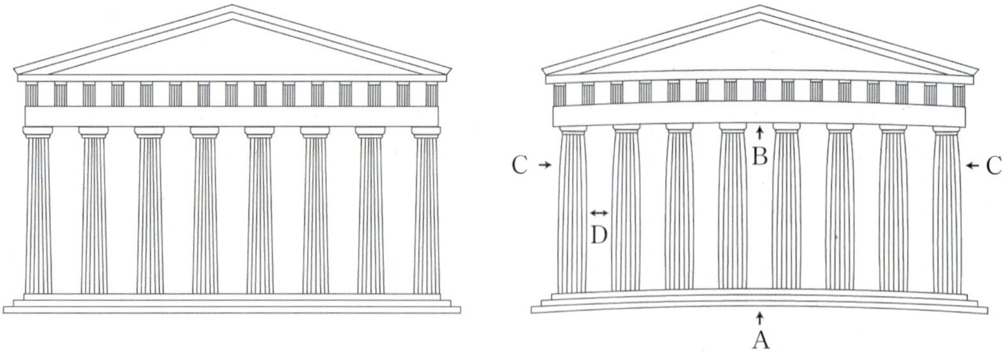

A : 위로 부풀어 오른듯한 바닥면 / B : 위로 부풀어 오른듯한 천장 / C : 안쪽으로 기운 기둥 / D : 기둥 끝보다 가까운 거리

그림23 보여지길 원하는 신전의 모습(왼쪽)과 실제 신전의 모습(오른쪽)

넘어질 듯이 보이는 착시 현상을 교정하기 위한 것이다. 파르테논 신전에서 착시 현상을 교정하기 위해 사용한 기술이 하나 더 있다. 바로 신전 사면의 바닥과 천장이 모두 가운데가 부풀어 오른 듯한 곡선형으로 이루어져 있다는 것이다. 이는 사람들이 수평선을 바라볼 때, 실제로는 직선인데도 수평선의 중간 부분이 다소 쳐져 보이는 착시 현상을 교정하기 위한 것이다.

우리 모두 즐기는 **다함께 체험수학**

대표적인 불가능한 도형
펜로즈 삼각형 만들기

체험시간 20분

체험난도 ★★☆☆☆

준비파일 11/펜로즈의_삼각형_전개도.pdf

준비물 펜로즈의 삼각형 전개도(**평량 180g 정도로 두꺼운 종이에 인쇄**) + 자 + 가위 + 커터칼 + 테이프
= 준비 완료^-^

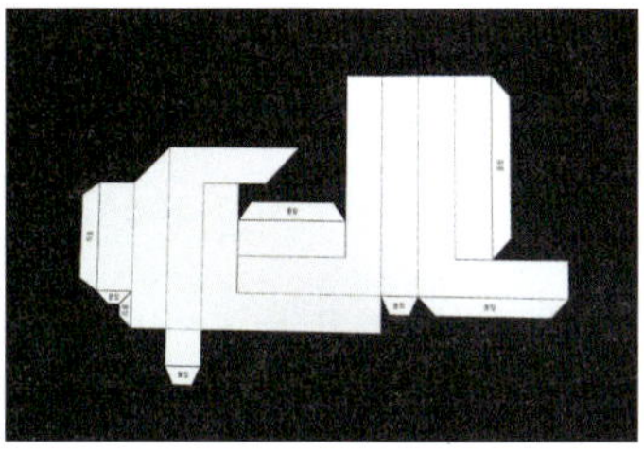
전개도 오리기.

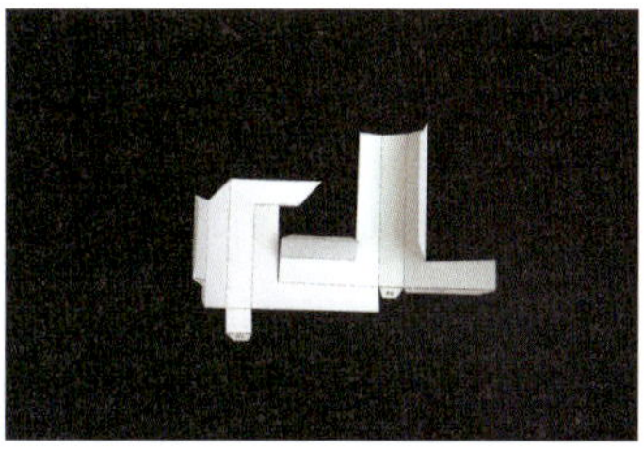
접는 부분에 자를 대고 커터칼 등으로 선 그은 후 접기.

테이프로 전개도 붙이기.

Check **Point**

전개도를 두꺼운 종이에 인쇄했다면 전개도를 오린 후, 접기 전에 접는 부분을 커터칼 등으로 한 번 그어주는 것이 좋다. 그래야 잘 접히기 때문이다. 만약 얇은 종이에 인쇄했다면 이 과정 없이 바로 접으면 된다. 착시를 관찰하기 위해서는 한쪽 눈을 감고 보거나 카메라로 촬영해야 한다. 구조물 앞쪽 45° 위에서 내려다보는 느낌으로 봐야 한다. 이때, 거리도 중요하므로 앞뒤로 움직이며 적당한 위치를 찾아 관찰해야 한다.

적당한 각도에서 펜로즈의 삼각형을 관찰.

우리 모두 즐기는 **다함께 체험수학**

나만의 불가능한 도형 그리기

체험시간 40분

체험난도 ★★★☆☆

준비파일 11/그래프종이.pdf

준비물 그래프 종이(**평량 180g 정도로 두꺼운 종이에 인쇄**) + 마카 3색 + 네임펜 = 준비 완료^-^

불가능한 도형은 3차원 입체로 판단되는 2차원 도형으로 현실에서는 존재가 불가능한 도형이다. 대표적으로 펜로즈의 삼각형이 있다. 펜로즈의 삼각형은 그 자체로 상당히 흥미롭다. 그런데 우리도 펜로즈의 삼각형처럼 나만의 불가능한 도형을 디자인할 수 있다. 멋지지 않은가? 이 활동에서는 나만의 불가능한 도형을 그릴 것이다. 먼저 간단한 입체를 그리는 방법에 대해 알아보자.

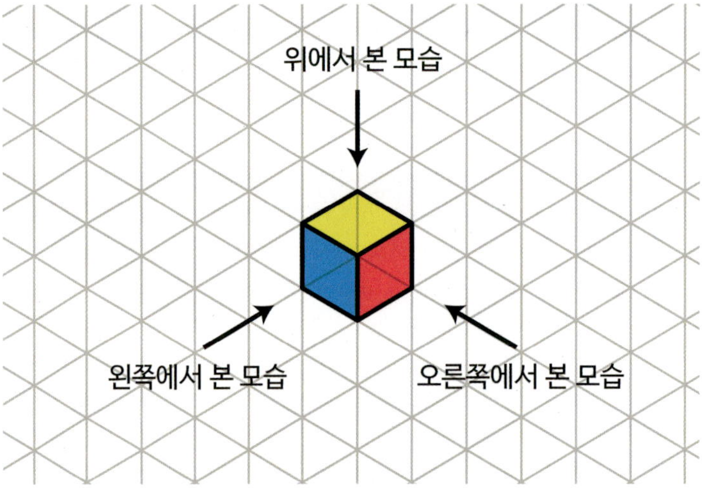

위 그림은 그래프 종이에 정육면체를 그린 것이다. 이 정육면체는 세 개의 마름모를 이용해 표현했다. 그림에서 보이듯 오른쪽에서 보이는 면, 왼쪽에서 보이는 면, 위쪽에서 보이는 면으로 되어 있고, 이 세 면은 서로 다른 색으로 되어 있다. 앞으로 어떤 복잡한 입체를 그린다 해도 모든 면은 위의 그림처럼 세 개의 방향 중 한쪽 방향에서 보이는 면이다. 도형을 디자인할 때, 같은 방향에서 보이는 면은 같은 색으로 칠한다.

이제 좀 더 복잡한 입체를 그리는 방법에 대해 생각해 보자. 정육면체를 여러 개 연결하면 복잡한 입체를 만들 수 있다. 정육면체 여러 개가 연결된 형태의 그림을 그릴 때는 정육면체 위의 면을 기준으로 생각하면 쉽게 그릴 수 있다.

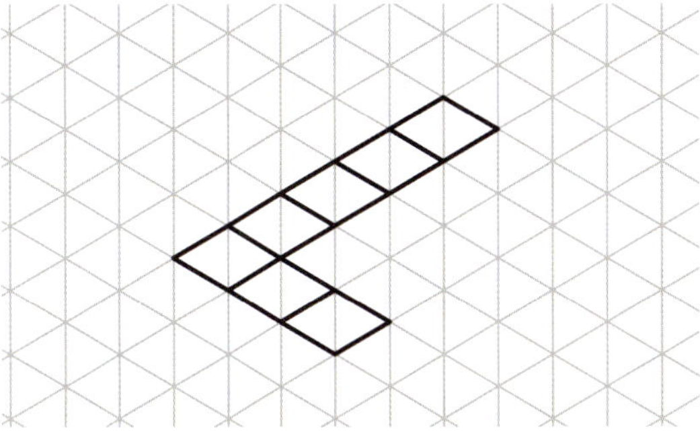

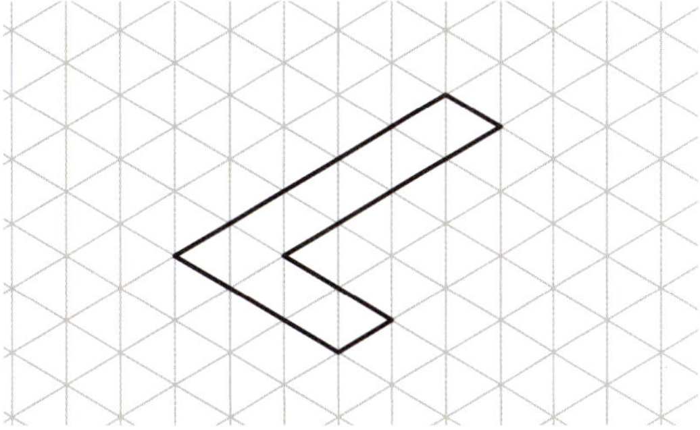

정육면체 7개를 'ㄴ'자 형태로 연결했다면 정육면체 위의 면만 그렸을 때, 위의 왼쪽 그림과 같이 그려진다. 그리고 정육면끼리 만나는 부분의 경계선을 그리지 않으면 그림은 위의 오른쪽 그림과 같다. 앞으로 그림을 그릴 때, 정육면체끼리 만나는 이런 경계선은 그리지 않을 것이다.

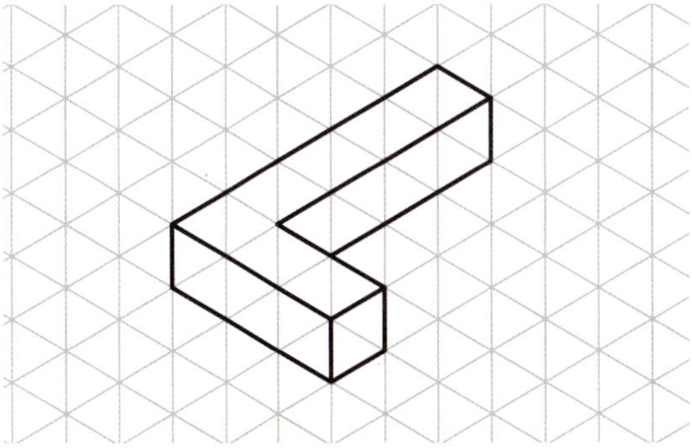

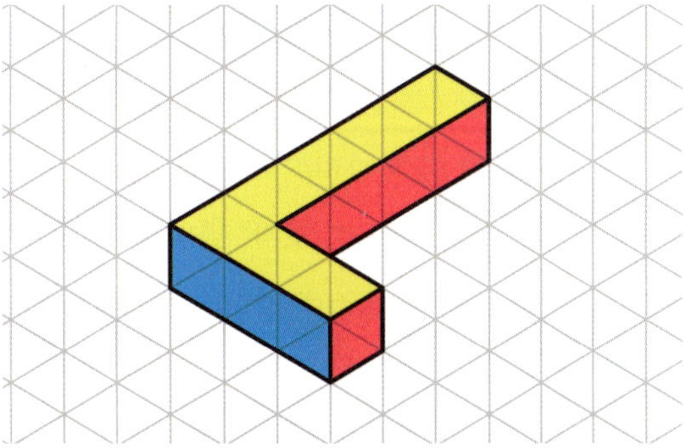

다음으로 나머지 면을 그리면 위의 왼쪽 그림과 같고, 색칠하면 위의 오른쪽 그림과 같다. 다음으로 펜로즈의 삼각형을 그려 보고 왜 착시가 생기는지 생각해 보자. 펜로즈의 삼각형은 회전 대칭을 갖고 있기 때문에 쉽게 그릴 수 있다.

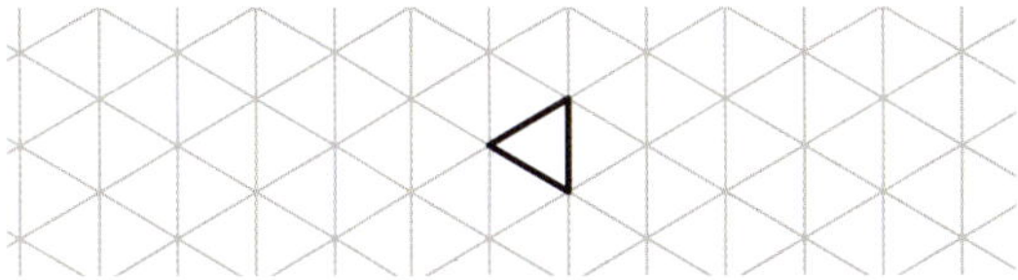

먼저 위의 왼쪽 그림처럼 삼각형을 그리고 위의 오른쪽 그림처럼 삼각형의 각 꼭짓점에서 연장선을 그리자.

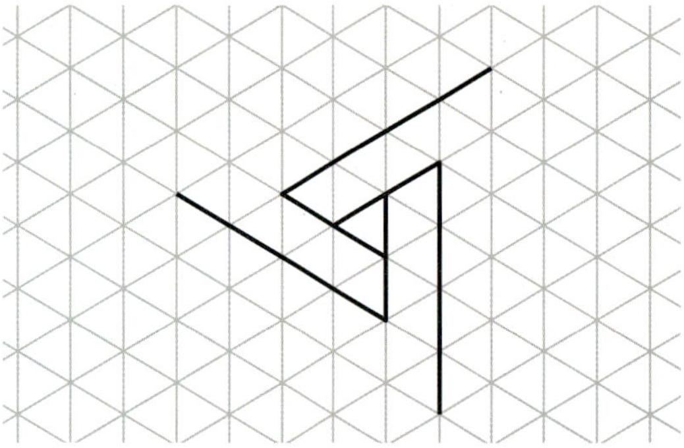

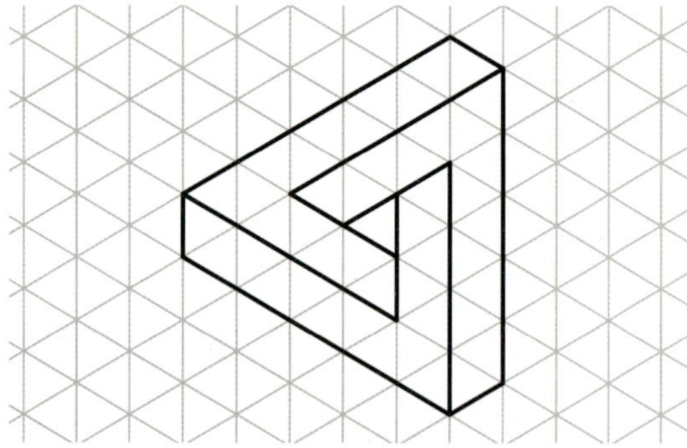

다음으로 위의 두 그림의 순서로 그려주면 된다.

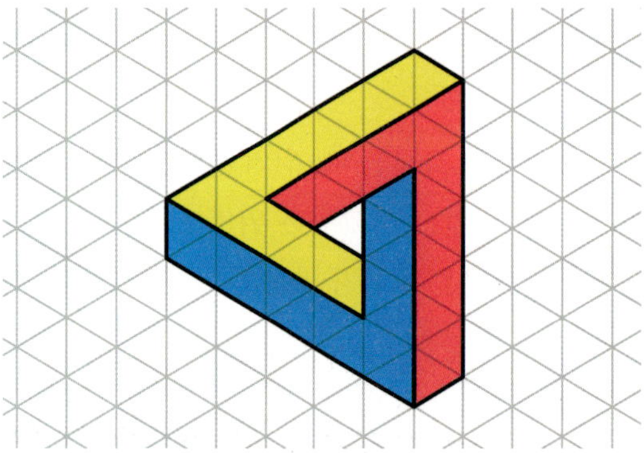

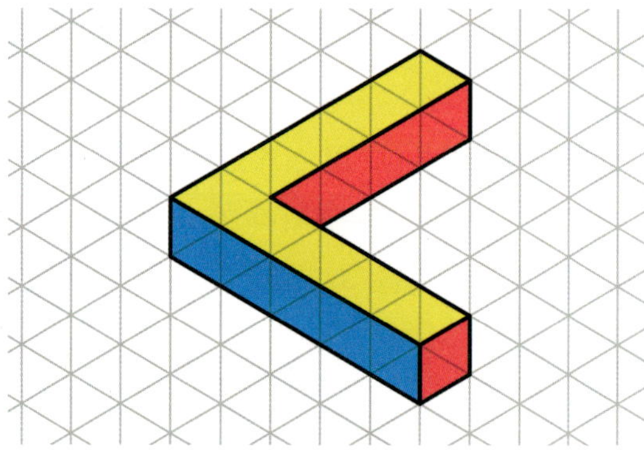

색칠하면 위의 왼쪽 그림처럼 펜로즈의 삼각형이 완성된다. 이제 왜 착시가 생기는지 생각하기 위해 위의 두 그림을 비교해 보자. 위의 오른쪽 그림을 볼 때, 우리는 3차원상의 그림으로 해석하며 노란색 부분인 윗면을 같은 높이라고 생각한다.

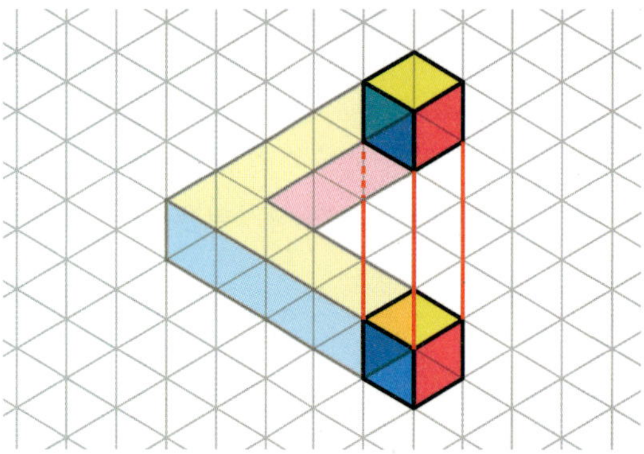

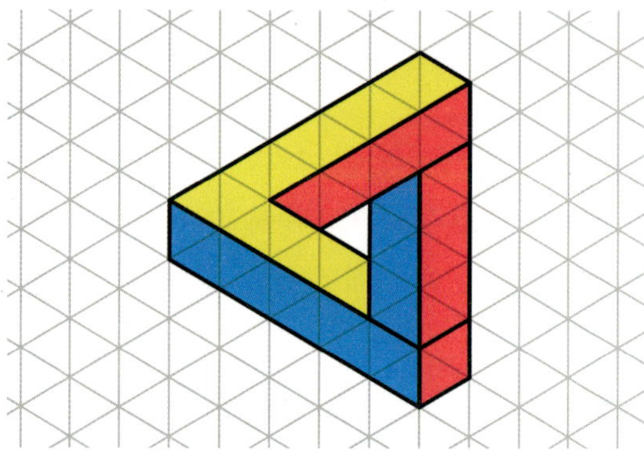

펜로즈의 삼각형에서는 위의 왼쪽 그림처럼 같은 높이라고 생각되는 두 정육면체를 연결해서 그려준다. 그러면 우리는 이를 위로 올라가는 것으로 해석하게 된다. 이 부분에서 착시가 발생하는 것이다. 서로 같은 높이인데 올라가게 그려지니 고개를 갸웃하게 된다.

이 점을 이용하면 불가능한 도형을 그릴 수 있다. 먼저 간단한 형태의 불가능한 도형을 그려보자.

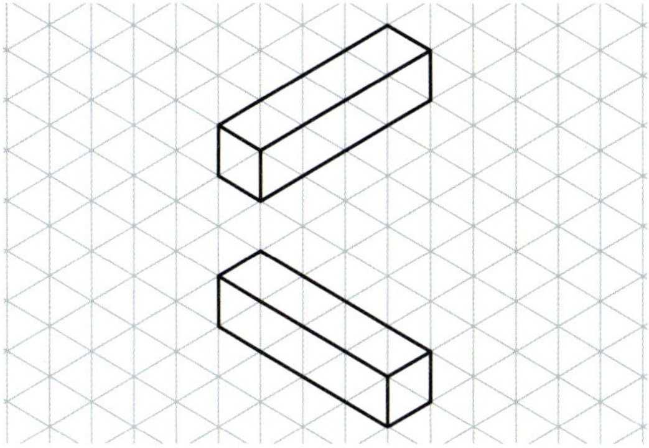

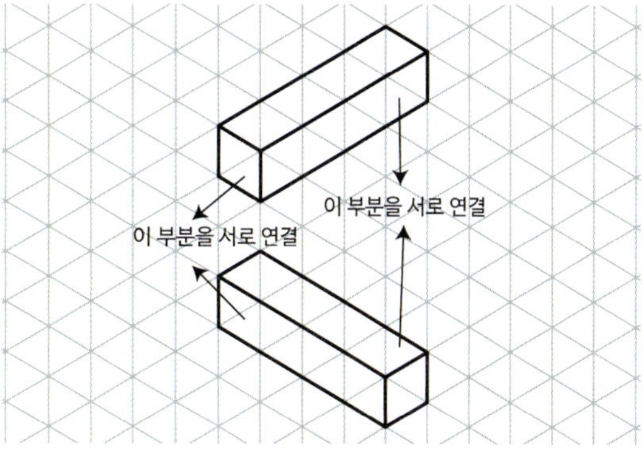

첫 번째 단계는 위의 왼쪽 그림처럼 두 입체를 그려주는 것이다. 당연하게도 위의 그림은 예시이므로 다른 형태로 그려도 되고 입체는 한 개이거나 두 개 이상이어도 된다. 다음으로 위의 오른쪽 그림처럼 두 입체를 연결할 것이다.

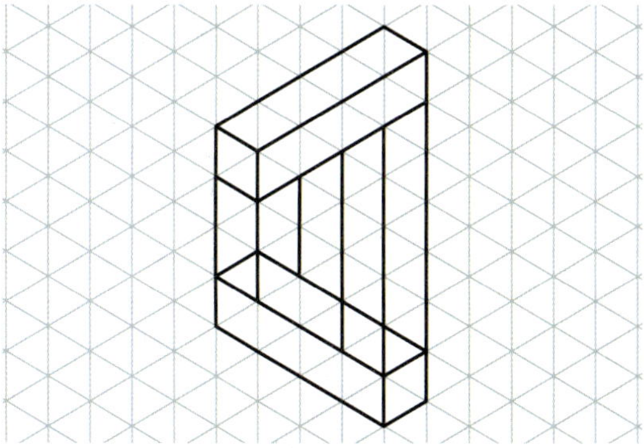

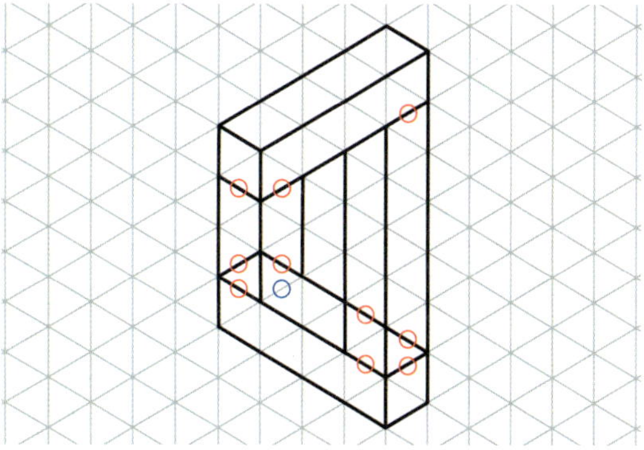

위의 왼쪽 그림처럼 각 연결할 부분에 선 3개를 그리면 연결된다. 다음으로 입체를 완성하기 위해 위의 오른쪽 그림에 표시된 빨간색 원에 있는 선은 지우고, 파란색 원 부분엔 선을 추가한다. 그러면 아래 그림처럼 입체가 완성된다.

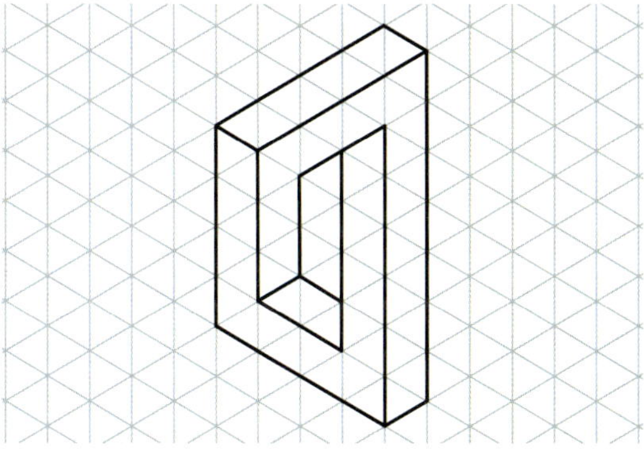

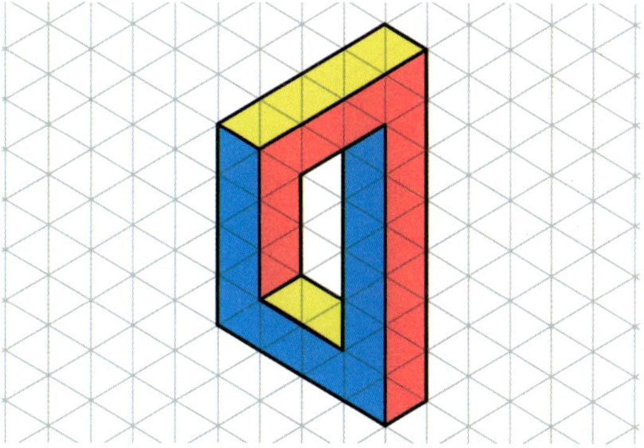

입체가 완성되는 과정에서 빨간색 원과 파란색 원으로 표시한 것처럼 어느 부분에 선을 추가하고, 어느 부분에 선을 지워야 하는지 판단이 안 될 수 있다. 판단 기준은 서로 같은 방향에서 보이는 연결된 면 사이의 선은 지우고, 서로 다른 방향에서 보이는 면 사이에는 선을 그리는 것이다. 또한 이 과정으로 입체를 그린다면 연필이나 샤프를 이용해야 한 번에 그릴 수 있다. 중간에 선을 추가하고 지우는 과정이 있기 때문이다. 만약 볼펜이나 네임펜으로 그린다면 입체를 두 번에 나눠 그려야 한다. 첫 번째 단계는 입체를 스케치하는 단계로 두 개 이상의 입체를 그려서 서로 연결해 주는 것까지 그리고, 지우거나 추가할 선을 표시하는 것이다. 두 번째 단계는 새로운 그래프 종이에 스케치한 그림을 참고해 완성된 입체를 그리는 것이다. 아래 그림은 조금 더 복잡한 형태의 불가능한 도형을 그린 예시이다.

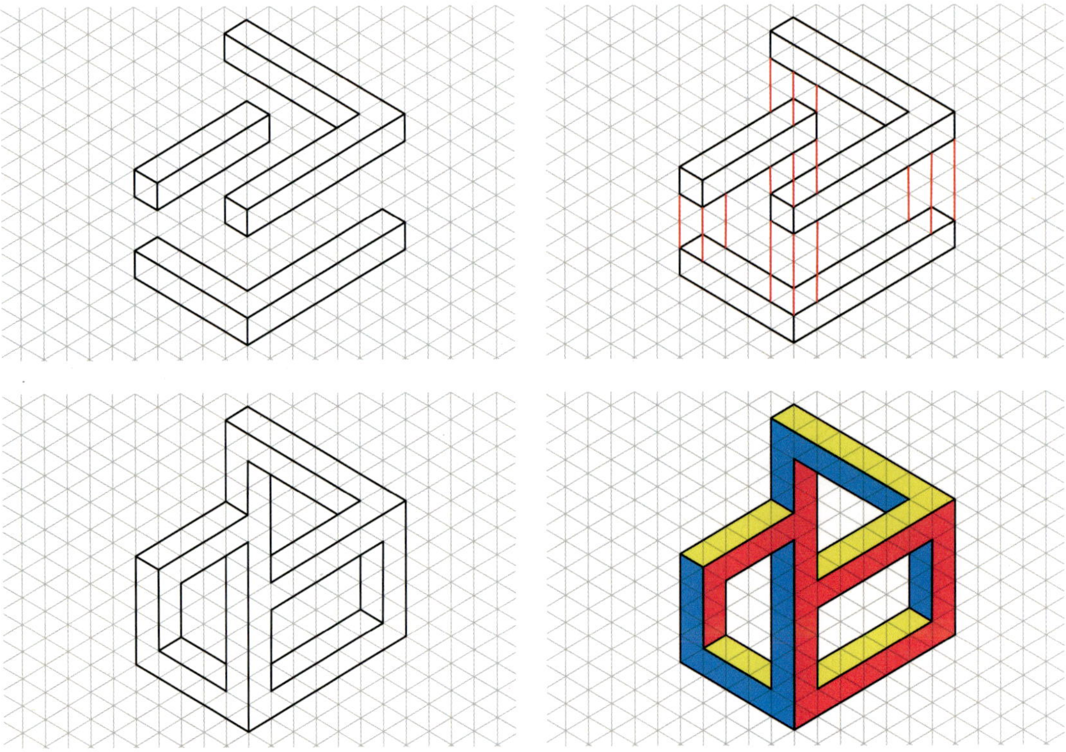

이제 이 과정을 참고해 나만의 불가능한 도형을 그려보자. 다음은 몇몇 예시 작품이다.

우리 모두 즐기는 **다함께 체험수학**

스기하라의
거울 착시도형 만들기

체험시간 20분

체험난도 ★★☆☆☆

준비파일 11/거울_착시도형_전개도.pdf

준비물 거울 착시도형 전개도(**평량 180g 정도로 두꺼운 종이에 인쇄**) + 거울 + 가위 + 커터칼 + 자 + 테이프 = 준비 완료^-^

이 책에서는 총 4종류의 거울 착시도형 전개도를 제공하고 있다. 바로 아래와 같이 육각형-사각형 착시 전개도, 별-사각형 착시 전개도, 하트-사각형 착시 전개도, 사각형-사각형 착시 전개도이다. 마음에 드는 전개도를 선택해 제작하면 된다.

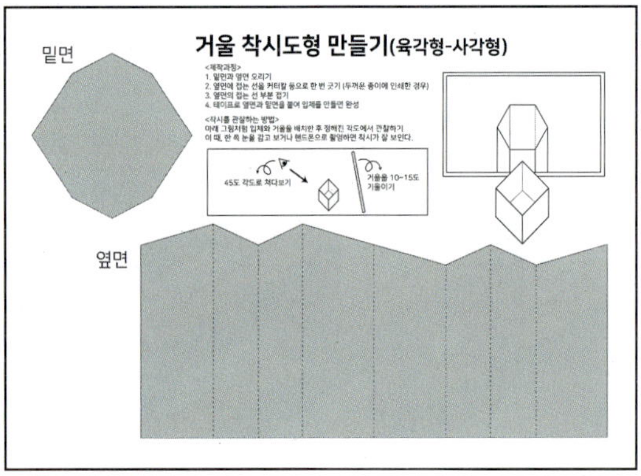

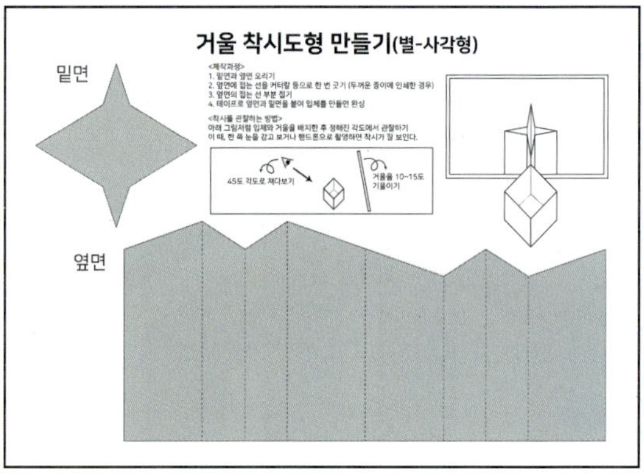

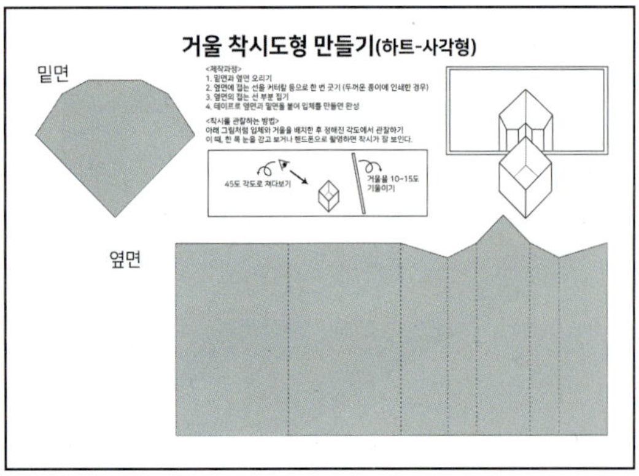

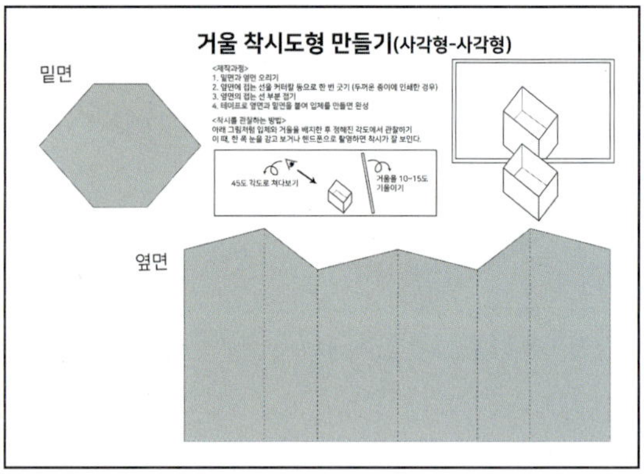

제작 방법을 알아보기 전에 먼저 거울 착시도형을 관찰하는 방법을 먼저 알아보자. 거울 착시도형은 그 특성상 한쪽 눈을 감고 보거나 카메라로 촬영해 관찰해야 한다. 그리고 제작한 착시도형과 거울의 위치, 바라보는 각도도 잘 맞아야 한다. 아래 그림처럼 위치를 맞춰 착시를 관찰하자.

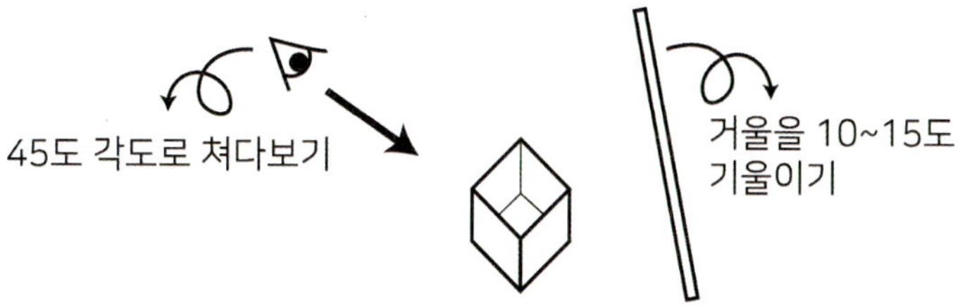

이제 제작 과정에 대해 알아보자.

밑면 오리기.

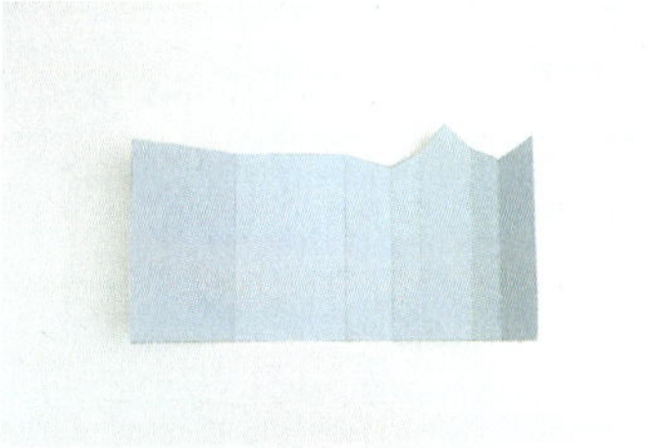

옆면 오리기. 그리고 접는 부분에 자를 대고 커터칼 등으로 선 그은 후, 접기.

테이프로 밑면과 옆면 붙이기.

> Check **Point**
>
> 전개도를 두꺼운 종이에 인쇄해 제작해야 착시를 잘 관찰할 수 있다. 얇은 종이에 인쇄하면 구조물의 형태가 변형되기 쉬워 착시 관찰이 잘 안 된다. 거울 착시도형은 정교한 수학적 계산을 통해 디자인한 구조물이므로 정교하게 제작하는 것이 중요하다. 따라서 시간이 걸리더라도 꼼꼼하게 만들기를 추천한다.

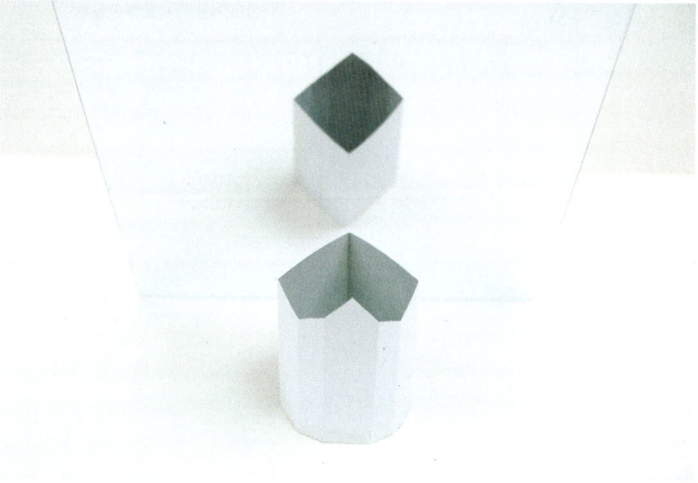

거울과 착시 도형의 위치를 잡은 후, 착시 관찰하기.

나만의
거울 착시도형 만들기

체험시간 60분

체험난도 ★★★★☆

준비파일 11/거울_착시도형_제작_안내지.pdf

준비물 거울 착시도형 제작 안내지(**평량 180g 정도로 두꺼운 종이에 인쇄**) + 거울 + 가위 + 커터칼 + 자 + 테이프 = 준비 완료^-^

이 책에서는 거울 착시도형 제작 안내지를 제공하고 있다. 제작 안내지에는 제작 과정에 대한 설명이 나와 있으나 처음 보고 제작할 때는 설명을 봐도 어려울 수 있다. 따라서 제작 과정에 대해 자세히 설명하고자 한다. 제작 과정은 크게 3단계로 이루어진다. 바로 **밑면 디자인, 옆면 디자인, 착시도형 제작** 순이다. 밑면과 옆면을 디자인하고 나면 착시도형 제작은 앞의 스기하라의 거울 착시도형 만들기 과정과 같다. 따라서 밑면과 옆면을 디자인하는 과정을 중심으로 알아보도록 하자. 한 가지 주의해야 할 점은 모든 선을 직선으로 그려야 한다는 점이다. 곡선 형태로 디자인하는 것이 불가능한 것은 아니지만 컴퓨터 작업이 아닌 이상 정교하게 만들기는 힘들다.

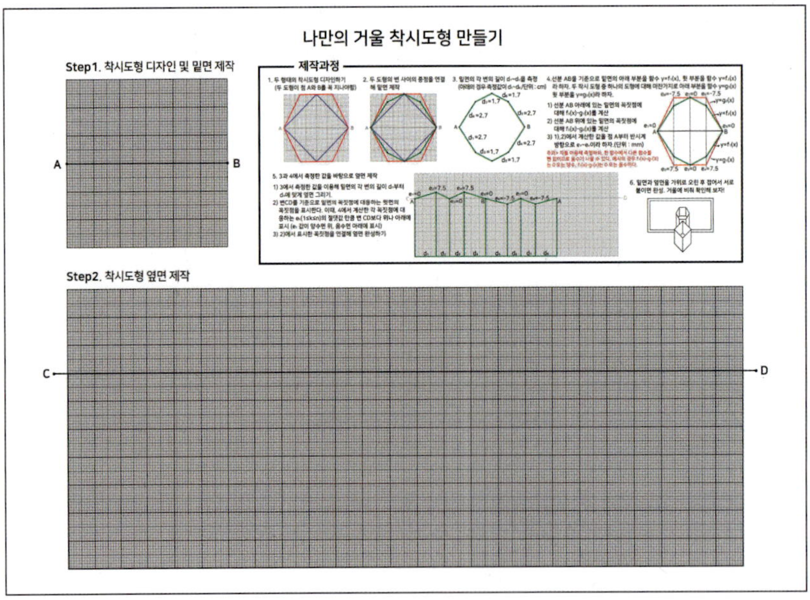

밑면 디자인하기

거울 착시도형은 실제 보이는 도형의 모습과 거울에 비친 도형의 모습이 서로 다르게 보이는 착시도형이다. 처음에 해야 할 일은 이 두 도형을 그리는 것이다. 예를 들어 실제 도형은 사각기둥으로 보이고 거울에 비친 도형은 육각기둥으로 보이길 원한다면 제작 안내지의 밑면을 디자인하는 칸에 아래 그림처럼 사각형과 육각형을 그리면 된다.

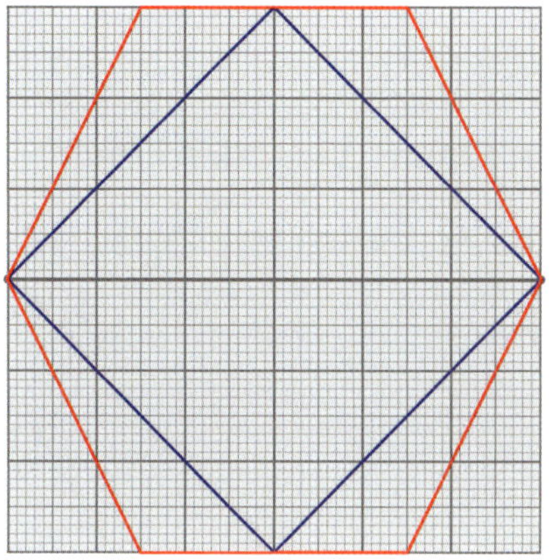

다음으로 이 도형을 이용해서 '진짜' 착시도형의 밑면을 디자인한다. 착시도형의 밑면을 디자인하는 것은 생각보다 간단한데, 바로 두 도형의 변 사이의 중점을 연결해 도형을 그리는 것이다. 아래 그림에서 초록색 팔각형이 바로 착시도형의 밑면이다. 자세히 보면 모든 변이 육각형과 사각형 변의 중선임을 알 수 있다. 밑면을 디자인할 때는 몇 가지 주의해야 할 점이 있다. 첫째는 두 도형이 모두 점 A와 점 B를 꼭짓점으로 가져야 한다는 것이다. 강제 사항은 아니지만 그래야 제작이 쉽다. 두 번째는 두 도형이 선분 AB를 기준으로 꼭 대칭의 형태일 필요는 없다는 것이다. 위의 예시가 대칭적이어서 오해할 수 있지만, 대칭이 아니어도 제작이 가능하다.

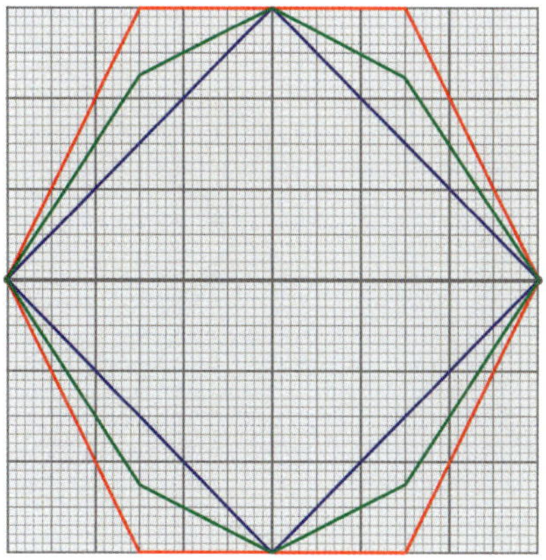

옆면 디자인하기

이제 옆면을 디자인하는 방법에 대해 알아보자. 사실 보이고자 하는 도형을 사각기둥과 육각기둥으로 정했고, 밑면도 디자인했기 때문에 이미 옆면의 모양은 결정이 되어 있다. 여기서 해야 할 일은 바로 그 옆면을 찾는 것이다. 그리고 이를 위해서는 앞서 디자인한 밑면을 이용해야 한다. 밑면의 형태가 팔각형이므로 옆면은 모두 8개가 있다. 밑면의 각 변의 길이를 구하면 각 옆면의 가로의 길이를 알 수 있다. 길이는 점 A부터 반시계 방향으로 측정하고 이를 d_1부터 d_8이라 하자. 측정한 길이는 아래 그림에 나와 있는 것과 같다.

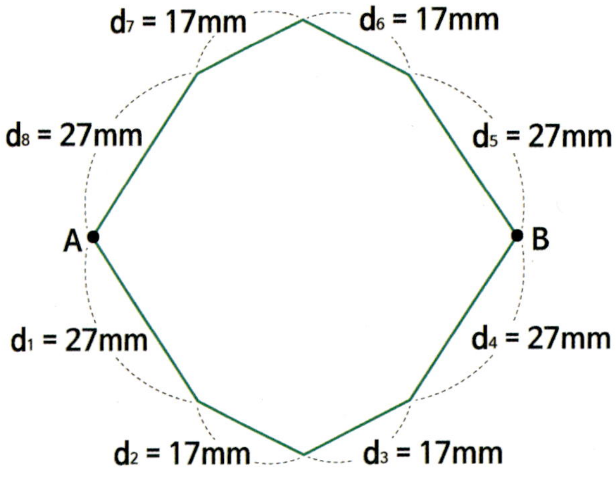

측정해야 할 것이 한 가지가 더 있다. 바로 옆면의 세로의 길이를 구하기 위한 측정이다. 옆면의 세로의 길이를 구하기 위해서는 실제 착시도형의 밑면인 팔각형과 보이기를 원하는 도형의 형태 중 하나(사각형이나 육각형)를 이용해야 한다. 따라서 아래 두 그림 중 하나를 이용한다.

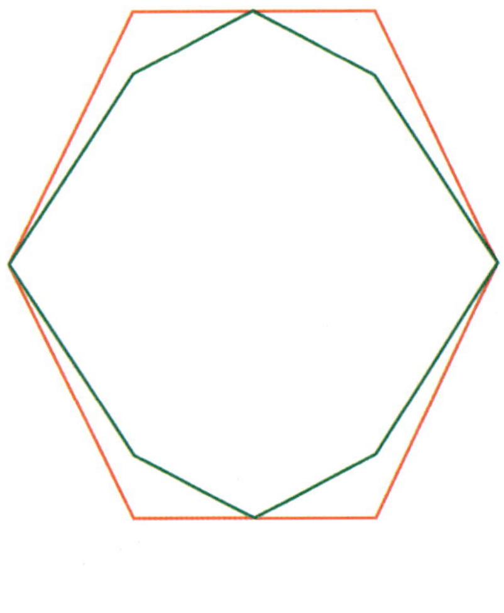

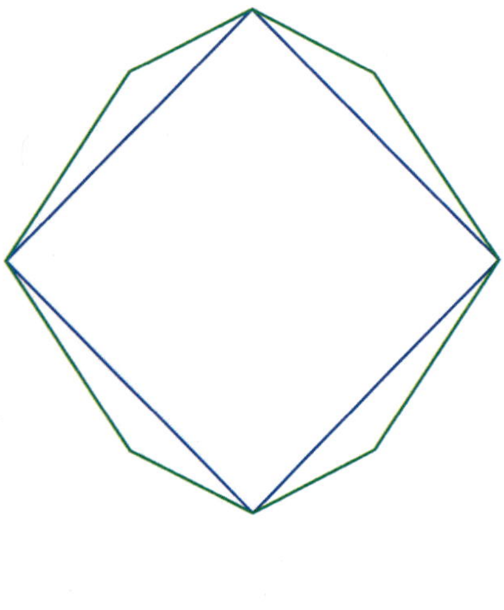

앞의 두 그림 중 왼쪽 그림을 이용해서 옆면의 세로의 길이를 구해보자. 여기서 측정할 것은 실제 착시도형의 밑면의 꼭짓점 즉, 팔각형의 각 꼭짓점과 육각형의 수직 거리이다. 이 수직 거리를 점 A부터 반시계 방향으로 측정하고 이를 e_1 부터 e_8 이라 하자. 아래 그림에 각 측정값이 있다. 측정값 중 값이 0인 것은 팔각형의 꼭짓점과 육각형이 서로 만나는 부분이다. 아래 그림에서 꼭짓점이 육각형과 만나지 않는 부분은 측정해야 할 길이를 주황색 선으로 나타냈다. 이 값을 구할 때, 팔각형의 꼭짓점이 육각형의 점보다 위에 있으면 값을 양수로 구하고 육각형의 점보다 아래 있으면 값을 음수로 구한다.

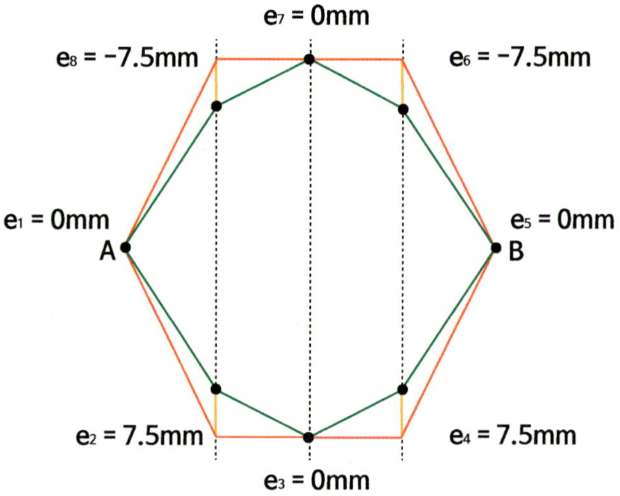

이제 밑면을 디자인하기 위한 모든 측정이 끝났다. 이를 이용해 옆면을 그려보도록 하자. 제작 안내지의 옆면을 디자인하는 칸에 그리면 된다.

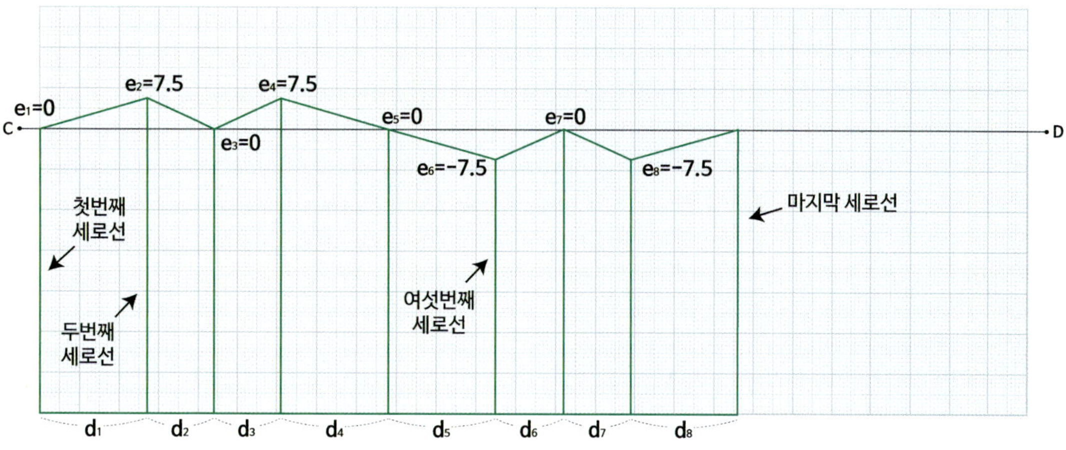

앞의 그림이 완성된 옆면의 모습이다. 이를 보면서 어떻게 그려야 하는지 생각해 보자. 일단 각 옆면의 가로의 길이는 순서대로 d_1 부터 d_8 까지이다. 옆면의 세로의 길이는 기본적으로 선분 CD 까지 그리되, 점 C 에 가까운 세로선부터 순서대로 측정한 $e_i\,(i=1,2,\cdots,8)$에 따라 약간 더 길게 그리거나 짧게 그린다. 예를 들어 e_2 의 값이 $7.5mm$ 이므로 두번째 세로선은 선분 CD 까지 보다 $7.5mm$ 더 길게 그렸다. 마찬가지로 e_8 의 값은 $-7.5mm$ 이므로 여섯번째 세로선은 선분 CD 까지 보다 $7.5mm$ 더 짧게 그렸다. 아홉번째 세로선, 즉, 마지막 세로선을 보자. 이 세로선은 선분 CD 까지 그렸는데 그 이유는 첫번째 세로 선과 길이가 같아야 하기 때문이다.

착시도형 제작하기

밑면 디자인과 옆면 디자인이 끝나면 착시도형을 만들 수 있다. 아래는 이 방법으로 착시도형을 디자인하고 완성한 모습이다. 앞서 설명했듯 디자인이 끝나면 만드는 과정은 스기하라의 거울 착시도형 만들기 과정과 같다.

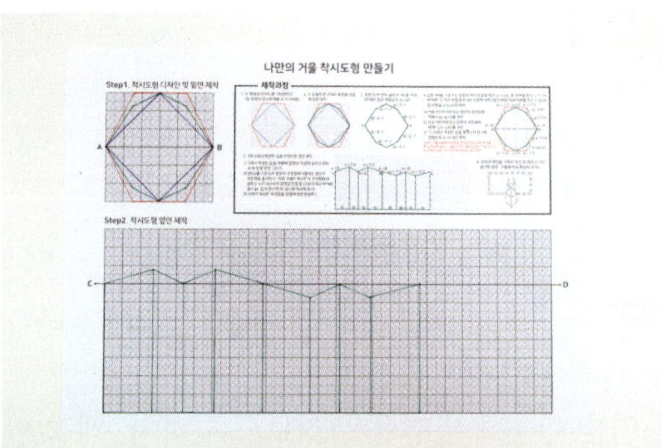

나만의 착시도형 디자인 하기.

완성한 모습. 착시 관찰하기.

다음은 거울 착시도형 제작 안내지를 이용해 만든 예시 작품이다.

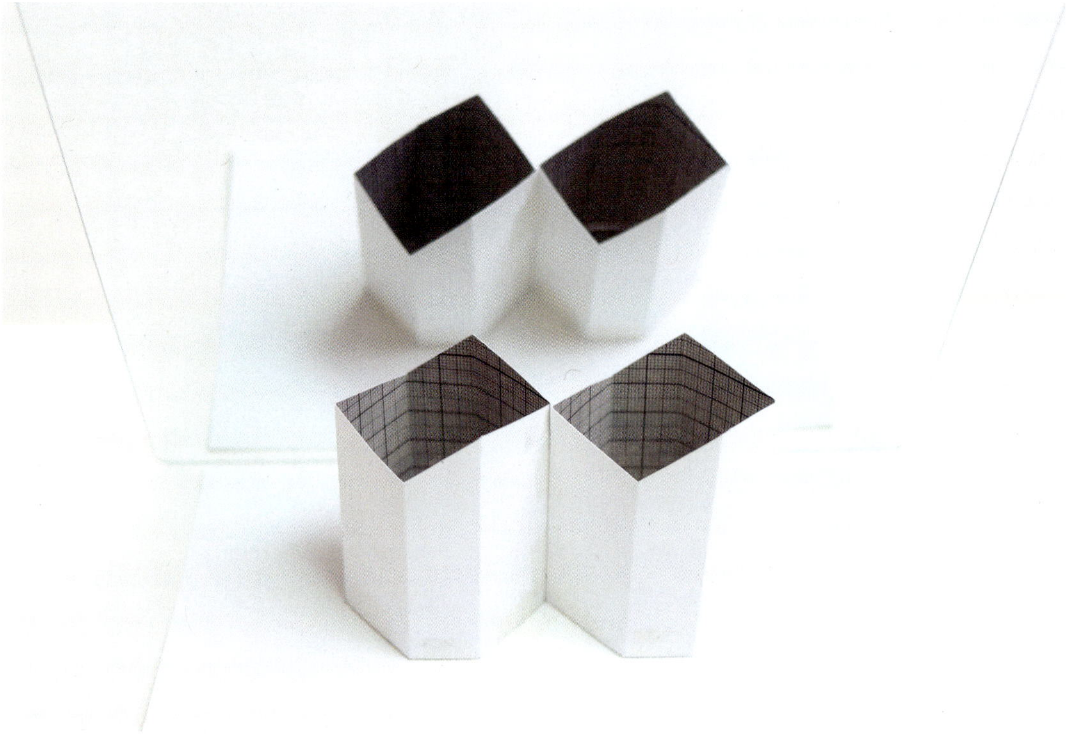

Chapter 12

2차원과 3차원의 만남

이차곡선과 쌍곡면

어떤 체험을 할까요?

1 **종이접기로 이차곡선 만들기**

2 **이차곡선을 품은 쌍곡면 만들기**

3 **모두가 함께 만드는 쌍곡면 구조물**

01

이차곡선

이차곡선은 두 일차식의 곱으로 인수분해되지 않는 두 변수 x, y에 대한 이차방정식

$$ax^2 + bxy + cy^2 + dx + ey + f = 0$$

으로 표현되는 곡선을 말한다. 이차곡선은 원뿔을 자른 단면에서 나타나기 때문에 **원뿔곡선**(Conic Section) 또는 원추곡선이라고도 한다.

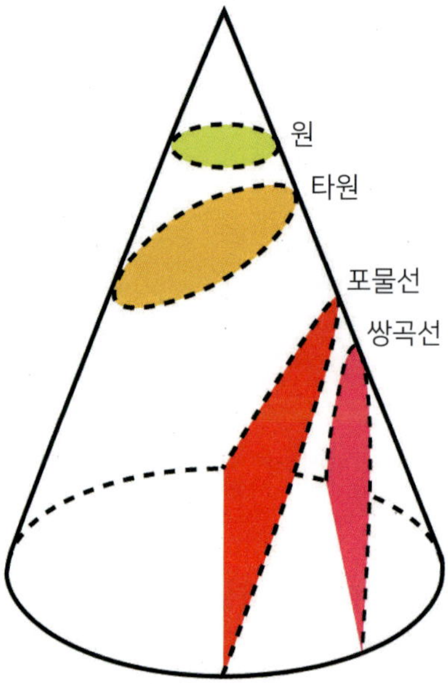

그림1 원뿔의 단면과 원뿔곡선

이차곡선의 탐구에 관한 최초의 기록은 기원전 그리스의 수학자였던 메나에크무스

(Menaechmus)에 대한 기록이다. 그는 삼대 작도 불가능문제인 정육면체 부피의 2배가 되는 정육면체를 작도하는 문제를 풀기 위한 탐구 과정에서 타원, 포물선, 쌍곡선이 원뿔의 단면에 나타난다는 것을 발견하였다. 후에 아폴로니우스(Apollonios)는 현재 우리가 사용하는 타원(Ellipse), 포물선(Parabola), 쌍곡선(Hyperbola)이란 용어를 도입하였고 원뿔곡선과 관련한 다양한 성질을 망라한 《원뿔곡선론》을 저술하였다. 총 8권으로 되어 있는 이 책은 후대 연구에 많은 영향을 끼쳤다.

원뿔곡선의 탐구에 대한 역사적 과정을 소개할 때, 빼놓지 말고 말해야 할 것이 행성의 운동에 관한 케플러의 이론이다. 독일의 천문학자인 요하네스 케플러는 그의 스승 티코 브라헤가 평생 관측한 천체 자료를 바탕으로 행성의 운동에 관한 세 가지 법칙을 발표하였다. 이것이 그 유명한 케플러의 행성운동법칙이다. 그리고 그중 첫 번째 법칙이 행성은 태양을 한 초점으로 하는 타원궤도를 그리며 공전한다는 것이다. 후에 아이작 뉴턴은 이를 수학적으로 증명하였다.

이제 이차곡선인 타원, 포물선, 쌍곡선의 정의에 대해 생각해 보자. 먼저 **타원**은 평면 위의 두 점 F, F′로부터의 거리의 합이 일정한 점의 집합이다. 이때, 두 점 F, F′를 타원의 초점이라고 한다. 이를 그림으로 나타내면 다음과 같다.

그림2

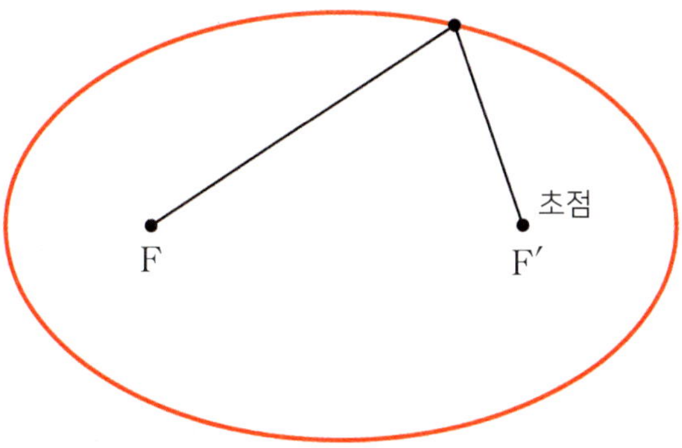

다음으로 포물선을 알아보자. **포물선**은 평면 위의 한 점 F와 그 점을 지나지 않는 한 직선 l이 있을 때, 점 F와 직선 l에 이르는 거리가 같은 점의 집합이다. 이때 점 F를 포물선의 초점, 직선 l을 포물선의 준선이라 하고, 포물선의 초점을 지나고 준선에 수직인 직선을 포물선의 축, 축과 포물선의 교점을 포물선의 꼭짓점이라고 한다. 이를 그림으로 나타내면 다음과 같다.

그림3

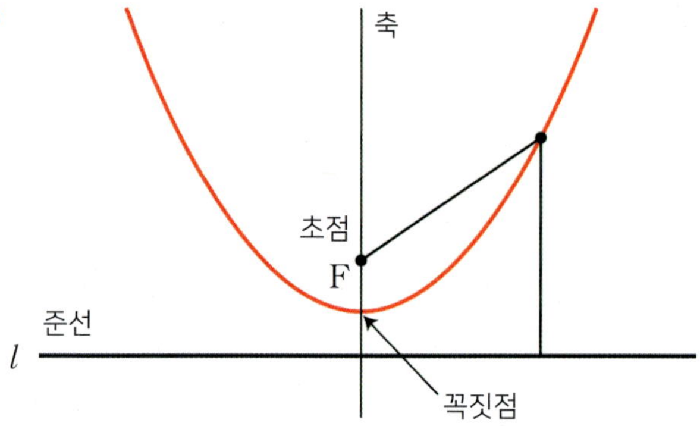

마지막으로 **쌍곡선**은 평면 위의 두 점 F, F′ 로부터의 거리의 차가 일정한 점의 집합이다. 이때, 두 점 F, F′ 를 쌍곡선의 초점이라고 한다. 이를 그림으로 나타내면 다음과 같다.

그림4

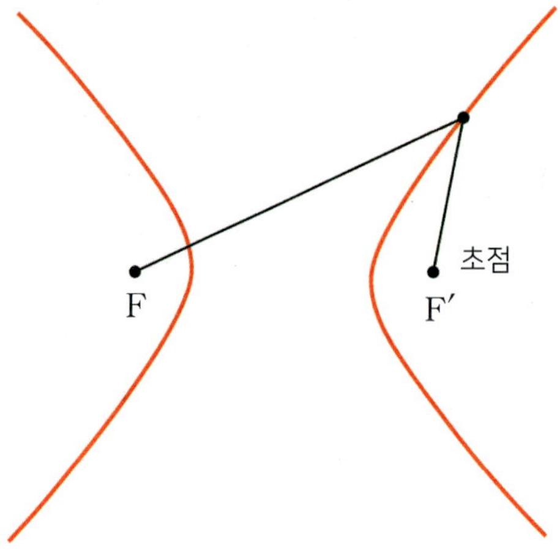

역사적으로 원을 이차곡선의 네 번째 종류로 분류하기도 하였다. 하지만 사실 원은 타원의 특수한 경우이다. 지금까지 설명한 타원, 포물선, 쌍곡선의 정의에 따라 각각의 도형의 방정식을 유도할 수 있다. 유도하는 과정이 생각처럼 복잡하지 않기 때문에 직접 유도해 보길 권한다. 각각의 도형의 방정식은 다음과 같다.

이차곡선

1. 타원

1) 두 초점 $\mathrm{F}(c, 0), \mathrm{F}'(-c, 0)$으로부터 거리의 합이 $2a\,(a > c > 0)$인 타원의 방정식은 다음과 같다.

$$\frac{x^2}{a^2} + \frac{y^2}{b^2} = 1 \text{ (단, } b^2 = a^2 - c^2\text{)}$$

2) 두 초점 $\mathrm{F}(0, c), \mathrm{F}'(0, -c)$으로부터 거리의 합이 $2b\,(b > c > 0)$인 타원의 방정식은 다음과 같다.

$$\frac{x^2}{a^2} + \frac{y^2}{b^2} = 1 \text{ (단, } a^2 = b^2 - c^2\text{)}$$

2. 포물선

1) 초점이 $\mathrm{F}(p, 0)$이고 준선이 $x = -p$인 포물선의 방정식은 다음과 같다.

$$y^2 = 4px \text{ (단, } p \neq 0\text{)}$$

2) 초점이 $\mathrm{F}(0, p)$이고 준선이 $y = -p$인 포물선의 방정식은 다음과 같다.

$$x^2 = 4py \text{ (단, } p \neq 0\text{)}$$

3. 쌍곡선

1) 두 초점 $\mathrm{F}(c, 0), \mathrm{F}'(-c, 0)$으로부터 거리의 차가 $2a\,(c > a > 0)$인 쌍곡선의 방정식은 다음과 같다.

$$\frac{x^2}{a^2} - \frac{y^2}{b^2} = 1 \text{ (단, } b^2 = c^2 - a^2\text{)}$$

2) 두 초점 $\mathrm{F}(0, c), \mathrm{F}'(0, -c)$으로부터 거리의 차가 $2b\,(c > b > 0)$인 쌍곡선의 방정식은 다음과 같다.

$$\frac{x^2}{a^2} - \frac{y^2}{b^2} = -1 \text{ (단, } a^2 = c^2 - b^2\text{)}$$

사실 타원과 쌍곡선도 포물선처럼 초점과 준선을 통해 정의할 수 있다. 좀 더 부연해 설명하면 초점과 준선이 주어졌을 때 초점과 준선으로부터 거리의 비가 일정한 점들의 모임으로 정의하는 것이다. 거리의 비가 얼마냐에 따라 타원이 되기도 하고, 포물선이 되기도 하고, 쌍곡선이 되기도 한다.

이차곡선과 이심률

한 평면 위에 있는 초점 F와 준선 l에 대하여 e를 고정된 상수라 하자. 이때 평면에서 다음 조건을 만족하는 점 P의 자취는 이차곡선이다.

$$\frac{|\mathrm{PF}|}{|\mathrm{P}l|} = e$$

이때, $e < 1$이면 타원, $e = 1$이면 포물선, $e > 1$이면 쌍곡선이다.

위에서 정의된 e를 **이심률**이라고 하며 이심률은 타원, 포물선, 쌍곡선을 구별하는 지표가 된다.

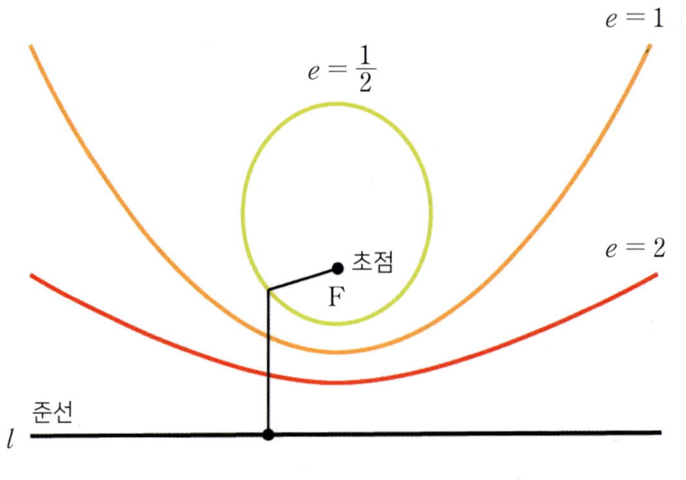

그림5 이심률에 따른 이차곡선의 개형

02

이차곡선과 종이접기

이차곡선을 직접 그려보길 원한다면 어떻게 하면 될까? 쉽게 떠올릴 수 있는 것은 직접 종이와 펜을 갖고 좌표평면 위에 점을 찍은 뒤 이를 연결하여 그리는 것이다. 여러 가지 훌륭한 수학 소프트웨어를 이용해 그래프를 그릴 수도 있다. 그리고 여기에 추가할 수 있는 재미있는 방법은 바로 종이접기를 이용해 그리는 것이다.

우리는 규칙에 따라 반복적으로 종이를 접어 직선을 만듦으로써 타원, 포물선, 쌍곡선을 그릴 수 있다. 타원, 포물선, 쌍곡선은 이렇게 만들어진 직선의 집합의 포락선이 된다. **포락선**(Envelope)은 곡선의 집합(일반적으로 무한개의 곡선을 원소로 갖는 집합)이 있을 때 이 집합의 모든 곡선과 접하는 곡선이다. 예를 들어 일정한 비율로 반지름의 길이가 줄어들며 오른쪽으로 굴러가는 원이 있다고 하자. 이때 그림 6 처럼 빨간색 선은 모든 원과 접하게 된다. 따라서 이 빨간색 선은 원의 집합의 포락선이다.

그림6

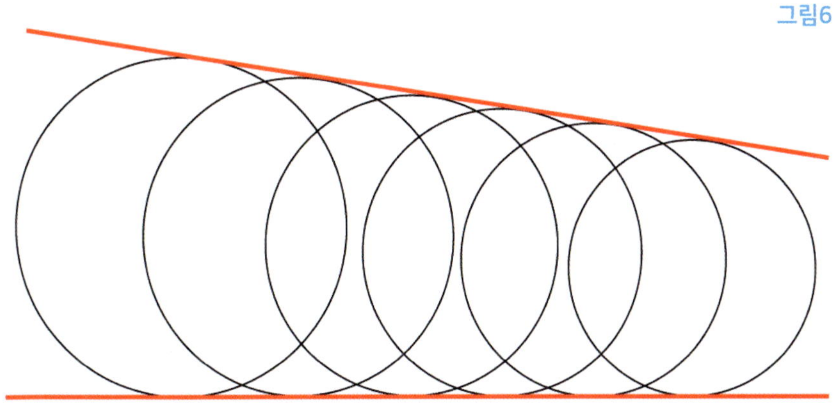

이제 타원부터 종이접기로 만드는 방법을 알아보도록 하자. 그 과정은 다음과 같다.

종이접기로 타원 만들기

원이 인쇄된 종이를 준비한 후 다음 과정에 따라 선을 그린다.

1. 원 내부의 적당한 위치에 점을 찍고 이를 점 A라 하자.
2. 원 위의 한 점을 잡고 이 점이 점 A와 만나도록 종이를 접은 후 펼친 다음 접었던 부분에 선을 그린다.
3. 2의 과정을 반복한다.

이 과정을 충분히 시행하면 아래 그림과 같이 원 안에 타원이 보이게 된다.

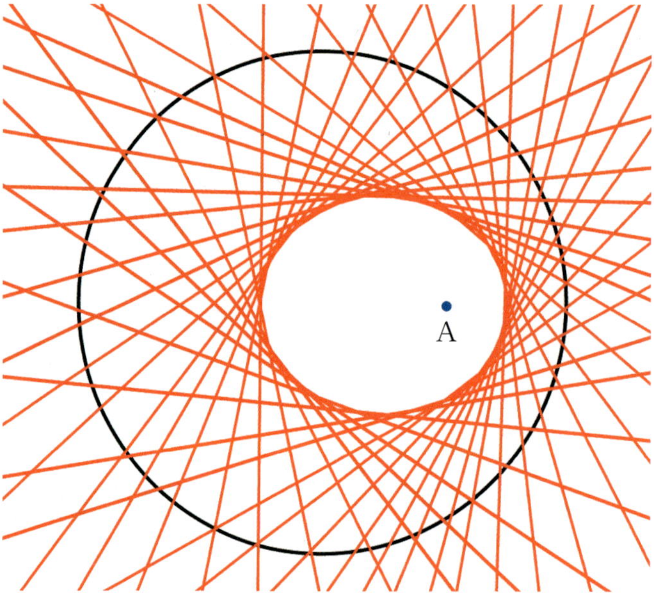

그림7 종이접기로 타원 만들기

어떻게 타원이 만들어질까? 이를 알아보자. 원의 중심을 O, 종이를 접을 때 점 A와 만나는 원 위의 점을 점 A′, 접히는 선을 l, 직선 l과 선분 AA′와의 교점을 M, 직선 l과 선분 OA′와의 교점을 P, 원의 반지름의 길이를 r이라 하자.

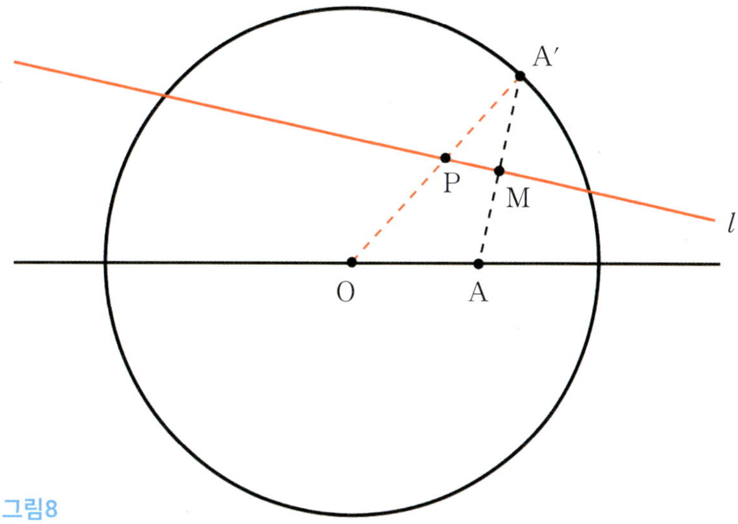

그림8

이때 직선 l은 선분 AA′의 수직이등분선이고 △A′MP와 △AMP는 SAS합동이다. 따라서 $\overline{PA'} = \overline{PA}$이다. 또한 $\overline{OA'} = r$이다. 그러므로 다음 식이 성립한다.

$$r = \overline{OA'} = \overline{OP} + \overline{PA'} = \overline{OP} + \overline{PA}$$

따라서 점 P는 점 O와 점 A를 초점으로 하고 두 점으로부터 거리의 합이 r인 타원 위의 점이 된다. 또한 점 P가 아닌 직선 l 위의 한 점 P′에 대해 다음이 성립함을 알 수 있다.

$$\overline{OP'} + \overline{P'A} = \overline{OP'} + \overline{P'A'} > \overline{OP} + \overline{PA'} = r$$

따라서 직선 l은 점 O와 점 A를 초점으로 하고 두 점으로부터 거리의 합이 r인 타원과 점 P에서만 만나고 직선 l은 타원의 접선이다. 임의의 직선 l에 대해 이는 항상 성립하므로 종이접기를 통해 타원이 만들어진다.

다음으로 종이접기로 포물선을 만드는 방법을 알아보자. 그 과정은 다음과 같다.

종이접기로 포물선 만들기

직선(세로선)이 인쇄된 종이를 준비한 후 다음 과정에 따라 선을 그린다.

1. 직선 왼쪽 부분의 적당한 위치에 점을 찍고 이를 점 A라 하자.
2. 직선 위의 한 점을 잡고 이 점이 점 A와 만나도록 종이를 접은 후 펼친 다음 접었던 부분에 선을 그린다.
3. 2의 과정을 반복한다.

이 과정을 충분히 시행하면 아래 그림과 같이 포물선이 보이게 된다. 당연하게도 인쇄된 직선이 꼭 세로선일 필요는 없다. 가로선이어도 되고 가로선이라면 그에 맞게 종이접기를 시행하면 된다.

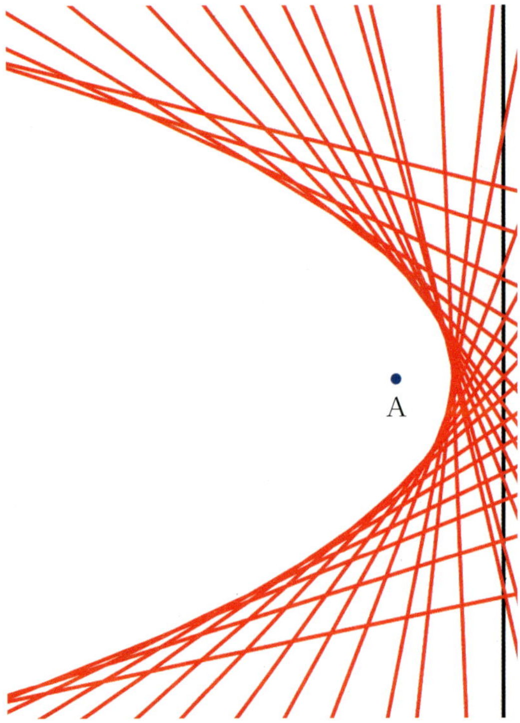

그림9 종이접기로 포물선 만들기

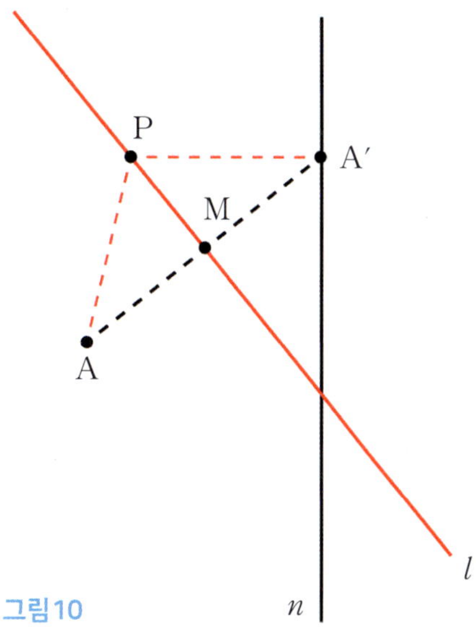

그림10

어떻게 포물선이 만들어지는지 알아보기 위해 처음에 주어진 직선을 n, 종이를 접을 때 점 A와 만나는 직선 n 위의 점을 점 A′, 접히는 선을 l, 직선 l과 선분 AA′와의 교점을 M, 점 A′에서 직선 n의 수선을 그렸을 때 직선 l과의 교점을 점 P라 하자.

이때 직선 l은 선분 AA′의 수직이등분선이고 △A′MP와 △AMP은 SAS합동이다. 따라서 $\overline{\mathrm{PA'}} = \overline{\mathrm{PA}}$이다. 그러므로 점 P는 점 A를 초점으로 하고 직선 n을 준선으로 하는 포물선 위의 점이다.

이때 점 P가 아닌 직선 l 위의 한 점 P′에 대해 점 P′에서 직선 n까지의 거리를 d라 하면 다음이 성립함을 알 수 있다.

$$\overline{\mathrm{AP'}} = \overline{\mathrm{P'A'}} > d$$

따라서 직선 l은 점 A를 초점으로 하고 직선 n을 준선으로 하는 포물선과 점 P에서만 만나고 직선 l은 포물선의 접선이다. 임의의 직선 l에 대해 이는 항상 성립하므로 종이접기를 통해 포물선이 만들어진다.

다음으로 종이접기로 쌍곡선을 만드는 방법을 알아보자. 그 과정은 다음과 같다.

종이접기로 쌍곡선 만들기

원이 인쇄된 종이를 준비한 후 다음 과정에 따라 선을 그린다.

1. 원 외부의 적당한 위치에 점을 찍고 이를 점 A라 하자.
2. 원 위의 한 점을 잡고 이 점이 점 A와 만나도록 종이를 접은 후 펼친 다음 접었던 부분에 선을 그린다.
3. 2의 과정을 반복한다.

이 과정을 충분히 시행하면 아래 그림과 같이 쌍곡선이 보이게 된다.

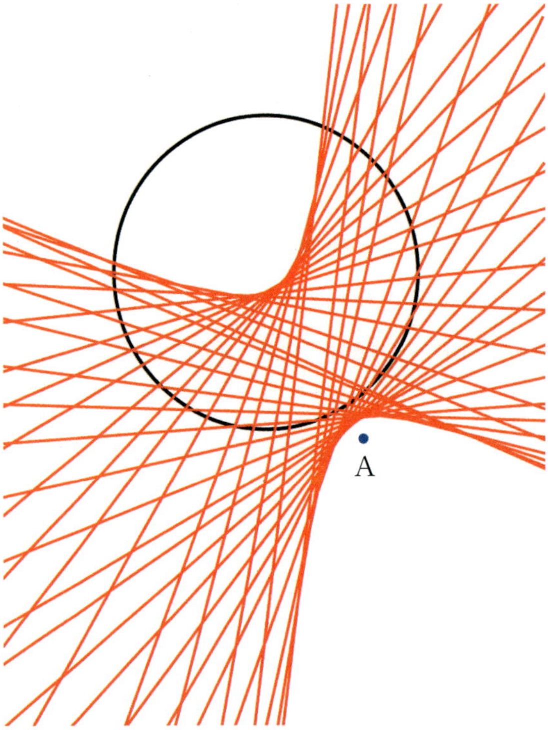

그림11 종이접기로 쌍곡선 만들기

어떻게 쌍곡선이 만들어지는지 알아보기 위해 처음에 주어진 원의 중심을 O, 종이를 접

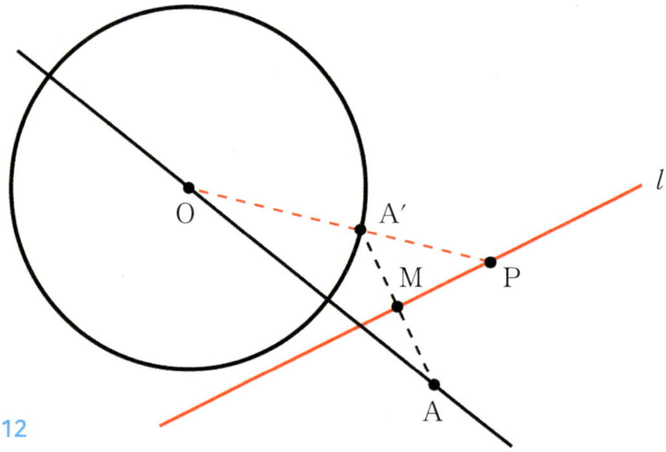

그림12

을 때 점 A와 만나는 원 위의 점을 점 A′, 접히는 선을 l, 직선 l과 선분 AA′와의 교점을 M, 원의 중심 O와 점 A′를 지나는 직선을 그렸을 때 그 직선과 직선 l과의 교점을 점 P, 원의 반지름의 길이를 r이라 하자.

이때 직선 l은 선분 AA′의 수직이등분선이고 △A′MP와 △AMP는 SAS합동이다. 따라서 $\overline{PA'} = \overline{PA}$이다. 또한 $\overline{OA'} = r$이다. 그러므로 다음 식이 성립한다.

$$r = \overline{OA'} = \overline{OP} - \overline{PA'} = \overline{OP} - \overline{PA}$$

따라서 점 P는 점 O와 점 A를 초점으로 하고 두 점으로부터 거리의 차가 r인 쌍곡선 위의 점이 된다. 또한 점 P가 아닌 직선 l 위의 한 점 P′에 대해 선분 OP′와 원과의 교점을 점 A″라 할 때, 다음이 성립함을 알 수 있다.

$$\overline{OP'} - \overline{P'A} = \overline{OP'} - \overline{P'A'} < \overline{OP'} - \overline{P'A''} = r$$

따라서 직선 l은 점 O와 점 A를 초점으로 하고 두 점으로부터 거리의 차이 r인 쌍곡선과 점 P에서만 만나고 직선 l은 쌍곡선의 접선이다. 임의의 직선 l에 대해 이는 항상 성립하므로 종이접기를 통해 쌍곡선이 만들어진다.

03

이차곡선과 쌍곡면

쌍곡면은 이차곡면의 일종으로 식은 다음과 같이 표현된다.

$$\frac{x^2}{a^2}+\frac{y^2}{b^2}-\frac{z^2}{c^2}=1 \quad \text{또는} \quad \frac{x^2}{a^2}+\frac{y^2}{b^2}-\frac{z^2}{c^2}=-1$$

이 중 첫 번째 주어진 식을 **일엽 쌍곡면**이라 하고 두 번째 주어진 식을 **이엽 쌍곡면**이라 한다. 특별하게 $a^2=b^2$인 경우 **회전 쌍곡면**이라 하며 쌍곡선을 회전축을 중심으로 회전시켜 얻어진다. 일엽 쌍곡면의 경우 쌍곡선형 쌍곡면이라고 하며 이엽 쌍곡면의 경우 타원형 쌍곡면이라고 한다. 쌍곡면의 재미있는 성질 중 하나는 평면으로 적당히 절단하면 교선에 이차곡선인 타원, 포물선, 쌍곡선이 나타난다는 것이다. 이를 일엽 쌍곡면을 중심으로 알아보자.

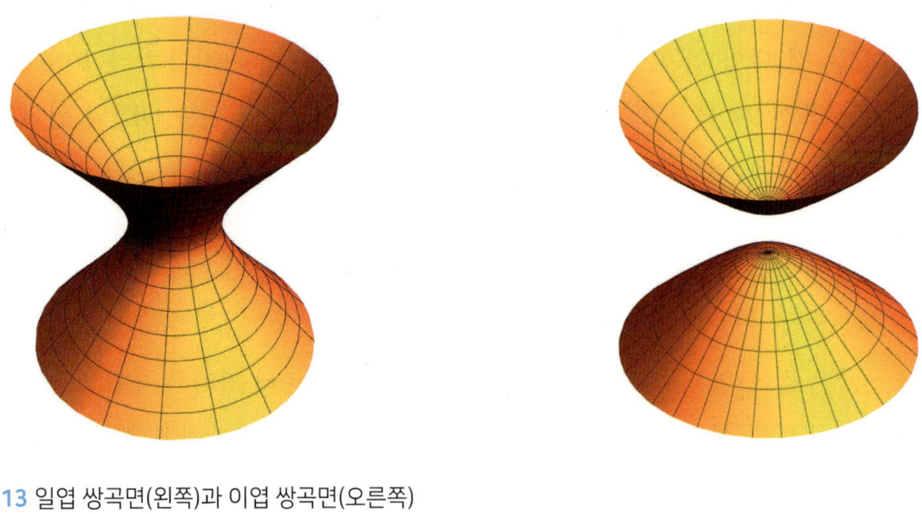

그림13 일엽 쌍곡면(왼쪽)과 이엽 쌍곡면(오른쪽)

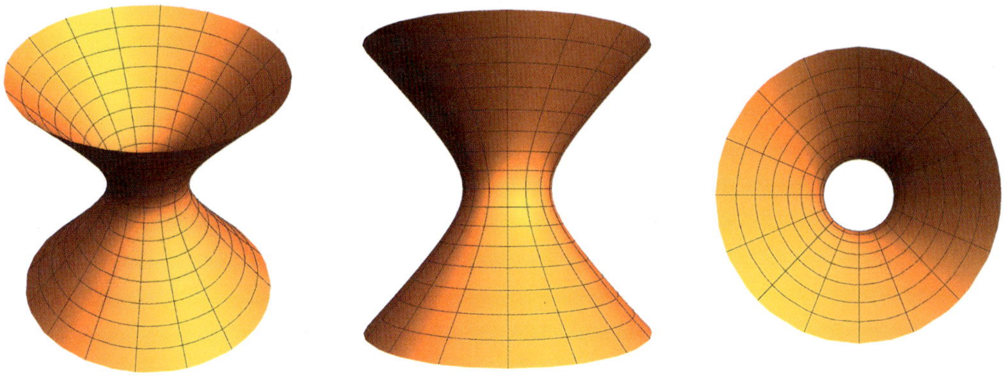

그림14 일엽 쌍곡면의 모습

이해를 돕기 위해 $a = b = c = 1$이고 $-1 \leq z \leq 1$라 가정하자. 즉, 다음과 같은 쌍곡면의 방정식을 생각하도록 한다.

$$x^2 + y^2 - z^2 = 1 \,(-1 \leq z \leq 1)$$

적당한 평면으로 쌍곡면을 자른다고 할 때, 평면이 xy평면과 몇 도의 각도로 만나도록 자르는지에 따라 교선의 모양은 다양하게 나타난다. 이 문제의 계산은 생각보다 간단하지 않으므로 각각에 대해 특수한 경우를 생각해 볼 것이다.

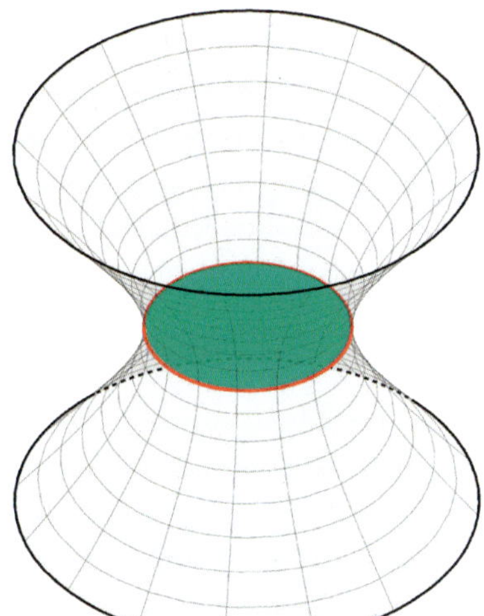

그림15

먼저 xy평면과 평행한 평면으로 자르는 경우를 생각해 보자. 만나는 각도는 $0°$라고 할 수 있다. 그리고 이때의 교선은 그림15처럼 원이라는 것을 쉽게 알 수 있다. 물론 이는 $a = b$라는 조건을 가정했기 때문이다. 식으로 알아보기 위해 xy평면으로 자르는 경우를 생각해 보자. xy평면의 방정식은 $z = 0$이므로 쌍곡면의 방정식과 연립하면 $x^2 + y^2 = 1$이다. 즉, 교선이 원의 방정식임을 식으로도 확인할 수 있다.

다음으로 xy 평면과 $45°$ 미만의 각도로 만나는 평면으로 자르는 경우를 생각해 보자. 이 경우 교선의 모양은 타원으로 나오는데 평면의 방정식이 $z=-\frac{\sqrt{3}}{3}y$ 인 평면으로 자르는 경우에 대해 알아볼 것이다. 이는 xy 평면과 $30°$로 만나는 평면으로 자르는 것을 의미한다. 이 방정식과 쌍곡면의 방정식을 연립하면 다음과 같은 식이 나온다.

$$x^2+\frac{2}{3}y^2=1 \text{ (단, } z=-\frac{\sqrt{3}}{3}y\text{)}$$

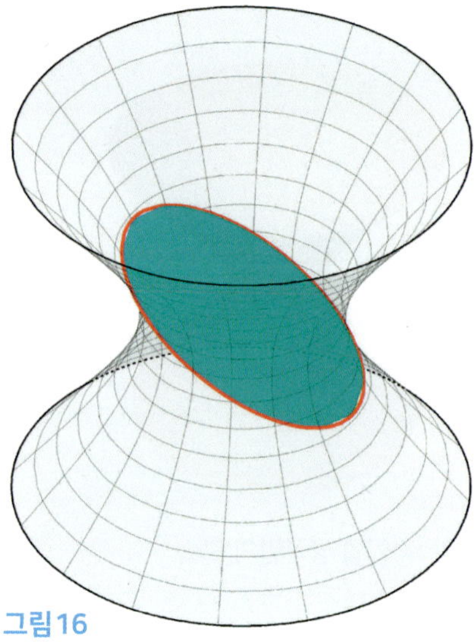

그림16

그림16의 빨간색 부분이 이에 해당한다. 이 곡선을 x축을 기준으로 $30°$ 회전시키면 xy 평면 위에서 곡선의 방정식을 생각할 수 있고 공간에서의 회전변환을 이용하면 다음과 같은 식을 유도할 수 있다.

$$x^2+\frac{1}{2}y^2=1 \text{ (단, } z=0\text{)}$$

즉, 타원의 방정식이다. 일반적인 경우에 대해서도 비슷하게 생각할 수 있다.

다음으로 xy 평면과 $45°$로 만나도록 자르는 경우를 생각해 보자. 이 경우는 두 가지로 나눠 생각할 수 있다. 한 가지는 원점을 통과하는 평면으로 자르는 것이다. 즉, 도형의 방정식이 $z=-y$ 인 평면으로 자르는 것이다. 이를 쌍곡면의 방정식과 연립하면 다음과 같다.

$$x=\pm 1 \text{(단, } z=-y\text{)}$$

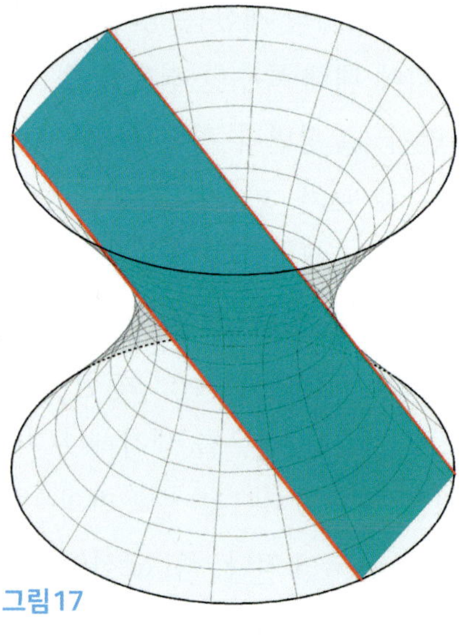

그림17

그림17의 빨간색 부분으로 평행한 두 직선이다.

다음으로 xy 평면과 $45°$ 로 만나지만 원점을 지나지 않는 평면으로 자르는 경우를 생각해 보자. 평면의 방정식이 $z = -y + \frac{1}{2}$ 인 평면으로 자르는 경우가 이에 해당한다. 이 평면의 방정식을 쌍곡면의 방정식과 연립하면 다음과 같은 식이 나온다.

$$x^2 = -y + \frac{5}{4} (\text{단, } z = -y + \frac{1}{2})$$

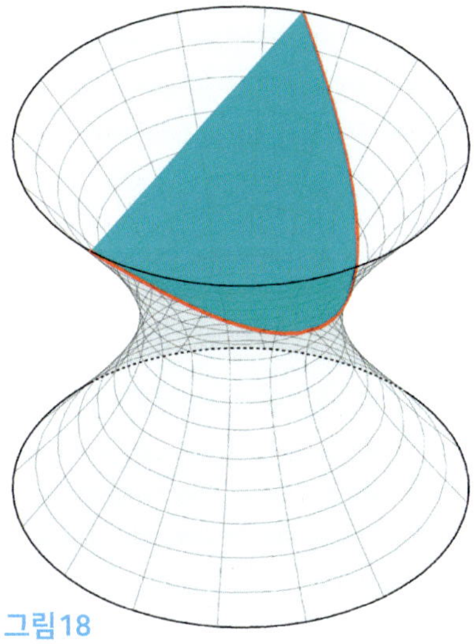
그림18

그림 18 의 빨간색 부분이 이에 해당한다. xy 평면과 평행한 적당한 평면 위에서 이 빨간곡선의 방정식을 생각해 볼 수 있다. 평행이동과 공간상에서의 회전변환을 이용하면 그 식을 유도할 수 있다. 하지만 직접 유도하지 않아도 x^2 과 y 로 표현되는 식이 나오리라 예상할 수 있다. 따라서 교선은 포물선이다. (직접 계산해 보자.)

마지막으로 xy 평면과 $45°$ 보다 큰 각도로 만나는 평면으로 자르는 경우를 생각해 보자. 이 경우는 평면이 쌍곡면의 접평면이 되는 경우와 아닌 경우로 나눠 생각할 수 있다. 먼저 접평면이 되지 않는 경우를 생각해 보도록 하자.

$z = -\sqrt{3}y$ 인 평면으로 자르는 경우에 대해 알아볼 것이다. 이는 xy 평면과 $60°$ 로 만나는 평면으로 자르는 것을 의미한다. 이 방정식과 쌍곡면의 방정식을 연립하면 다음과 같은 식이 나온다.

$$x^2 - 2y^2 = 1 \ (\text{단, } z = -\sqrt{3}y)$$

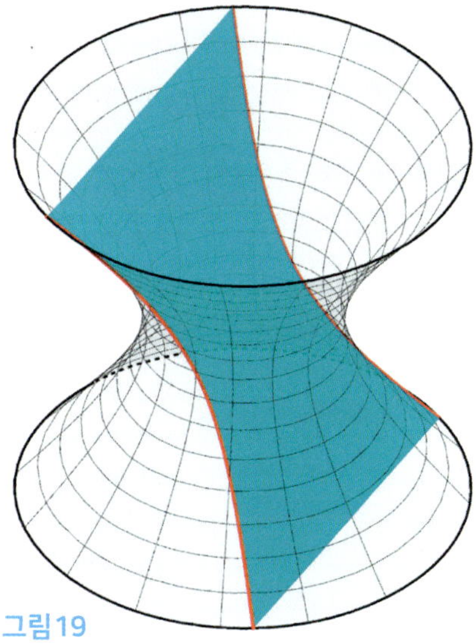
그림19

그림 19 의 빨간색 부분이 이에 해당한다. 이 곡선을 x 축을 기준으로 $60°$ 회전시키면 xy 평면 위에서 곡선의 방정식을 생각할 수 있고 공간에서의 회전변환을 이용하면 다음과 같은 식을 유도할 수 있다.

$$x^2 - \frac{1}{2}y^2 = 1 \ (\text{단}, \ z = 0)$$

즉, 쌍곡선의 방정식이다. 일반적인 경우에 대해서도 비슷하게 생각할 수 있다.

xy 평면과 $45°$보다 큰 각도로 만나면서 접평면이 되는 경우를 생각해 보자. (xy 평면과 $45°$ 이하의 각도로 만나며 접평면이 되는 경우는 없다.) 이 경우 중 가장 간단한 경우는 평면의 방정식이 $y = 1$인 경우로 $(0, 1, 0)$에서 쌍곡면에 접한다. 이 방정식을 쌍곡면의 방정식과 연립하면 다음과 같은 식이 나온다.

$$x = \pm z \ (\text{단}, \ y = 1)$$

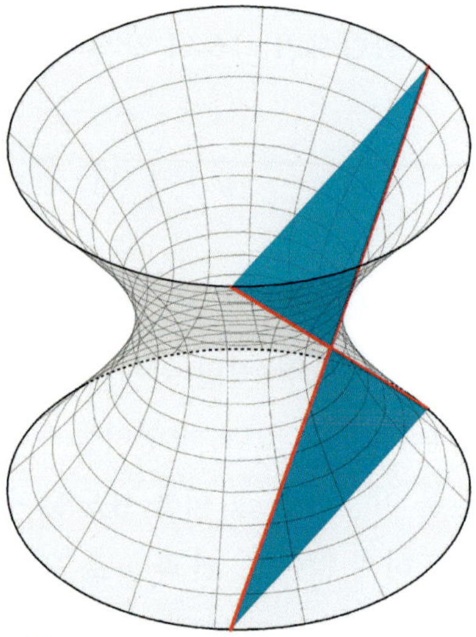

그림20

그림 20에서 빨간색 선이 부분이 이에 해당하고, 한 점에서 만나는 두 직선임을 알 수 있다. 좀 더 일반적인 경우도 마찬가지다. 지금까지 내용을 정리하면 다음과 같다. 쌍곡면을 적당한 평면으로 절단한다고 할 때, 평면이 xy 평면과 $0°$로 만나는 평면으로 자르는 경우 교선은 원이 되고, $45°$ 미만의 각도로 xy 평면과 만나는 경우엔 타원이 된다. 평면이 $45°$로 xy 평면과 만나며 원점을 지나지 않는 경우엔 교선이 포물선, 원점을 지나는 경우엔 평행한 두 직선이 된다. 마지막으로 xy 평면과 $45°$보다 큰 각도로 만나며 쌍곡면에 접하지 않는 평면으로 절단할 경우, 교선은 쌍곡선이 되고 접하는 경우엔 한 점에서 만나는 두 직선이 된다.

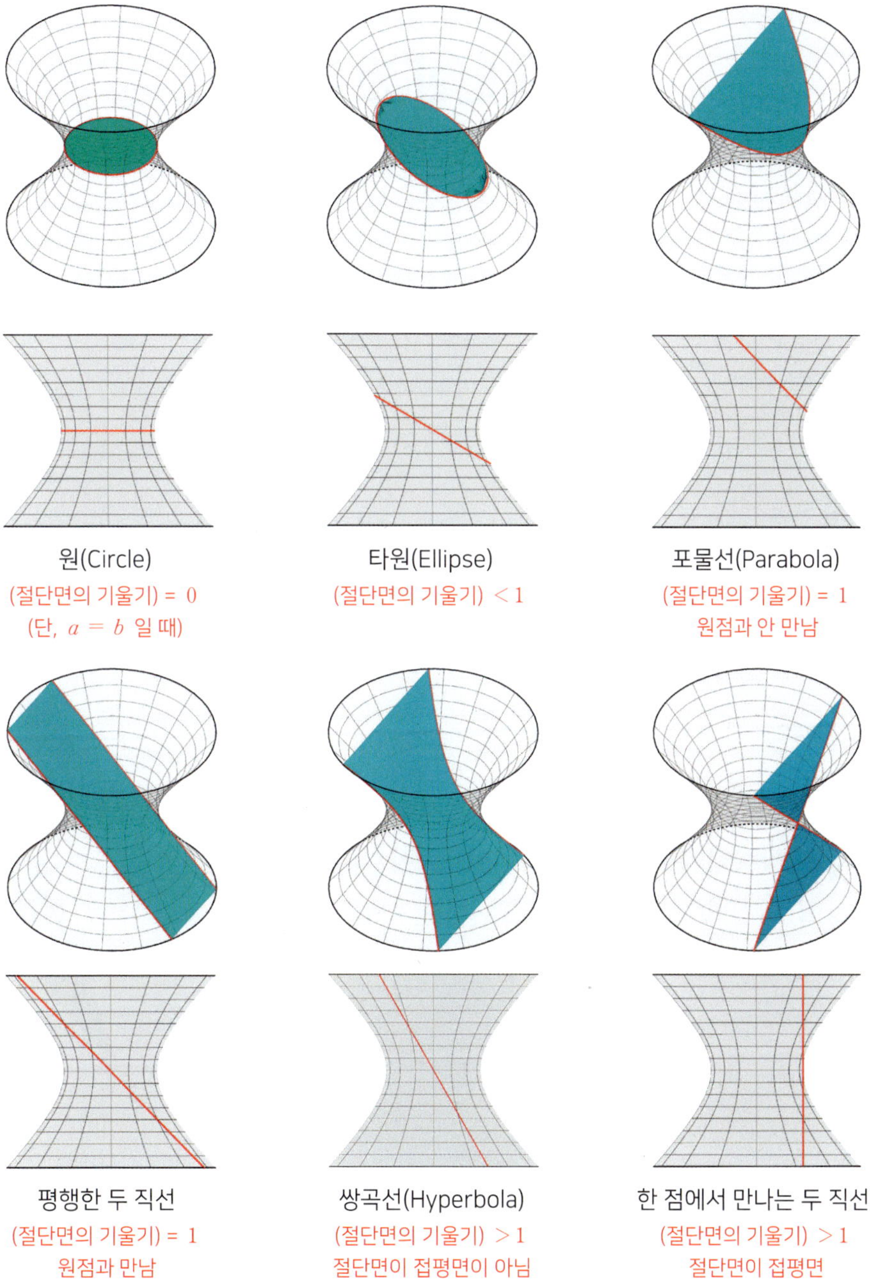

그림21 일엽 쌍곡면의 절단면

04
쌍곡면과 건축

앞에서 살펴봤던 다음과 같은 회전 쌍곡면을 다시 살펴보자.

$$x^2 + y^2 - z^2 = 1\,(-1 \le z \le 1)$$

평면의 방정식이 $y = 1$인 평면으로 쌍곡면을 절단한다고 할 때, 평면과 쌍곡면의 교선의 방정식은 다음과 같다.

$$x = \pm z\,(\text{단, } y = 1)$$

즉, 이 직선은 쌍곡면에 포함되는 직선이다. 이 직선 중 $x = z$를 매개변수 방정식으로 표현하면 다음과 같다.

$$x = t, y = 1, z = t\,(-1 \le t \le 1)$$

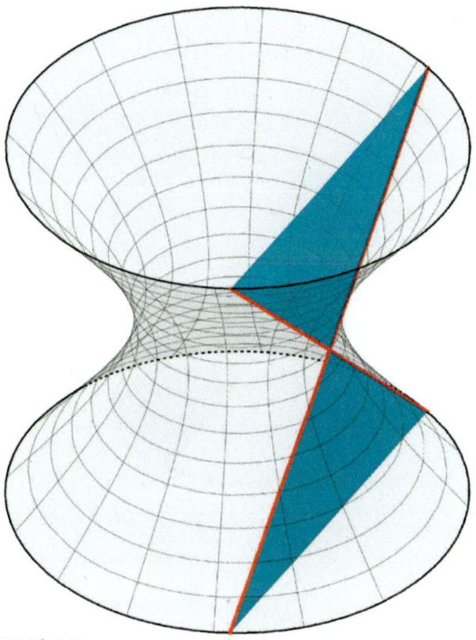
그림22

회전 쌍곡면은 z축을 회전축으로 한 회전체이기 때문에 이 직선을 z축을 중심으로 회전시켜도 역시 회전 쌍곡면 위에 있게 된다. 그리고 직선을 z축을 중심으로 각도 s만큼 회전이동시키면 매개변수 방정식은 다음과 같다.

$$x = t\cos s - \sin s, y = t\sin s + \cos s, z = t\,(-1 \le t \le 1)$$

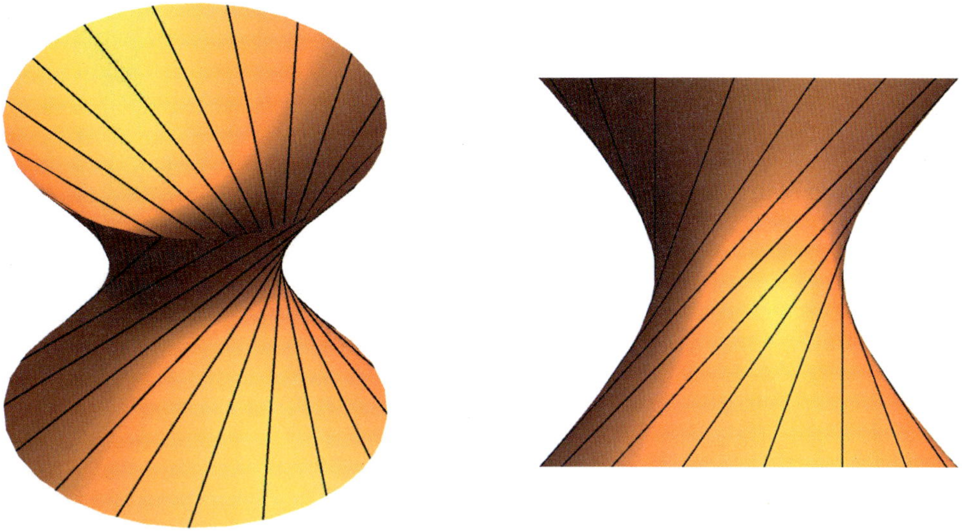

그림23

결과적으로 위 그림처럼 한 직선을 z축 중심으로 회전이동한 직선으로 쌍곡면이 표현될 수 있음을 알 수 있다. 실제 위의 그림에서는 유한개의 선만을 표현했지만, 연속적인 무한개의 선을 생각하면 쌍곡면이 만들어짐을 알 수 있다.

쌍곡면 구조의 건축물을 만든다고 할 때, 직선형 스틸빔을 위 그림처럼 배열해 건축물을 만들 수 있다. 따라서 다른 형태의 건축물을 만들 때보다 더 적은 비용만을 투자해 강한 구조의 건축물을 만들 수 있다.

그림24 슈코프 타워

세계 최초의 쌍곡면 구조물은 1896년 러시아의 니즈니 노브고로드(Nizhny Novgorod)에서 열렸던 '모든 러시아 산업 예술 박람회'에서 세워진 수코프 타워이다. 이 타워는 $37m$ 높이의 급수탑으로 러시아 건축가이자 엔지니어인 블라디미르 슈코프(Vladimir Shukhov)가 설계하였다. 그는 이후에도 여러 쌍곡면 구조물을 설계하였다.

대표적인 쌍곡면 건축물로 냉각탑을 들 수 있다. 최초의 쌍곡면 냉각탑은 네덜란드의 기계과 교수였던 프레데릭 반 이터슨(Frederik van Iterson)과 제라드 쿠이퍼스(Gerard Kuypers)가 설계하였고 1918년 네덜란드의 도시 헤이를런(Heerlen) 근처에 세워졌다.

그림25 냉각탑

현재 많은 냉각탑이 이런 쌍곡면의 모양을 하고 있다. 그렇다면 왜 냉각탑을 쌍곡면 구조로 짓는 것일까? 사실 당연하게도 냉각탑의 형태가 어때야 하는지에 대해 정해진 규칙은 없다. 하지만 냉각탑이 어떤 기능을 해야 하는지는 명확하다. 고온의 유체를 더 낮은 온도로 냉각시켜 과도한 열을 대기 중으로 방출하는 것이다. 이런 점에서 우리는 냉각탑의 형태로 왜 쌍곡면을 선호하는지 생각해 볼 수 있다.

냉각탑의 기능을 생각해 볼 때 탑 꼭대기의 분출구를 통해 열이 방출돼야 하므로 냉각탑은 충분히 높아야 한다. 그렇지 않으면 방출된 열이 재순환을 일으킬 수 있기 때문이다. 그리고 이렇게 높은 구조물을 지탱하기 위해서는 건물 상단으로부터의 하중을 충분히 견딜 수 있을 만큼 하단이 넓은 것이 좋다. 그래야 상단의 하중을 넓게 분산시킬 수 있기 때문이다. 그렇기 때문에 하단의 원형 구조는 여기에 이점을 갖게 된다.

또한 냉각탑 아래에서 생성되는 고온의 공기는 저온의 공기보다 밀도가 낮기 때문에 위로 상승하게 되는데 가운데 부분이 협소한 쌍곡면의 구조적 특성은 고온의 공기가 더 빠르게 상승하게 하고 층류를 형성하는 데 도움을 준다. 층류란 유체의 규칙적인 흐름을 의미한다. 여기에 건물의 상단의 넓은 원형의 구조는 분출된 열이 대기로 확산하며 난류혼합을 하는 데 도움을 준다.

건물의 구조적인 측면에서도 단순한 직선형의 구조보다는 곡선형의 구조가 외부 자연의 영향으로부터 더 잘 지지해 준다. 이런 여러 가지 이유로 냉각탑의 구조는 쌍곡면의 모양을 하는 경우가 많다.

냉각탑 외에도 세계의 많은 탑이나 건축물에서 쌍곡면 구조를 관찰할 수 있다. 대표적으로 일본의 고베 포토 타워, 중국의 광저우 타워, 체코의 제슈테드 타워 등을 들 수 있다. 쌍곡면이 갖는 구조적인 이점 외에도 미적인 아름다움이 쌍곡면 구조물을 선호하는 이유 일 것이다.

그림26 체코의 제슈테드 타워

우리 모두 즐기는 **다함께 체험수학**

종이접기로 이차곡선 만들기

체험시간 60분
체험난도 ★★☆☆☆
준비파일 12/이차곡선_전개도.pdf
준비물 이차곡선 전개도(**인쇄**) + 자 + 펜 = 준비 완료^-^

앞에서 알아본 종이접기를 이용해 이차곡선을 만드는 방법으로 이차곡선을 만들어 보자.

종이접기로 이차곡선 만들기

1. 타원 : 원이 인쇄된 종이를 준비한 후 다음 과정에 따라 선을 그린다.
1) 원 내부의 적당한 위치에 점을 찍고 이를 점 A라 하자.
2) 원 위의 한 점을 잡고 이 점이 점 A와 만나도록 종이를 접은 후 펼친 다음 접었던 부분에 선을 그린다.
3) 2)의 과정을 반복한다.

2. 포물선 : 직선(세로선)이 인쇄된 종이를 준비한 후 다음 과정에 따라 선을 그린다.
1) 직선 왼쪽 부분의 적당한 위치에 점을 찍고 이를 점 A라 하자.
2) 직선 위의 한 점을 잡고 이 점이 점 A와 만나도록 종이를 접은 후 펼친 다음 접었던 부분에 선을 그린다.
3) 2)의 과정을 반복한다.

3. 쌍곡선 :원이 인쇄된 종이를 준비한 후 다음 과정에 따라 선을 그린다.
1) 원 외부의 적당한 위치에 점을 찍고 이를 점 A라 하자.
2) 원 위의 한 점을 잡고 이 점이 점 A와 만나도록 종이를 접은 후 펼친 다음 접었던 부분에 선을 그린다.
3) 2)의 과정을 반복한다.

Check **Point**

종이접기를 이용해 이차곡선을 만들고자 할 때, 처음에 점 A의 위치를 어떻게 잡는지에 따라 형태가 어떻게 변하는지 관찰하는 것도 재미있다. 여러 사람이 함께 종이접기로 이차곡선을 만든다면 각각 점 A의 위치를 다르게 하여 비교해 보는 것도 좋다. 점 A의 위치에 따른 차이는 직접 제작을 통해 관찰할 수도 있지만 수식으로도 생각해 볼 수 있기 때문에 수식으로도 따져보기를 추천한다.

타원의 경우 점 A가 원의 중심에 가까워지는 경우와 원 위의 한 점에 가까워지는 경우를 생각해 볼 수 있고, 포물선의 경우는 세로 직선에 가까운 경우와 먼 경우를 생각할 수 있다. 쌍곡선은 원 위의 한 점에 가까워지는 경우와 원에서 멀어지는 경우를 생각할 수 있다. 옆과 아래의 그림은 규칙에 따라 직접 이차곡선을 그려 본 예시이다.

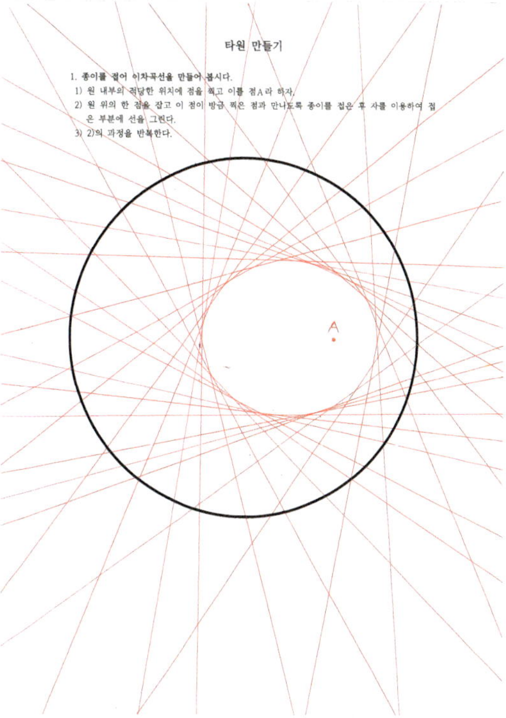

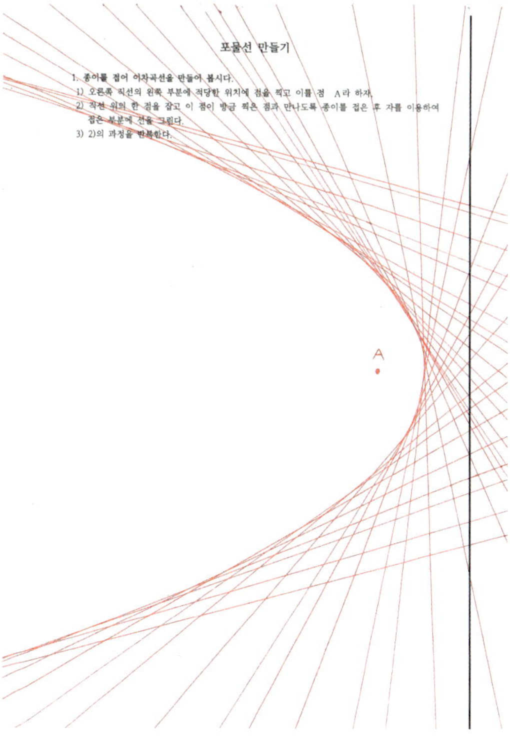

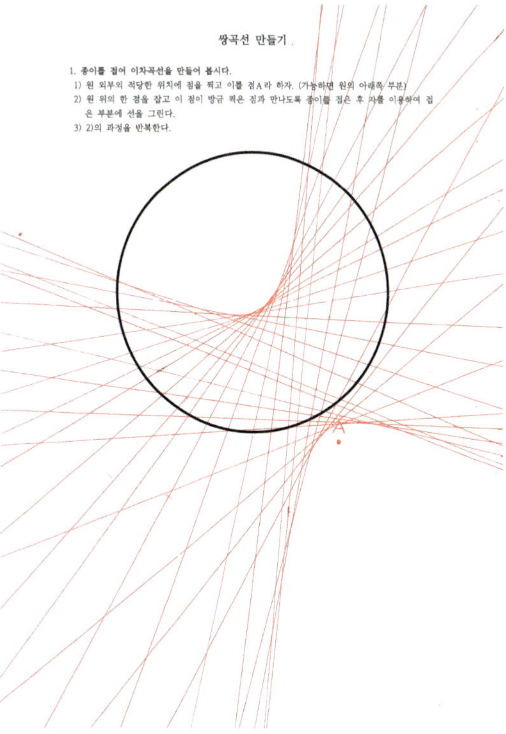

이차곡선을 품은 **쌍곡면 만들기**

체험시간 30분

체험난도 ★★★☆☆

준비물 꼬치 막대 36개(30cm 이상) +고무줄 54개 = 준비 완료^-^

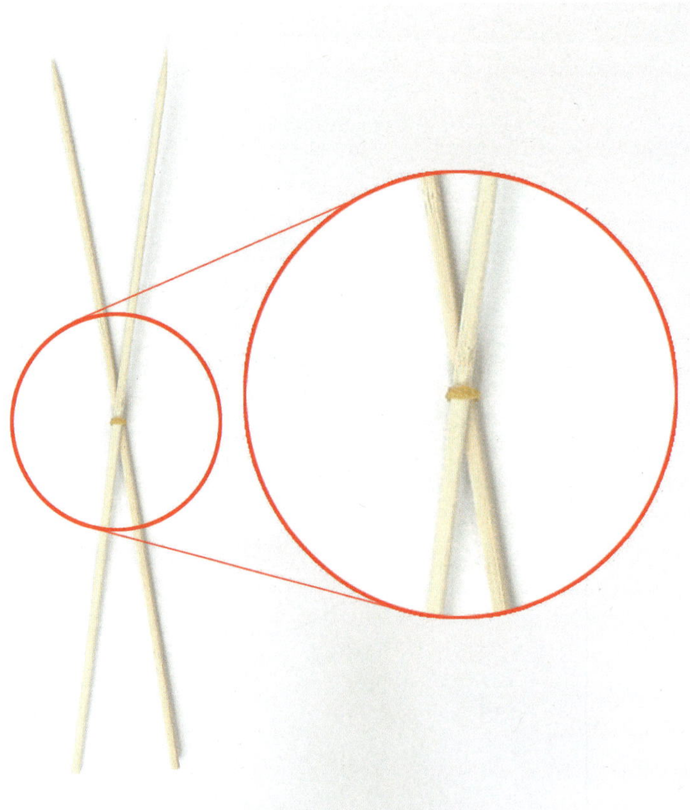

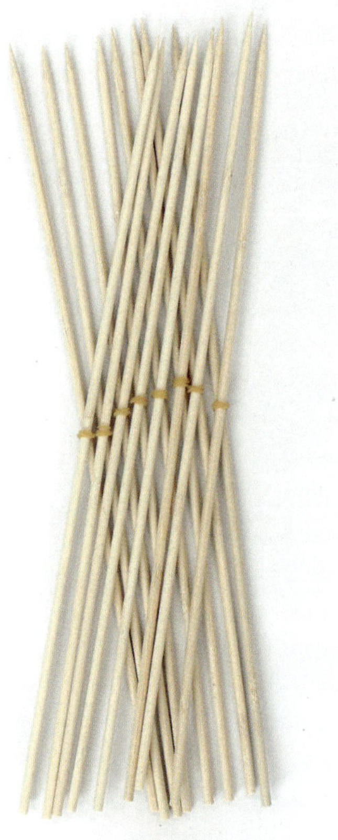

X자 모양으로 꼬치를 배치하고 고무줄로 가운데 부분을 세 번 묶기. 모두 18개 만들기(두 꼬치의 위아래 위치를 모두 같아지도록 하는 것이 중요하다).

그림처럼 8개 세트 배열하기.

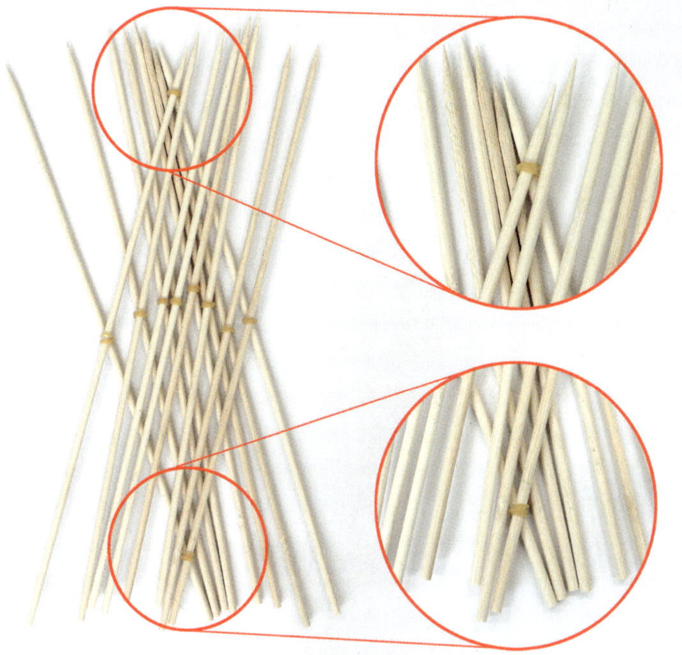

배열한 8개의 꼬치 중 좌우 끝에 있는 두 꼬치의 윗부분과 아랫부분을 그림처럼 고무줄을 이용해 세 번 묶기.

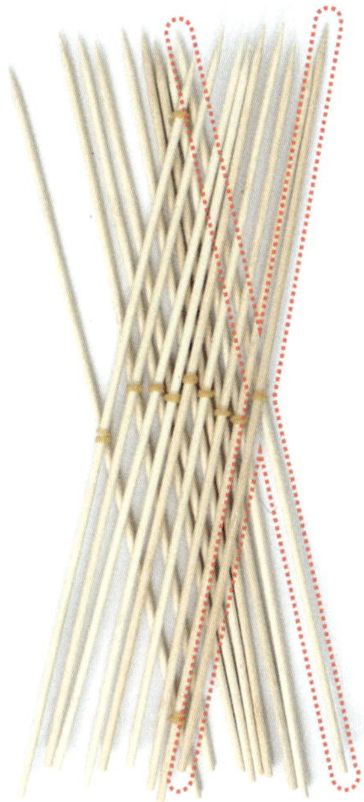

배열한 꼬치의 오른쪽 끝에 X자 꼬치 한 쌍을 추가하기.

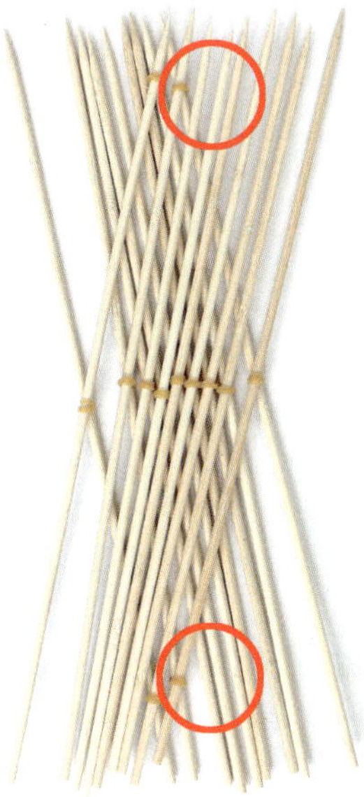

새로 추가한 X자 꼬치와 반대편에 이에 대응하는 꼬치의 위와 아래를 고무줄로 세 번 묶기.

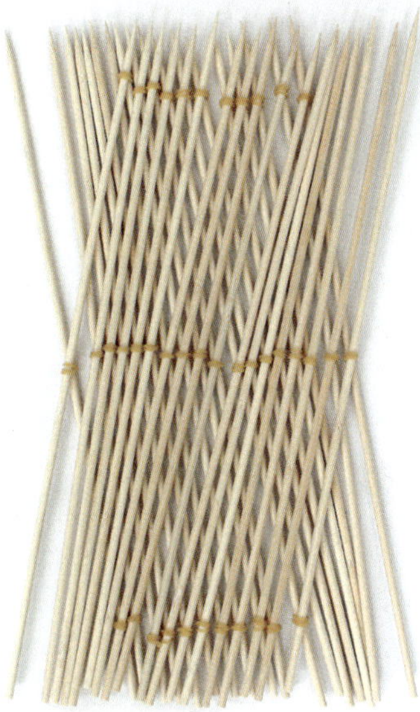

나머지 X자 꼬치에 대해서도 앞의 두 과정을 반복하기.

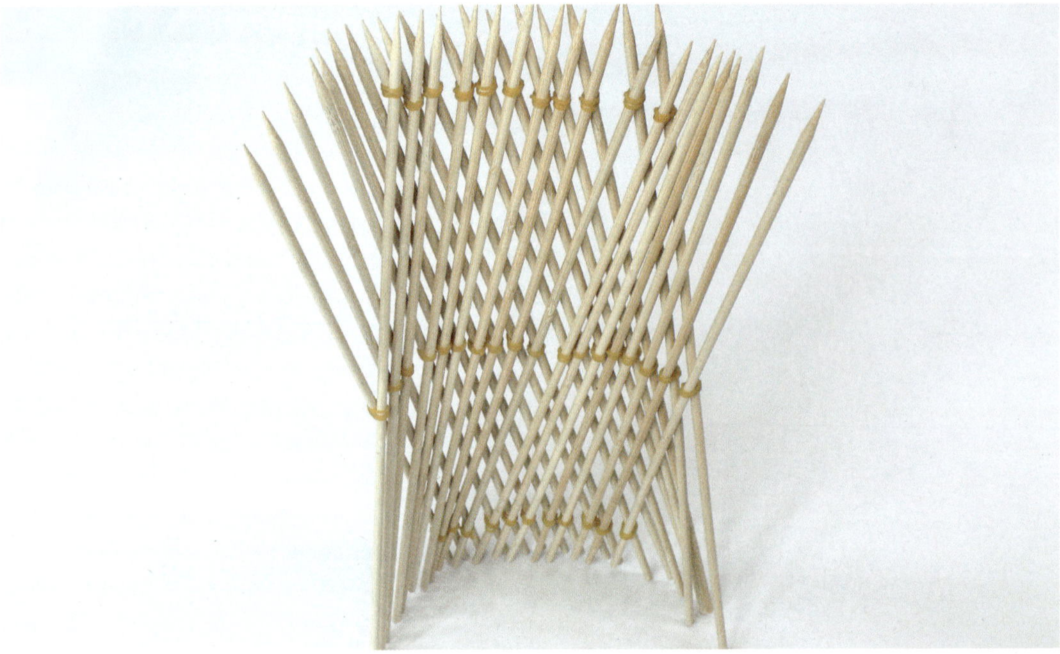

바닥으로부터 구조물 세우기.

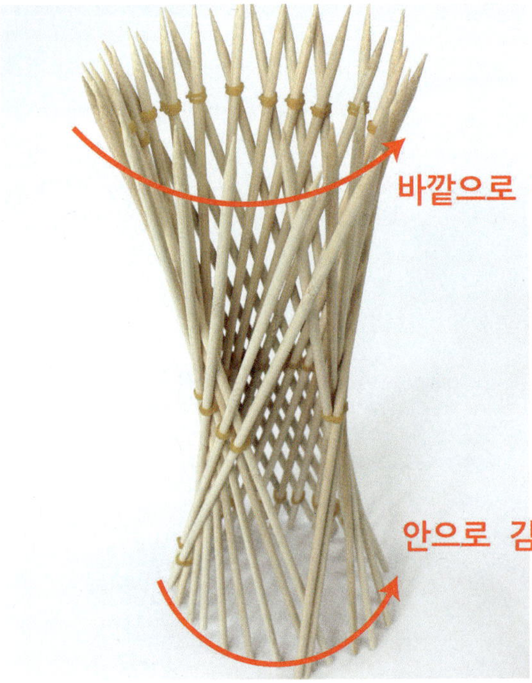

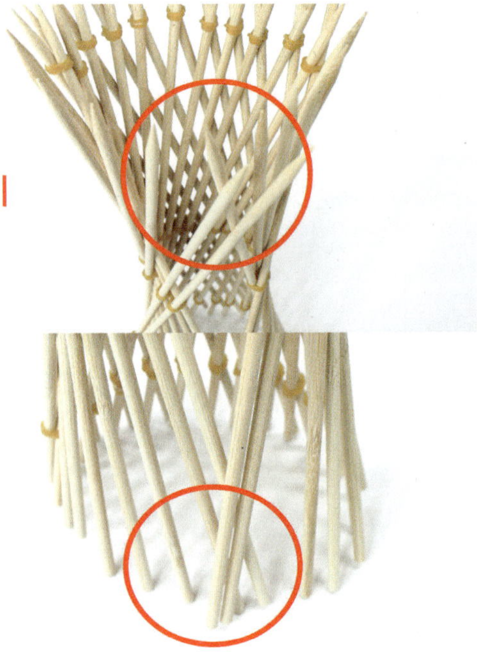

구조물 왼쪽 부분의 상단은 바깥으로 향하고 하단은 안으로 향하도록 원형으로 감싸기.

겹쳐진 부분의 꼬치들끼리 짝을 맞춘 후 고무줄로 세 번씩 묶기.

완성된 모습.

모두가 함께 만드는 쌍곡면 구조물

체험시간 30분

체험난도 ★★★☆☆

준비물 나무봉 28개(150cm) + 특수 규격 고무줄(70*5mm) 42개 = 준비 완료^-^

X자 모양으로 나무봉을 배치하고 고무줄로 가운데 부분을 두 번 묶기 (나머지도 막대도 두 개를 한 쌍으로 가운데 고무줄을 두 번 묶어 두기).

그림처럼 6개 세트 배열하기.

배열한 6개의 나무봉 중 좌우 끝에 있는 두 나무봉의 윗부분과 아랫부분을 그림처럼 고무줄을 이용해 두 번 묶기.

배열한 나무봉의 오른쪽 끝에 X자 나무봉 한 쌍을 추가하기.

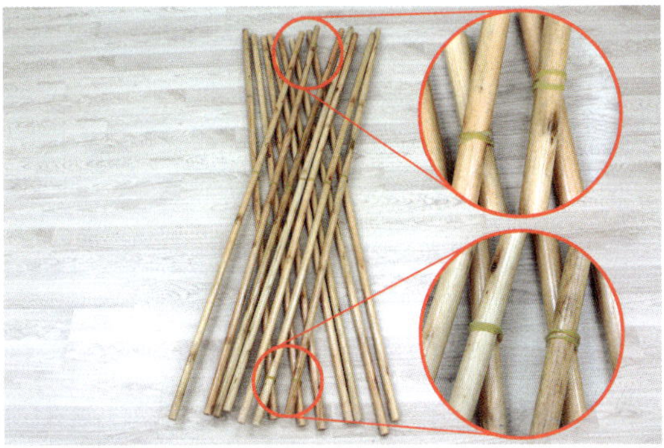

새로 추가한 X자 나무봉과 반대편에 이에 대응하는 나무봉의 위와 아래를 고무줄로 두 번 묶기.

나머지 X자 나무봉에 대해서도 앞의 두 과정을 반복하기.

바닥으로부터 구조물 세우기.

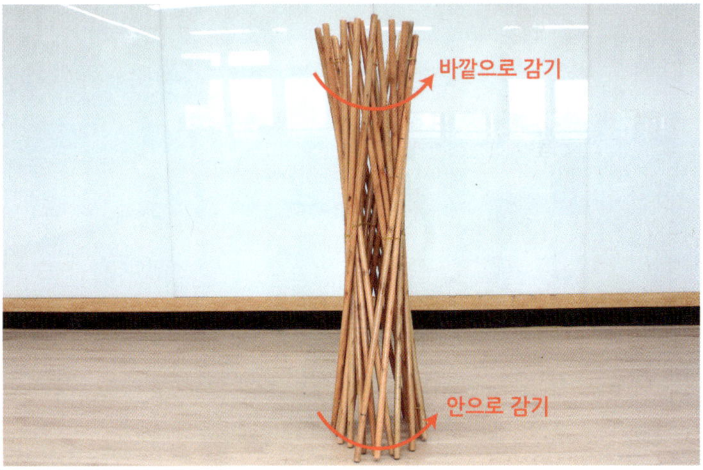

구조물 왼쪽 부분의 상단은 바깥으로 향하고, 하단은 안으로 향하도록 원형으로 감싸기.

겹쳐진 부분을 고무줄로 두 번씩 묶기 (크기가 크므로 눕혀서 묶는 것이 좋음).

완성된 모습.

Chapter
13

중심을 찾아서
무게중심

어떤 체험을 할까요?

1 여러 가지 도형의 무게중심 찾기
2 불규칙한 도형의 무게중심 찾기
3 빙글빙글, 무게중심 팽이 만들기
4 완벽한 균형, 무게중심 새 만들기

01

여러 가지 도형의 무게중심

무게중심이라는 개념이 언제부터 정의되고 사용되었는지는 명확하지 않지만, 물리에서 태동한 개념이라는 것은 확실하다. 물체에 작용하는 힘과 물체의 평형에 대해 탐구를 하다 보면 자연스럽게 무게중심이라는 개념에 도달하게 된다. 그런데 이 무게중심이라는 것은 무엇일까? 학문적으로 엄격하게 정의할 수 있지만, 직관적으로 파악하면 물체의 전체 질량의 균형을 이루는 점이라 말할 수 있다. 사실 물리학에서는 무게중심이란 용어와 질량중심이란 용어를 구별해서 사용한다. 하지만 중력이 균일한 경우 무게중심과 질량중심은 같

그림1 무게중심의 원리를 이용한 돌탑

으므로 여기서도 구별 없이 사용하기로 한다. 우리가 중점으로 알아보려고 하는 것은 무게중심의 수학적 정의와 여러 평면도형에서 무게중심을 찾는 방법이다. 하지만 앞서 언급했듯 무게중심이 물리에서 나온 개념이므로 물리적인 개념을 바탕으로 먼저 생각해 보는 것이 자연스럽다. 간단한 물리 개념에서 시작해 수학에서의 무게중심을 생각해 보도록 하자.

중력과 관련된 물리 문제를 다룰 때, 물리학자들은 한 점에 질량이 모여있다고 가정하고 문제를 다루는 경우가 있다. 이 점을 **질점**(Material Point) 혹은 간단히 **입자**(Particle)라고 한다. 그리고 여러 개의 질점을 포함하는 집단을 **입자계**(Particle System)라 한다. 먼저 입자계의 무게중심을 생각해 보자. 아래와 같이 질량이 같은 두 질점으로 된 입자계가 있다고 하자. 두 질점은 질량이 없는 막대로 연결되어 있다고 가정한다.

그림2

이 입자계의 무게중심은 어떻게 될까? 당연하게도 두 질점의 가운데 점임을 추측할 수 있고 실제로 그렇다(시소를 생각해 보라). 다음에는 m_1, m_2로 서로 질량이 다른 두 질점이 질량이 없는 막대로 연결된 경우를 생각해 보자.

그림3

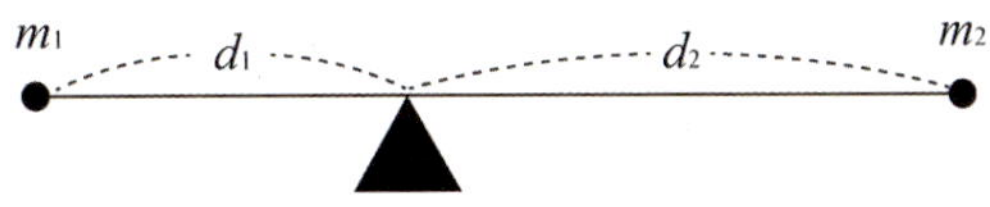

이 입자계의 무게중심은 어떻게 될까? 예비지식이 있는 것이 아니라면 이를 파악하기는 쉽지 않다. 이때 우리가 사용할 수 있는 것이 바로 아르키메데스가 발견한 지렛대의 원리이다. 지렛대의 원리에 따르면 질량이 m_1인 질점에서 지렛대까지의 거리를 d_1, 질량이 m_2인 질점에서 지렛대까지의 거리를 d_2라 할 때, 지렛대의 위치가 다음식을 만족하면 막대는 균형을 이룬다(가벼운 사람과 무거운 사람이 시소를 탄 경우를 생각해 보라. 균형을 맞추려면 가벼운 사람이 중심에서 더 멀리 있어야 한다).

$$m_1 d_1 = m_2 d_2$$

그림4

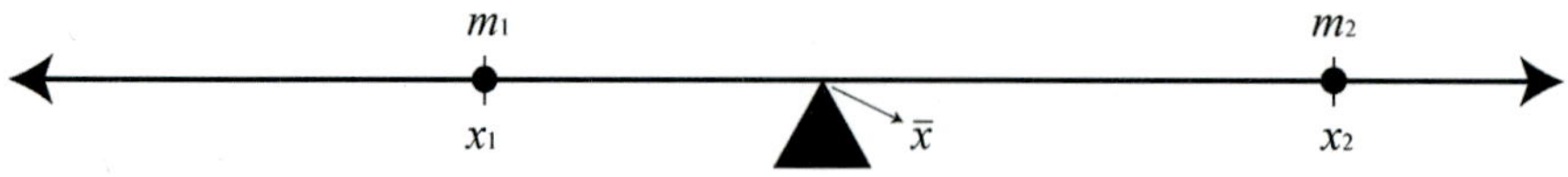

무게중심의 위치를 찾기 위해 막대가 x축 위에 놓여 있다고 생각하고 질량이 m_1인 질점의 좌표를 x_1, 질량이 m_2인 질점의 좌표를 x_2라 하자. 이 입자계의 무게중심의 좌표 $\overline{x}$는 지렛대의 원리에 의해 다음과 같이 구해진다.

$$m_1(\overline{x} - x_1) = m_2(x_2 - \overline{x})$$
$$m_1\overline{x} + m_2\overline{x} = m_1x_1 + m_2x_2$$
$$\overline{x} = \frac{m_1x_1 + m_2x_2}{m_1 + m_2}$$

일반적으로 질량이 $m_1, m_2, \cdots, m_n$인 n개의 질점이 x축 위에 좌표가 $x_1, x_2, \cdots, x_n$인 점에 위치한다고 할 때, 이 입자계의 무게중심의 좌표는 다음과 같다.

$$\overline{x} = \frac{m_1x_1 + m_2x_2 + \cdots + m_nx_n}{m_1 + m_2 + \cdots + m_n}$$

다음으로 질점이 xy평면 위에 있는 경우를 생각해 보자. 질점은 n개이고 모든 질점이 질량이 없는 얇고 평평한 판에 붙어 있다고 가정한다. 이 입자계의 무게중심은 뾰족한 핀 위에 이 얇은 판을 올려놓았을 때 균형을 이루는 점이다. 그리고 이 무게중심을 찾기 위해선 x좌표와 y좌표에 대해 아르키메데스가 발견한 지렛대의 원리를 이용한 앞에서의 계

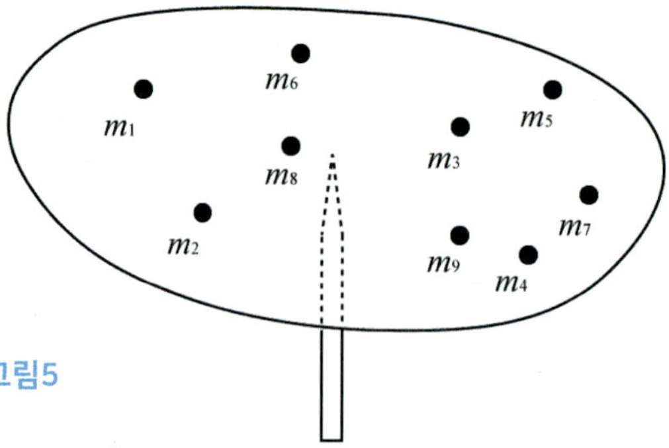

그림5

산을 두 번 반복하면 된다. 따라서 질량이 m_i $(i = 1, 2, \cdots, n)$인 질점의 좌표가 (x_i, y_i)라 하면 이 입자계의 무게중심의 좌표 $(\overline{x}, \overline{y})$는 다음과 같다.

$$\overline{x} = \frac{m_1x_1 + m_2x_2 + \cdots + m_nx_n}{m_1 + m_2 + \cdots + m_n},\ \overline{y} = \frac{m_1y_1 + m_2y_2 + \cdots + m_ny_n}{m_1 + m_2 + \cdots + m_n}$$

이제 이를 바탕으로 무게중심의 수학적 정의를 생각해 보자. 무게중심의 수학적 정의를 위해 먼저 우리가 중요하게 이해해야 할 것은 무게중심의 위치가 질점의 질량가중치를 고려한 평균 위치라는 점이다. 사실 무게중심의 위치를 찾는 방법은 숫자의 평균의 구하는 과정과 본질적으로 같다. 다음에 주어진 숫자의 평균을 구한다고 생각해 보자.

$$2, 2, 2, 4, 4, 4, 4, 4, 5, 5$$

이 수들의 평균은 다음과 같이 구할 수 있다.

$$\frac{2 \times 3 + 4 \times 5 + 5 \times 2}{10} = 3.6$$

이 계산과정은 x축 위에 질량이 $3, 5, 2$인 질점이 있고 각각의 좌표는 $2, 4, 5$라 할 때, 이 입자계의 무게중심의 좌표를 구하는 것과 같다. 즉, 숫자는 질점의 좌표에, 숫자의 개수는 질량에 대응해 생각하면 수의 평균을 구하는 것과 무게중심의 좌표를 구하는 것은 같다는 것을 알 수 있다.

이제 평면도형의 무게중심을 생각해 보자. 질량이 균일하게 분포된 얇은 판의 무게중심을 찾는 것을 수학적으로 이상화하면 평면도형의 무게중심을 찾는 문제가 된다. 그리고 평면도형의 넓이(또는 길이)는 얇은 판에서의 질량에 비례하게 된다. 이때 평면도형의 무게중심은 어떻게 정의하면 될까? 앞서 입자계의 무게중심 찾는 문제에서 생각해 봤듯이 평면도형을 이루는 모든 점에 대한 평균 위치로 무게중심을 정의하는 것이 타당하다고 생각할 수 있고 이는 실제로 그렇다. 또한 질량이 균일하게 분포된 얇은 판을 이상화한 것이므로 점의 위치에 따라 가중치를 고려하지 않아도 된다. 따라서 평면도형의 무게중심은 다음과 같이 정의할 수 있다.

평면도형의 무게중심

평면도형의 모든 점의 위치의 산술 평균이 되는 위치에 있는 점을 평면도형의 무게중심이라 한다.

이 정의는 공간상의 도형에 대해서도 똑같이 적용할 수 있다 (참고로 덧셈에 대한 평균을 산술 평균이라 한다). 이 정의를 바탕으로 몇몇 도형의 무게중심을 생각하면 좋지만 사실 생각보다 쉽지 않다. 무엇보다 일반적인 형태의 평면도형의 무게중심을 찾으려 한다면 적분 개념이 필요하다. 여기서는 적분을 도입하지 않고 간단한 경우에 대해 생각할 것이다. 이를 위해 무게중심의 기본 원리를 사용하고자 한다.

무게중심의 기본 원리는 무게중심의 물리학적 정의로부터 유도되는 원리이다. 이 원리 중 3번째 원리를 보면 입자계에서 무게중심을 찾는 공식과 유사함을 알 수 있다 (넓이를 질량으로 바꿔서 생각해 보아라).

무게중심의 기본 원리

1. 도형의 무게중심은 유일하다.
2. 도형의 대칭축이 존재하면 무게중심은 대칭축 위에 있다.
3. 도형 R을 $R_1, R_2, \cdots, R_n$의 영역으로 나눴을 때, $R_i(i=1,2,\cdots,n)$의 넓이를 A_i, 무게중심을 $(\overline{x_i}, \overline{y_i})$라 하자. 이때, 도형 R의 무게중심 $(\overline{x}, \overline{y})$는 다음과 같다.

$$\overline{x} = \frac{A_1\overline{x_1} + A_2\overline{x_2} + \cdots + A_n\overline{x_n}}{A_1 + A_2 + \cdots + A_n},\ \overline{y} = \frac{A_1\overline{y_1} + A_2\overline{y_2} + \cdots + A_n\overline{y_n}}{A_1 + A_2 + \cdots + A_n}$$

이제 이 기본 원리를 이용해 몇몇 평면도형의 무게중심을 찾아보자. 일단 우리가 생각해 볼 수 있는 가장 쉬운 도형은 원과 정다각형이다. 원의 경우 원의 중심이 무게중심이 되고, 정다각형의 경우도 마찬가지로 정다각형의 중심이 무게중심이 된다. 도형에 서로 다른 두 대칭축을 그려 보면 무게중심의 기본원리 1과 기본원리 2에 의해 대칭축의 교점이 무게중심이 됨을 쉽게 알 수 있다.

그림6

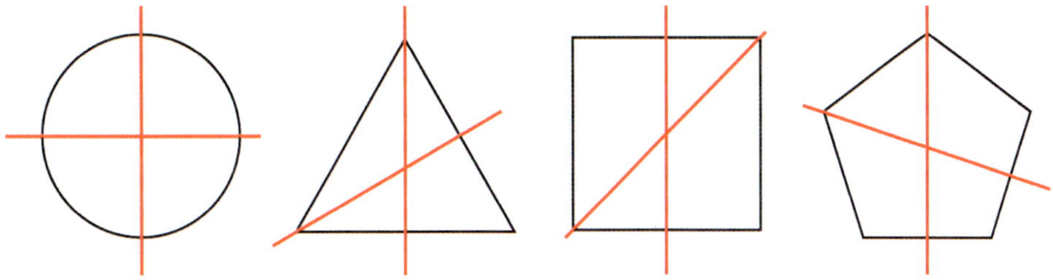

다음으로 직사각형을 생각해 보자. 아래 그림처럼 서로 다른 두 대칭축을 그리면 직사각형도 앞의 경우와 마찬가지로 직사각형의 중심이 무게중심임을 알 수 있다.

그림7

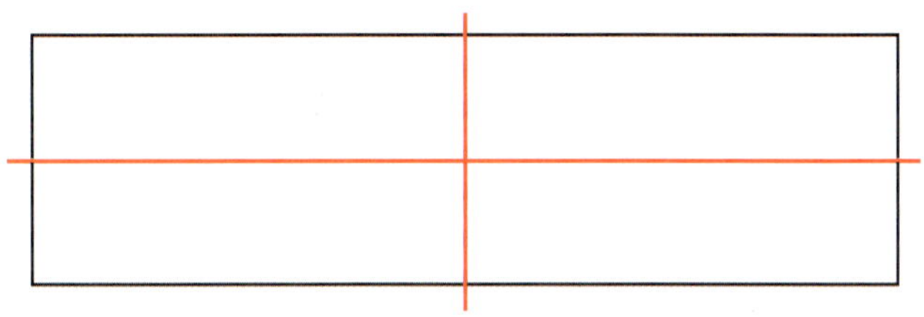

좀 더 복잡한 도형을 살펴보기 전에 한 가지 알아야 할 사실이 있다. 두 도형 R_1, R_2 가 합쳐진 형태의 도형 R 의 경우 무게중심은 두 도형 R_1, R_2 의 무게중심을 연결한 선 위에 있다는 점이다. 이는 무게중심의 기본원리 3에 의해 알 수 있다. 이제 직사각형이 2개 붙어 있는 'L'자 도형을 생각해 보자. 이 'L'자 도형은 아래 그림처럼 2개의 사각형으로 나눌 수 있다.

그림8

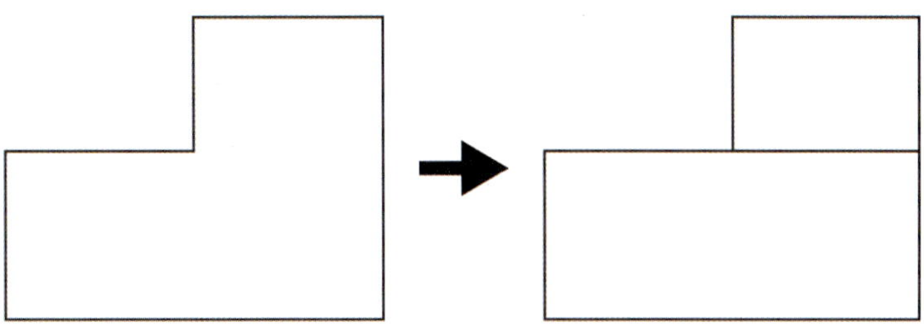

이때 각 사각형의 무게중심을 찾은 후, 무게중심의 기본 원리 3을 적용해 'L'자 도형의 무게중심을 찾을 수도 있지만 좀 더 쉽게 찾는 방법이 있다. 바로 'L'자 도형을 그림9처럼 두

가지 방법으로 나눈 후 무게중심을 찾는 것이다.

그림9

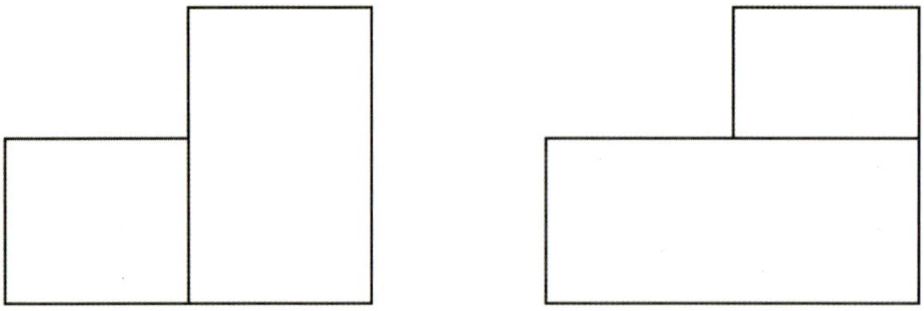

각각에 대해 나눠진 도형의 무게중심을 찾고 찾은 무게중심을 연결하면 아래 왼쪽 그림처럼 선분 AB와 선분 CD가 만들어진다. 'L'자 도형의 무게중심은 선분 AB 위에 있는 동시에 선분 CD 위에 있어야 하므로 두 선의 교점이 'L'자 도형의 무게중심이다.

그림10

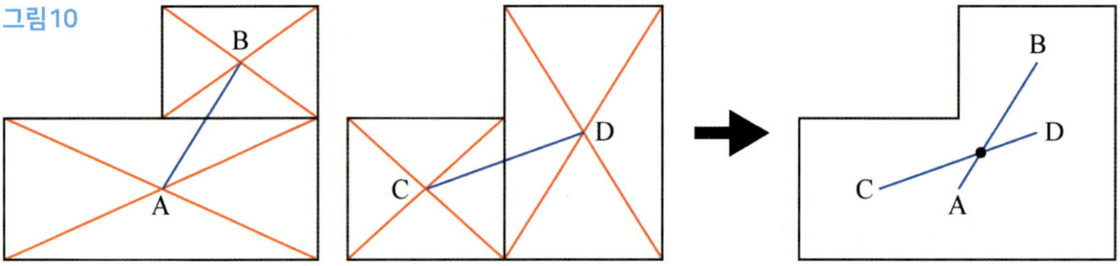

그림11처럼 세 개의 사각형이 합쳐진 도형을 생각해 보자. 이 도형을 이루는 각 사각형의 넓이는 순서대로 8, 8, 12이고 무게중심은 순서대로 $P_1(-3,2)$, $P_2(0,1)$, $P_3(3,3)$이다. 따라서 무게중심의 기본원리3을 적용하면 주어진 도형의 무게중심의 좌표 $(\overline{x}, \overline{y})$는

그림11

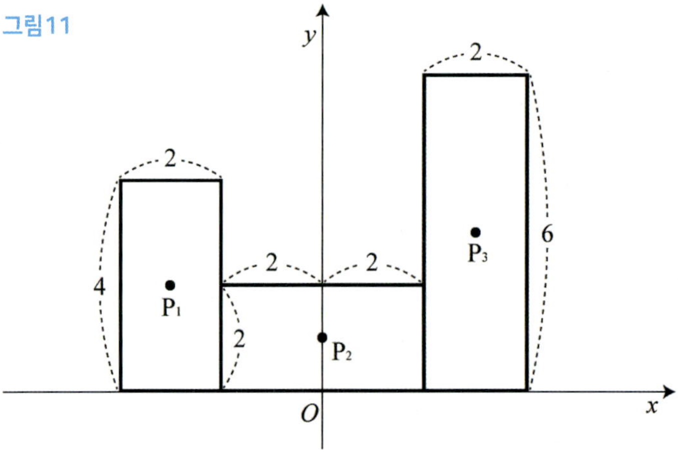

다음과 같다.

$$\bar{x} = \frac{8 \times (-3) + 8 \times 0 + 12 \times 3}{28} = \frac{3}{7}$$

$$\bar{y} = \frac{8 \times 2 + 8 \times 1 + 12 \times 3}{28} = \frac{15}{7}$$

이제 삼각형의 무게중심을 생각해 보자. 삼각형의 무게중심은 세 중선의 교점으로 알려져 있다. 무게중심의 기본원리를 통해 실제 삼각형의 무게중심이 세 중선의 교점인지 알아보자. 아래 삼각형 ABC에 대해 무게중심 G와 변 BC와의 거리를 a, 삼각형의 높이를 h라 하자.

그림12

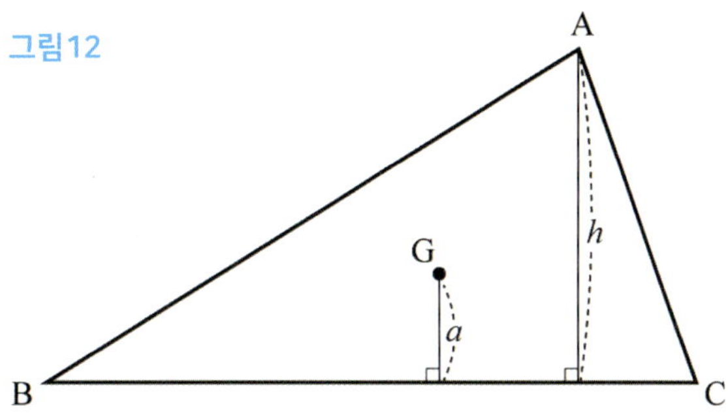

a와 h와의 관계를 알아보기 위해 아래 그림처럼 각 변의 중점 D, E, F를 연결해 삼각형 ABC와 닮음인 삼각형 4개를 만들고 각각의 무게중심을 P_1, P_2, P_3, P_4라 하자. 이때 각 무게중심에서 변 BC와의 거리를 순서대로 a_1, a_2, a_3, a_4라 하면 삼각형 ABC

그림13

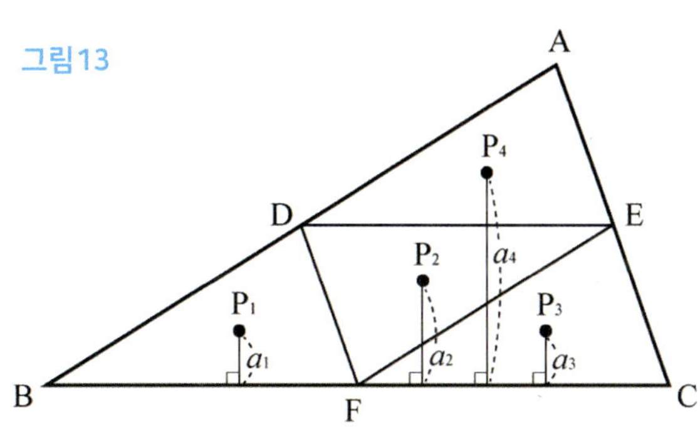

와 작은 삼각형의 닮음비는 2:1이므로 $a_1 = a_3 = a/2$이다. 또한 $a_2 = h/2 - a/2$와 $a_4 = h/2 + a/2$가 성립한다. 따라서 무게중심의 기본 원리3에 의해 다음이 성립한다.

$$\begin{aligned} a &= \frac{a_1 + a_2 + a_3 + a_4}{4} \\ &= \frac{a/2 + (h/2 - a/2) + a/2 + (h/2 + a/2)}{4} = \frac{a + h}{4} \end{aligned}$$

그러므로 $a = h/3$이고 그림14 처럼 직선 l이 변 BC와 평행하며 $h/3$만큼 떨어진 곳에 있다면 무게중심은 직선 l 위에 있다. 그런데 변 AB를 밑변으로 생각하고 비슷한 논의를 전개하면 점 C와 변 AB와의 거리를 k라 할 때, 직선 n이 변 AB와 평행하며 $k/3$만큼 떨어진 곳에 있다면 무게중심은 직선 n 위에도 있다. 즉, 무게중심은 직선 l과 직선 n의 교점이다.

그림14

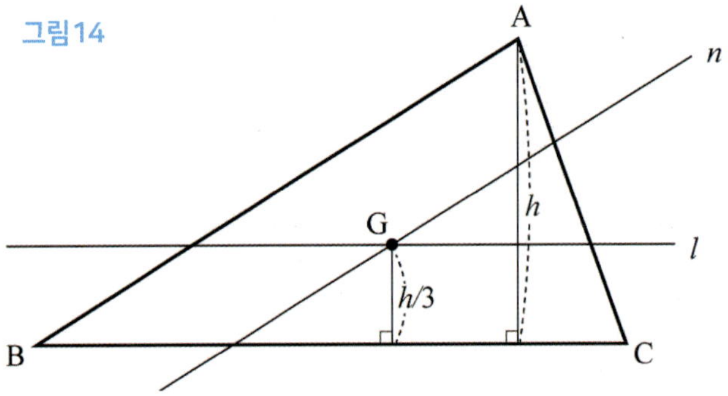

삼각형의 세 중선의 교점은 중선을 2:1로 나누므로 닮음을 이용하면 세 중선의 교점이 직선 l과 직선 n의 교점임을 확인할 수 있다. 결과적으로 무게중심은 삼각형의 세 중선의 교점이다.

좌표평면 위에서 삼각형의 무게중심을 생각하면 삼각형의 세 점의 좌표를 $A(x_1, y_1)$, $B(x_2, y_2)$, $C(x_3, y_3)$라 할 때, 삼각형의 세 중선의 교점이 무게중심이라는 사실을 통해 무게중심 $G(\overline{x}, \overline{y})$의 좌표를 다음과 같이 구할 수 있다.

$$\overline{x} = \frac{x_1 + x_2 + x_3}{3}, \ \overline{y} = \frac{y_1 + y_2 + y_3}{3}$$

사각형의 무게중심에 대해 생각해 보자. 앞서 우리는 정사각형과 직사각형의 경우 대각선의 교점이 무게중심임을 확인했다. 이는 마름모나 평행사변형에 대해서도 마찬가지다. 마름모의 대각선은 대칭축이기도 하므로 무게중심의 기본 원리 2에 의해 이를 알 수 있다. 평행사변형은 삼각형의 무게중심이 세 중선의 교점이라는 점과 무게중심의 기본 원리로부터 이를 알 수 있다. 그리고 사실 점대칭인 도형의 경우 대칭의 중심이 무게중심이 된다.

좀 더 일반적인 형태의 사각형에 대해 무게중심을 생각해 보자. 우리는 2가지 방법으로 사각형의 무게 중심을 찾을 것이다. 한 가지는 사각형을 다음과 같이 두 개의 삼각형으로 나눈 후 무게중심을 찾는 방법이다.

그림15

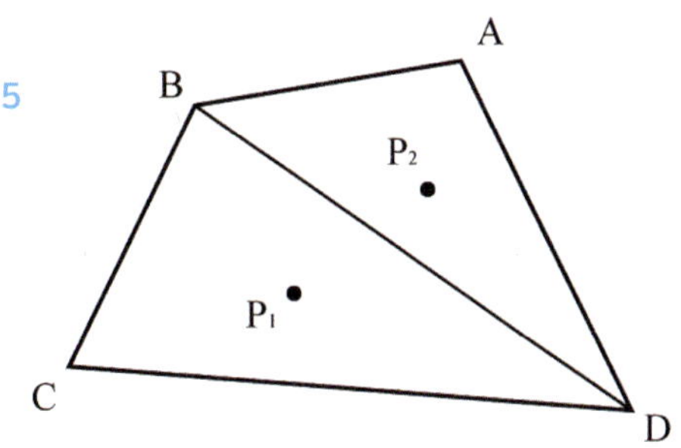

먼저 나눠진 두 삼각형의 무게중심을 찾도록 한다. 그리고 이때 삼각형 BCD는 넓이 s_1, 무게중심 $P_1(x_1, y_1)$이고, 삼각형 ABD는 넓이 s_2, 무게중심은 $P_2(x_2, y_2)$라 하자. 사각형 ABCD의 무게중심 $G(\overline{x}, \overline{y})$는 무게중심의 기본 원리 3에 의해 다음과 같다.

$$\overline{x} = \frac{s_1x_1 + s_2x_2}{2}, \ \overline{y} = \frac{s_1y_1 + s_2y_2}{2}$$

다른 방법은 그림16처럼 2가지 서로 다른 방법으로 사각형을 삼각형으로 나눠서 무게

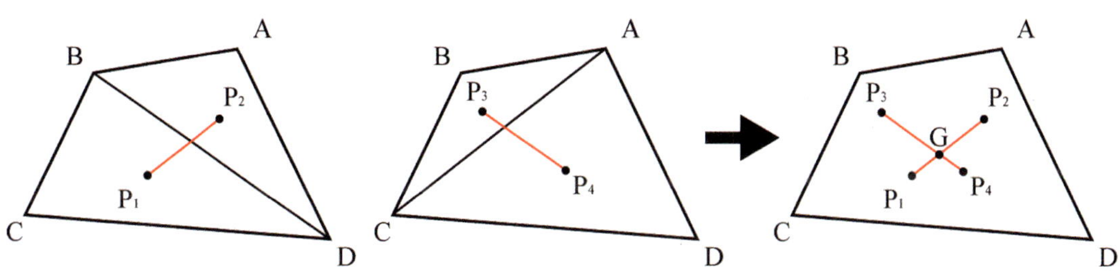

그림16 사각형의 무게중심

중심을 찾는 것이다. 삼각형 BCD의 무게중심을 P_1, 삼각형 ABD의 무게중심을 P_2, 삼각형 ABC의 무게중심을 P_3, 삼각형 ACD의 무게중심을 P_4라 하자. 사각형 ABCD의 무게중심 G는 무게중심의 기본 원리3에 의하여 선분 P_1P_2와 선분 P_3P_4의 교점이다. 일반적으로 n각형이 주어졌을 때 이를 여러 개의 삼각형으로 나누고 각 삼각형의 무게중심을 찾은 뒤, 사각형의 무게중심을 찾는 방법을 반복해서 적용하면 n각형의 무게중심을 찾을 수 있다.

지금까지 수학에서 무게중심의 정의와 여러 도형의 무게중심을 찾는 방법에 대해 알아보았다. 마지막으로 한 가지 방법을 더 알아보고자 한다. 일상생활 속에서 평평한 도형이 주어졌을 때, 무게중심을 찾는 쉬운 방법이 있다. 바로 **추선 방법**(Plumb Line Method)을 이용해 무게중심을 찾는 것이다.

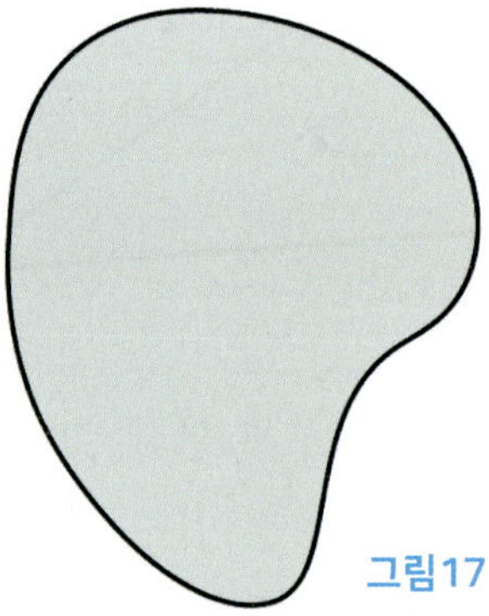

그림17

그림17과 같은 형태의 평평한 물체가 있다고 하자. 얇은 고무판이나 종이판을 생각하면 좋다. 이런 불규칙한 모양을 갖고 있는 물체의 경우 수학적 방법이나 물리적 방법을 통한 계산으로 무게중심을 구하는 것은 쉽지 않다. 이때 쉽게 이용할 수 있는 것이 추선 방법이다. 이 방법을 적용하기 위해 먼저 실에 추를 매달고 반대쪽에는 핀을 연결한다. 추는 동전이나 지우개와 같은 물체를 사용하면 된다. 다음으로 그림18의 왼쪽 첫 번째 그림처럼 물체 가장자리에 가까운 부분에 작은 구멍을 뚫고 핀을 구멍에 꽂도록 한다 (이렇게 하면 물체는 핀 주위를 자유롭게 회전할 수 있기 때문에 좀 더 정확한 무게중심을 찾을 수 있다). 이때 추가 매달린 이 실을 추선이라고 하는데 이 추선을 물체에 표시한다. 다음으로 그림18의 왼쪽 두 번째 그림처럼 물체의 다른 쪽 가장자리에 부분에 작은 구멍을 뚫고 마찬가지로 핀을 구멍에 꽂도록 한다. 그리고 역시 추선을 물체에 표시한다. 물체에 표시한 두 추

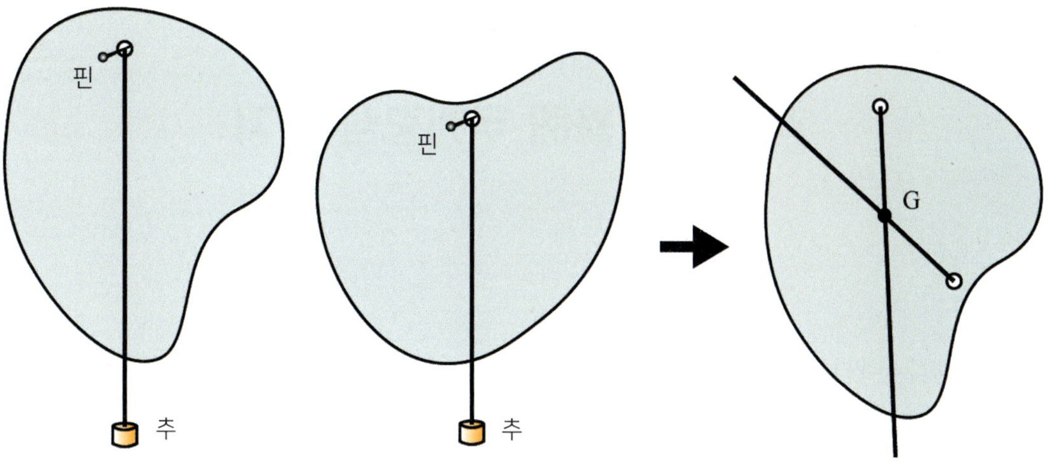

그림18 추선 방법으로 무게중심 찾기

선의 교점이 바로 이 물체의 무게중심이다.

어떻게 이런 일이 가능할까? 먼저 기본적으로 알아야 하는 것은 물체에 힘이 작용할 때 힘의 평형에 도달해야 물체의 운동이 멈춘다는 점이다. 추선 방법으로 물체에 구멍을 내어 핀을 꽂아 고정하면 물체는 좌우로 움직이다 빠르게 멈추게 되는데 이 상태가 힘의 평형에 도달한 것이다. 물체에 중력은 계속해서 작용하고 있는데 물체가 힘의 평형에 도달해 회전하지 않는다는 것은 무게중심이 추선 위에 있다는 것을 의미한다. 만약 고정된 핀과 수직이 되는 방향에 무게중심이 없으면 물체는 중력에 의해 회전하게 된다는 것이 알려져 있기 때문이다. 따라서 서로 다른 구멍에 대해 추선을 2개 찾으면 그 교점이 무게중심이 되는 것이다.

02

적분을 이용해 무게중심 찾기

앞서 우리는 여러 평면도형의 무게중심을 알아보았다. 이제 좀 더 일반적인 형태로 주어진 평면도형의 무게중심을 생각해 보자. 그러기 위해서 적분을 이용할 것이다. 그림19와 같이 $y=f(x)$, $x=a$, $x=b$, x축으로 둘러싸인 영역 R이 있다고 하자.

그림19

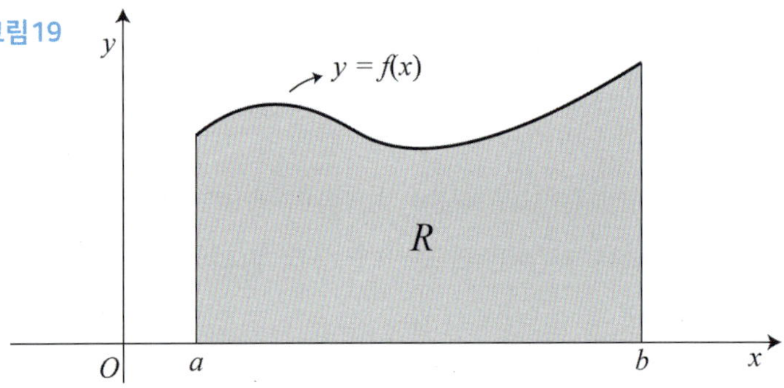

이 영역의 무게중심을 찾기 위해 그림20과 같이 닫힌 구간 $[a, b]$를 n등분하여 양 끝점과 각 등분점을 차례로 $x_0(=a), x_1, x_2, \cdots, x_n(=b)$라 하자. 이때 각 소구간의 가운데 점의 함숫값을 높이로 하는 직사각형을 그려준다. 이렇게 하면 모두 n개의 직사각형이 생기는데 이 직사각형을 순서대로 $R_1, R_2, \cdots, R_n$이라 하자.

그림20

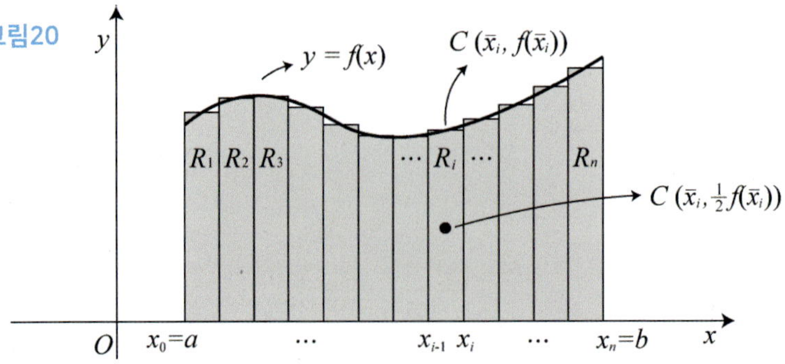

이 직사각형들로 이루어진 도형의 무게중심을 찾으면 영역 R의 무게중심의 근사 무게중심이라 할 수 있다. 그리고 여기에 극한을 취하면 영역 R의 무게중심을 찾을 수 있다.

그림21

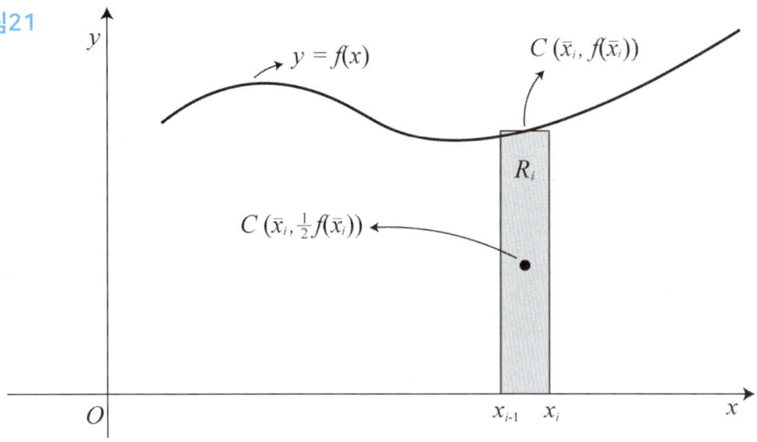

먼저 직사각형 R_i를 보면 밑변의 길이를 Δx라 할 때 $\Delta x = (b-a)/n$이고, 각 소구간의 가운데 점의 함숫값을 높이로 한다고 했으므로 $\overline{x_i} = (x_{i+1} + x_i)/2$라 할 때 $f(\overline{x_i})$가 높이이다. 따라서 직사각형 R_i의 넓이는 $f(\overline{x_i})\Delta x$이고 무게중심은 직사각형의 중심인 $C(\overline{x_i}, f(\overline{x_i})/2)$이다. 무게중심의 기본 원리3을 이용하면 직사각형 $R_1, R_2, \cdots, R_n$로 이루어진 도형을 무게중심을 다음과 같이 찾을 수 있다.

$$\left(\frac{\sum_{i=1}^{n} \overline{x_i} f(\overline{x_i})\Delta x}{\sum_{i=1}^{n} f(\overline{x_i})\Delta x}, \frac{\sum_{i=1}^{n} \frac{1}{2}[f(\overline{x_i})]^2 \Delta x}{\sum_{i=1}^{n} f(\overline{x_i})\Delta x} \right)$$

이 무게중심은 영역 R의 근사 무게중심이므로 여기에 극한을 취하면 영역 R의 무게중심 $(\overline{x}, \overline{y})$을 찾을 수 있다.

$$\overline{x} = \lim_{n \to \infty} \frac{\sum_{i=1}^{n} \overline{x_i} f(\overline{x_i})\Delta x}{\sum_{i=1}^{n} f(\overline{x_i})\Delta x} = \frac{\lim_{n \to \infty} \sum_{i=1}^{n} \overline{x_i} f(\overline{x_i})\Delta x}{\lim_{n \to \infty} \sum_{i=1}^{n} f(\overline{x_i})\Delta x} = \frac{\int_a^b x f(x)\,dx}{\int_a^b f(x)\,dx}$$

$$\overline{y} = \lim_{n \to \infty} \frac{\sum_{i=1}^{n} \frac{1}{2}[f(\overline{x_i})]^2 \Delta x}{\sum_{i=1}^{n} f(\overline{x_i})\Delta x} = \frac{\lim_{n \to \infty} \sum_{i=1}^{n} \frac{1}{2}[f(\overline{x_i})]^2 \Delta x}{\lim_{n \to \infty} \sum_{i=1}^{n} f(\overline{x_i})\Delta x} = \frac{\int_a^b \frac{1}{2}[f(x)]^2 dx}{\int_a^b f(x)\,dx}$$

이상의 내용을 정리하면 다음과 같다.

적분을 이용해 무게중심 찾기

함수 $f(x)$가 닫힌 구간 $[a, b]$에서 연속일 때, 곡선 $y = f(x)\,(f(x) \geq 0)$와 x축 및 두 직선 $x = a$, $x = b$으로 둘러싸인 도형의 무게중심 $(\overline{x}, \overline{y})$는 다음과 같다.

$$\overline{x} = \frac{\int_a^b xf(x)\,dx}{\int_a^b f(x)\,dx}, \quad \overline{y} = \frac{\int_a^b \frac{1}{2}[f(x)]^2 dx}{\int_a^b f(x)\,dx}$$

이 공식을 이용하여 몇몇 도형의 무게중심을 알아보자. 먼저 그림 22 처럼 곡선 $y = x^2$과 $x = 1$, $y = 0$에 의해 둘러싸인 영역의 무게중심에 대해 생각해 보자.

그림22

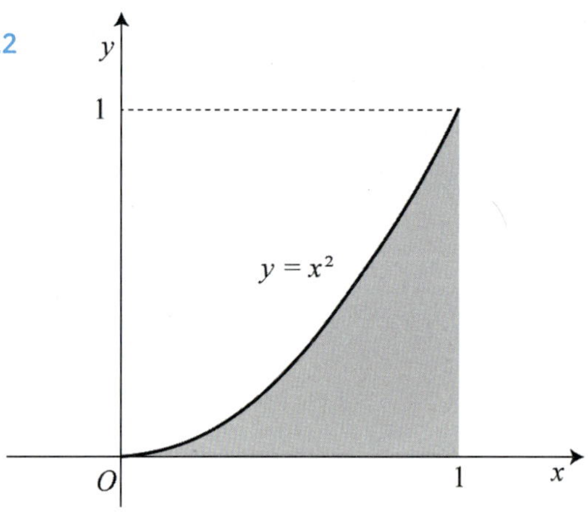

이 영역의 넓이를 구하면 다음과 같다.

$$A = \int_0^1 x^2 dx = \left[\frac{1}{3}x^3\right]_0^1 = \frac{1}{3}$$

따라서

$$\overline{x} = \frac{1}{A}\int_0^1 x^3 dx = 3\left[\frac{1}{4}x^4\right]_0^1 = \frac{3}{4}, \quad \overline{y} = \frac{1}{A}\int_0^1 \frac{1}{2}x^4 dx = 3\left[\frac{1}{10}x^5\right]_0^1 = \frac{3}{10}$$

그러므로 무게중심의 좌표는 $\left(\frac{3}{4}, \frac{3}{10}\right)$이다.

다음으로 그림 23 처럼 반지름의 길이가 1 인 반원의 무게중심을 찾아보자.

그림23

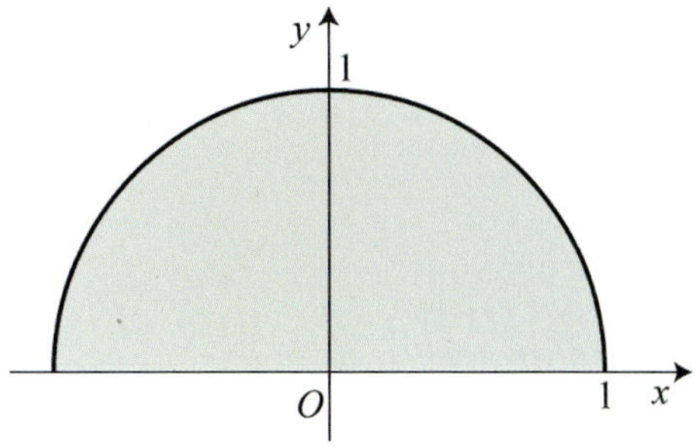

반지름의 길이가 1 인 반원의 넓이는 $\pi/2$ 이다. 그리고 y 축에 대하여 대칭이므로 무게중심의 기본 원리 2 에 의하여 무게중심의 x 좌표는 0 임을 알 수 있다. 위쪽 반원의 곡선을 함수로 표현하면 $f(x) = \sqrt{1-x^2}$ 이므로 다음과 같이 무게중심의 y 좌표를 구할 수 있다.

$$\begin{aligned}\bar{y} &= \frac{1}{A}\int_{-1}^{1}\frac{1}{2}(\sqrt{1-x^2})^2dx = \frac{2}{\pi}\int_{-1}^{1}\frac{1}{2}(1-x^2)dx \\ &= \frac{1}{\pi}\Big[x-\frac{1}{3}x^3\Big]_{-1}^{1} = \frac{1}{\pi}\Big(\frac{2}{3}-\Big(-\frac{2}{3}\Big)\Big) = \frac{4}{3\pi}\end{aligned}$$

그러므로 반원의 무게중심의 좌표는 $\left(0, \frac{4}{3\pi}\right)$ 이다.

다음으로 그림 24 처럼 두 곡선으로 둘러싸인 경우의 무게중심을 생각해 보자. 두 곡선으로 둘러싸인 경우는 앞 방법과 같은 논의를 통해 다음과 같은 공식이 성립함을 증명할 수 있다.

그림24

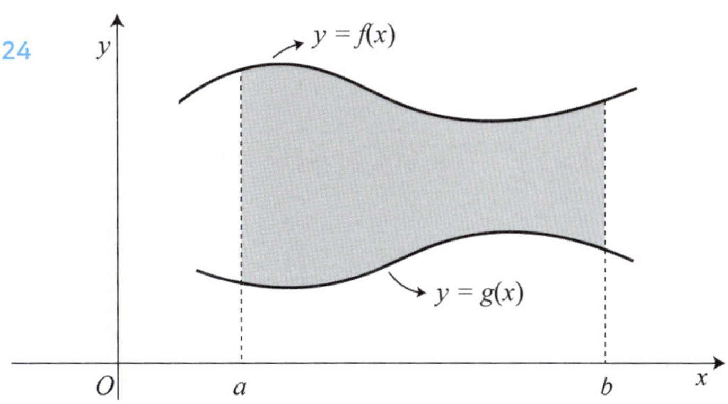

두 곡선으로 둘러싸인 도형의 무게중심

닫힌 구간 $[a, b]$에서 두 함수 $y = f(x)$, $y = g(x)$ $(f(x) \geq g(x))$가 연속일 때, 두 곡선 $y = f(x)$, $y = g(x)$와 두 직선 $x = a$, $x = b$으로 둘러싸인 도형의 무게중심 $(\overline{x}, \overline{y})$은 다음과 같다.

$$\overline{x} = \frac{\int_a^b x[f(x) - g(x)]\,dx}{\int_a^b [f(x) - g(x)]\,dx}, \quad \overline{y} = \frac{\int_a^b \frac{1}{2}([f(x)]^2 - [g(x)]^2)\,dx}{\int_a^b [f(x) - g(x)]\,dx}$$

이 공식을 이용하여 몇몇 도형의 무게중심을 알아보자. 먼저 아래 그림처럼 곡선 $y = x^2$과 직선 $y = x$로 둘러싸인 영역의 무게중심에 대해 생각해 보자.

그림25

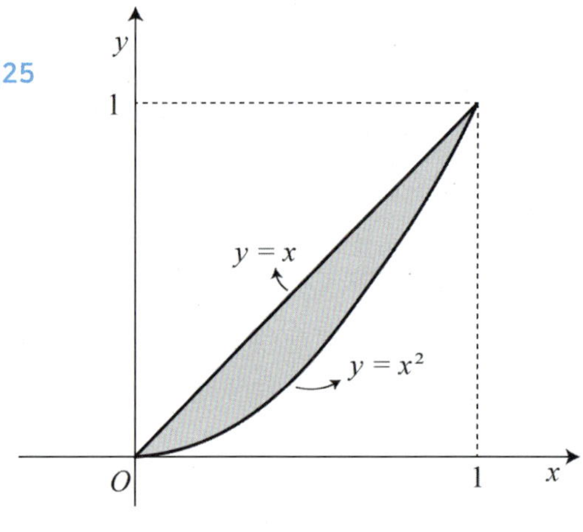

이 영역의 넓이를 구하면 다음과 같다.

$$A = \int_0^1 (x - x^2)\,dx = \left[\frac{1}{2}x^2 - \frac{1}{3}x^3\right]_0^1 = \frac{1}{6}$$

따라서

$$\overline{x} = \frac{1}{A}\int_0^1 x(x - x^2)\,dx = 6\left[\frac{1}{3}x^3 - \frac{1}{4}x^4\right]_0^1 = \frac{1}{2}$$

$$\overline{y} = \frac{1}{A}\int_0^1 \frac{1}{2}(x^2 - x^4)\,dx = 6\left[\frac{1}{6}x^3 - \frac{1}{10}x^5\right]_0^1 = \frac{2}{5}$$

그러므로 무게중심의 좌표는 $\left(\frac{1}{2}, \frac{2}{5}\right)$이다.

다음으로 꼭짓점의 세 좌표가 (1,1), (3,5), (5,3)인 삼각형의 무게중심을 구해 보자. 사실 삼각형의 무게중심 구하는 공식에 따라 무게중심의 좌표가 (3,3)임을 쉽게 알 수 있다. 여기서는 적분을 이용해 구한 무게중심의 좌표가 이와 같은지 확인해 보는 목적으로 무게중심을 구하도록 한다.

그림26

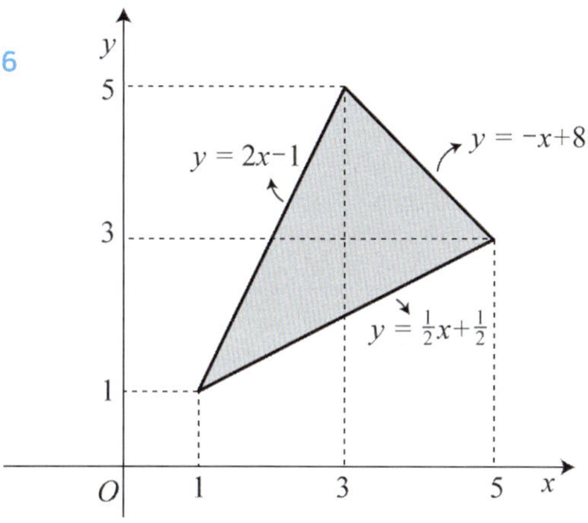

삼각형의 넓이의 경우 6임을 쉽게 알 수 있다. 따라서 다음과 같이 무게중심의 좌표를 구할 수 있다.

$$\overline{x} = \frac{1}{A}\left(\int_1^3 x(2x-1-\frac{1}{2}x-\frac{1}{2})dx + \int_3^5 x(-x+8-\frac{1}{2}x-\frac{1}{2})dx\right) = 3$$

$$\overline{y} = \frac{1}{2A}\left(\int_1^3 \left((2x-1)^2 - \left(\frac{x}{2}+\frac{1}{2}\right)^2\right)dx + \int_3^5 \left((-x+8)^2 - \left(\frac{x}{2}+\frac{1}{2}\right)^2\right)dx\right) = 3$$

그러므로 무게중심의 좌표는 (3,3)으로 공식을 이용해 구한 것과 같다는 것을 알 수 있다.

우리 모두 즐기는 **다함께 체험수학**

여러 가지 도형의
무게중심 찾기

체험시간 40분

체험난도 ★★★☆☆

준비물 여러 가지 도형 = 준비 완료^-^

앞에서 알아본 무게중심의 성질을 이용해 여러 가지 도형의 무게중심을 찾아보자.

1\. 무게중심의 기본 원리를 이용해 다음에 주어진 도형의 무게중심의 좌표를 찾으시오.

1)

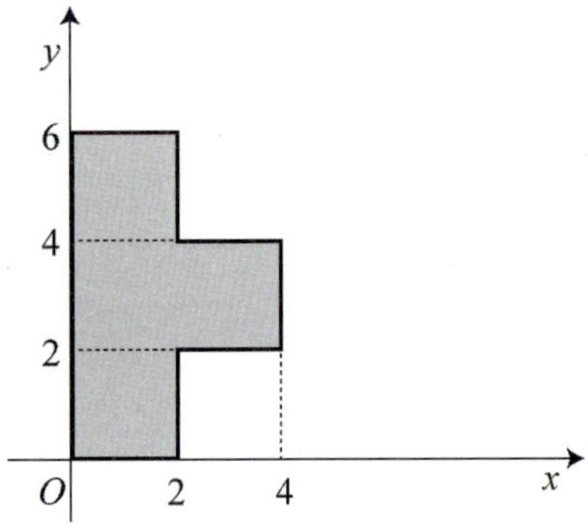

2)

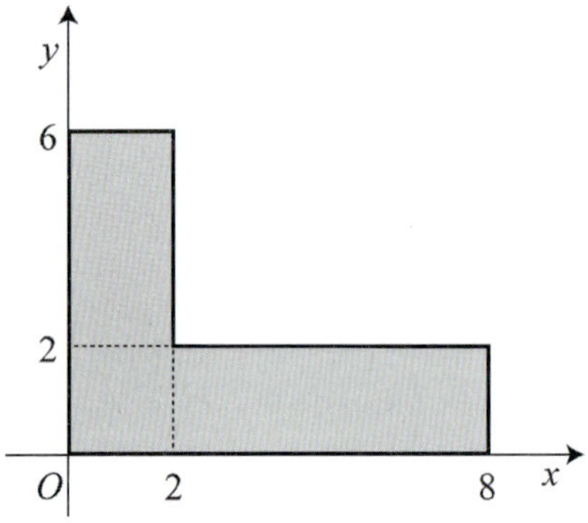

3)

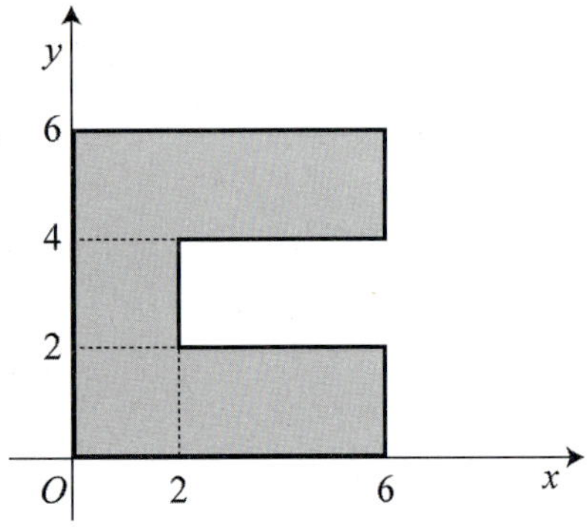

4)

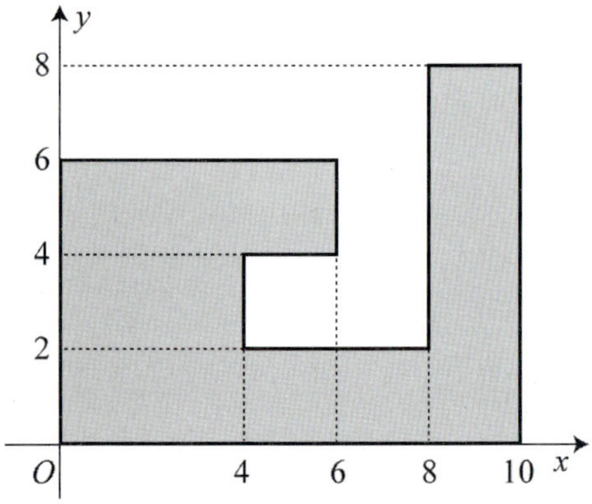

5)

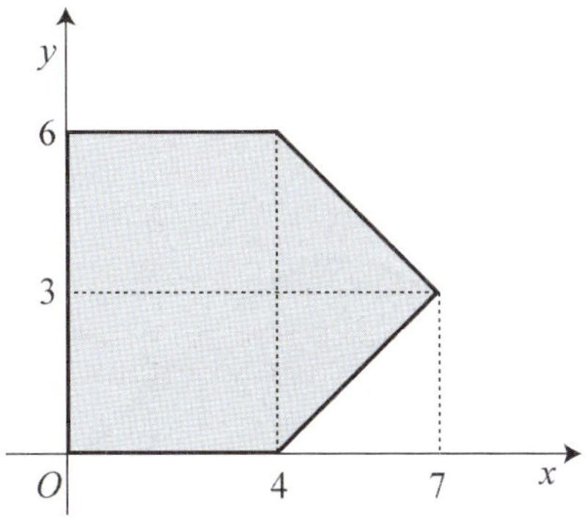

6)

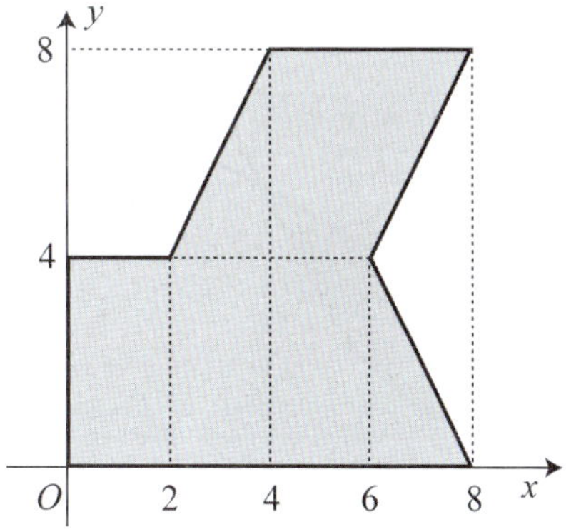

2. 적분을 이용해 주어진 도형의 무게중심의 좌표를 찾으시오.

1)

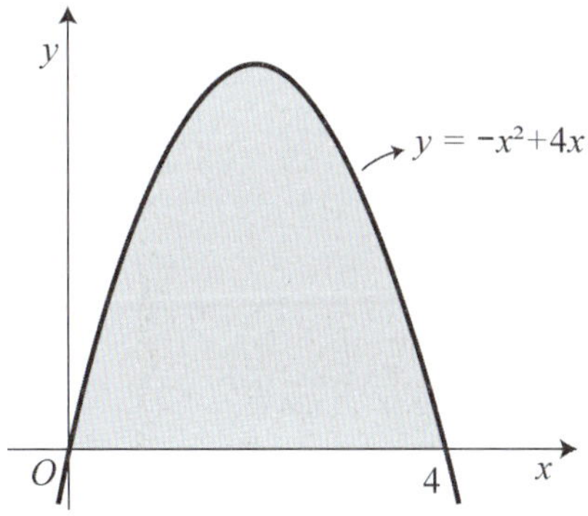

2)

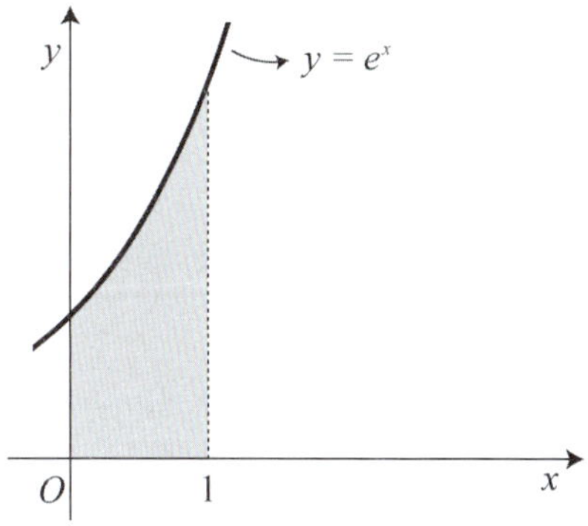

3)

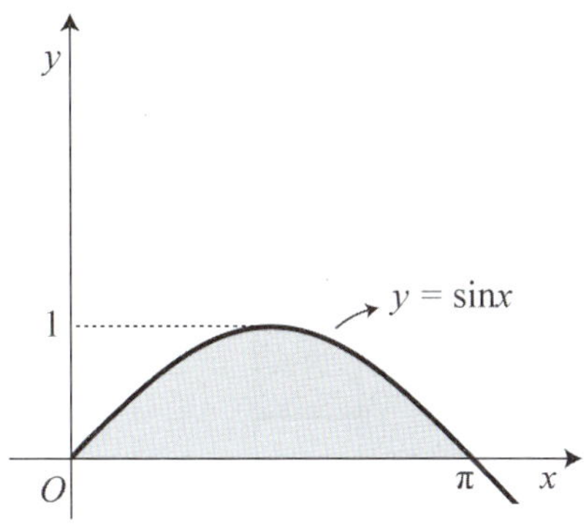

4)

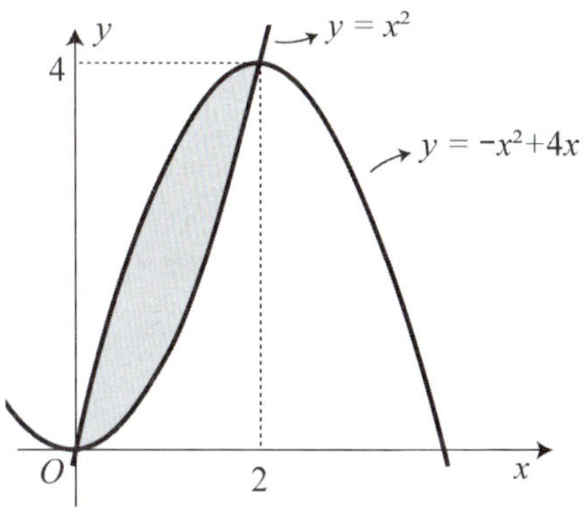

5)

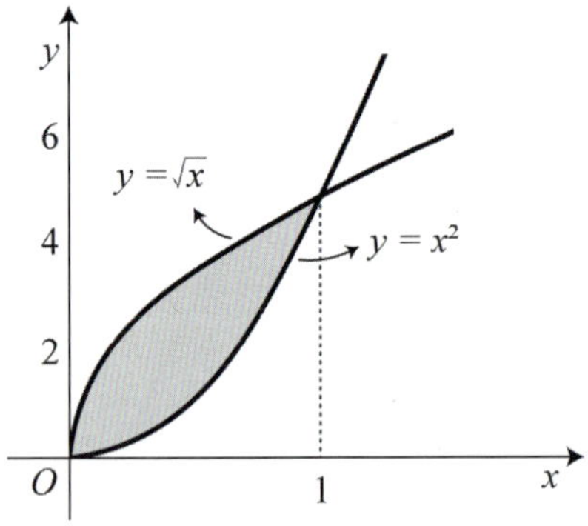

6)

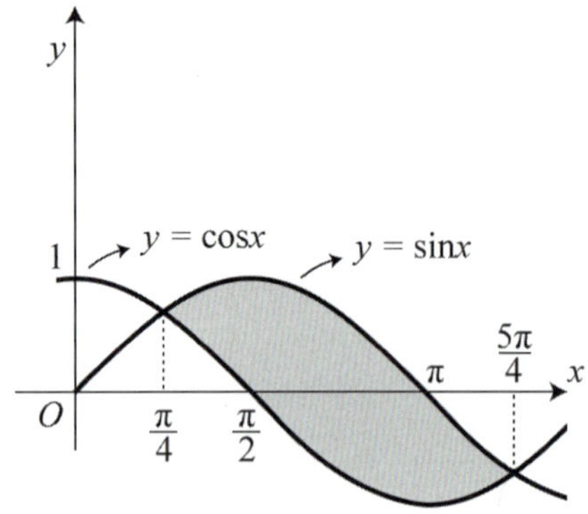

무게중심 좌표 찾기 정답

1. 기본 원리로 무게중심 좌표 찾기

1) $\left(\frac{3}{2}, 3\right)$ 2) $(3, 2)$ 3) $\left(\frac{19}{7}, 3\right)$

4) $\left(5, \frac{41}{13}\right)$ 5) $\left(\frac{31}{11}, 3\right)$ 6) $\left(\frac{134}{33}, \frac{112}{33}\right)$

2. 적분으로 무게중심 좌표 찾기

1) $\left(2, \frac{8}{5}\right)$ 2) $\left(\frac{1}{e-1}, \frac{e+1}{4}\right)$ 3) $\left(\frac{\pi}{2}, \frac{\pi}{8}\right)$

4) $(1, 2)$ 5) $\left(\frac{9}{20}, \frac{9}{20}\right)$ 6) $\left(\frac{3\pi}{4}, 0\right)$

무게중심의 기본 원리를 이용해 1번 문항의 풀이를 알아보자.

1) 오른쪽 그림과 같이 전체 영역을 R_1, R_2로 나눠보자. 이때, 영역 R_1은 넓이가 12, 무게중심의 좌표는 $(1, 3)$이고, 영역 R_2는 넓이가 4, 무게중심의 좌표는 $(3, 3)$이다. 전체 영역의 무게중심의 y좌표는 3이므로 x좌표만 구하면 된다. 무게중심의 기본 원리3에 의하여

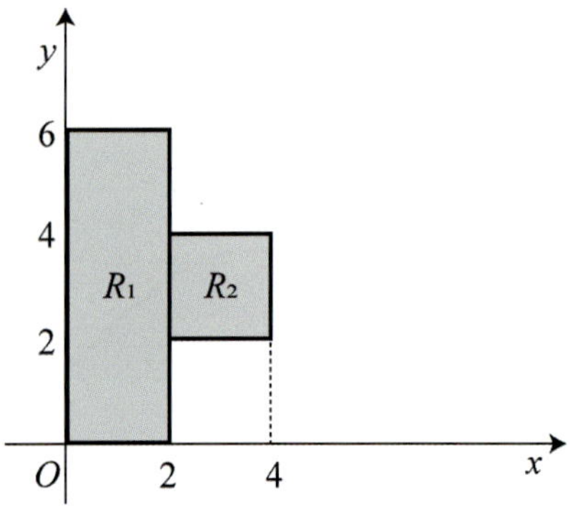

$$\bar{x} = \frac{12 \times 1 + 4 \times 3}{12 + 4} = \frac{24}{16} = \frac{3}{2}$$

그러므로 전체영역의 무게중심의 좌표는 $\left(\frac{3}{2}, 3\right)$이다.

2) 오른쪽 그림과 같이 전체 영역을 R_1, R_2로 나눠보자. 이때, 영역 R_1은 넓이가 12, 무게중심의 좌표는 $(1, 3)$이고, 영역 R_2는 넓이가 12, 무게중심의 좌표는 $(5, 1)$이다. 영역 R_1과 R_2의 넓이는 같으므로 무게중심의 기본 원리3에 의해 전체영역의 무게중심은 두 영역의 무게중심의 중점이다. 그러므로 전체영역의 무게중심의 좌표는 $(3, 2)$이다.

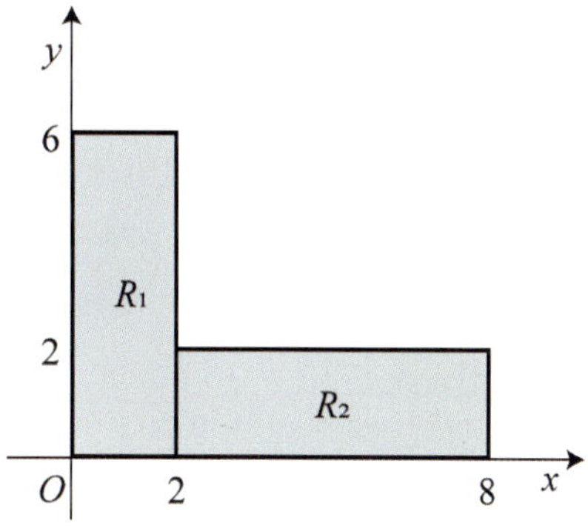

3) 오른쪽 그림과 같이 전체 영역을 R_1, R_2, R_3로 나눠보자. 이때, 영역 R_1은 넓이가 12, 무게중심의 좌표는 $(1, 3)$이고, 영역 R_2는 넓이가 8, 무게중심의 좌표는 $(4, 5)$이다. 영역 R_3는 넓이가 8, 무게중심의 좌표는 $(4, 1)$이다. 전체 영역은 $y = 3$에 대해 대칭이므로 무게중심의 기본 원리2에 의하여 무게중심의 y좌표는 3이다. 따라서 무게중심의 x좌표만 구하면 된다. 무게중심의 기본 원리3에 의하여

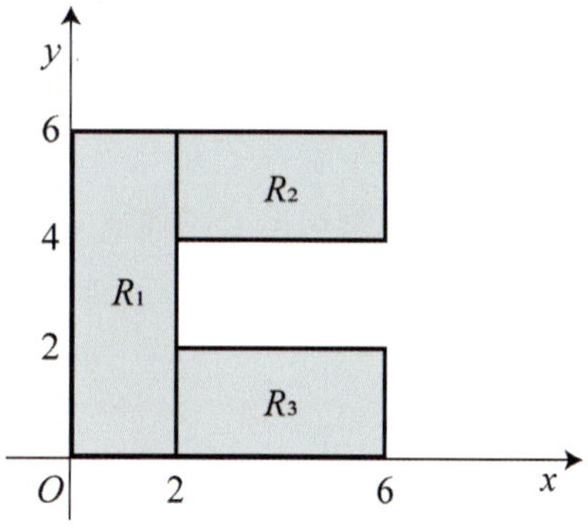

$$\bar{x} = \frac{12 \times 1 + 8 \times 4 + 8 \times 4}{12 + 8 + 8} = \frac{76}{28} = \frac{19}{7}$$

그러므로 전체영역의 무게중심의 좌표는 $\left(\frac{19}{7}, 3\right)$이다.

4) 오른쪽 그림과 같이 전체 영역을 R_1, R_2, R_3, R_4로 나눠보자. 각각의 넓이는 순서대로 16, 4, 16, 16이다. 또한 각각의 무게중심의 좌표는 순서대로 $(2, 4)$, $(5, 5)$, $(4, 1)$, $(9, 4)$이다. 무게중심의 기본 원리3에 의하여

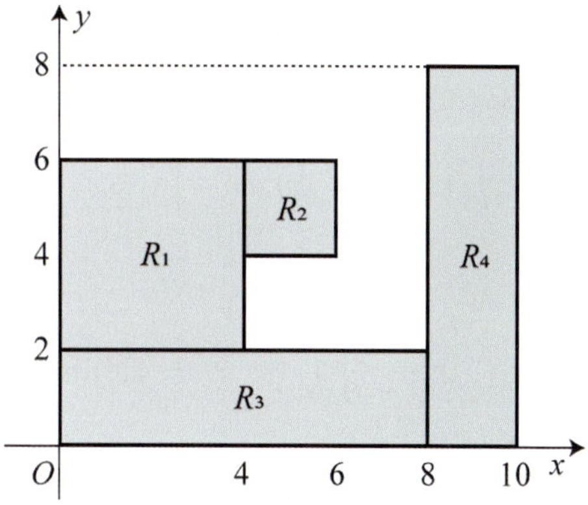

$$\bar{x} = \frac{16 \times 2 + 4 \times 5 + 16 \times 4 + 16 \times 9}{16 + 4 + 16 + 16} = 5$$

$$\bar{y} = \frac{16 \times 4 + 4 \times 5 + 16 \times 1 + 16 \times 4}{16 + 4 + 16 + 16} = \frac{41}{13}$$

그러므로 전체영역의 무게중심의 좌표는 $\left(5, \frac{41}{13}\right)$이다.

5) 오른쪽 그림과 같이 전체 영역을 R_1, R_2로 나눠 보자. 이때, 영역 R_1은 넓이가 24, 무게중심의 좌표는 $(2, 3)$이고, 영역 R_2는 넓이가 9, 무게중심의 좌표는 $(5, 3)$이다. 전체 영역의 무게중심의 y좌표는 3이므로 x좌표만 구하면 된다. 무게중심의 기본 원리3에 의하여

$$\overline{x} = \frac{24 \times 2 + 9 \times 5}{24 + 9} = \frac{93}{33} = \frac{31}{11}$$

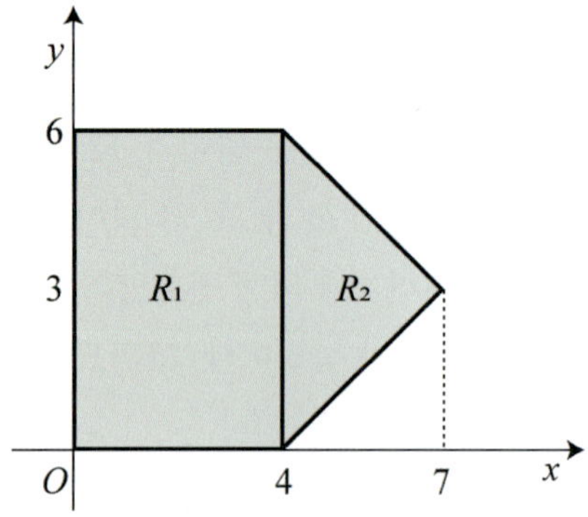

그러므로 전체영역의 무게중심의 좌표는 $\left(\frac{31}{11}, 3\right)$이다.

6) 오른쪽 그림과 같이 전체 영역을 R_1, R_2, R_3로 나눠보자. 각각의 넓이는 순서대로 4, 32, 8이다. 또한 각각의 무게중심의 좌표는 순서대로 $\left(\frac{2}{3}, \frac{8}{3}\right)$, $\left(4, \frac{8}{3}\right)$, $\left(6, \frac{20}{3}\right)$이다. 무게중심의 기본 원리3에 의하여

$$\overline{x} = \frac{4 \times \frac{2}{3} + 32 \times 4 + 8 \times 6}{4 + 32 + 8} = \frac{134}{33}$$

$$\overline{y} = \frac{4 \times \frac{8}{3} + 32 \times \frac{8}{3} + 8 \times \frac{20}{3}}{4 + 32 + 8} = \frac{112}{33}$$

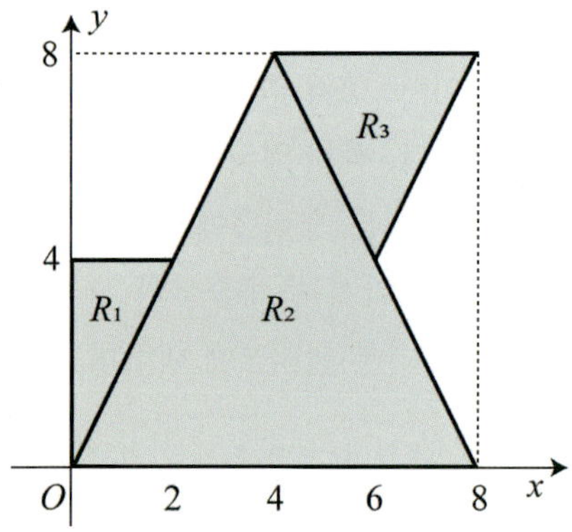

그러므로 전체영역의 무게중심의 좌표는 $\left(\frac{134}{33}, \frac{112}{33}\right)$이다.

적분을 이용해 2번 문항의 풀이를 알아보자.

1) 영역의 넓이를 구하면 다음과 같다.

$$A = \int_0^4 (-x^2 + 4x)\,dx = \left[-\frac{1}{3}x^3 + 2x^2\right]_0^4 = \frac{32}{3}$$

따라서

$$\overline{x} = \frac{1}{A}\int_0^4 (-x^3 + 4x^2)\,dx = 2$$

$$\overline{y} = \frac{1}{A}\int_0^4 \frac{1}{2}(-x^2 + 4x)^2\,dx = \frac{8}{5}$$

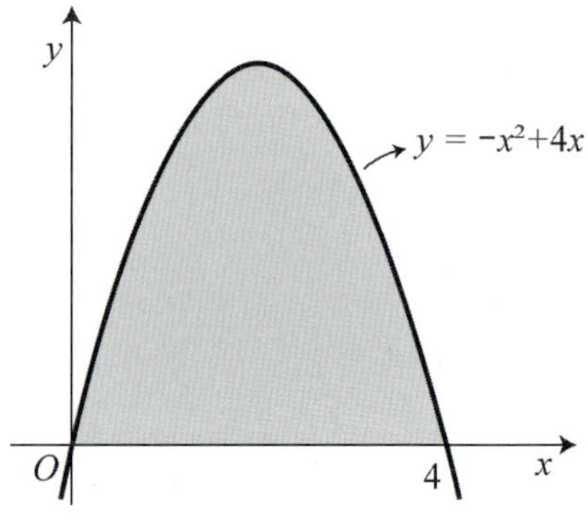

그러므로 무게중심의 좌표는 $\left(2, \frac{8}{5}\right)$이다.

2) 영역의 넓이를 구하면 다음과 같다.

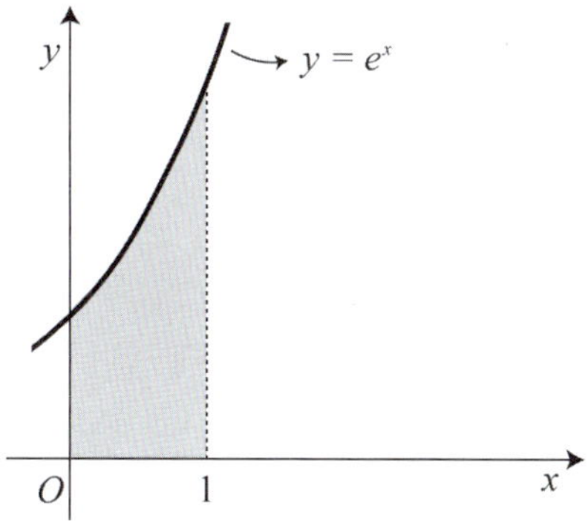

$$A = \int_0^1 e^x\,dx = [e^x]_0^1 = e - 1$$

따라서

$$\bar{x} = \frac{1}{A}\int_0^1 xe^x dx = \frac{1}{A}\left([xe^x]_0^1 - \int_0^1 e^x dx\right) = \frac{1}{e-1}$$

$$\bar{y} = \frac{1}{A}\int_0^1 \frac{1}{2}e^{2x}dx = \frac{1}{A}\left[\frac{1}{4}e^{2x}\right]_0^1 = \frac{e+1}{4}$$

그러므로 무게중심의 좌표는 $\left(\frac{1}{e-1}, \frac{e+1}{4}\right)$이다.

3) 영역의 넓이를 구하면 다음과 같다.

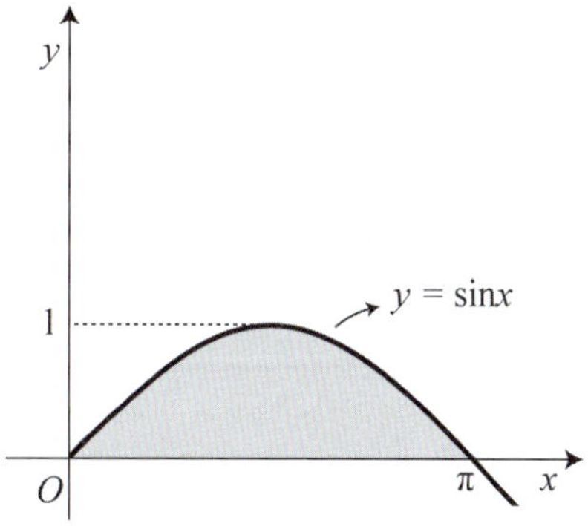

$$A = \int_0^\pi \sin x\,dx = [-\cos x]_0^\pi = 2$$

따라서 $\bar{x} = \frac{1}{A}\int_0^\pi x\sin x\,dx$

$$= \frac{1}{A}\left([-x\cos x]_0^\pi - \int_0^\pi(-\cos x)\,dx\right) = \frac{\pi}{2}$$

$$\bar{y} = \frac{1}{A}\int_0^\pi \frac{1}{2}\sin^2 x\,dx = \frac{1}{A}\int_0^\pi \frac{1-\cos 2x}{4}dx = \frac{\pi}{8}$$

그러므로 무게중심의 좌표는 $\left(\frac{\pi}{2}, \frac{\pi}{8}\right)$이다.

4) 영역의 넓이를 구하면 다음과 같다.

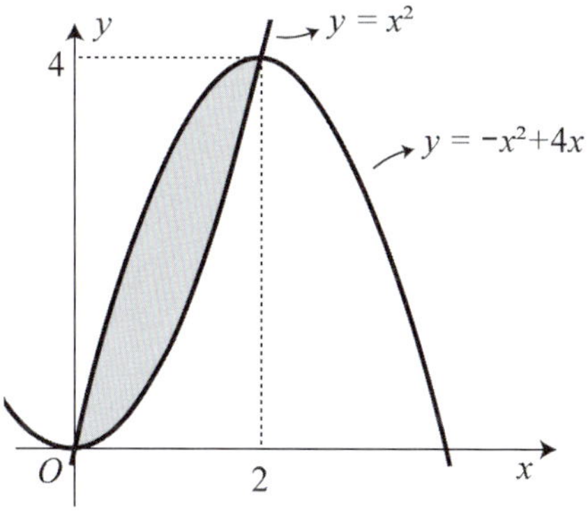

$$A = \int_0^2(-x^2 + 4x - x^2)\,dx = \frac{8}{3}$$

따라서

$$\bar{x} = \frac{1}{A}\int_0^2 x(-x^2 + 4x - x^2)dx = 1$$

$$\bar{y} = \frac{1}{A}\int_0^2 \frac{1}{2}((-x^2 + 4x)^2 - (x^2)^2)dx = 2$$

그러므로 무게중심의 좌표는 (1, 2)이다. 사실 주어진 영역은 점대칭인 도형으로 대칭의 중심이 (1, 2)이기 때문에 (1, 2)가 무게중심이 된다.

5) 영역의 넓이를 구하면 다음과 같다.

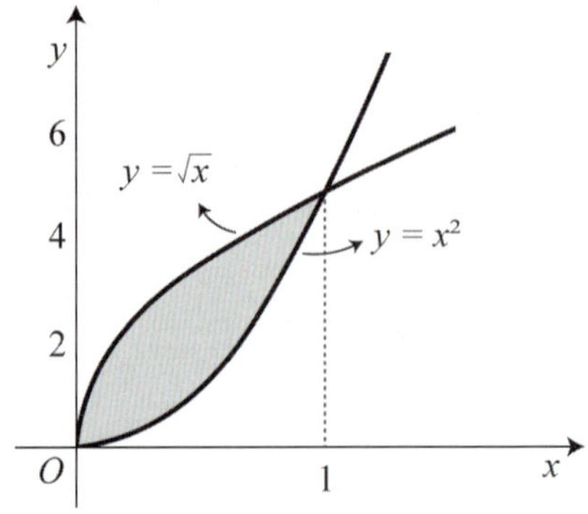

$$A = \int_0^1 (\sqrt{x} - x^2)\,dx = \left[\frac{2}{3}x^{\frac{3}{2}} - \frac{1}{3}x^3\right]_0^1 = \frac{1}{3}$$

또한 주어진 영역은 $y = x$에 대해 대칭이므로 무게중심이 $y = x$의 그래프 위에 있다. 따라서 무게중심의 x좌표만 구해도 충분하다. 무게중심의 y좌표는 무게중심의 x좌표와 같기 때문이다. 따라서

$$\overline{x} = \frac{1}{A}\int_0^1 x(\sqrt{x} - x^2)\,dx = \left[\frac{2}{5}x^{\frac{5}{2}} - \frac{1}{4}x^4\right]_0^1 = \frac{9}{20}$$

그러므로 무게중심의 좌표는 $\left(\frac{9}{20}, \frac{9}{20}\right)$이다.

6) 주어진 영역은 사실 점대칭 도형이고 대칭의 중심이 $\left(\frac{3\pi}{4}, 0\right)$이므로 무게중심의 좌표는 $\left(\frac{3\pi}{4}, 0\right)$이다. 이를 적분으로도 구해보자. 영역의 넓이를 구하면 다음과 같다.

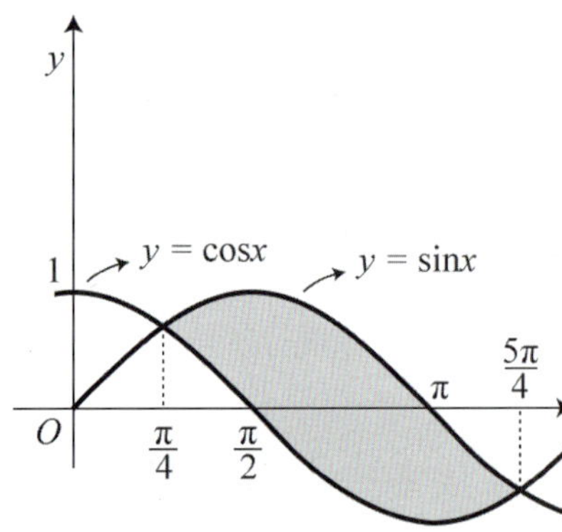

$$A = \int_{\frac{\pi}{4}}^{\frac{5\pi}{4}} (\sin x - \cos x)\,dx$$

$$= [-\cos x - \sin x]_{\frac{\pi}{4}}^{\frac{5\pi}{4}} = 2\sqrt{2}$$

따라서

$$\overline{x} = \frac{1}{A}\int_{\frac{\pi}{4}}^{\frac{5\pi}{4}} x(\sin x - \cos x)\,dx$$

$$= \frac{1}{A}\left([x(-\cos x - \sin x)]_{\frac{\pi}{4}}^{\frac{5\pi}{4}} - \int_{\frac{\pi}{4}}^{\frac{5\pi}{4}} (-\cos x - \sin x)dx\right) = \frac{3\pi}{4}$$

$$\overline{y} = \frac{1}{A}\int_{\frac{\pi}{4}}^{\frac{5\pi}{4}} \frac{1}{2}(\sin^2 x - \cos^2 x)dx = \frac{1}{A}\int_{\frac{\pi}{4}}^{\frac{5\pi}{4}} \left(-\frac{1}{2}\cos 2x\right)dx = 0$$

그러므로 무게중심의 좌표는 $\left(\frac{3\pi}{4}, 0\right)$이다.

불규칙한 도형의 **무게중심 찾기**

체험시간 10분

체험난도 ★★☆☆☆

준비물 두꺼운 종이 + 실 + 가위 + 핀 + 자 + 펜 + 추(또는 추로 사용할 수 있는 물건) = 준비 완료^-^

불규칙한 도형이 주어지면 무게중심의 기본원리나 적분을 사용해도 무게중심을 찾기가 쉽지 않다. 이때 추선 방법(Plumb Line Method)을 이용하면 쉽게 무게중심을 찾을 수 있다. 이 방법을 사용하기 위해서 먼저 핀에 실을 연결한 후 아래쪽에 추를 단다. 추를 구하기 힘들다면 지우개나 동전 등을 사용해도 된다. 이후 두꺼운 종이 등을 이용해 불규칙한 도형을 만들고, 아래와 같은 과정을 통해 도형의 무게중심을 찾는다. 이 방법을 사용할 때 주의할 점은 도형을 구멍을 내고 핀을 꽂았을 때, 물체가 핀 주위를 자유롭게 돌 수 있어야 한다는 점이다. 그래야 정확한 무게중심을 찾을 수 있다.

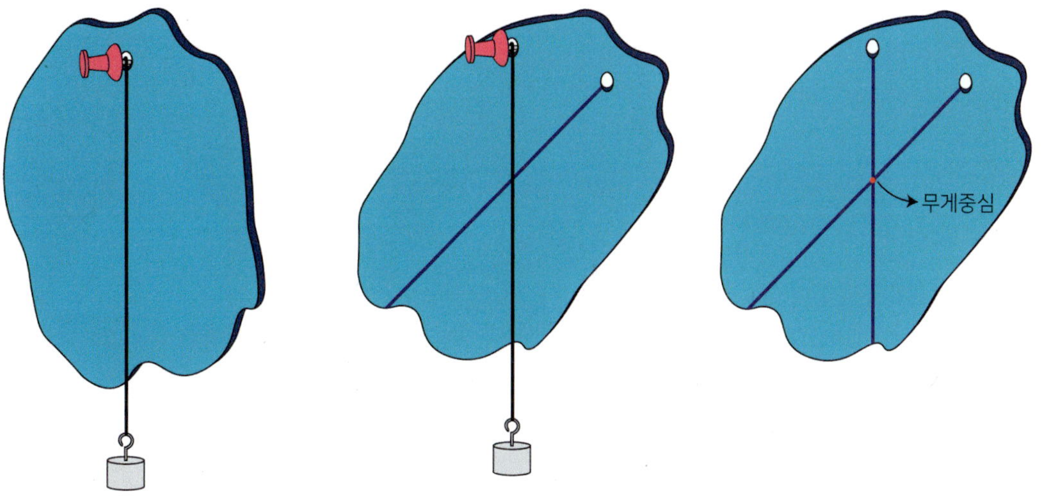

도형의 가장자리에 구멍을 뚫고 추가 달린 핀을 꽂은 후 실을 따라 선 긋기.

다른 쪽 가장자리에 구멍을 뚫고 추가 달린 핀을 꽂은 후 실을 따라 선 긋기.

두 선의 교점인 무게중심 찾기.

빙글빙글
무게중심 팽이 만들기

체험시간 30분

체험난도 ★★☆☆☆

준비물 여러 가지 색의 두꺼운 종이 + 자 + 펜 + 가위 + 팽이심 + 송곳(또는 압정) = 준비 완료^-^

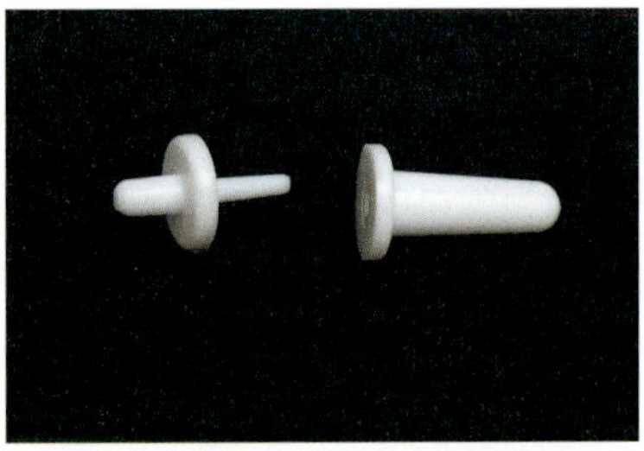

무게중심을 이용해 팽이를 만들기 위해 먼저 두꺼운 종이를 오려 여러 가지 도형을 만든다. 그 후 각 도형의 무게중심을 찾고 오른쪽 사진과 같은 팽이심을 이용해 팽이를 만들도록 한다. 이쑤시개를 이용해 팽이를 만들 수도 있는데, 이 경우 글루건이나 테이프를 이용해 이쑤시개를 고정해야 한다. 같은 형태의 도형을 두 개 만들어 하나는 무게중심에 팽이심을 꽂고, 다른 하나 무게중심이 아닌 곳에 팽이심을 꽂아서 비교해도 좋다.

색지를 오려 여러 형태의 도형 만들기.

각 도형의 무게중심 찾기.

송곳으로 무게중심에 구멍 뚫고 팽이심을 연결하면 완성.

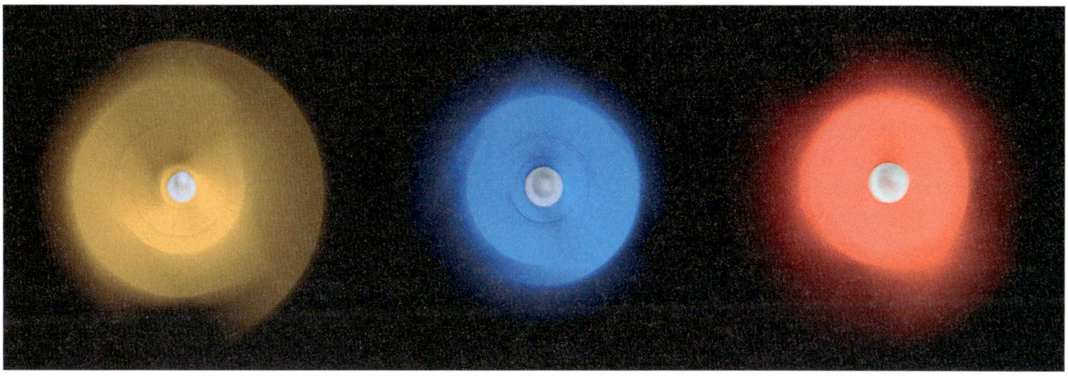

팽이가 도는 모습.

완벽한 균형
무게중심 새 만들기

체험시간 10분

체험난도 ★☆☆☆☆

준비파일 13/무게중심_새도안.pdf

준비물 무게중심 새 도안(**평량 180g 정도로 두꺼운 종이에 인쇄**) + 가위 + 테이프 = 준비 완료^-^

이 책에서는 아래와 같은 전개도를 제공한다. 전개도는 평량 180g 정도로 두꺼운 A4 용지에 인쇄하기를 추천한다. 너무 얇은 종이에 인쇄하면 새의 형태를 유지하기 힘들기 때문이다. 여기서는 새 도안에 색칠을 하거나 꾸미지 않지만 도안을 오려서 무게중심 새를 만들기 전에 먼저 색칠을 해서 개성 있는 나만의 무게중심 새를 만드는 것도 재미있을 것이다. 이제 제작 과정을 알아 보자.

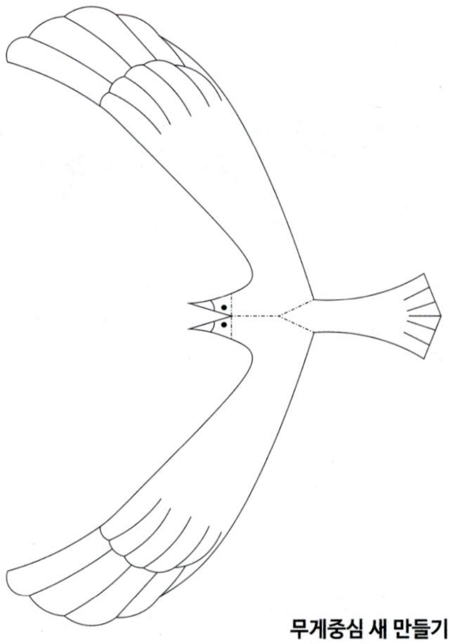

무게중심 새 만들기

무게중심 새는 무게중심의 원리를 이용해 새의 무게중심이 부리에 와서 균형을 유지하도록 만든 새이다.

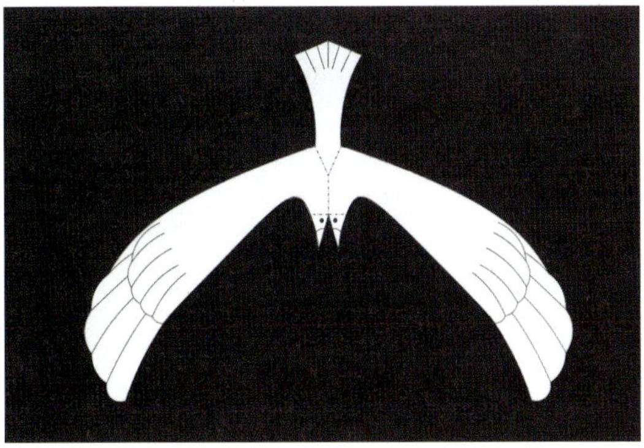

도안 오리기.

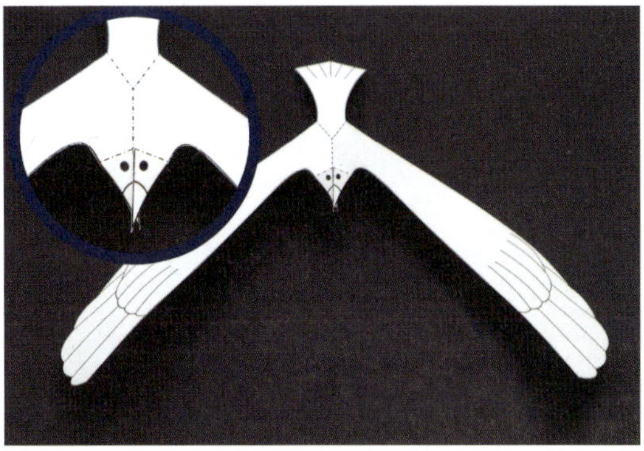

새에 입체감을 주기 위해 머리쪽의 접기선 살짝 접기.

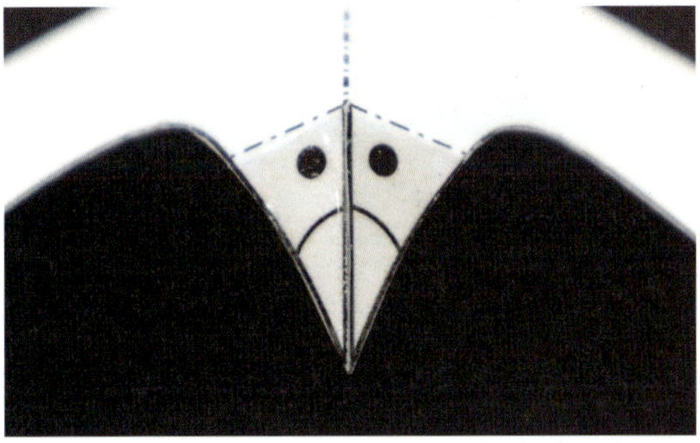

테이프로 새 얼굴 붙이기.

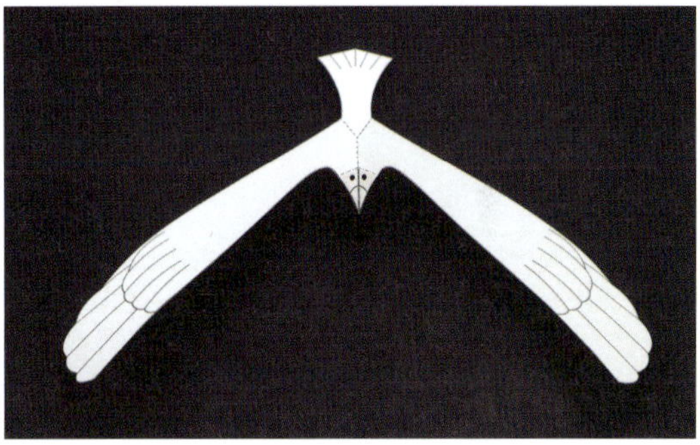

완성.

막대 위에 올린 모습.

Chapter 14

숫자로 짓고 풀기

매듭 만들기

어떤 체험을 할까요?

1 매듭으로 하는 놀이, 인간 매듭 게임
2 매듭 목록, 매듭 만들기
3 매듭 불변식, 매듭을 다항식으로 표현하기
4 블링블링 매듭 팔찌 만들기

01

매듭이론 : 매듭과 고리

매듭이론은 매듭의 수학적 성질에 대해 탐구하는 수학의 한 분야이다. 수학에서의 매듭이란 3차원 공간에 있는 매끄러운 단순 닫힌 곡선이다. 단순 닫힌 곡선은 곡선을 따라 이동할 때 시점과 종점이 동일하고 중간에 서로 교차하는 점이 없는 연속적인 곡선을 말한다. 쉽게 긴 끈의 양쪽을 붙여 연결했다고 하자. 이것이 바로 매듭이다. 매듭은 어떤 추상적인 대상이 아니기 때문에 쉽게 그림으로 표현할 수 있다. 그런데 3차원 공간의 매듭을 2차원 공간에 표현하려면 **엇갈림**(Crossing)을 표현할 적당한 방법이 필요하다. 보통 매듭이론에서는 그림1과 같이 엇갈림을 표현한다.

그림1

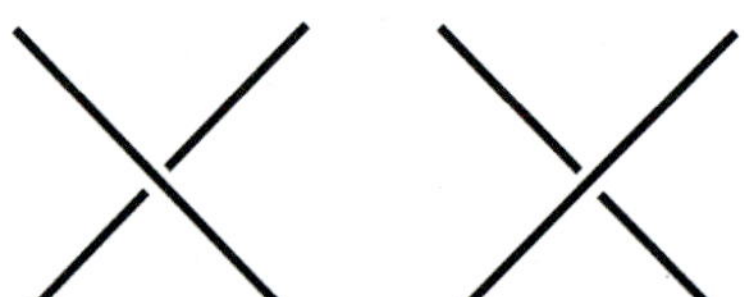

위의 엇갈림 표현에 따른 매듭 그림을 **매듭의 사영**이라 하는데 그림2가 이런 매듭의 사영의 예이다.

그림2

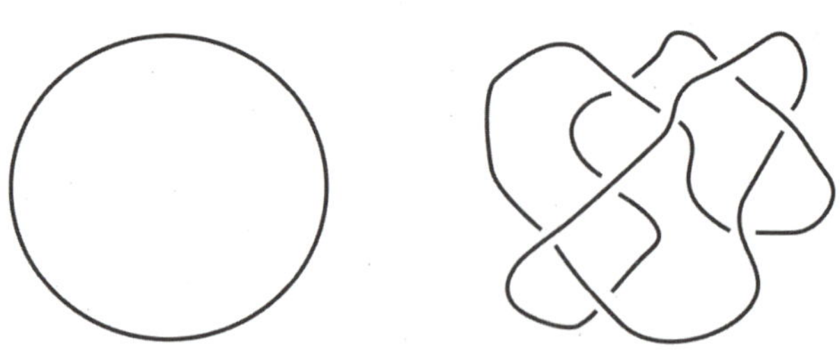

매듭 중 가장 간단한 형태는 그림 2의 왼쪽 그림과 같은 원으로 **풀린 매듭**(Unknot) 혹은 **자명한 매듭**(Trivial knot)이라 한다. 매듭을 탐구하는 데 있어 주된 관심 사항은 두 매듭이 주어졌을 때 서로 같은지 다른지 구분하는 것이다. 그렇다면 어떤 경우에 두 매듭이 서로 같다고 말할 수 있을까? 매듭이론에서는 매듭을 자르거나 붙이는 것은 허락하지 않고 무한히 늘이거나 줄이는 것만 허락해 주어진 매듭의 변형으로 새로운 매듭이 만들어지면 처음 주어진 매듭과 새로운 매듭은 서로 같다고 본다. 이러한 변형을 **위상변환**이라 하며 서로 같을 때 두 매듭은 **동치**라 한다.

얼핏 듣기에는 그렇게 어렵지 않은 문제처럼 들릴 수 있다. 서로 같은 매듭인지 다른 매듭인지 구별하는 것이 어떻게 보면 아이들의 즐거운 놀이처럼 보이기 때문이다. 하지만 실제로는 그렇지 않다. 많은 수학자가 오랜 시간에 걸쳐 이에 대해 탐구했지만, 아직 완벽한 해법은 존재하지 않는다. 그림 3의 두 매듭을 보자. 이 두 매듭은 서로 같은 매듭인가? 다른 매듭인가?

그림3

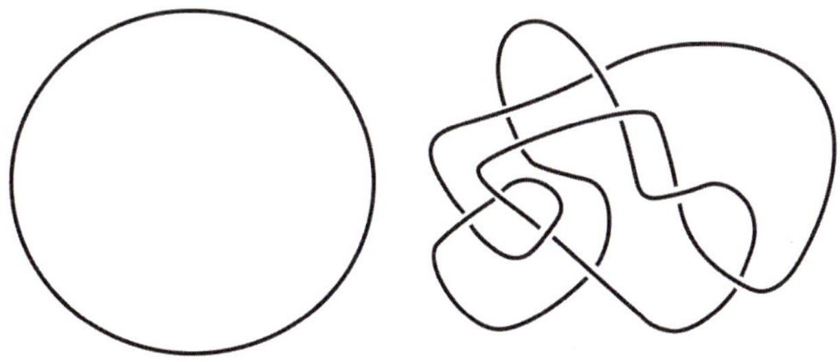

정답은 같은 매듭이다. 실제 풀린 매듭인 원의 연속적인 변형을 통해 오른쪽 매듭을 만들 수 있다. 물론 반대도 보일 수 있다. (한번 도전해 보아라.) 위 그림의 오른쪽 매듭은 비교적 간단한 형태임에도 불구하고 풀린 매듭인지 아닌지가 바로 파악되지 않는다. 조금만 복잡해져도 더 어려워진다는 것을 쉽게 예상할 수 있다.

이처럼 두 매듭이 서로 같은지 확인하는 한 가지 방법은 한 매듭의 연속적인 변형을 통해 다른 매듭이 만들어지는지 확인하는 것이다. 문제는 오랜 시간 시도를 해봤는데도 다른 매듭이 만들어지지 않는다고 해서 두 매듭을 다르다고 할 수 없다는 점이다. 예상되는 것처럼 두 매듭이 서로 같은 매듭인지를 확인하기도 어렵지만 다른 매듭인지를 확인하기도 어렵다. 실제 역사적으로도 다른 줄 알았던 두 매듭이 서로 같다고 밝혀지기도 했다.

수학자들은 매듭을 구별하고 분류하기 위해 많은 수학적 기법을 고안하였다. 어떤 수학자는 위상변환의 과정을 좀 더 체계적으로 분류하여 성질을 탐구했고, 또 다른 수학자는 매듭이 얽혀 있는 정도를 수치로 표현해 분류를 시도하였다. 매듭 분류의 성공적인 방법의 하나는 매듭을 다항식으로 표현하는 것이다. 매듭을 다항식으로 표현하는 방법은 상당히 다양하게 존재한다. 수학자들은 지금도 매듭을 분류하기 위해 큰 노력을 기울이고 있다.

수학자들이 매듭을 어떻게 분류하는지 알려면 기본적으로 두 가지 개념을 알아야 한다. 바로 **기약매듭**(Prime Knot)과 **엇갈림수**(Crossing Number)이다. 먼저 정수에서 소수와 같은 역할을 하는 기약매듭에 대해 알아보자. 기약매듭을 이해하기 위한 첫걸음은 매듭의 합성 연산에 대해 아는 것이다. 숫자의 연산처럼 매듭끼리 매듭의 '합성'이라는 연산을 통해 새로운 매듭을 만들 수 있다. 그림 4는 두 매듭의 합성을 통해 새로운 매듭을 만드는 과정을 보여주는 그림이다.

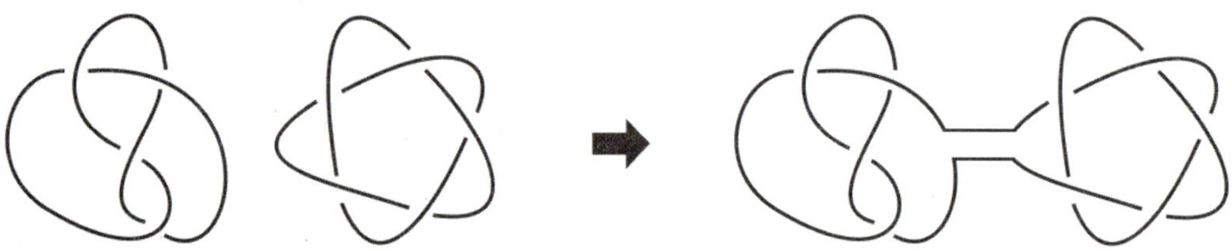

그림4 매듭을 합성하는 과정

매듭의 합성은 다음과 같이 이루어진다.

매듭의 합성

두 매듭이 주어졌을 때 각 매듭의 작은 곡선 부분을 제거하고 네 점을 연결해 새로운 매듭을 만든다. 이때 다음을 따른다.

1. 두 매듭의 사영은 겹치지 않고, 작은 곡선 부분에는 엇갈림이 없도록 한다.
2. 네 끝을 연결할 때, 연결한 선은 원래 사영과 만나지 않고 서로 겹치지 않는다.

자명한 매듭이 아닌 두 매듭의 합성으로 만들어지는 매듭을 **합성매듭**(Composite Knot)이라 한다. 반대로 합성매듭을 만드는 두 매듭을 **인자매듭**(Factor Knot)이라 하고 자명하지 않은 두 매듭의 합성으로 표현할 수 없는 매듭을 **기약매듭**(Prime Knot)이라 한다. 어떤 매듭을 자명한 매듭과 합성하면 자기 자신이 나온다. 자명한 매듭은 곱셈에서 숫자 1이 하는 역할과 같은 역할을 한다고 할 수 있다.

기약매듭만 알면 기약매듭의 합성으로 모든 매듭을 구성할 수 있으므로, 매듭의 목록을 만들고자 할 때 기약매듭만 목록에 작성하면 충분하다. 그리고 이 목록을 작성할 때, 분류 기준은 **엇갈림수**(Crossing Number)이다. 엇갈림수란 매듭의 사영에서 나타날 수 있는 엇갈림의 최소의 수이다. 좀 더 자세히 말하면 어떤 매듭이 주어졌을 때 위상변환을 통해 그 매듭의 사영이 최소한의 엇갈림을 갖도록 변환했다면 그때 매듭의 사영의 엇갈린 횟수가 이 매듭의 엇갈림수이다. 아래 그림은 엇갈림수가 7 이하인 매듭에 대한 분류이다. 각 매듭의 엇갈림수 아래 있는 밑첨자는 엇갈림수에 따라 매듭에 순서를 부여한 것이다.

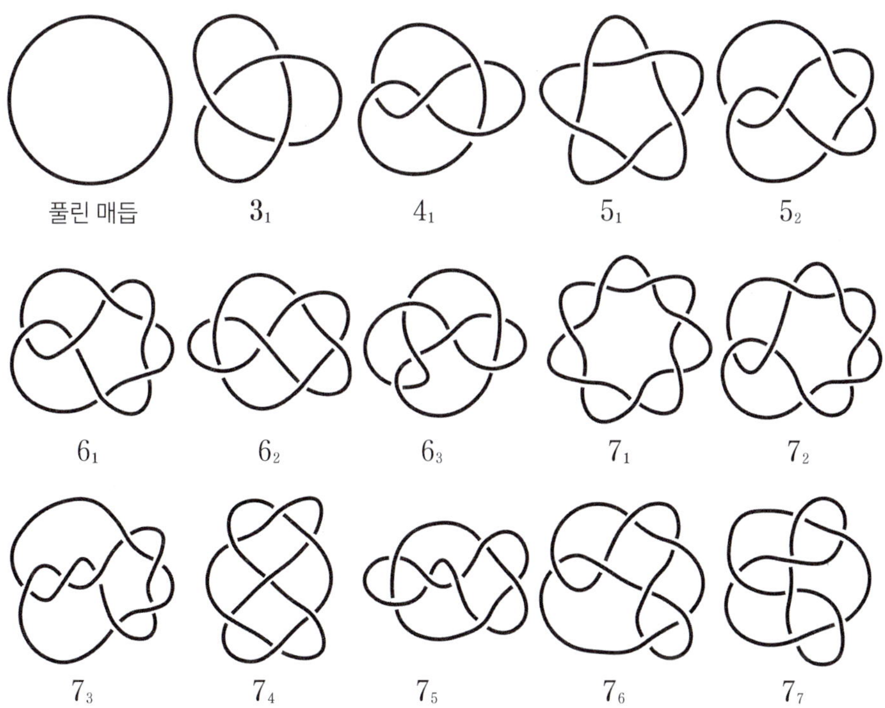

그림5 엇갈림수 7 이하인 기약 매듭의 분류 목록

그런데 여기서 한 가지 질문을 던져보자. 우리는 앞서 매듭이 3차원 공간에 들어 있는 매끄러운 단순 닫힌 곡선이라고 하였다. 왜 3차원 공간에서라고 말하는 것일까? 2차원이나 4차원 또는 5차원은 안 되는가? 이 질문은 매듭이론에 대해 본격적으로 생각해 보기 전에 고민해 볼 만한 문제이다.

이에 대해 생각하기 위해 기본적으로 전제해야 할 것은 수학에서의 매듭은 1차원의 대상이라는 점이다. 따라서 매듭의 단면은 하나의 점이고 이 매듭은 넓이나 부피가 없다. 이런 매듭을 2차원상에서 생각해 보면 어떨까? 매듭의 정의대로 2차원상에서의 단순 닫힌 곡선인 것이다. 그런데 이런 2차원상의 단순 닫힌 곡선은 다음과 같은 성질이 성립함이 증명되었다.

조르단(Jordan) 곡선 정리

평면상의 단순 닫힌 곡선은 평면을 안과 밖의 두 영역으로 분할한다.

이 정리가 의미하는 바는 2차원상에서의 매듭은 모두 풀린 매듭이라는 것이다. 따라서 2차원상에서의 매듭은 한 종류뿐이다. 4차원상에서 매듭을 생각해 보면 어떨까? 수학자들은 매듭의 엇갈림 부분을 여분의 차원으로 밀어 넣고 조금 이동을 시킨 다음 다시 3차원 공간으로 가져오면 풀린 매듭으로 만들 수 있지 않을까라고 생각하였고 이는 실제로 그렇다. 결과적으로 4차원상에서의 매듭 역시 모두 풀린 매듭이 된다. 그림6은 **세잎매듭**(Trefoil Knot)이라 불리는 매듭을 4차원의 여분의 차원을 이용해 풀린 매듭으로 만드는 과정을 표현한 것이다. 반면 3차원상에서는 무수히 많은 다른 매듭들이 존재한다. 이것이 3차원상에서의 매듭을 탐구하는 이유이다.

그림6

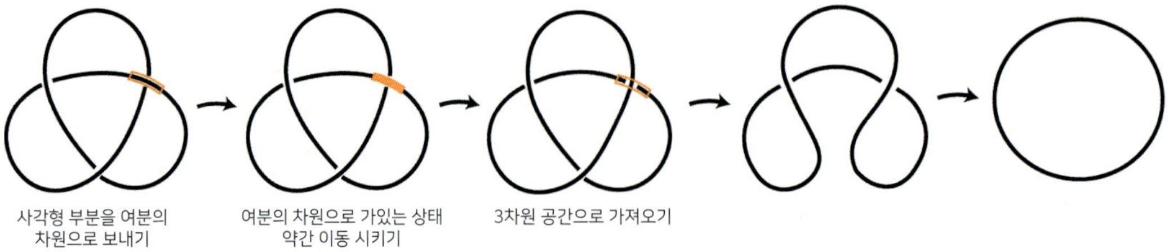

매듭이 하나의 단순 닫힌 곡선으로 이루어져 있다면 여러 개의 단순 닫힌 곡선으로 이루어진 대상도 생각할 수 있다. 여러 개의 단순 닫힌 곡선이 걸려있는 것을 **고리**(Link)라 하고 고리에서 각 닫힌 곡선을 **성분**(Component)이라 한다. 이런 점에서 매듭은 성분이 한 개인 고리이다. 고리도 매듭과 마찬가지로 닫힌 곡선끼리 만나지 않는 상태에서 각 닫힌 곡선들의 위상변환을 통해 새로운 고리가 만들어지면 두 고리는 같다고 본다. 대표적인 고리로는 **보로미안 고리**(Borromean Rings)가 있다.

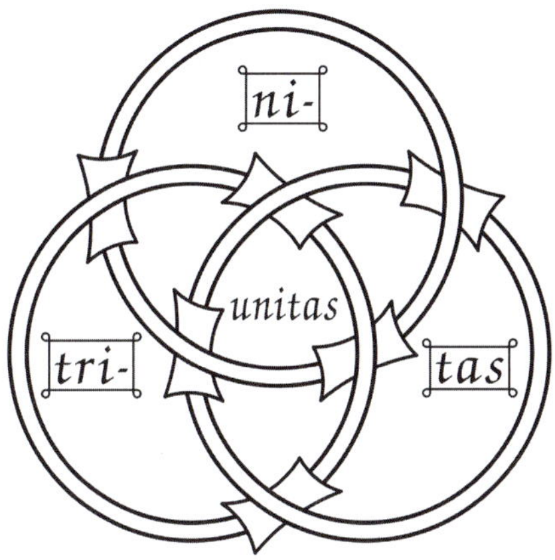

그림7 기독교 삼위일체의 상징으로 사용된 보로미안 고리

성분이 2개인 고리를 생각해 보자. 고리의 두 성분을 공간상의 한 평면을 기준으로 평면의 양쪽에 각각 존재하도록 할 수 있다면 **분리가능**(Splittable)이라고 한다. 그리고 성분이 2인 고리가 분리가능이면 이 고리를 **풀린 고리**(Unlink) 또는 **자명한 고리**(Trivial Link)라고 한다. 그림8에서 왼쪽은 풀린 고리의 사영이고 오른쪽은 **호프고리**(Hopf Link)라 불리는 고리의 사영이다.

그림8 풀린 고리(왼쪽)와 호프 고리(오른쪽)

매듭이론을 연구한 최초의 수학자는 가우스로 알려져 있다. 정확하게 그는 매듭보다는 고리에 대해 탐구했다고 한다. 그리고 매듭이 본격적으로 중요한 연구 대상으로 여겨진 것은 영국의 수리물리학자인 켈빈 남작(Lord Kelvin)의 에테르에 대한 아이디어 때문이다. 에테르는 빛을 파동으로 생각했을 때 이 파동을 전파하는 매질로 생각되던 가상의 물질이다. 그는 원자는 단지 에테르 구조가 갖는 매듭이라는 아이디어를 주장하였고, 스코틀랜드 물리학자인 피터 거스리 테이트(Peter Guthrie Tait)는 이 주장에 따라 원소표를 만든다고 생각하며 매듭 목록을 만들기도 했다.

이런 연구 과정에서 엇갈림수 10까지의 매듭 목록은 뉴욕의 변호사이자 수학자인 케네스 퍼코(Kenneth A Perko)에 의해 1974년 완성되었다. 그리고 수학자 존 콘웨이(John H. Conway)는 1969년에 본인이 개발한 매듭 표현법에 따라 엇갈림수 11까지의 매듭 목록을 완성하였고, 영국의 수학자 모웬 시슬스웨이트(Morwen Thistlethwaite)는 컴퓨터 프로그램을 사용해 1981년 엇갈림수 12, 1982년 엇갈림수 13까지의 목록을 완성하였다. 현재까지 알려진 매듭 목록은 엇갈림수가 16까지의 목록이다. 엇갈림 수가 16까지인 매듭의 경우 그 개수가 무려 1388705개이다. 엇갈림수가 17인 매듭은 모두 몇 개일까? 혹은 그 이상의 엇갈림수를 갖는 매듭은 모두 몇 개일까? 이것은 앞으로 수학자들이 풀어야 할 숙제이다.

02

라이데마이스터 변환

매듭을 자르거나 붙이는 것은 허락하지 않고 무한히 늘이거나 줄이는 것만 허락해 주어진 매듭의 변형으로 새로운 매듭이 만들어지면 처음 주어진 매듭과 새로운 매듭은 서로 같다고 했다.

1926년 독일의 수학자 커트 라이데마이스터(Kurt Reidemeister)는 매듭의 사영을 변환하는 세 가지 방법을 발견하였다. 이 변환을 라이데마이스터 변환이라 한다. 그는 주어진 매듭의 서로 다른 두 사영이 있을 때 한 매듭의 사영에 이 세 가지 변환을 적당히 적용하고, 필요에 따라 매듭을 늘이거나 줄이면 다른 사영을 얻을 수 있음을 증명하였다. 그의 증명

라이데마이스터 변환(Reidemeister Move)

1. **변환 I** : 매듭의 엇갈림을 하나 만들거나 하나 없애는 변환.
2. **변환 II** : 한 가닥을 이동해 다른 가닥과 2개의 엇갈림 만들거나 없애는 변환.
3. **변환 III** : 한 가닥을 하나의 엇갈림 위나 아래로 완전히 이동시키는 변환.

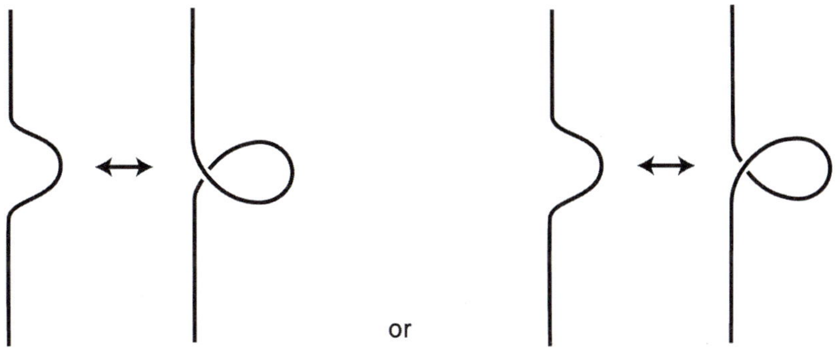

그림9 라이데마이스터 변환 I

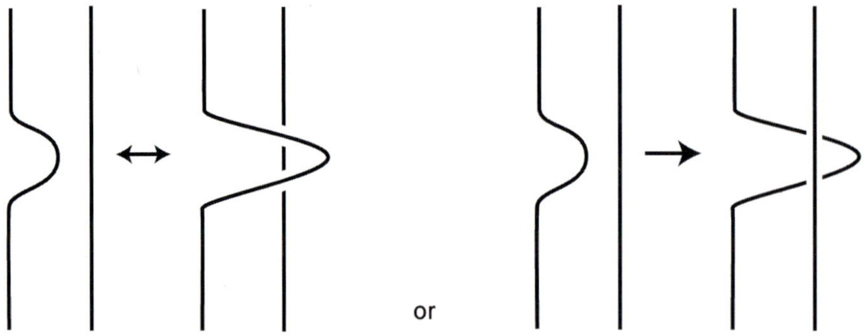

그림10 라이데마이스터 변환 Ⅱ

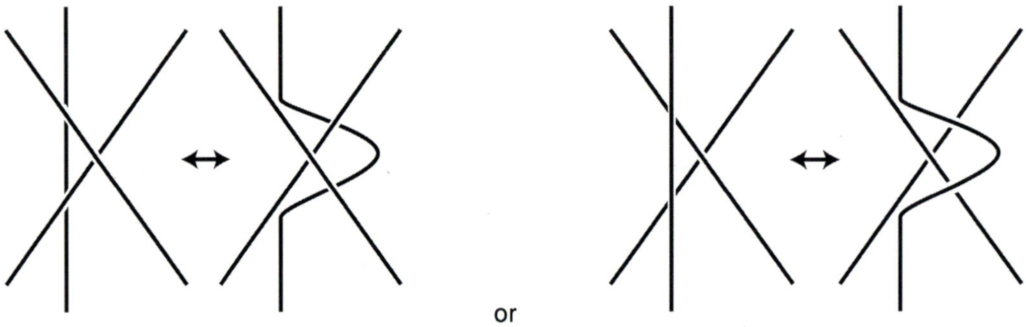

그림11 라이데마이스터 변환 Ⅲ

이 의미하는 바는 매듭에 어떤 위상변환을 해도 라이데마이스터 변환을 적당히 조합하면 그 위상변환을 할 수 있다는 말이다. 다르게 말하면 매듭의 모든 위상변환은 라이데마이스터 변환이거나 라이데마이스터 변환의 조합이다. 이제 우리는 라이데마이스터 변환을 이용해 좀 더 체계적으로 매듭의 위상변환을 시도해 볼 수 있다.

라이데마이스터 변환을 이용하면 어떤 성질이 **매듭불변량**(Knot Invariant)인지 아닌지 확인할 수 있다. 매듭불변량이란 어떤 변환을 시행해도 변하지 않고 보존되는 성질을 말한다. 따라서 어떤 성질이 있을 때 라이데마이스터 변환을 시행해도 그 성질이 변하지 않으면 그 성질은 매듭불변량이고 그렇지 않다면 매듭불변량이 아니다. 예를 들어 앞서 소개한 엇갈림수도 매듭불변량 중 하나이다.

그림12는 라이데마이스터 변환을 이용하여 처음 주어진 매듭의 사영을 자명한 매듭의 사영으로 변형하는 과정을 나타낸 것이다. 처음 주어진 매듭의 사영이 복잡해 보이지만 사

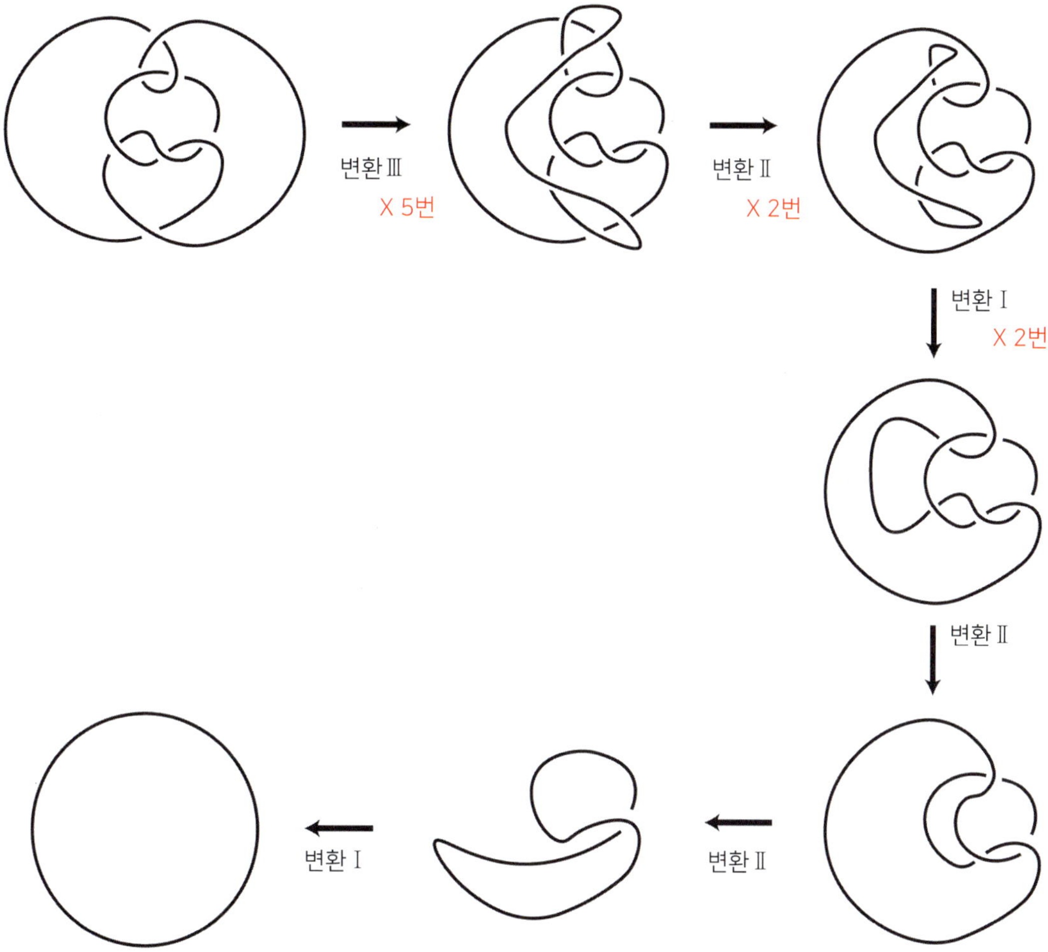

그림 12 못된(Nasty) 풀린 매듭과 라이데마이스터 변환

실은 풀린 매듭의 사영임을 알 수 있다. 이 매듭의 사영을 **못된(Nasty) 풀린 매듭**이라 한다.

03

삼색 칠하기 가능

우리는 앞에서 서로 같은 매듭인지를 확인하는 라이데마이스터 변환에 대해 알아봤다. 그렇다면 두 매듭이 서로 다른 매듭이라는 것은 어떻게 확인할 수 있을까? 아마도 기억력이 좋은 독자라면 매듭을 다항식으로 표현하면 된다고 말할 것이다. 물론 이는 실제로 그렇다. 우리는 뒤에서 이에 대해 알아볼 것이다. 여기서는 좀 더 쉬운 방법에 대해 알아보자. 바로 매듭에 색칠해서 확인하는 방법이다. 이 방법으로 모든 매듭을 구별할 수 있는 것은 아니지만 적어도 몇몇 매듭은 서로 구별할 수 있다. (사실 모든 매듭을 구별하는 방법은 아직 알려져 있지 않다.) 일단 가장 간단한 형태인 풀린 매듭과 세잎매듭이 서로 다른 매듭임을 보일 것이다. 어떻게 보면 당연해 보이는 이 사실에 대해 앞에서 어떤 수학적 방법으로도 보인 적이 없었음을 상기하자. 그럴 것 같은 것과 수학적으로 실제 그렇다는 것을 보이는 것은 다른 것이다.

그림13

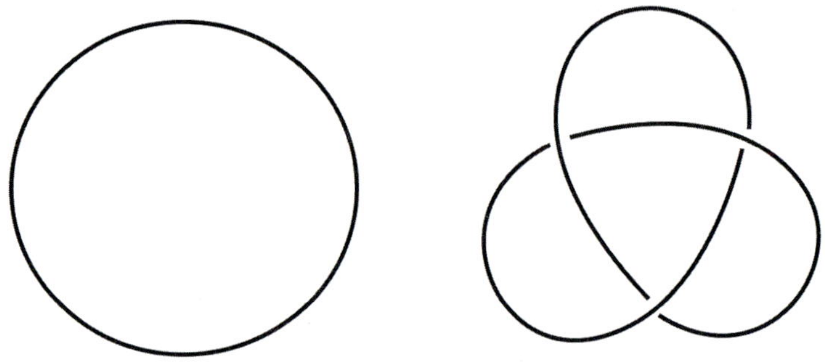

우리는 먼저 매듭에 색칠하는 것과 관련해 **삼색 칠하기 가능성**(Tricolorability)과 **가닥**(Strand)이란 개념을 정의할 것이다. 매듭의 사영에서 가닥이란 하나의 아래로 지나가는

엇갈림에서 시작하여 다음 아래로 지나는 엇갈림에서 끝나는 매듭의 연속적으로 그려지는 조각이다. 매듭의 사영이 주어졌을 때 풀린 매듭을 제외하면 가닥의 개수는 엇갈림의 개수와 같다 (풀린 매듭의 엇갈림수는 0이고 가닥은 1개이다). 그림13에서 확인할 수 있듯이 풀린 매듭은 1개의 가닥을 갖고 있고 세잎매듭은 3개의 가닥을 갖고 있다. **삼색 칠하기 가능성**은 다음과 같이 정의된다.

삼색 칠하기 가능성(Tricolorability)

매듭의 사영의 각 가닥에 다음 조건에 맞게 서로 다른 세 가지 색을 색칠하는 것이 가능하면 **삼색 칠하기 가능(Tricolorable)**이라 한다.

1. 최소 2개 이상의 색을 사용한다.
2. 각 엇갈림에서 만나는 세 가닥은 모두 같은 색으로 칠하거나 모두 다른 색으로 칠한다.

우리는 쉽게 풀린 매듭은 삼색 칠하기가 가능하지 않지만 세잎매듭은 삼색 칠하기가 가능함을 알 수 있다. 따라서 풀린 매듭과 세잎매듭은 서로 다른 매듭이다.

그림14

아마도 이런 생각이 들 수 있다. 풀린 매듭의 경우 적당한 위상변환을 통해 많은 엇갈림을 갖는 매듭의 사영을 만들 수 있고 따라서 이 매듭의 사영에 대해서는 삼색 칠하기가 가능할 수도 있다는 생각 말이다. 어떨까? 실제로는 가능하지 않다. 이를 확인하는 것은 생각보다 어렵지 않은데 바로 라이데마이스터 변환을 해도 삼색 칠하기 가능이 보존되는지 확인하는 것이다. 지금 확인해 보자. 먼저 라이데마이스터 변환 I 이다. 그림 15 에 보듯이 변환 I 을 해도 삼색 칠하기 가능성은 보존된다.

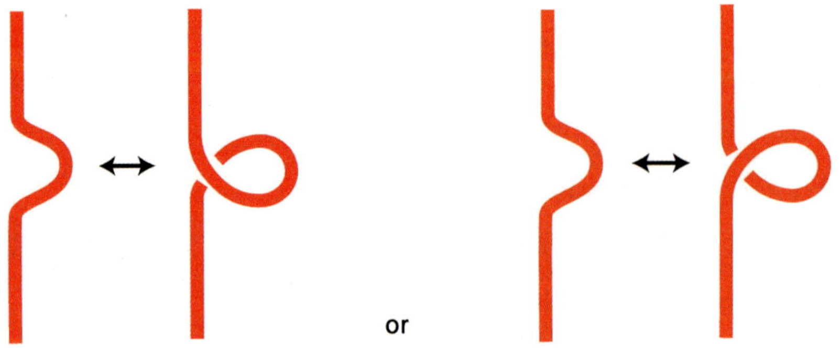

그림15 라이데마이스터변환 I 과 삼색 칠하기 가능성 보존

변환 II 의 경우엔 한 가닥을 다른 가닥의 위로 지나가게 하는 경우와 다른 가닥 아래로 지나가게 하는 경우를 생각할 수 있다. 여기서는 한 가닥을 다른 가닥 위로 지나가게 해서 2 개의 엇갈림이 만드는 경우에 대해 살펴보자. 한 가닥을 다른 가닥의 아래로 지나가게 해서 2 개의 엇갈림이 만드는 경우도 이와 비슷하다. 이때 고려해야 할 경우는 2 가지인데 바로 두 가닥의 색이 다른 경우와 같은 경우이다. 그림 16 에서 보듯이 변환 II 에 대해서도 삼색 칠하기 가능성은 보존됨을 확인할 수 있다.

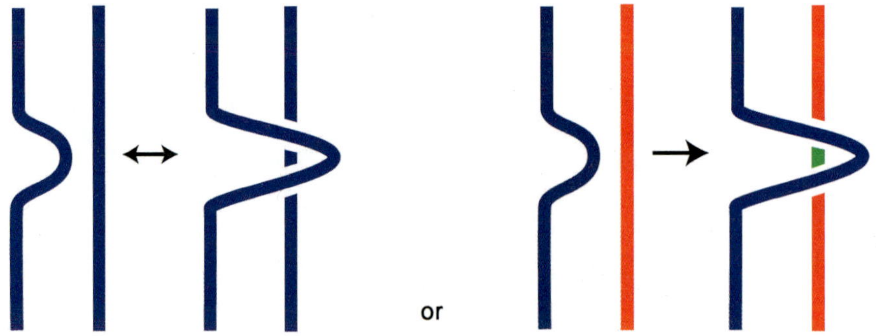

그림16 라이데마이스터변환 II 와 삼색 칠하기 가능성 보존

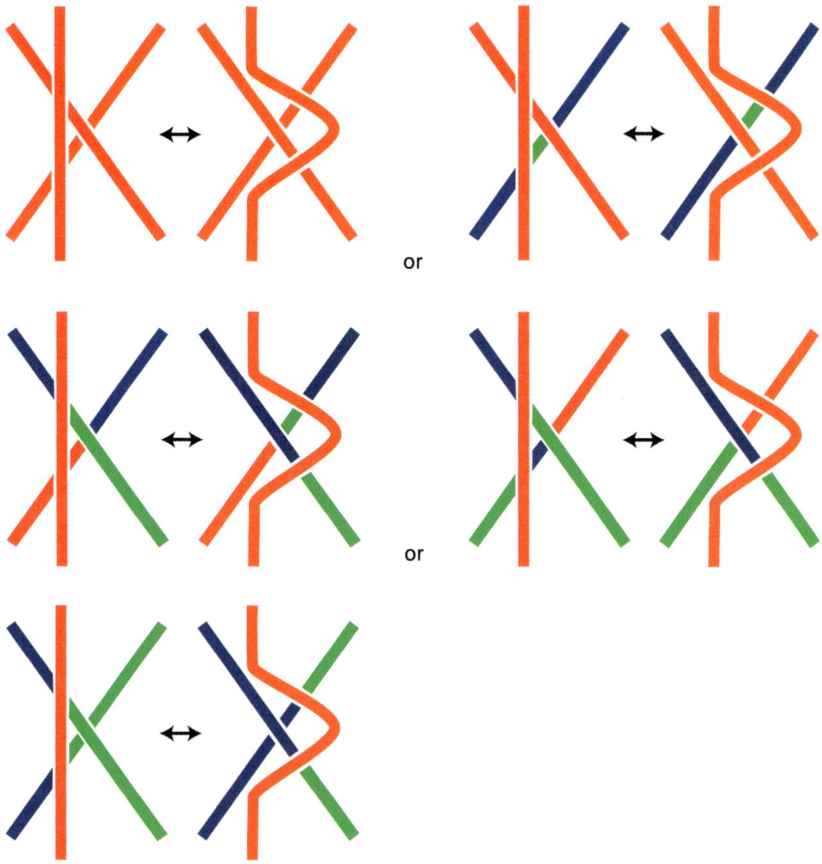

그림17 라이데마이스터변환Ⅲ와 삼색 칠하기 가능성 보존

변환Ⅲ의 경우에는 앞의 두 경우보다 복잡하다. 여기서는 변환Ⅲ 중 한 가닥이 X자 모양의 엇갈림 위에 있는 경우에 대해서 살펴보자. 한 가닥이 X자 모양의 엇갈림 아래 있는 경우도 비슷하게 보일 수 있다. 그림17 에서 각각의 좌우 그림을 살펴보자. 몇몇 가닥을 색을 적당히 교체하면 삼색 칠하기 가능성 조건을 만족하며 바깥으로 뻗어 나가는 부분의 색을 일치하게 할 수 있다. 즉, 변환Ⅲ 역시 삼색 칠하기 가능성이 보존된다.

삼색 칠하기 가능성을 확인하는 것은 매듭의 중요한 문제 중 하나를 해결하는 데 간편하게 적용해 볼 수 있는 방법이다. 바로 어떤 매듭의 사영이 주어졌을 때 풀린 매듭인지 아닌지 구별하는 문제이다. 풀린 매듭은 삼색 칠하기 가능이 아니므로 주어진 매듭의 사영이 삼색 칠하기 가능이라면 이 매듭은 풀린 매듭이 아니다.

04

매듭과 다항식

앞서 알아본 삼색 칠하기 가능은 매듭에 쉽게 적용해 볼 수 있지만 딱 두 가지 경우로 나누기 때문에 두 매듭이 모두 삼색 칠하기 가능이거나 삼색 칠하기 가능이 아니라면 서로 같은 매듭인지 아닌지 알 수 없다. 수학자들은 매듭을 구별하는 좀 더 효과적인 방법에 대해 탐구했고 그중 하나가 바로 매듭을 다항식으로 표현하는 것이다. 많은 수학자의 노력으로 매듭을 다항식으로 표현하는 다양한 방법이 개발되었다.

매듭을 다항식으로 표현하는 첫 번째 방법은 1928년에 프린스턴 대학의 교수였던 위상수학자 제임스 워델 알렉산더 2세(James Waddell Alexander II)가 발표한 알렉산더 다항식이다. **알렉산더 다항식**은 임의의 매듭과 그 거울상인 매듭을 구별하는 데는 한계가 있었지만, 60년 가까이 매듭을 구별하기 위해 수학자들이 애용한 방법이다. 그 사이에는 매듭을 표현하는 어떤 새로운 다항식 표현법도 나오지 않았다. 1984년 뉴질랜드 수학자 본 존스(Vaughan Jones)는 **존스 다항식**이라는 매듭을 표현하는 새로운 다항식을 발표하였다. 존스는 작용소 대수(Operator Algebra)라는 수학 분야를 탐구하다 이 존스 다항식을 발견하였는데, 존스 다항식은 고전적인 매듭이론과 현대 매듭이론을 구분 짓는 이정표라고 할 정도로 매듭이론의 기념비적인 매듭 불변량이라 할 수 있다.

이후 불과 4개월 후에 **홈플리(HOMFLY) 다항식**이 발견되었다. 홈플리 다항식이란 명칭은 이를 발견한 수학자인 호스티(Hoste), 오크뉴(Ocneanu), 밀레트(Millett), 프리드(Freyd), 리커리쉬(Lickorish), 예터(Yetter)의 이름 첫 자를 조합하여 만든 것이다. 홈플리 다항식은 알렉산더 다항식과 존스 다항식을 일반화한 형태인 다항식이다. 또한, 이변수 m과 l을 갖는 로랑 다항식으로 매듭 불변량임이 증명되었다. **로랑 다항식**이란 양수와 음수인 지수를 갖는 다항식을 말한다. $x^3+x^2-x^{-2}+x^{-1}$이 로랑 다항식의 한 예이다.

이렇게 매듭을 다항식으로 표현하려는 시도는 계속 발전하였으며 매듭을 구별 짓는 가장 강력한 방법이다. 하지만 이 방법으로 모든 매듭을 구별할 수 있는 것은 아니다. 안타깝게도 다항식으로 표현해도 구별이 안 되는 매듭도 있다. 즉, 서로 다른 매듭이지만 같은 다항식이 나올 수 있단 말이다. 수학자들은 지금 이 순간에도 더 좋은 매듭 불변량, 더 일반적인 다항식 표현을 찾기 위해 노력하고 있다.

여기서는 존스 다항식에 대해 알아보자. 그런데 존스 다항식은 매듭을 얼마나 잘 구별해줄까? 엇갈림수가 9 이하인 모든 기약매듭은 서로 다른 존스 다항식을 갖는다는 것이 알려져 있다. 존스 다항식을 이해하기 위해서는 한 가지 표기법을 알아야 한다. 바로 L_+, L_-, L_0 이다. L_+, L_-, L_0 는 그림 18 에 그려진 부분을 제외하고는 나머지 부분이 모두 같은 유향고리의 사영이다. 이 표기법은 세 유향고리 사이의 관계를 나타내는 표기법이라고 할 수 있다. (유향고리는 방향을 갖는 고리를 말한다.)

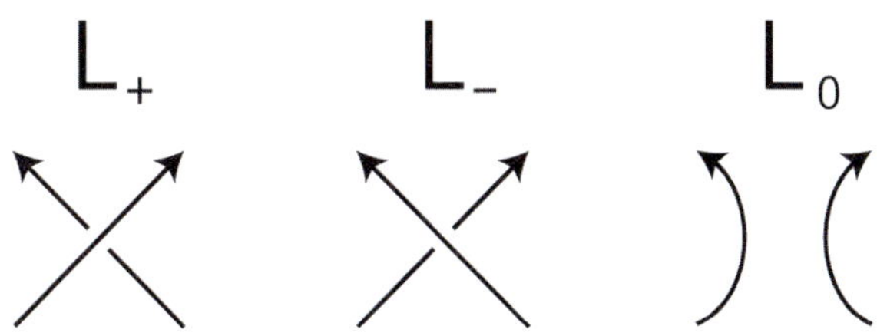

그림 18 그림의 엇갈림을 제외하고 나머지 부분은 같은 세 유향고리 사영

그림 19 가 L_+, L_-, L_0 의 한 예라고 할 수 있다. 그림에 보듯이 세 유향고리 사영은 빨간색 동그라미 부분을 제외하고는 서로 같다.

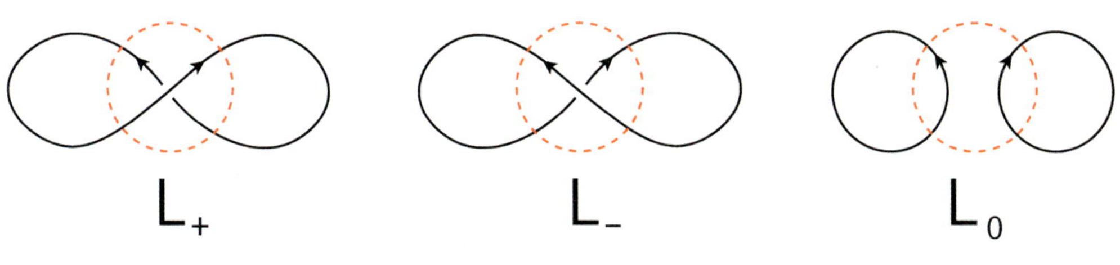

그림 19 빨간색 부분의 엇갈림을 제외하고 나머지 부분은 같은 세 유향고리 사영

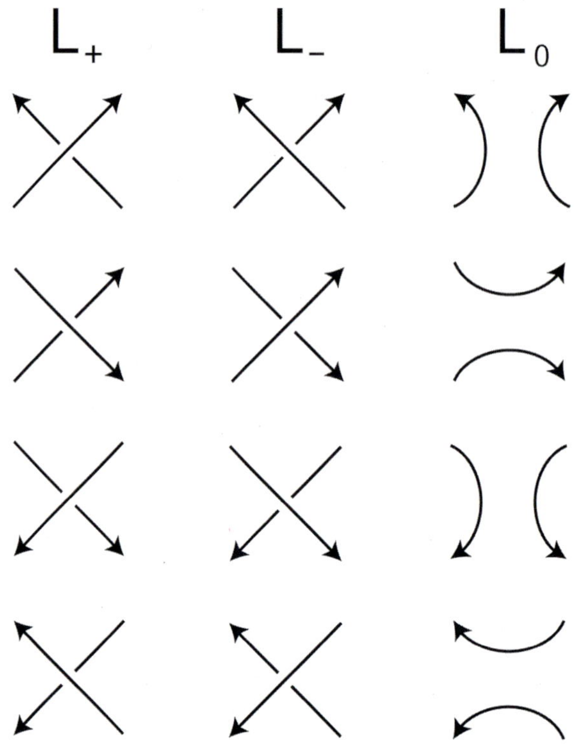

그림20 L_+, L_-, L_0 의 관계를 나타내는 여러가지 표현

L_+, L_-, L_0 에 대해 한 가지만 더 생각해 보자. 그림 20 에서 첫 줄에 있는 그림을 각각 90° 씩 회전하면 아래 그림들이 나온다. 매듭을 다른 방향에서 본다고 다른 매듭이 되는 것이 아니기 때문에 당연하게도 각각은 모두 L_+, L_-, L_0 를 나타낸다. 자, 이제 존스 다항식에 대해 알아보자. 존스 다항식의 정의는 생각보다 간단한데 바로 다음 두 점화식으로 정의된다.

$$V(\mathrm{O}) = 1 \text{ (단, O는 풀린 매듭)}$$
$$t^{-1}V(L_+) - tV(L_-) = (\sqrt{t} - \sqrt{t^{-1}})\,V(L_0)$$

이 관계를 이용하여 몇몇 매듭과 고리에 대한 존스 다항식을 구해보도자. 정의가 귀납적이기 때문에 단순한 형태에 대한 존스 다항식을 구해야 더 복잡한 형태에 대한 존스 다항식을 구할 수 있다. 먼저 성분이 두 개인 풀린 고리의 존스 다항식을 구해보자. 바로 그림

21과 같은 사영을 갖는 고리이다.

그림21

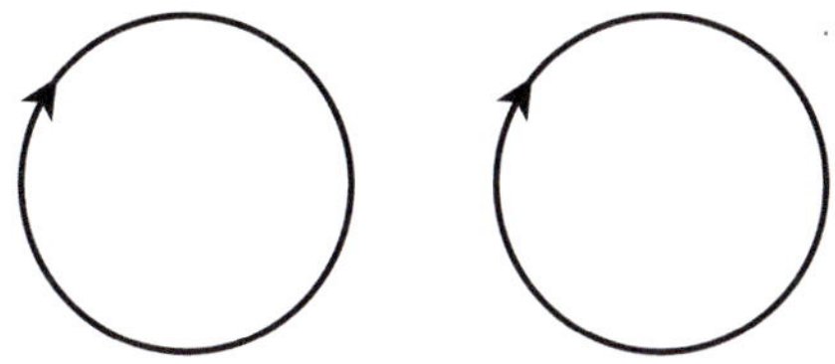

이 사영 고리에서 원형 매듭 하나를 다른 원형 매듭 안으로 넣어도 여전히 같은 고리이다.

그림22

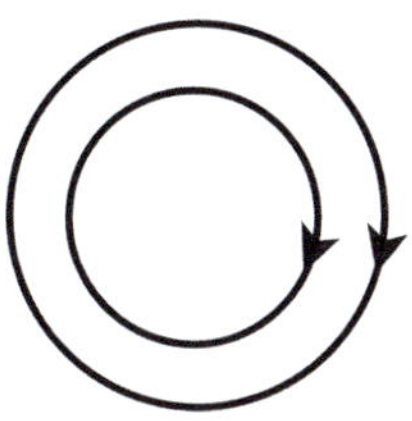

구하고자 하는 유향고리에서 한 곳의 엇갈림을 변경하면 **분해 수형도**(Resolving Tree)라 불리는 아래 그림을 그릴 수 있다. 빨간색 원 부분의 엇갈림을 변경해서 분해 수형도를 그렸음을 알 수 있다.

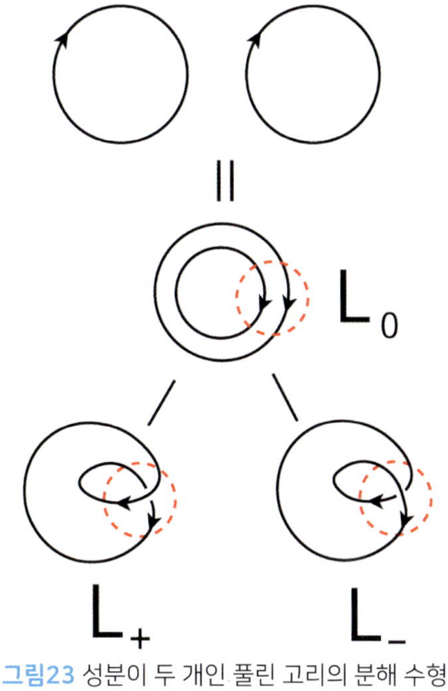

그림23 성분이 두 개인 풀린 고리의 분해 수형도

이 분해 수형도에서 L_0 가 우리가 존스 다항식을 구하고자 하는 고리 사영이다. 그리고 L_+, L_- 는 둘 다 풀린 매듭의 사영임을 알 수 있다. 따라서 다음 식이 성립한다.

$$V(L_+) = 1 \, , V(L_-) = 1$$

이 식을 존스 다항식의 점화식에 대입하면 다음과 같이 계산할 수 있다.

$$(\sqrt{t} - \sqrt{t^{-1}})\, V(L_0) = t^{-1} - t = -\,(\sqrt{t} + \sqrt{t^{-1}})(\sqrt{t} - \sqrt{t^{-1}})$$
$$V(L_0) = -\sqrt{t} - \sqrt{t^{-1}} = -\, t^{1/2} - t^{-1/2}$$

따라서 성분이 두 개인 풀린 고리의 존스 다항식은 $-\sqrt{t} - \sqrt{t^{-1}}$ 임을 알 수 있다. 다음으로 그림 24 와 같이 방향이 주어진 호프 고리의 존스 다항식을 구해보자.

그림24

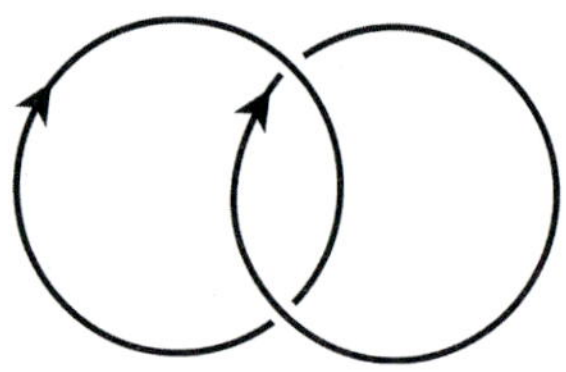

이 호프 고리의 분해 수형도는 그림 25 와 같다.

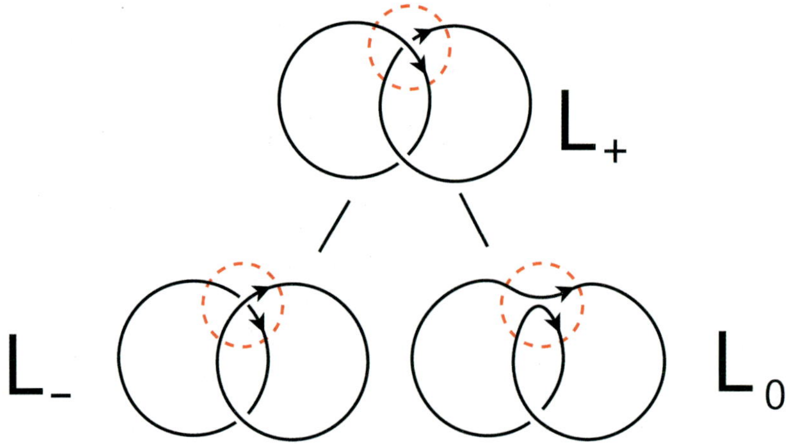

그림25 호프 고리의 분해 수형도

분해 수형도를 보면 L_+ 는 존스 다항식을 구하고자 하는 호프 고리, L_- 는 성분이 두 개인 풀린 고리, L_0 는 풀린 매듭이다. 따라서 다음 식이 성립한다.

$$V(L_-) = -t^{1/2} - t^{-1/2}, V(L_0) = 1$$

이 식을 존스 다항식의 점화식에 대입하면 다음과 같이 계산할 수 있다.

$$\begin{aligned} V(L_+) &= t^2 V(L_-) + (t^{3/2} - t^{1/2}) V(L_0) \\ &= t^2(-t^{1/2} - t^{-1/2}) + (t^{3/2} - t^{1/2}) = -t^{5/2} - t^{1/2} \end{aligned}$$

따라서 주어진 호프 고리의 존스 다항식은 $-t^{5/2} - t^{1/2}$ 이다. 한 가지 알아야 할 점은 매듭이 아닌 고리의 경우 방향을 어떻게 주는지에 따라 존스 다항식이 다르게 나올 수 있다는 점이다. 즉, 앞에서 소개한 호프 고리의 경우 방향을 다르게 주면 다른 식이 나올 수 있다. 실제 아래와 같은 방향을 갖는 호프 고리의 존스 다항식은 $-t^{-5/2} - t^{-1/2}$ 이다.

그림26

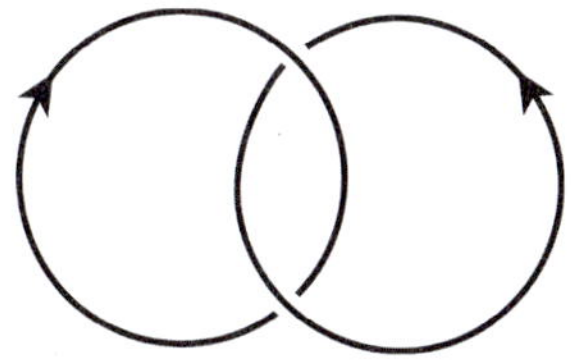

반면 매듭의 경우에는 방향을 어떻게 줘도 존스 다항식이 같게 나온다는 것이 증명되었다. 다음으로 세잎매듭의 존스 다항식을 구해 보자. 세잎매듭은 왼쪽 세잎매듭과 오른쪽

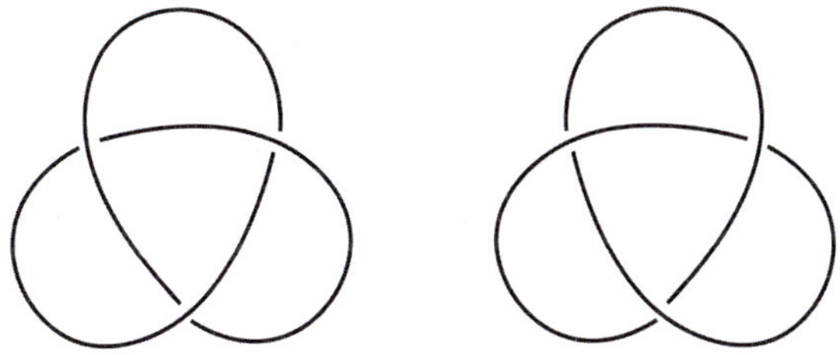

그림27 왼쪽 세잎매듭(왼쪽)과 오른쪽 세잎매듭(오른쪽)

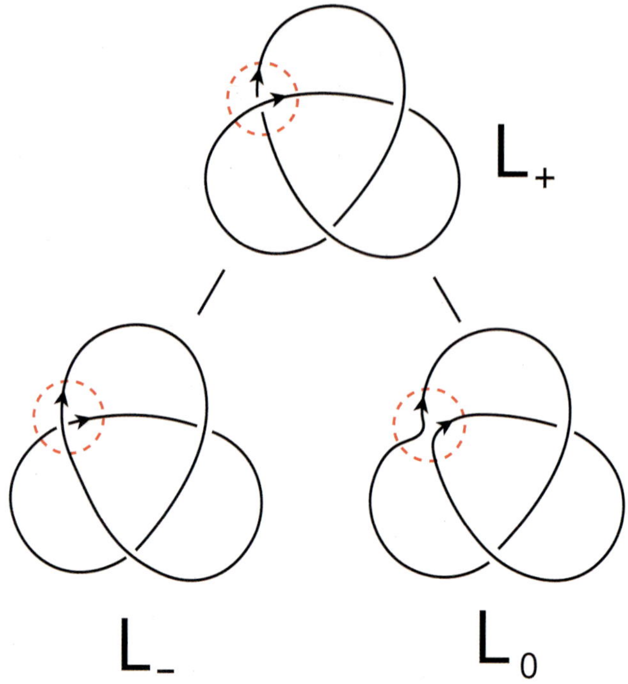

그림28 오른쪽 세잎 매듭의 분해 수형도

세잎매듭으로 두 종류가 있다. 왼쪽 세잎매듭과 오른쪽 세잎매듭은 서로 거울상으로 한 매듭을 평행이동이나 회전이동시켜도 다른 매듭이 되지 않는다. 한 마디로 두 매듭은 서로 합동이 아니다. 이렇게 서로 거울상이지만 합동은 아닐 때, 카이랄성(Chirality)을 갖는다고 한다. 여기서는 오른쪽 세잎매듭의 존스 다항식을 구해 보자. 그림 28 의 분해 수형도를 보면 L_+ 는 존스 다항식을 구하고자 하는 오른쪽 세잎매듭이다. 또한 L_- 는 풀린 매듭이고, L_0 는 호프 고리이므로 다음이 성립함을 알 수 있다.

$$V(L_-) = 1, V(L_0) = -t^{5/2} - t^{1/2}$$

이 식을 존스 다항식을 점화식에 대입하면 다음과 같이 계산할 수 있다.

$$t^{-1}V(L_+) - t = (t^{1/2} - t^{-1/2})(-t^{5/2} - t^{1/2})$$
$$t^{-1}V(L_+) = t + (t^{1/2} - t^{-1/2})(-t^{5/2} - t^{1/2})$$

$$V(L_+) = t^2 + (t^{3/2} - t^{1/2})(-t^{5/2} - t^{1/2}) = -t^4 + t^3 + t$$

그러므로 오른쪽 세잎매듭의 존스 다항식은 $-t^4 + t^3 + t$ 이다. 비슷하게 왼쪽 세잎매듭의 존스 다항식을 구하면 $-t^{-4} + t^{-3} + t^{-1}$ 임을 알 수 있다.

매듭으로 하는 놀이
인간 매듭 게임

체험시간 20분

체험난도 ★★☆☆☆

준비물 8~20명의 사람 = 준비 완료^-^

인간 매듭 게임은 사람들이 서로 손을 잡아 매듭을 만든 뒤 푸는 게임이다. 최소 4명의 인원으로도 진행할 수 있지만, 게임을 재미있게 하려면 8명 이상의 사람이 함께하는 것이 좋다. 만약 20명이 넘는다면 팀을 나눠 진행하면 된다. 게임의 규칙은 다음과 같다.

인간 매듭 게임 규칙

1) 게임에 참가한 모든 사람은 원형이 되도록 선다.

2) 모든 사람은 양옆에 있지 않은 서로 다른 두 사람의 손을 잡도록 한다.

3) 누구도 손을 놓지 않고 둥근 원(풀린 매듭)을 만들면 된다.

인간 매듭 게임을 할 때, 몇 가지 주의해야 할 점이 있다. 무엇보다 중요한 것은 신체를 쓰는 활동이기 때문에 다치는 경우가 생기지 않도록 주의해야 한다는 것이다. 게임의 성공에 집중한 나머지 무리하다가 다치는 경우가 생길 수 있다. 게임을 진행하기 전에 이 점에 대해 반드시 주의를 줘야 한다. 또한 게임의 특성상 매듭이 풀리지 않는 경우가 생길 수 있다. 따라서 너무 오랫동안 매듭이 풀리지 않는다면 처음부터 다시 시도해 보자. 그리고 경우에 따라 여러 개의 원이 만들어질 수도 있다.

매듭 목록
매듭 만들기

체험시간 30분

체험난도 ★★☆☆☆

준비물 스티로폼(지름 $2cm$ 백업) + 가위 + 테이프 = 준비 완료^-^

직접 여러 가지 기약매듭을 만들어 보고 수학적 성질을 탐구해 볼 수 있다. 여기서는 백업이라 불리는 긴 가래떡처럼 생긴 스티로폼을 사용하지만 매듭끈을 사용해도 된다. 아래는 엇갈림수 7 이하의 매듭의 목록이다. 여기서는 엇갈림수가 6 이하인 매듭을 제작해 볼 것이다. 엇갈림수가 3이어도 $1m$ 정도의 스티로폼이 필요하다. 엇갈림수가 7이라면 $1m$ $50cm$가 넘는 스티로폼이 필요하다.

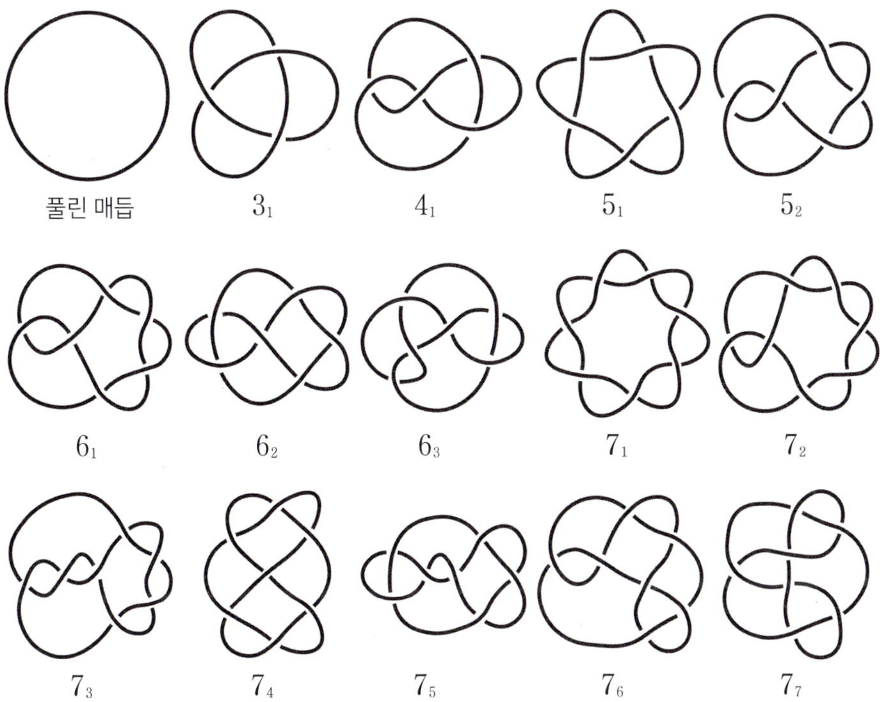

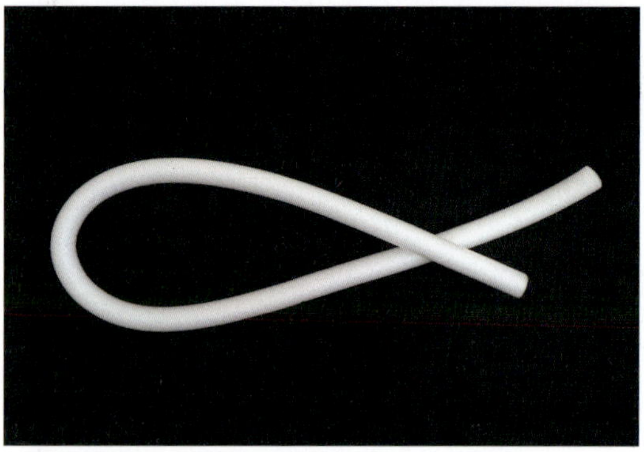

적당한 길이로 스티로폼 자르기(보통 1m나 그 이상).

제작을 원하는 매듭에 맞춰 꼬아준 후, 양 끝을 테이프로 붙이기. 형태를 잡아주면 완성.

다음은 스티로폼을 이용해 제작한 여러 가지 매듭의 모습이다.

풀린 매듭

3_1 (세잎 매듭)

4_1 (8자 매듭)

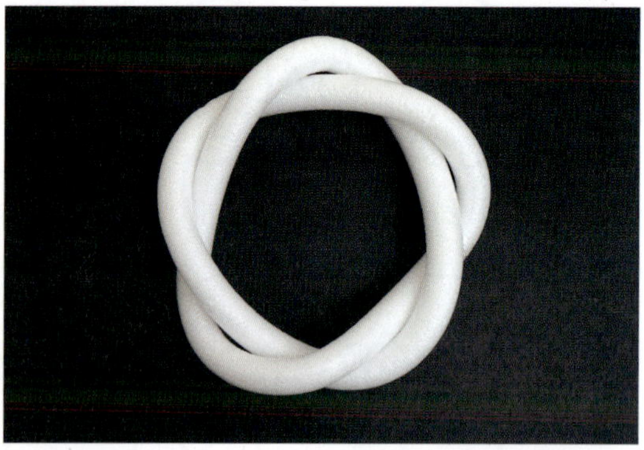

5_1 (다섯잎 매듭)

5_2 (3-트위스트 매듭)

6_1 (항만 노동자의 매듭)

6_2

6_3

매듭 불변식
매듭을 다항식으로 표현하기

체험시간 60분

체험난도 ★★★★☆

준비물 여러 가지 매듭의 사영 = 준비 완료^-^

존스 다항식은 다음과 같은 점화식을 만족한다고 알려져 있다.

$$V(\text{O}) = 1 \text{ (단, O는 풀린 매듭)}$$
$$t^{-1}V(L_+) - tV(L_-) = (\sqrt{t} - \sqrt{t^{-1}})\,V(L_0)$$

이 존스 다항식의 점화식을 이용해 아래 고리 또는 매듭을 다항식으로 표현해 보자.

1)

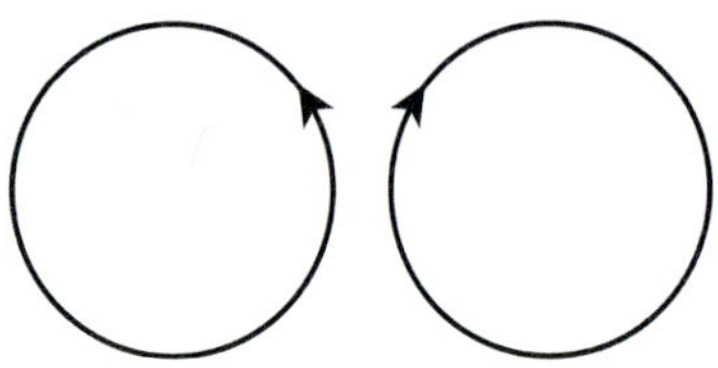

2)

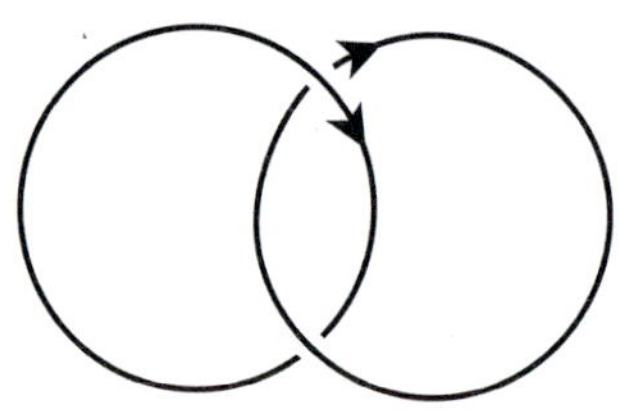

3)

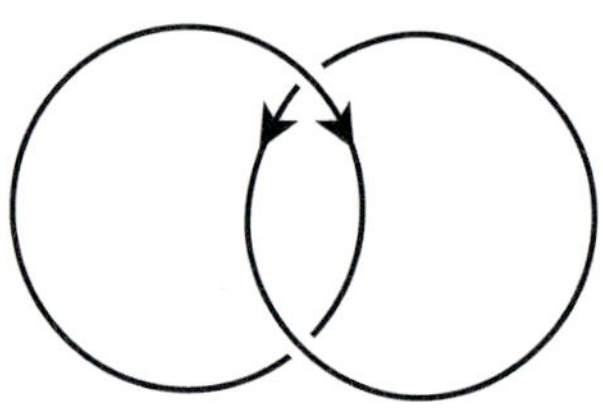

4)

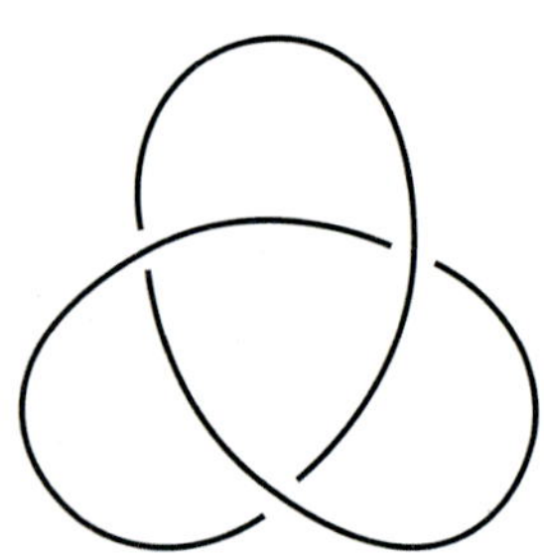

5)

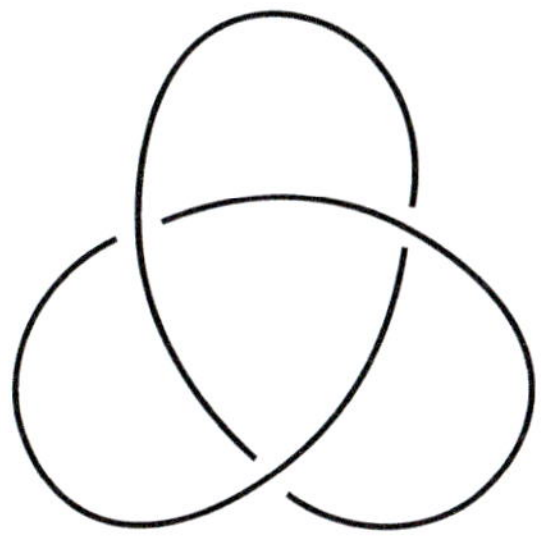

6)

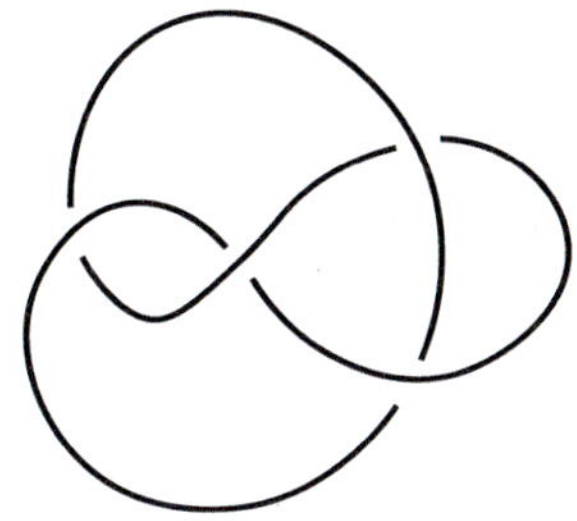

7)

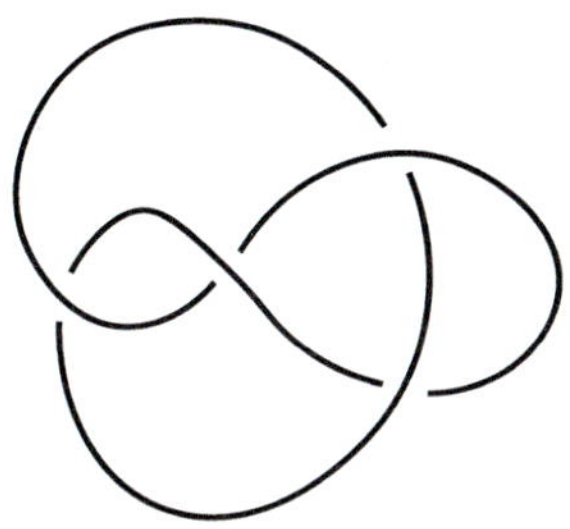

8)

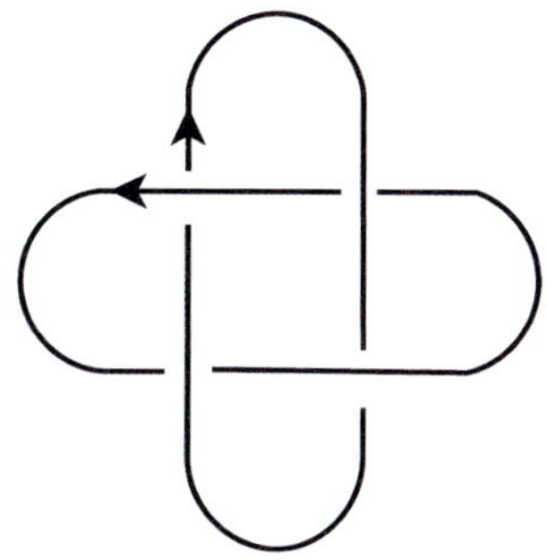

9)

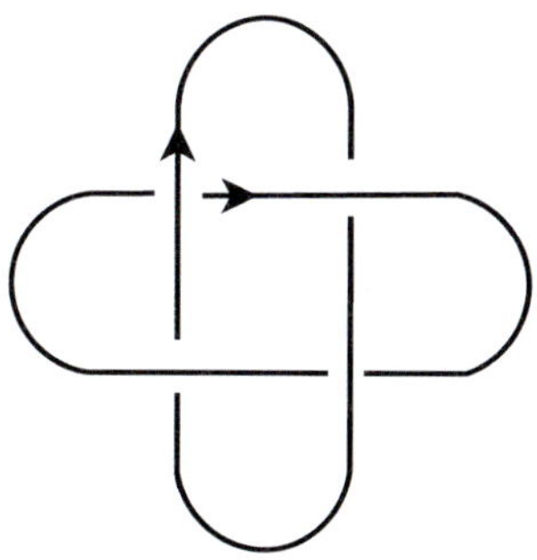

10)

존스 다항식 정답

1) $-t^{1/2}-t^{-1/2}$

2) $-t^{5/2}-t^{1/2}$

3) $-t^{-5/2}-t^{-1/2}$

4) $-t^{4}+t^{3}+t$

5) $-t^{-4}+t^{-3}+t^{-1}$

6) $t^{-2}-t^{-1}+1-t+t^{2}$

7) $t^{-2}-t^{-1}+1-t+t^{2}$

8) $-t^{-9/2}-t^{-5/2}+t^{-3/2}-t^{-1/2}$

9) $-t^{-11/2}+t^{-9/2}-t^{-7/2}-t^{-3/2}$

10) $-t^{-7}+t^{-6}-t^{-5}+t^{-4}+t^{-2}$

다음 존스 다항식의 점화식을 이용해 문제의 해법을 알아보도록 하자.

$$V(\mathrm{O}) = 1 \text{ (단, O는 풀린 매듭)},\ t^{-1}V(L_+) - tV(L_-) = (\sqrt{t} - \sqrt{t^{-1}})\,V(L_0)$$

1) 성분이 두 개인 풀린 고리이다. 분해 수형도를 그리면 다음과 같다.

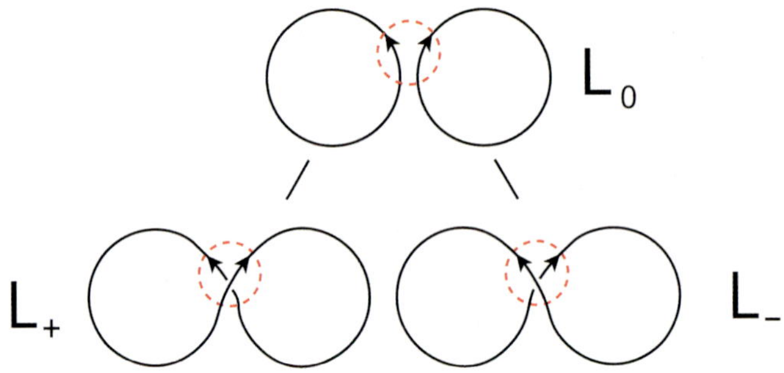

존스 다항식을 구하고자 하는 고리는 L_0 이고, L_+ 와 L_- 는 풀린 매듭이다. 따라서 다음이 성립한다.

$$t^{-1} - t = (\sqrt{t} - \sqrt{t^{-1}})\,V(L_0)$$

그러므로 주어진 고리의 존스 다항식은 $V(L_0) = -t^{1/2} - t^{-1/2}$ 이다.

2) 앞의 내용(368쪽)을 참고하자.

3) 호프 고리의 분해 수형도를 그리면 다음과 같다.

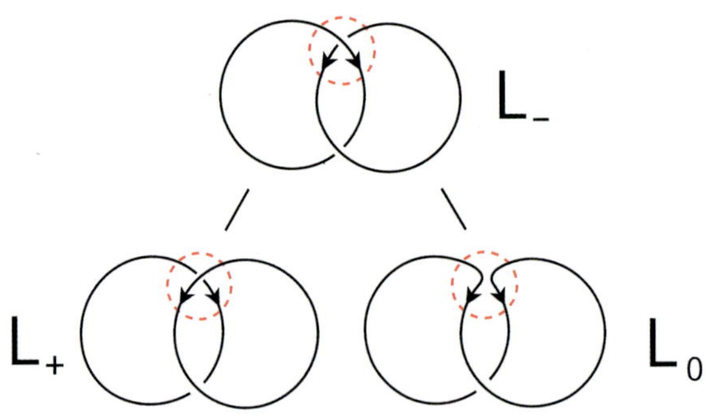

L_- 는 존스 다항식을 구하고자 하는 고리, L_+ 는 성분이 두 개인 풀린 고리, L_0 는 풀린 매듭이다. 따라서 다음이 성립한다.

$$V(L_+) = -t^{1/2} - t^{-1/2},\ V(L_0) = 1$$

이를 존스 다항식의 점화식에 대입하면 다음과 같다.

$$V(L_-) = t^{-2}(-t^{1/2} - t^{-1/2}) - (t^{-1/2} - t^{-3/2}) = -t^{-5/2} - t^{-1/2}$$

그러므로 주어진 고리의 존스 다항식은 $V(L_-) = -t^{-5/2} - t^{-1/2}$ 이다.

뒤의 문제를 풀기 위해 호프 고리의 존스 다항식에 대해 더 생각해 보자. 호프 고리는 다음과 같이 두 종류가 있다.

앞서 같은 호프 고리라도 고리에 방향을 어떻게 주는지에 따라 존스 다항식이 다르게 나온다는 사실에 대해 언급한 적이 있다. 위의 왼쪽 호프 고리의 경우 두 고리의 방향이 같게 주어지면(둘 다 시계방향으로 주어지거나 둘 다 반시계 방향으로 주어지는 경우) 존스 다항식은 $-t^{5/2} - t^{1/2}$ 이다. 반면 두 고리의 방향이 반대로 주어지는 경우(하나는 시계 방향, 다른 하나는 반시계 방향) 존스 다항식은 $-t^{-5/2} - t^{-1/2}$ 이다. 위의 오른쪽 호프 고리의 경우 두 고리의 방향이 같게 주어지면(둘 다 시계 방향으로 주어지거나 둘 다 반시계 방향으로 주어지는 경우) 존스 다항식은 $-t^{-5/2} - t^{-1/2}$ 이다. 반면 두 고리의 방향이 반대로 주어지는 경우(하나는 시계 방향, 다른 하나는 반시계 방향) 존스 다항식은 $-t^{5/2} - t^{1/2}$ 이다. 한번 계산해 보자.

4) 앞의 내용(370쪽)을 참고하자.

5) 왼쪽 세잎매듭의 분해 수형도를 그리면 다음과 같다.

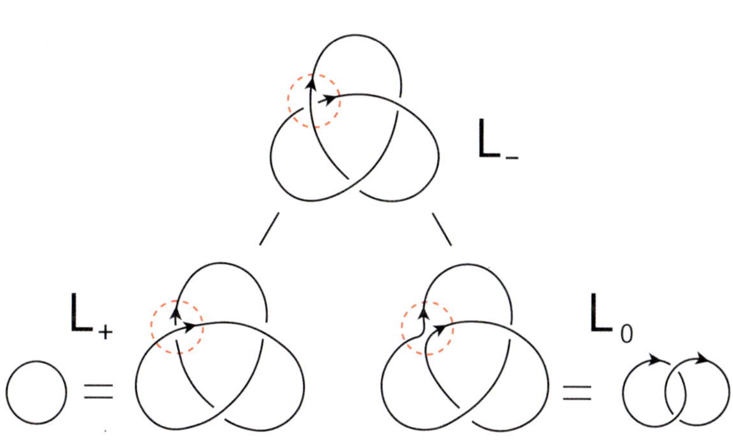

L_- 는 존스 다항식을 구하고자 하는 고리, L_+ 는 풀린 매듭, L_0 는 호프 고리이다. 따라서 다음이 성립한다.

$$V(L_+)=1, V(L_0)=-t^{-5/2}-t^{-1/2}$$

이를 존스 다항식의 점화식에 대입하면 다음과 같다.

$$V(L_-)=t^{-2}-(t^{-1/2}-t^{-3/2})(-t^{-5/2}-t^{-1/2})=-t^{-4}+t^{-3}+t^{-1}$$

그러므로 주어진 고리의 존스 다항식은 $V(L_-)=-t^{-4}+t^{-3}+t^{-1}$ 이다.

6) 8자 매듭의 분해 수형도를 그리면 다음과 같다.

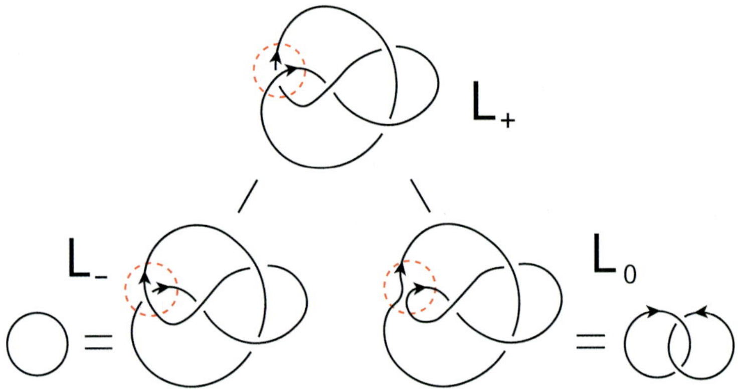

L_+ 는 존스 다항식을 구하고자 하는 고리, L_- 는 풀린 매듭, L_0 는 호프 고리이다. 따라서 다음이 성립한다.

$$V(L_-)=1, V(L_0)=-t^{-5/2}-t^{-1/2}$$

이를 존스 다항식의 점화식에 대입하면 다음과 같다.

$$V(L_+)=t^{2}+(t^{3/2}-t^{1/2})(-t^{-5/2}-t^{-1/2})=t^{-2}-t^{-1}+1-t+t^{2}$$

그러므로 주어진 매듭의 존스 다항식은 $t^{-2}-t^{-1}+1-t+t^{2}$ 이다.

7) 이 매듭은 6)에서 주어진 매듭의 거울상 매듭이다. 매듭의 존스 다항식을 알 때, 거울상인 매듭의 존스 다항식을 구하기 위해서는 t 에 t^{-1} 를 대입하면 된다. 따라서 주어진 매듭의 존스 다항식은 $t^{-2}-t^{-1}+1-t+t^{2}$ 으로 6)에 주어진 8자 매듭의 존스 다항식과 같다.

8) 솔로몬의 매듭이라 불리는 고리의 분해 수형도를 그리면 다음과 같다.

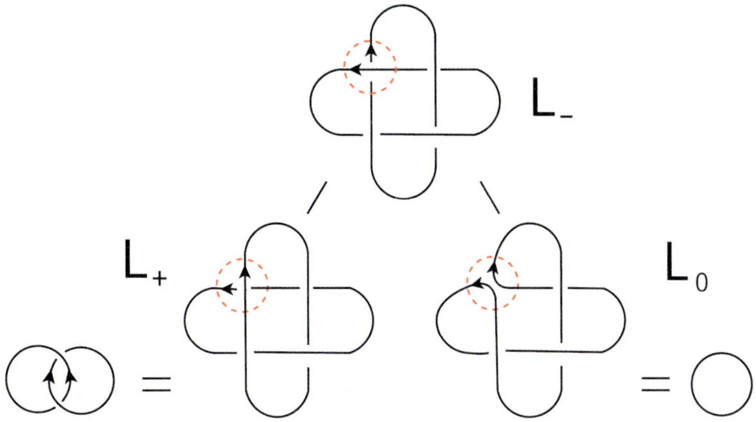

L_- 는 존스 다항식을 구하고자 하는 고리, L_+ 는 호프 고리, L_0 는 풀린 매듭이다. 따라서 다음이 성립한다.

$$V(L_+) = -t^{-5/2} - t^{-1/2}, V(L_0) = 1$$

이를 존스 다항식의 점화식에 대입하면 다음과 같다.

$$V(L_-) = t^{-2}(-t^{-5/2} - t^{-1/2}) - (t^{-1/2} - t^{-3/2}) = -t^{-9/2} - t^{-5/2} + t^{-3/2} - t^{-1/2}$$

그러므로 주어진 매듭의 존스 다항식은 $-t^{-9/2} - t^{-5/2} + t^{-3/2} - t^{-1/2}$ 이다.

9) 분해 수형도를 그리면 다음과 같다.

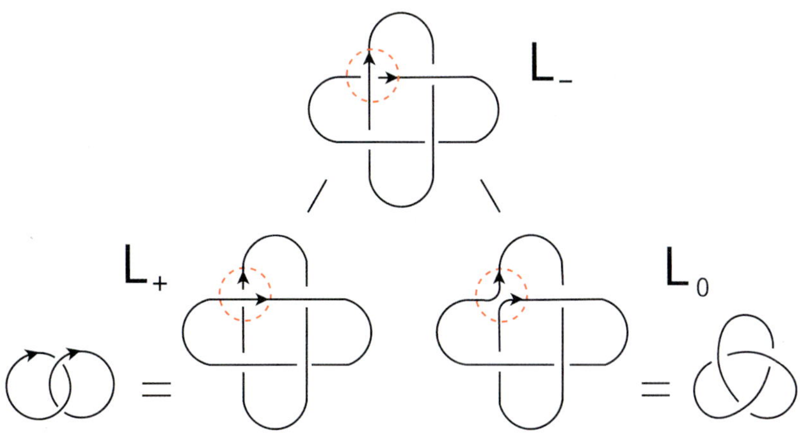

L_- 는 존스 다항식을 구하고자 하는 고리, L_+ 는 호프 고리, L_0 는 세잎 매듭이다. 따라서 다음이 성립한다.

$$V(L_+) = -t^{-5/2} - t^{-1/2}, V(L_0) = -t^{-4} + t^{-3} + t^{-1}$$

이를 존스 다항식의 점화식에 대입하면 다음과 같다.

$$\begin{aligned} V(L_-) &= t^{-2}(-t^{-5/2} - t^{-1/2}) - (t^{-1/2} - t^{-3/2})(-t^{-4} + t^{-3} + t^{-1}) \\ &= -t^{-11/2} + t^{-9/2} - t^{-7/2} - t^{-3/2} \end{aligned}$$

그러므로 주어진 매듭의 존스 다항식은 $-t^{-11/2} + t^{-9/2} - t^{-7/2} - t^{-3/2}$ 이다.

10) 다섯잎매듭의 분해수형도를 그리면 다음과 같다.

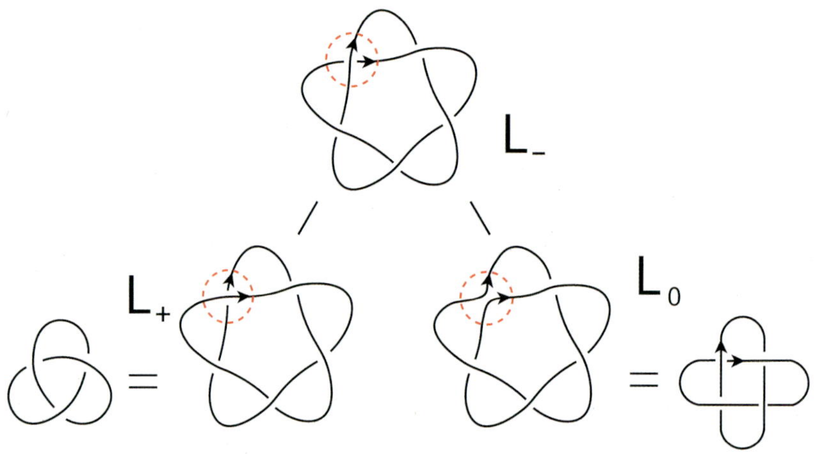

L_- 는 존스 다항식을 구하고자 하는 고리, L_+ 는 세잎매듭, L_0 는 솔로몬 매듭의 거울상인 매듭으로 9)에서 제시한 매듭이다. 따라서 다음이 성립한다.

$$V(L_+) = -t^{-4} + t^{-3} + t^{-1}, V(L_0) = -t^{-11/2} + t^{-9/2} - t^{-7/2} - t^{-3/2}$$

이를 존스 다항식의 점화식에 대입하면 다음과 같다.

$$\begin{aligned} V(L_-) &= t^{-2}(-t^{-4} + t^{-3} + t^{-1}) - (t^{-1/2} - t^{-3/2})(-t^{-11/2} + t^{-9/2} - t^{-7/2} - t^{-3/2}) \\ &= -t^{-7} + t^{-6} - t^{-5} + t^{-4} + t^{-2} \end{aligned}$$

그러므로 주어진 매듭의 존스 다항식은 $-t^{-7} + t^{-6} - t^{-5} + t^{-4} + t^{-2}$ 이다.

블링블링
매듭 팔찌 만들기

체험시간 30분

체험난도 ★★★☆☆

준비물 두께 1mm 나일론끈 (80cm 2개, 40cm 1개, 35cm 1개) + 가위 + 라이터 + 자 + 클립보드 + 테이프 = 준비 완료^-^

매듭 팔찌를 만들기 위해 필요한 가장 기본이 되는 재료는 바로 매듭끈이다. 여기서는 나일론끈(폴리매듭실)을 사용하지만, 이외에도 면끈, 인견사, 치즈끈, 가죽끈, 사무드끈, 믹스끈, 메탈끈, 가죽테이프, 실크끈 등 종류가 다양하다. 그리고 팔찌를 만들 때 실의 윗부분을 고정해야 하므로 작업대가 필요하다. 매듭 팔찌를 만들기 위한 전문 작업대도 있지만, 전문적으로 하는 사람이 아니라면 구입이 부담스럽다. 여기서는 작업대로 클립보드를 사용한다. 이외에도 크로크 보드에 핀으로 고정시킬 수도 있고 작업대 없이 테이프로 매듭을 바닥이나 책상 위에 붙여 작업하기도 한다. 또한 행거를 사용하는 경우도 있다. 본인이 편한 방법을 사용하자.

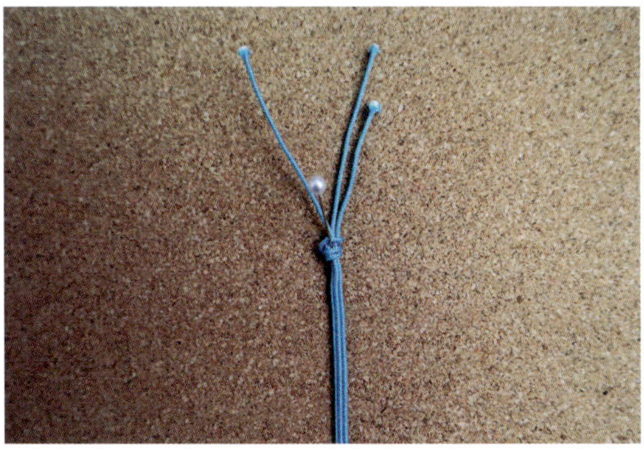
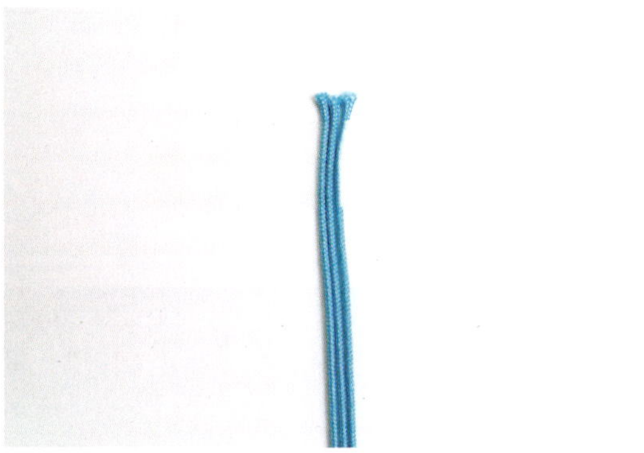

크로크 보드를 사용해 매듭을 고정한 모습(왼쪽)과 테이프로 매듭을 고정한 모습(오른쪽)

만드는 팔찌에 따라 답비, O링, 체인, 종캡, 연결장식, 원석 등의 추가 재료가 필요하지만 여기서는 매듭실만을 사용해 간단한 형태의 팔찌를 만들도록 한다. 이제 매듭 팔찌를 만드는 방법에 대해 알아보자. 매듭을 만드는 기본적인 방법인 평매듭과 8자 매듭을 이용해 매듭 팔찌를 만들 것이다.

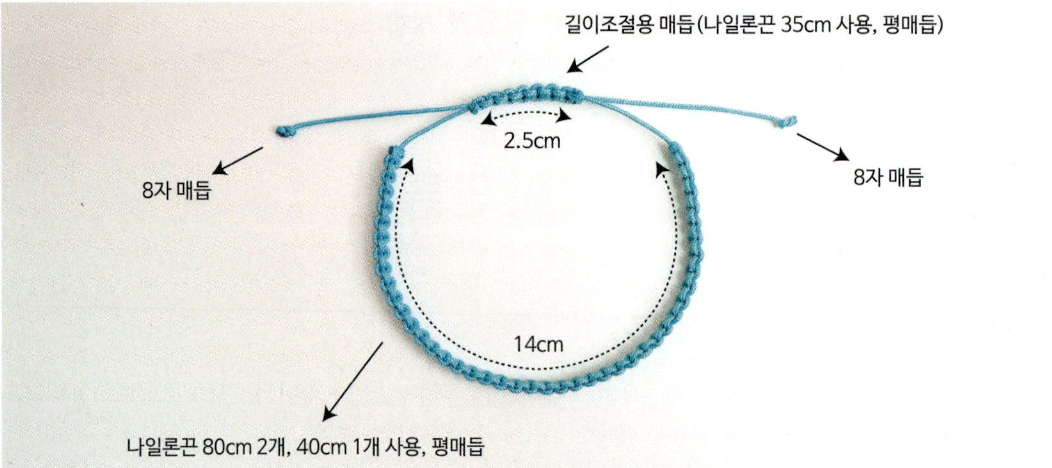

우리가 만들 팔찌는 위와 같은 모습이다. 매듭 팔찌를 만들기 위해 나일론끈 $80cm$ 2개와 $40cm$ 1개를 아래와 같이 배치한 후, 위에서 $12cm$ 부분을 클립보드로 고정한다.

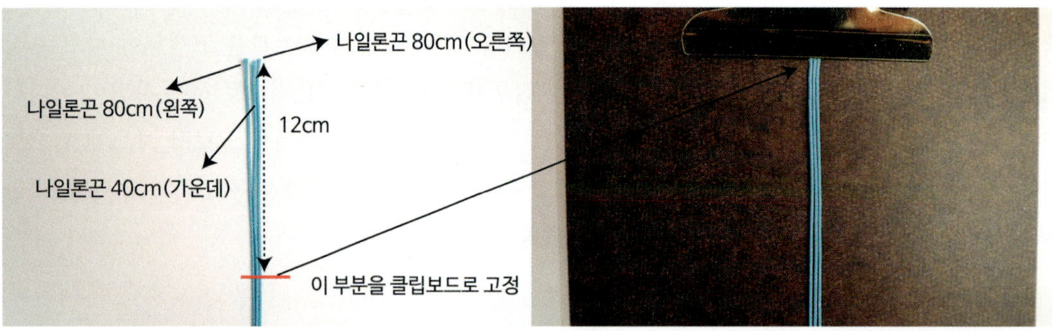

평매듭 만들기 과정1

아래 왼쪽처럼 매듭실을 배치한 후 아래 오른쪽처럼 만든다. 다음에 좌우의 실을 당긴다.

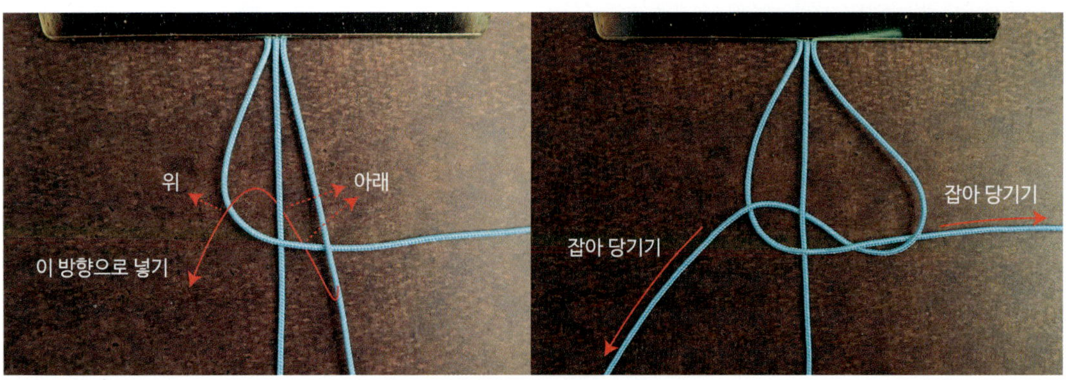

아래는 실을 당긴 모습이다.

평매듭 만들가 과정2

아래 왼쪽처럼 매듭실을 배치한 후 아래 오른쪽처럼 만든다. 다음에 좌우의 실을 당긴다.

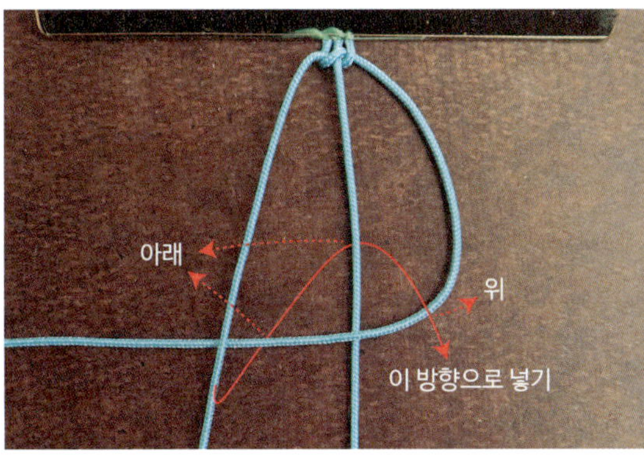

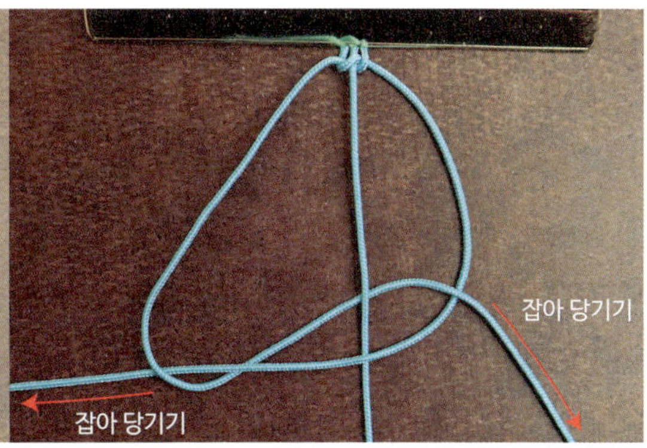

아래는 실을 당긴 모습이다.

매듭의 길이가 14*cm* 가 될 때까지 평매듭 만들기 과정 1,2를 반복하고 클립보드에서 고정한 부분을 풀어준다. 다음은 매듭의 길이가 14*cm* 가 된 모습이다.

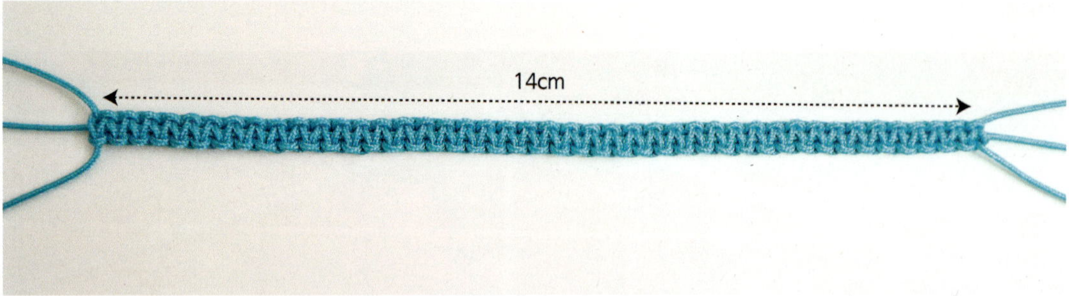

아래처럼 매듭의 양 끝에서 가운뎃줄을 뺀 나머지 두 줄을 자른 후, 라이터 불을 이용해 마감한다. 라이터 불로 마감을 할 때는 매듭의 다른 부분이 타지 않도록 조심한다.

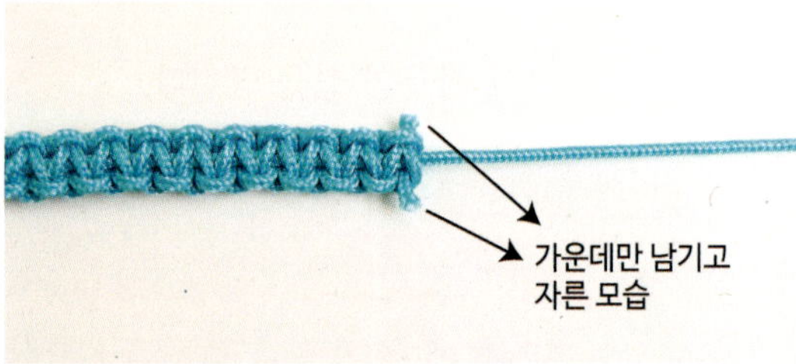

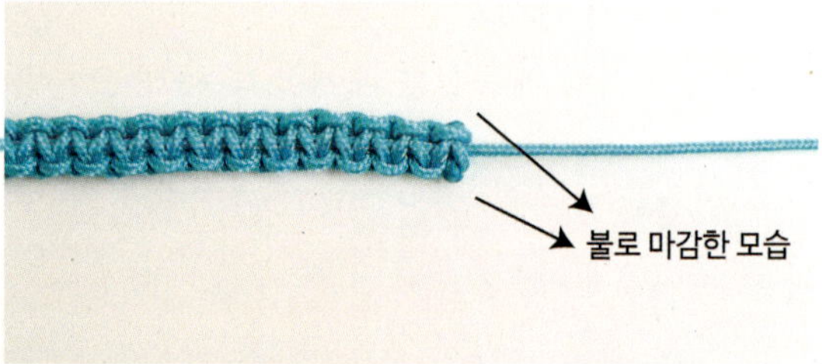

다음으로 아래와 같이 평매듭끝에서 $8cm$ 떨어진 부분에 8자 매듭을 만든다.

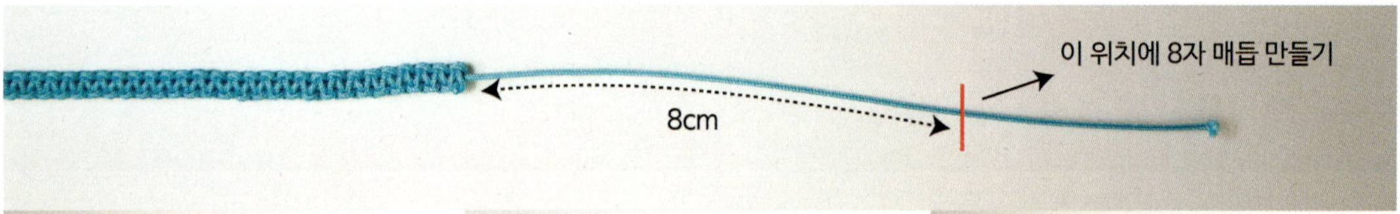

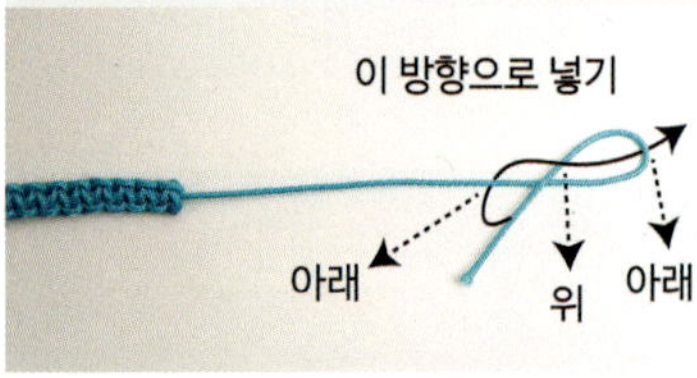

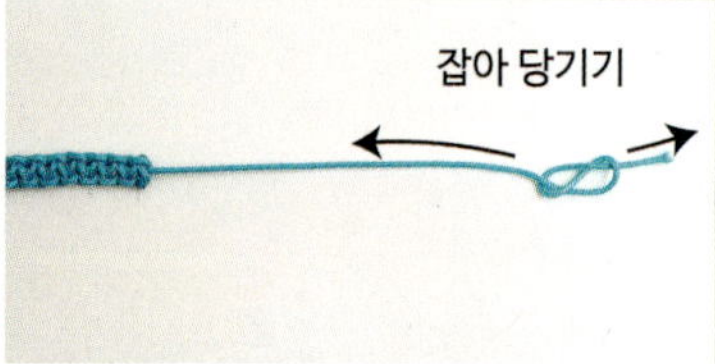

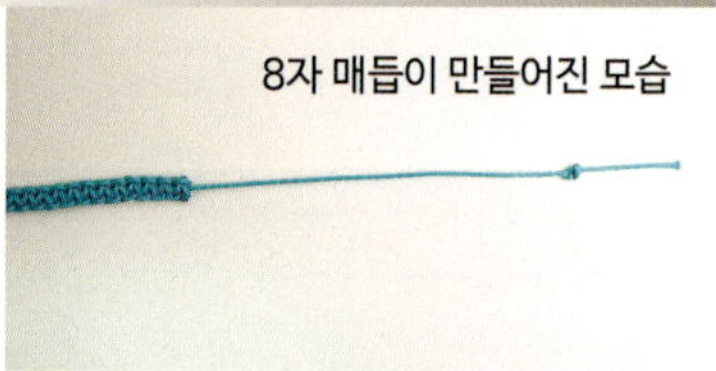

8자 매듭을 만들면 남는 부분을 자르고 불로 마감한다. 아래는 불로 마감한 모습이다.

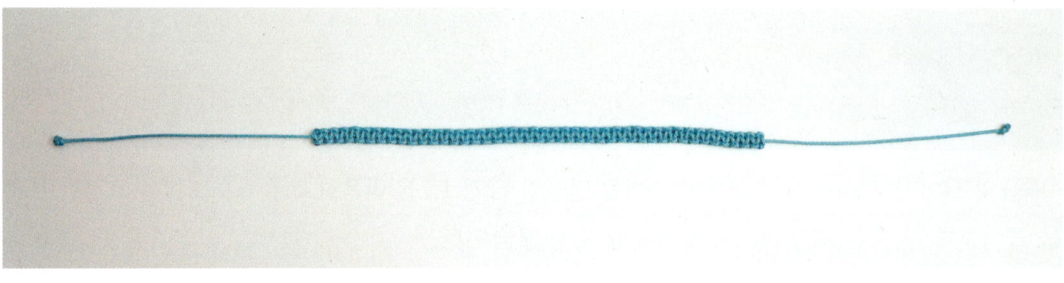

이제 매듭을 둥글게 감아 팔찌 형태를 만들고 아래 그림과 같이 테이프를 이용해 바닥에 고정한다.

마지막으로 35*cm* 나일론 끈으로 길이 조절용 매듭을 만든다. 아래는 길이 조절용 매듭을 만드는 과정이다.

길이 조절용 매듭 만들기 과정1

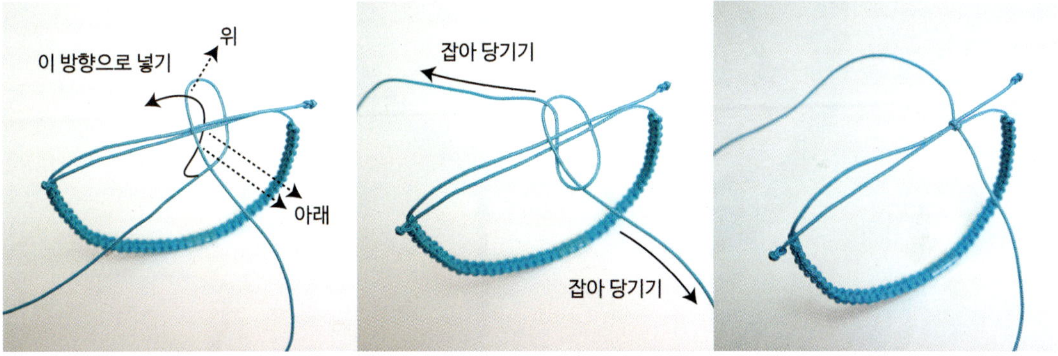

길이 조절용 매듭 만들기 과정2

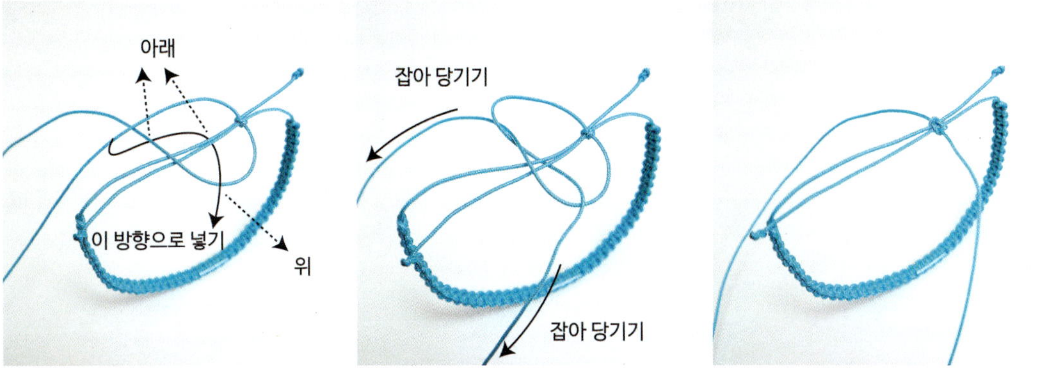

길이 조절용 매듭의 길이가 2.5cm가 되도록 이 과정을 반복한다. 사실 이 과정은 평매듭을 만드는 과정이므로 앞에서 팔찌를 만들던 과정과 같다. 아래는 2.5cm까지 길이 조절용 매듭을 만든 모습이다.

길이 조절용 매듭이 2.5*cm*가 되면 남는 끈을 가위로 자르고 라이터 불로 마감하면 팔찌가 완성된다. 팔찌가 완성되면 끈의 길이를 조절해 팔에 착용해 보자.

Chapter 15

정교한 설계
건축 속 수학

어떤 체험을 할까요?

1 **트러스 아치 구조 궁륭 만들기**
2 **힘의 분산, 다빈치 다리 만들기**
3 **반구형 구조물, 지오데식 돔 만들기**

01

트러스와 아치 구조의 원리

독일의 대문호 괴테(Johann Wolfgang von Goethe)는 건축을 '동결된 음악(Architecture is the frozen music)'이라 말했다고 한다. 스페인 바르셀로나에 있는 사그라다 파밀리아 성당, 인도 아그라에 있는 타지마할, 호주 시드니에 있는 오페라 하우스, 프랑스 파리에 있는 에펠탑 등의 세계적인 건축물을 보면 괴테의 이 말에 절로 공감이 된다. 음악이 아름다운 선율로 감동을 준다면 건축물은 그 모습 자체로 우리에게 영감과 감동을 선사한다. 건축물은 그 자체로 하나의 음악이자 예술인 것이다.

그림 1 호주 시드니에 있는 오페라 하우스

로마 건축기술자 비트루비우스는 그의 저서 《건축십서》에 건축의 기본적인 3요소를 소개하였다. 이 3요소는 바로 '기능', '구조', '미'이다. 기능이란 건축물이 만족시켜야 하는 요구, 즉 건축물의 쓰임새를 말한다. 주거 목적이든 물건의 보관이 목적이든 건축물은 실제 사용 용도에 맞는 실용성을 갖춰야 한다. 구조는 건축물이 얼마나 안전하고 튼튼한지를 말한다. 건축물이 튼튼하기 위해서는 중력과 외부에서 가해지는 여러 가지 힘을 견뎌야 한다. 마지막 미는 말 그대로 아름다움을 말한다. 건축물의 형태나 주변과의 어울림이 시각적으로나 감각적으로 아름다워야 한다.

이런 점에서 건축물은 용도에 맞게 공간을 효율적으로 구성하고 필요한 기능을 하며, 충분히 튼튼하고 안정적이어야 한다. 또한 아름다움이 있어야 한다. 따라서 건축이라는 분야는 과학적인 요소와 예술적인 요소를 동시에 포함하고 있는 융합적이면서도 종합적인 분야라고 할 수 있다. 여기서 주되게 이야기하려는 것은 바로 건축물의 구조이다.

건축물이 만들어지면 건축물은 여러 가지 이유로 힘을 받게 된다. 건축물에 가해지는 이런 힘들을 **하중**이라 한다. 가장 기본적인 하중은 중력에 의해 받게 되는 하중으로 건축물 자체가 갖는 무게의 하중이다. 이는 건축물을 설계할 때 가장 큰 변수로 작용하는 하중으로, 사실상 거의 모든 건물은 이 중력에 의한 하중을 계산해 설계한다 해도 틀리지 않다. 그 외에도 건축물 내의 여러 가지 시설, 장비, 사람, 가구 등에 의한 하중, 바람에 의한 하중, 지진에 의한 하중 등이 있다. 인류는 이런 하중에도 안전하고 튼튼한 건축물을 만들기 위해 여러 구조를 고안해 왔다. 대표적으로 라멘(Rahmen) 구조, 트러스(Truss) 구조, 아치(Arch) 구조, 스페이스 프레임(Space Frame) 구조, 현수(Suspension) 구조, 셸(Shell) 구조 등이 있다. 우리는 이중 트러스 구조와 아치 구조에 대해 알아보고자 한다.

트러스 구조는 직선형의 부재를 삼각형을 기본 모양으로 배열해 하중을 지탱하는 구조다. 여기서 **부재**란 건축물의 뼈대를 구성하는 여러 가지 재료를 의미한다. 삼각형의 형태로 부재를 조립할 경우 사각형 등의 형태로 조립하는 경우보다 하중에 의한 변형에 강하기 때문에 구조물이 더 안정적이다. 트러스의 부재가 하나의 평면에 놓여 있으면 **평면 트**

그림2

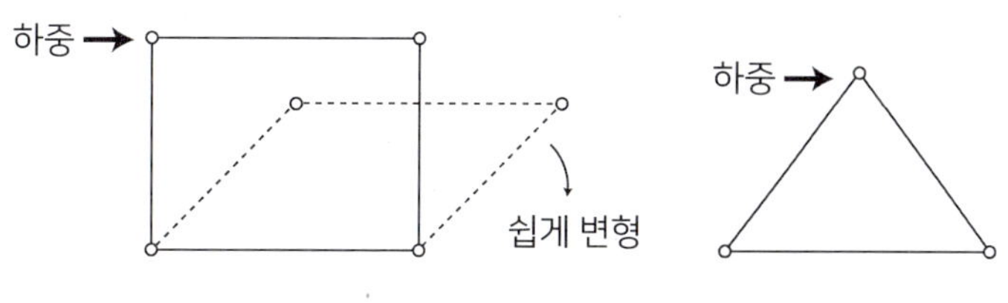

러스라 하고, 평면에 놓이지 않고 공간상에 있을 때 **입체 트러스**라 한다. 트러스 구조는 하중에 강하고 안정적이기 때문에 교량, 지붕구조, 기중기 등에 많이 사용되는데 삼각형 형태를 어떻게 배열하느냐에 따라 다양한 종류의 트러스 구조가 있다.

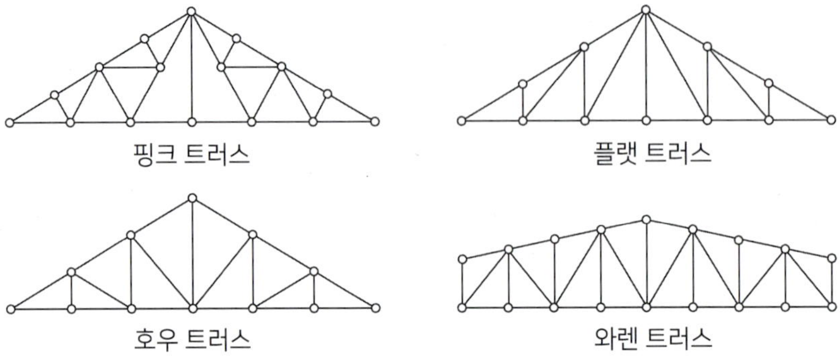

지붕 트러스

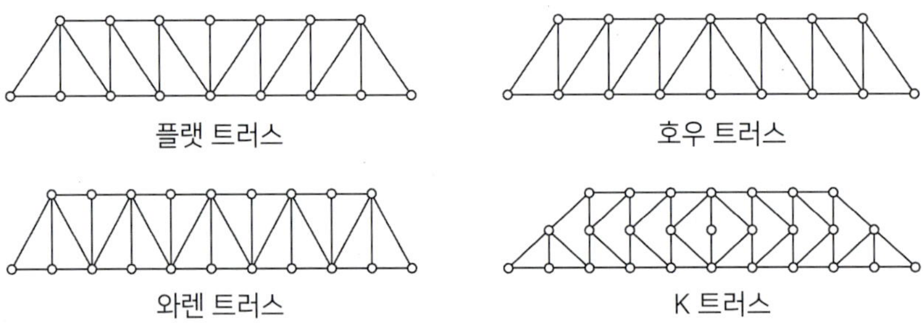

그림3 **교량 트러스**

그런데 트러스 구조는 얼마나 효과적으로 하중을 분산시킬까? 이것에 대해 분석하는 것을 구조해석이라고 한다. 트러스의 해석을 위해서는 몇 가지 가정이 필요하다. 그 가정은 다음과 같다.

트러스의 해석을 위한 가정

1. 부재의 연결점인 절점은 핀으로 연결되어 있다.
2. 모든 하중은 절점에 작용한다.
3. 모든 부재는 직선으로 되어 있다.
4. 하중으로 인한 트러스의 변형은 매우 작으므로 무시한다.

트러스 해석을 위한 가정에서 절점은 핀으로 연결되어 있다고 했는데 사각형 구조라면 이 절점에서 자유롭게 회전이 가능하다. 트러스는 삼각형을 기본 모양으로 하므로 절점이 핀으로 연결되어 있어도 안정적인 형태를 유지한다. 그리고 트러스의 해석을 위한 이러한 가정 때문에 각 힘은 부재의 끝에서 작용하고 부재의 축을 따라 전달된다. 이때, 각각의 부재에는 인장력과 압축력이 작용하게 된다. **인장력**(T, Tension, Tensile Force)이란 부재를 길이 방향으로 늘어나게 하는 힘이고, **압축력**(C, Compression, Compressive Force)이란 부재를 길이 방향으로 짧아지게 하는 힘이다.

그림4

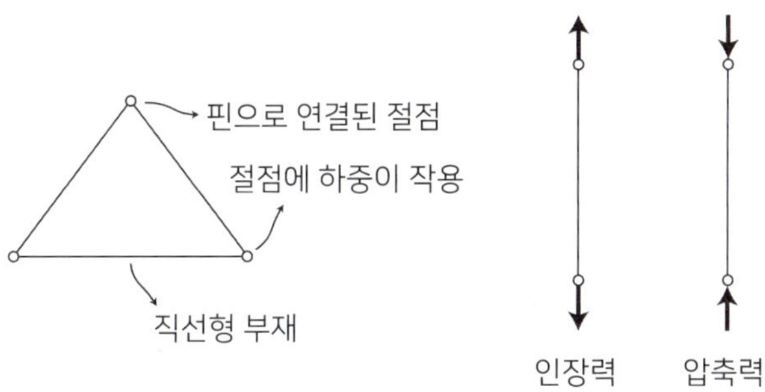

트러스에 하중이 가해졌을 때, 각각의 부재에 인장력과 압축력이 어떻게 작용하는지 분석하는 방법의 하나가 바로 절점법이다. **절점법**은 '각 절점에 작용하는 힘이 평형상태에 있어야 한다'라는 조건을 바탕으로 분석하는 방법이다. 새로운 트러스 구조를 설계했다고 했을 때, 이런 분석을 통해 설계한 트러스 구조가 힘을 효율적으로 분산시키는지 아닌지를 판단할 수 있다.

그림5

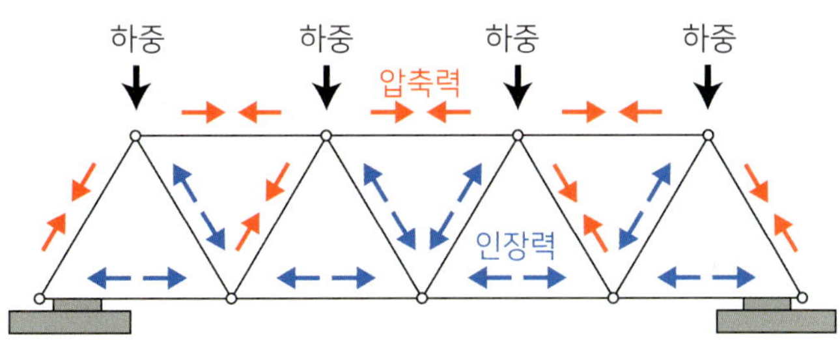

다음으로 트러스 구조의 안정성에 대해 생각해 보자. 구조물이 안정하다는 것은 하중이 가해졌을 때, 구조 자체가 변형되거나 구조물의 위치가 변하지 않는 것을 말한다. 외부 하

중이 가해졌을 때 구조물이 변형되지 않으면 **내적 안정성**을 갖는다고 하고, 위치가 변하지 않으면 **외적 안정성**을 갖는다고 한다. 구조물이 안정성을 갖지 못하면 불안정하다고 한다. 당연하게도 구조물의 안정성을 확보하는 일은 구조물을 계획하는 데 필수적인 요소이다.

트러스의 안정성에 대해 생각하기 위해 한 가지 알아야 할 것이 있는데 바로 지점과 반력이다. **지점**은 구조물을 지지하는 점을 말하고 **반력**은 구조물에 작용하는 하중과 평형을 유지하기 위하여 구조물의 지점에 발생하는 힘을 말한다. 예를 들어 아래와 같은 트러스트 구조를 보면 구조물을 지지하는 지점이 2개임을 알 수 있다.

그림6

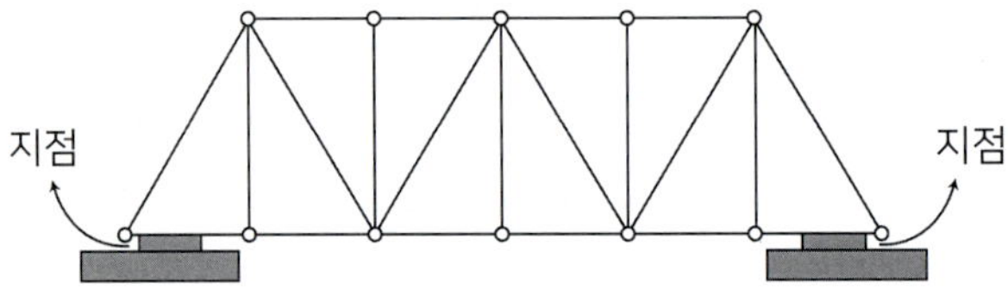

구조물을 어떻게 지지하는지에 따라 지점은 크게 3종류가 있는데 바로 이동지점, 회전지점, 고정지점이다. **이동지점**은 수평으로 이동이 가능하며 회전도 되는 지점으로 대표적인 예는 구조물의 지점에 롤러를 다는 경우이다. **회전지점**은 회전이 가능한 지점으로 경첩으로 연결한 경우가 그 예이다. **고정지점**은 말 그대로 고정되어 있는 지점이다. 따라서 이동이나 회전이 불가능하다. 지점에 생기는 반력의 수는 종류에 따라 다르다. 이동지점의 경우 수직반력이라는 1개의 반력이 생긴다. 반면 회전지점에는 수직반력과 수평반력이라는 2개의 반력이 생긴다. 마지막으로 고정지점에는 수직반력, 수평반력, 모멘트반력

그림7

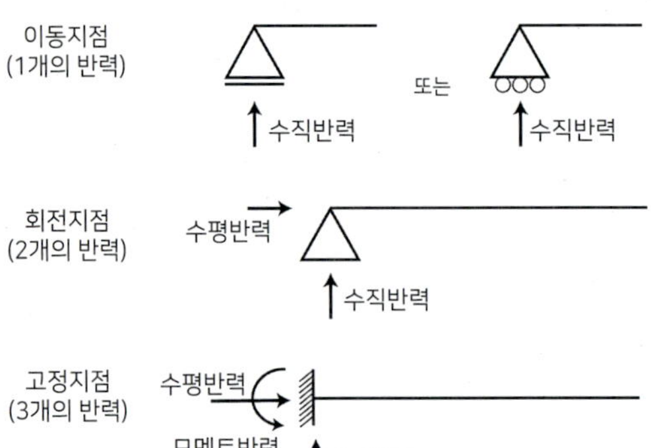

이라는 3개의 반력이 생긴다. 여기서는 그 이유를 자세히 생각하기보다는 지점의 형태에 따라 생기는 반력의 수가 다르다는 것만 알도록 하자. 이동지점, 회전지점, 고정지점을 그림으로 표현하면 그림7과 같다.

구조물은 앞에서 언급했듯 안정한 구조물과 불안정한 구조물로 나눌 수 있다. 이때, 안정한 구조물은 다시 정정 구조물과 부정정 구조물로 나눌 수 있다. (정정 구조물은 평형방정식이라는 것으로 구조해석이 가능한 구조물이고, 부정정 구조물은 평형방정식만으로는 구조해석이 불가능한 구조물이다. 여기서는 서로 다르다고만 알아두자.) 트러스 구조가 불안정인지, 정정인지, 부정정인지를 다음과 같이 판단할 수 있다.

트러스의 안정성(정정, 부정정) 및 불안정성 판별

부재의 수를 m, 반력의 수를 r, 절점의 수를 j라 할 때, n을 다음과 같다고 하자.

$$n = m + r - 2j$$

1. $n < 0$이면 불안정 구조물
2. $n = 0$이면 정정 구조물
3. $n > 0$이면 n차 부정정 구조물

몇 가지 예를 통해 트러스의 안정성 및 불안정성을 판별해 보자. 정확히는 평면트러스에 대한 판별이다.

그림8

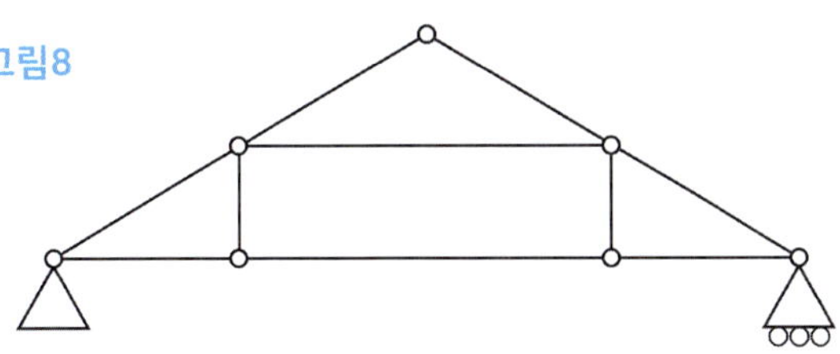

그림8의 구조물에서 부재의 수는 $m = 10$이고, 2개의 지점은 이동지점과 회전지점이므로 반력의 수는 $r = 3$, 절점의 수는 $j = 7$이다. 따라서 $n = m + r - 2j = -1$이고 $n < 0$이므로 불안정 구조물이다. 다음 구조물을 보자.

그림9

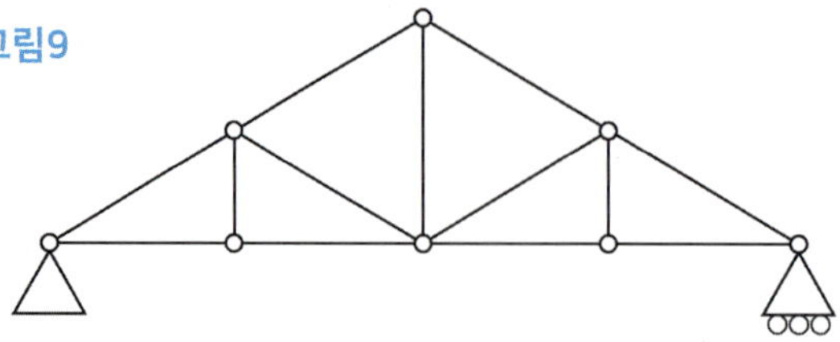

그림9의 구조물에서 부재의 수는 $m = 13$이고, 2개의 지점은 이동지점과 회전지점이므로 반력의 수는 $r = 3$, 절점의 수는 $j = 8$이다. 따라서 $n = m + r - 2j = 0$이므로 정정 구조물이다.

그림10

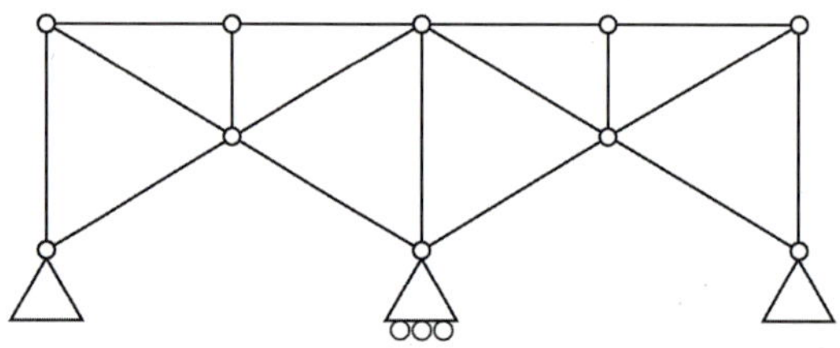

그림10의 구조물에서 부재의 수는 $m = 17$이고, 이동지점은 1개, 회전지점은 2개이므로 반력의 수는 $r = 5$, 절점의 수는 $j = 10$이다. 따라서 $n = m + r - 2j = 2$이므로 2차 부정정 구조물이다.

이제 아치에 대해 생각해 보자. 아치는 위쪽으로 볼록한 곡선형 구조물이다. 아치는 하중이 아치를 따라 아치의 양쪽으로 분산되어 지점에 전달되므로 큰 하중에도 강하다. 아치의 모든 부재에는 압축력만 작용한다는 것이 특징이다. 아치를 건설할 때, 중요하게 고려해야 할 점 중 하나는 하중으로 인해 아치의 양쪽 끝을 벌어지게 하려고 하는 힘인 추력

그림11

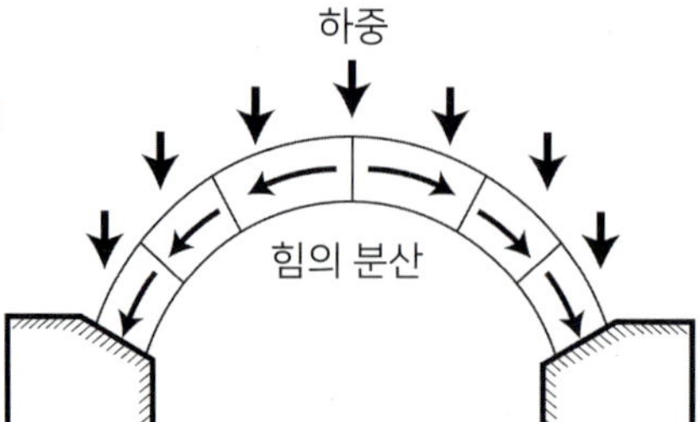

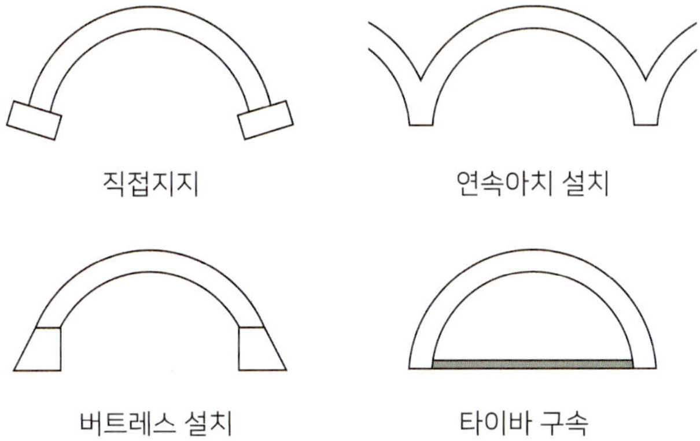

그림12 추력에 저항하는 4가지 방법

의 작용으로부터 아치가 붕괴하는 일이 없도록 하는 것이다. 이 추력에 저항시키는 방법으로 그림12 처럼 직접지지, 연속아치 연결, 버트레스 설치, 타이바 구속 등의 방법이 사용된다. **직접지지**는 말 그대로 직접 지지할 수 있는 하부구조를 설치하는 것이고, **연속아치**는 아치를 서로 연속적으로 연결하여 추력을 상쇄시키는 방법이다. **버트레스 지지**란 부축벽을 설치하는 것을 말하고, **타이바 구속**은 아치가 양쪽으로 벌어지려는 힘을 잡아 주는 타이바를 설치하는 것을 말한다.

그림13

아치는 구조에 따라 여러 종류가 있는데 고정 아치(Fixed Arch), 2활절 아치(Two-Hinged Arch), 3활절 아치(Three-Hinged Arch)가 대표적이다. **활절**이란 부재의 연결점인 절점을 핀으로 연결한 것을 말하는데 핀으로 연결했기에 자유로운 회전이 가능하다. **고정 아치**는 주로 철근 콘크리트로 만들어지며 3차 부정정 구조로서 열에 의한 팽창이나 수축, 기초의 이동에 취약하다. 따라서 매우 단단한 기초가 필요하고, 보통 바위나 단단한 토양 위에 건설한다. **2활절 아치**는 주로 강철이나 목재로 만들어지며 1차 부정정 구조로 열에 의한 팽창이나 수축, 기초의 이동에 약간은 견딜 수 있으나 이런 변화에 완전히 자유롭지는 못하다. **3활절 아치**는 정정 구조로 고정 아치나 2활절 아치와 다르게 열에 의한 팽창이나 수축, 기초의 이동에 자유롭다. 하지만 교량 중앙에 활절이 있어 이 부분의 내구성이 약하다는 것이 단점이다.

그림14

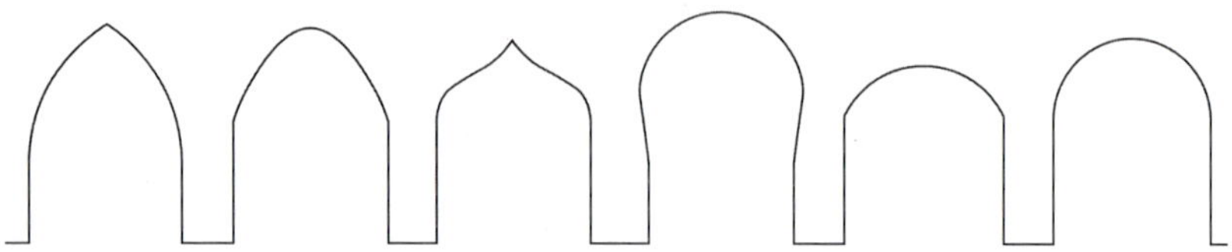

아치는 형태에 따라 현수선 아치(Catenary Arch), 첨두 아치(Pointed Arch), 포물선 아치(Parabolic Arch), 오지 아치(Ogee Arch), 말굽 아치(Horseshoe Arch), 결원 아치(Segmental Arch), 반원 아치(Round Arch) 등으로 상당히 다양한 종류가 있다. 그중 현수선 아치, 첨두 아치에 대해 알아보자.

첫 번째로 현수선을 뒤집은 형태의 아치인 **현수선 아치**이다. **현수선**은 사슬이나 케이블과 같은 선의 양 끝을 고정하고 밑으로 자연스럽게 늘어뜨렸을 때 생기는 곡선으로 다음과 같은 식으로 표현된다.

$$y = a\cosh\left(\frac{x}{a}\right) = \frac{a}{2}(e^{\frac{x}{a}} + e^{-\frac{x}{a}})$$

현수선 아치는 아주 안정적인 형태의 아치이다. 앞서 아치를 건설할 때 아치의 양쪽 끝이 벌어지게 하는 추력에 저항성을 갖도록 해야 한다고 했다. 그리고 그 방안으로 아치를 연속적으로 설치하거나 부축벽을 설치하는 방법 등을 소개했다. 현수선 아치는 건축학적으로 봤을 때, 다른 추가적인 장치 없이 아치 자체로 붕괴하지 않고 재료의 무게를 견딜 수 있다. 즉, 현수선 아치 자체로 추력에 저항성을 갖는 것이다. 이런 현수선 아치의 대표적인 예는 미국 미주리주 세인트루이스 미시시피 강변에 있는 게이트웨이 아치이다. 게이트웨이 아치는 세계에서 가장 높은 아치로 그 높이가 192m에 이른다.

두 번째로 첨두 아치에 대해 알아보자. **첨두 아치**는 아치의 가장 윗부분이 뾰족한 아치

그림15 미국 미주리주 세인트루이스 미시시피 강변에 있는 게이트웨이 아치

로 고딕 아치라고도 한다. 기원전 건축물에서 발견될 정도로 그 역사가 상당히 오래됐는데 이슬람 건축과 고딕 건축의 대표적인 형태이기도 하다. 이슬람 건축에서 자주 나타나는 첨두 아치의 형태는 4-중심 아치이다. **4-중심 아치**(Four-Centered Arch)는 뾰족한 윗부분이 낮고 전체적으로 넓은 형태의 아치로 중심이 서로 다른 4개의 원호를 연결해 디자인한 아치이다.

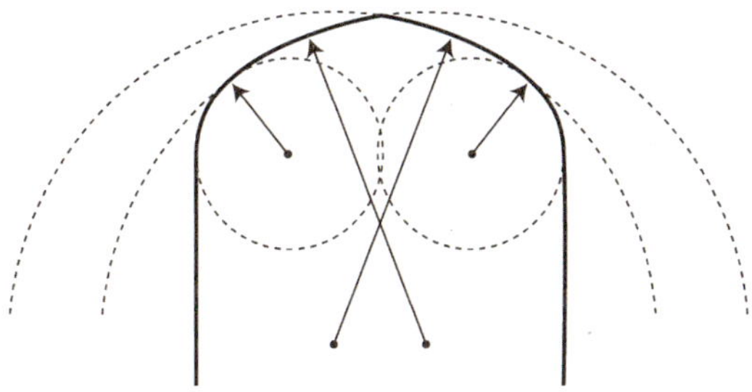
그림16 4-중심 아치

그림17

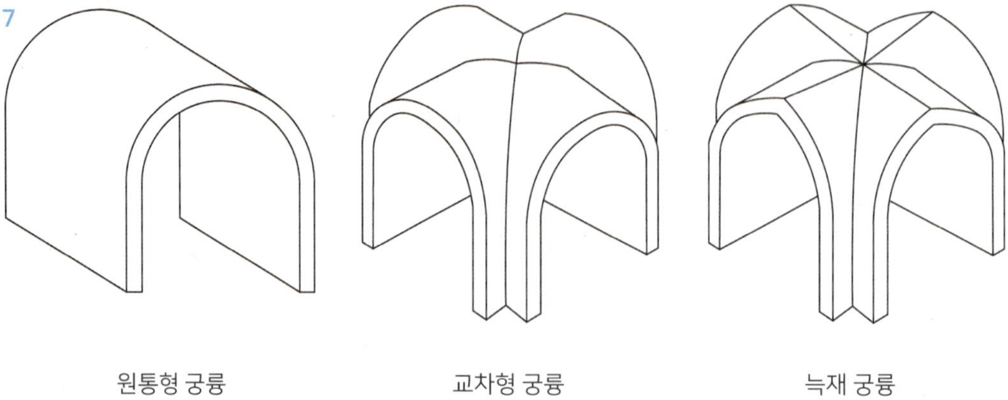

고딕 건축에서는 수도원이나 대성당의 지붕이나 입구, 창문을 만드는 데 첨두 아치를 활용했는데 이때 사용한 것이 첨두 아치로 만든 **늑재 궁륭**(Rib Vault)이다. **궁륭**(Vault)은 아치를 아치면과 직각 방향으로 연속적으로 전개해 만든 건축물로 형태에 따라 원통형 궁륭,

그림18 천장 구조가 늑재 궁륭으로 되어 있는 영국의 더럼 대성당

교차형 궁륭, 늑재 궁륭 등 여러 종류가 있다.

로마네스크 양식에서 많이 사용하던 원통형 궁륭의 경우 무게를 지탱하기 위해 매우 두껍게 건축되었고 창문도 거의 없었다. 반면 늑재 궁륭은 원통형 궁륭이나 교차형 궁륭에 비해 화려하면서도 하중을 더 효율적으로 분산시킨다. 그 결과 더 높은 형태의 건축이 가능해졌고 기둥과 기둥 사이에 큰 창문도 달 수 있었다. 따라서 대성당은 더 거대해졌고 크면서도 화려한 스테인 글라스 창문으로 장식됐다. 고딕 건축에서 사용한 첨두 아치의 일반적인 형태는 정삼각형을 기반으로 한 **등변 아치**(Equilateral Arch)이다. 정삼각형을 사용한 것을 종교적인 의미로 해석하기도 하는데 정삼각형의 세 변이 삼위일체를 뜻한다는 것이다.

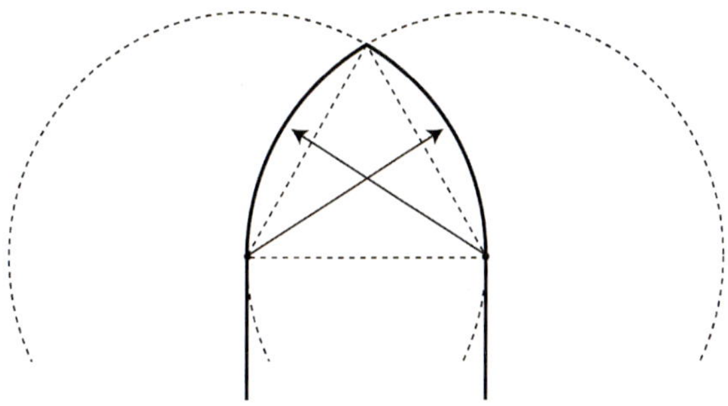

그림19 등변 아치

아치가 활용되는 대표적인 건축물엔 다리가 있다. 아치교는 하중을 효율적으로 분산시킬 뿐 아니라 심미적으로도 아름답기 때문에 고대부터 많이 이용되어 왔다. 아치교는 그림 20과 같은 구조를 하고 있다.

그림20

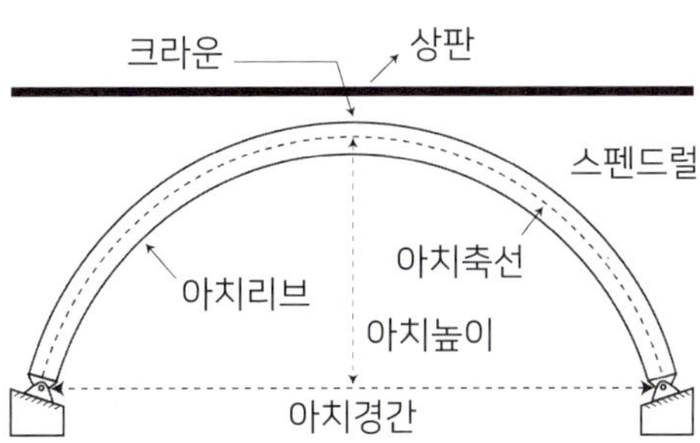

여기서 상판은 차량이나 사람 등이 다리 위를 지날 때, 직접 지지하는 부분이다. 그리고 아치리브와 상판 사이에 공간을 스펜드럴이라 한다. 보통 이 공간에 케이블과 같은 수직재가 설치되어 상판의 하중을 아치리브로 전달하게 된다. 아치교의 종류는 구조, 재료, 용도 등에 따라 다양하게 분류할 수 있다. 상판의 위치에 따라 분류할 수도 있는데 상판형, 반관통형, 관통형으로 분류한다.

그림21

과거에는 주로 아치교를 만드는 재료로 석재가 사용됐지만, 현대에 만들어지는 대부분의 아치교는 철근 콘크리트를 재료로 하고 있다. 이런 재료의 변화로 인해 상당히 긴 아치교를 제작하는 것이 가능해졌다. 보통 아치교 길이의 순위는 아치경간의 길이로 매긴다. 아치경간은 아치 양 끝점 사이의 길이를 말한다. 현재 세계에서 가장 긴 아치교는 아치경간의 길이가 $500m$가 넘는다. 이런 긴 아치경간을 갖는 대표적인 다리는 1977년 건축된 미

그림22 미국의 뉴 리버 협곡 다리

국의 뉴 리버 협곡 다리다. 이 다리의 길이는 $924m$ 이고 아치경간의 길이는 $518m$ 인데 26년 동안 세계에서 가장 긴 단일 경간 아치교였다. 뉴 리버 협곡 다리는 사실 트러스교이기도 하다. 트러스 구조와 아치 구조를 혼합하여 만든 트러스 아치교인 것이다.

아치가 활용되는 또 다른 건축물로는 아치댐이 있다. 아치댐은 수평 방향으로 궁륭을 형성해 수압을 흡수하는 구조로 계곡이 측벽 역할을 한다. 계곡의 암석이 아치댐을 지지할 만큼 충분히 단단해야 하므로 아치댐을 설치하는 위치로 적합한 곳은 내구성이 있는 암석으로 이루어진 가파르면서 좁은 협곡이다.

그림23

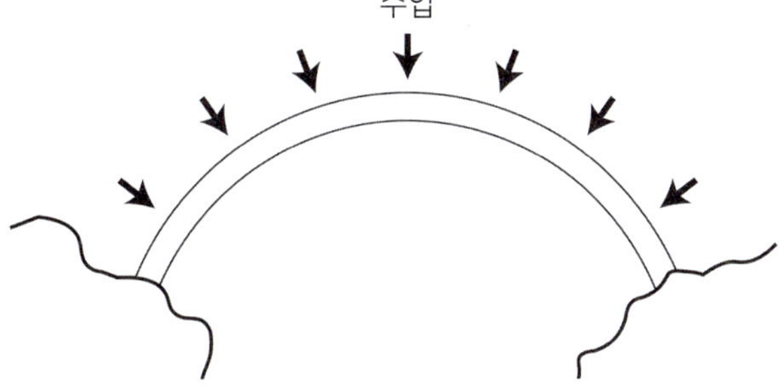

아치 구조는 우리의 몸에서도 발견할 수 있다. 바로 발바닥이다. 발바닥에는 2개의 아치가 있는데 발뒤꿈치에서 앞꿈치에 이르는 세로 아치와 발 중간 지점을 가로지르는 가로 아치다. 우리가 두 발로 직립하며 오랜 시간 달리고 걸을 수 있는 것은 바로 이 두 아치가 있기 때문에 가능한 것이다.

02

반구형 구조물, 지오데식 돔

돔(Dome)은 아치만큼 오래된 건축 양식 중 하나로 일반적으로 반구형의 둥근 곡면의 천장이나 지붕 형식을 말한다. 사실 학자마다 상당히 다양한 방식으로 돔을 정의하는데, 아치를 회전한 형태로 정의하기도 한다. 아치를 그 면과 직각 방향으로 연속적으로 전개해 궁륭을 만들 수 있는 것처럼 수직 중심축을 기준으로 회전시켜 돔을 만들 수 있다. 아치와 궁륭 그리고 돔은 이렇게 서로 밀접한 관련이 있다. 돔 중 특별히 작은 규모나 소탑 끝에 있는 돔을 **쿠폴라**(Cupola)라고 한다. 이러한 돔의 특징 중 하나는 기둥을 사용하지 않고 넓은 공간을 만들 수 있다는 것이다.

그림24

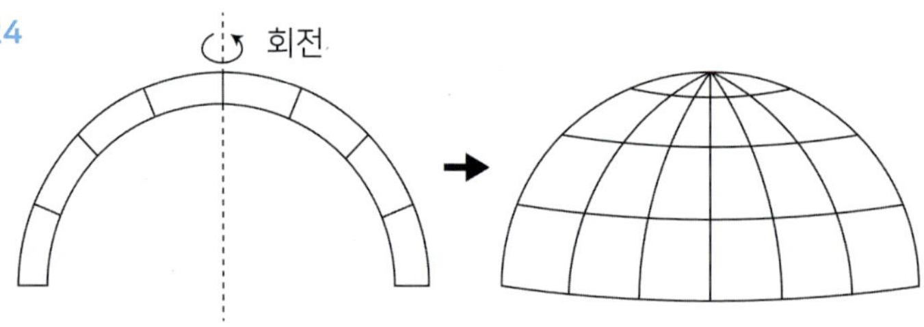

돔의 기원을 추적하면 그 역사가 고대시대까지 올라간다. 그리고 세계 각 문명지와 나라에서 다양한 형태와 모습으로 돔이 나타났다. 건축기술이 발달하면서 돔의 크기는 점점 커지기 시작했는데 처음으로 돔을 대규모로 축조하기 시작한 것은 로마 시대에 들어와서이다. 당시의 건축기술 수준을 고려하면 놀라울 정도로 큰 규모의 돔들이 만들어졌다. 대표적으로 판테온(Pantheon)을 들 수 있다. 판테온 돔은 높이와 지름이 $43.4m$ 이고 상부에 채광창으로 쓰이는 지름 $8.2m$ 의 원형 구멍이 있다. 이 돔은 1300년 후 피렌체 대성당이 건축되기 전까지 세계에서 가장 큰 규모의 돔이었다.

현대에는 새로운 건축재료와 구조해석 및 건축기술의 발달로 돔이 더 크고 거대해졌으며

그림25 고대 로마의 신전 판테온

새로운 형태의 돔이 나타나기 시작했다. 대표적으로 스페이스 프레임 구조를 이용한 돔을 들 수 있다. 스페이스 프레임 구조는 견고하고 가벼운 직선형 부재들을 서로 연결하여 입체트러스 형태로 만든 구조물이다. 이 구조는 힘의 흐름이 부재를 따라 입체적으로 분포되므로 효율이 좋게 하기 위해 반복적인 기하학적 패턴으로 구성하는 것이 좋다. 그리고 부재와 부재를 연결하는 조인트가 공학적으로 섬세하고 정밀하게 디자인되어야 한다. 대표적인 스페이스 프레의 돔으로는 슈베들러 돔(Schwedler Dome), 래티스 돔(Lattice Dome), 라멜라 돔(Lamella Dome) 그리고 지오데식 돔(Geodesic Dome)이 있다.

슈베들러 돔은 가로로 그려지는 위선과 세로로 그려지는 경선 그리고 위선과 경선으로 만들어지는 사각형의 대각선으로 구성한 돔이다. 독일의 기술자 J.W. 슈베들러(J.W. Schwedler)가 고안한 돔으로 1963년에 베를린에 돔을 세울 때 처음 이 구조를 적용하였다. **래티스 돔**은 위선과 경선 대신 두 방향에서 오는 대각선으로 구성한 돔이다. 슈베들러 돔과 래티스 돔의 경우 패턴은 단순하지만 다양한 길이의 부재가 필요하다는 단점이 있다.

그림26

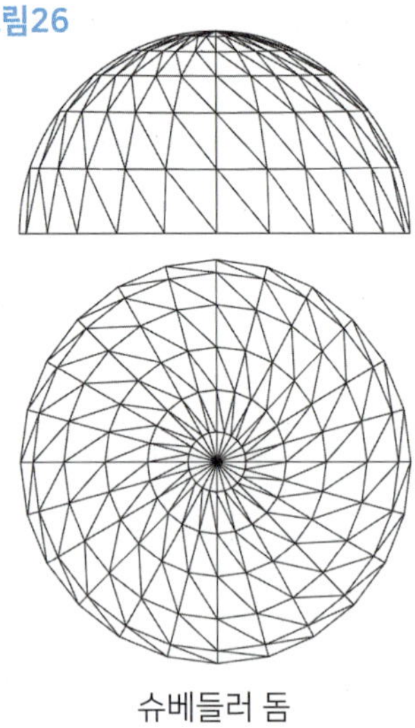

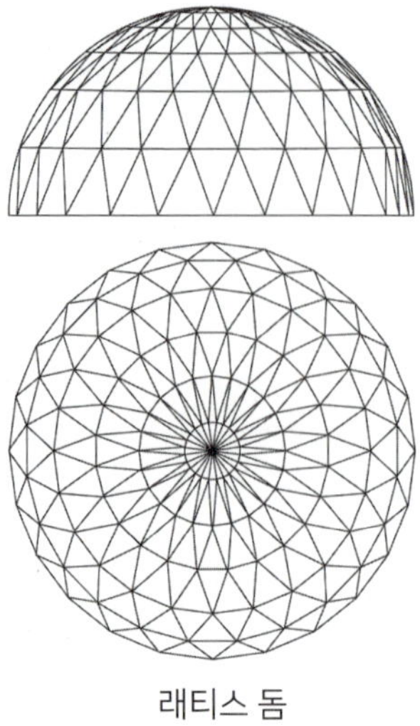

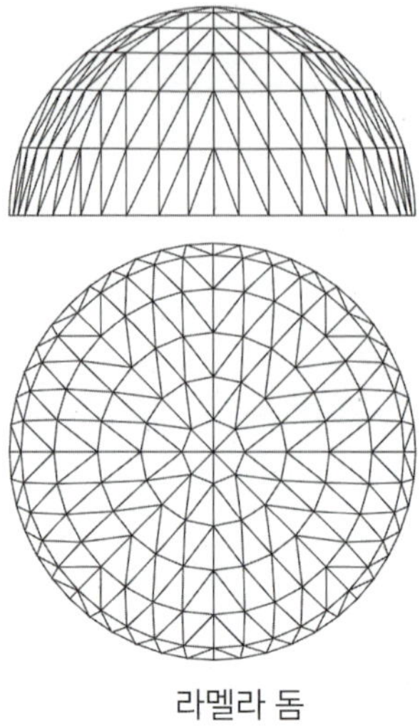

마지막으로 **라멜라 돔**은 등각도의 경선으로 나뉜 삼각형 부분들을 더 작은 삼각형으로 등분할하여 구성한 돔이다. 1965년 미국 휴스턴에 세워진 세계 최초의 돔 경기장인 애스트

그림27 라멜라 돔으로 건축된 미국 휴스턴의 애스트로 돔

로 돔이 라멜라 돔으로 건축되었다.

지금부터는 **지오데식 돔**에 대해 자세히 알아보도록 하자. 지오데식 돔을 처음 고안한 사람은 독일의 엔지니어 발터 바우어스펠드(Walther Bauersfeld)로 1920년 대에 천체투영관 건축을 위해 이 구조물을 고안했다. 그리고 그로부터 약 20년 후 미국의 건축가인 버크민스터 풀러(Buckminster Fuller)가 이 구조물에 대한 특허를 받고 건축물을 짓는 데 사용했는데 지오데식 돔을 대중화시키는 데 큰 역할을 했다. 이런 지오데식 돔은 지오데식 다면체를 활용해 반구형으로 만든 구조물이다. 따라서 지오데식 돔이 무엇인지 이해하려면 지오데식 다면체가 무엇인지 알아야 한다. **지오데식 다면체**는 골드버그 다면체의 쌍대 다면체로 삼각형을 기반으로 하여 구형으로 만든 볼록 다면체다.

지오데식 다면체 만들기

다음과 같은 과정으로 지오데식 다면체를 만들 수 있다.

1. 적당한 다면체를 선택한다.
2. 다면체의 각 면을 삼각형으로 균일하게 분할한다.
3. 다면체의 모든 꼭짓점을 다면체가 외접하는 구로 사영한다.

이 과정을 따라 깎은 정이십면체를 이용해 지오데식 돔을 만들면 아래 그림과 같은 과정을 통해 만들어진다는 것을 알 수 있다. 어떤 다면체를 선택하고 각 면을 어떤 방법을 이용해 삼각형으로 분할하는지에 따라 상당히 다양한 형태의 지오데식 다면체가 존재한다. 각 면을 삼각형으로 분할하는 방법은 몇 가지 알려진 방법이 있다.

그림28

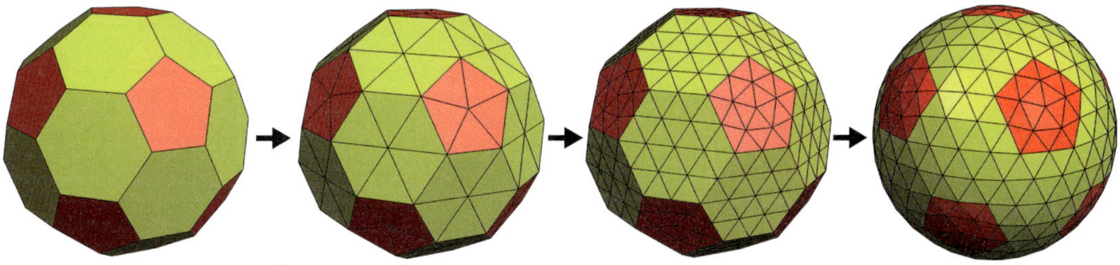

깎은 정이십면체 선택 → 삼각형으로 분할1 → 삼각형으로 분할2 → 꼭짓점을 구로 사영

만약 삼각형이 아닌 면이 있다면 그림29 처럼 그 면의 각 꼭짓점에서 면의 중심으로 선을 그어 삼각형으로 나누고 아래 소개한 삼각형을 분할하는 방법을 적용하면 된다.

그림29

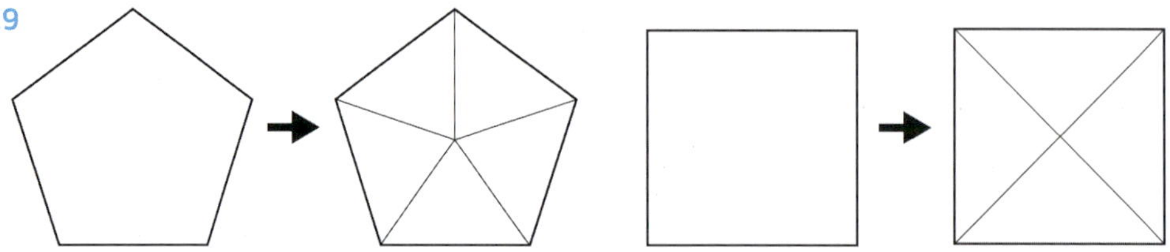

삼각형인 면을 분할하는 방법은 3가지이다. 정이십면체를 기준으로 각각의 분할을 적용하면 어떤 형태의 지오데식 다면체가 만들어지는지 알아보자.

그림30

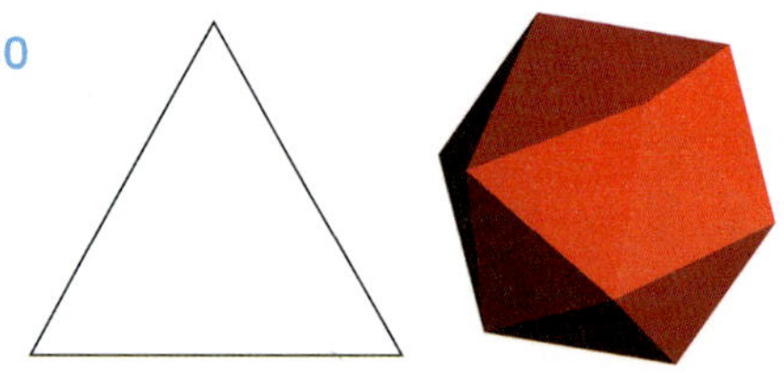

첫 번째 방법은 그림31과 같다. 삼각형인 면을 분할한 모습과 정이십면체에 분할을 적용했을 때 나타나는 지오데식 다면체의 모습이다. 앞에서 소개했듯이 각 면을 더 작은 삼각형으로 분할하고 나면 모든 꼭짓점을 다면체가 외접하는 구로 사영시켜야 한다.

그림31

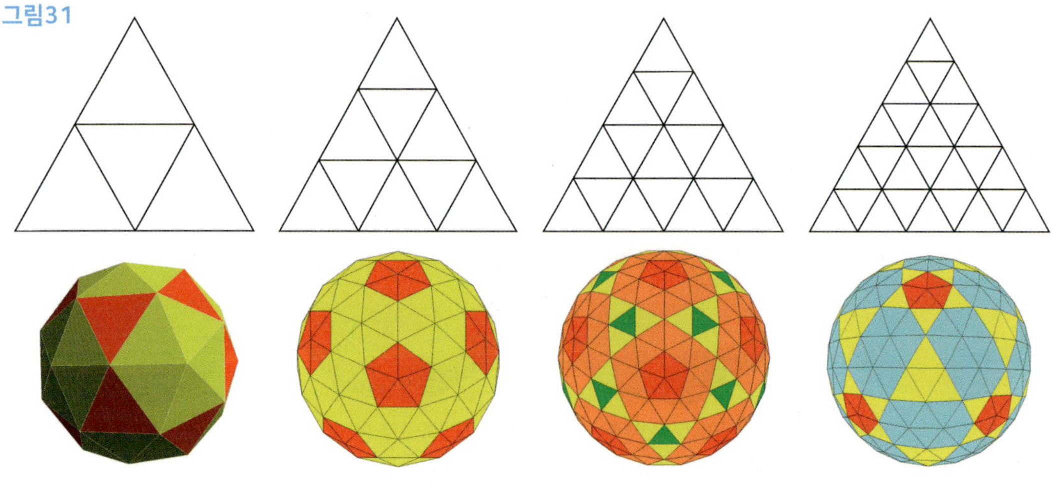

두 번째 방법은 그림 32 처럼 분할하는 것으로 분할하는 모습과 정이십면체에 적용했을 때 나타나는 지오데식 다면체의 모습이다.

그림32

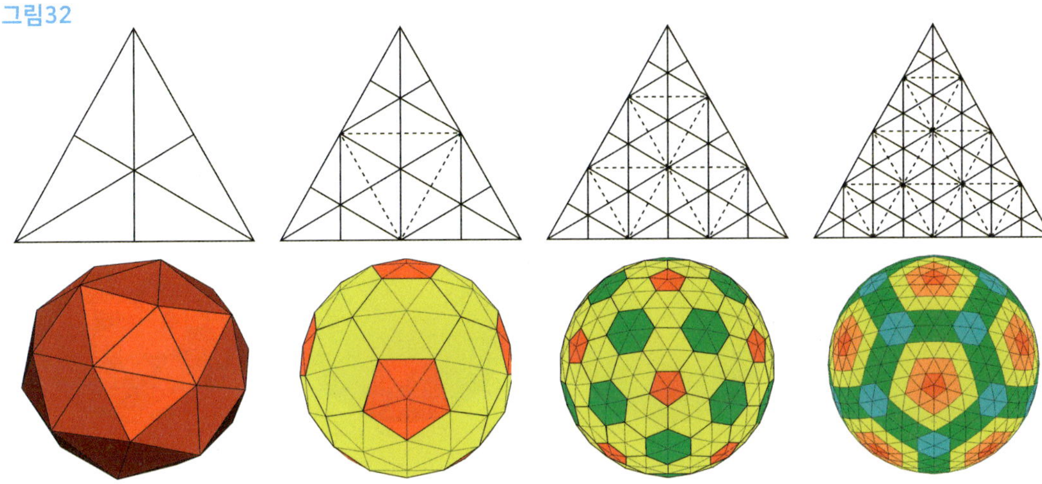

두 번째 방법으로 분할할 때 주의할 점은 분할할 때 각 면의 가장자리가 정삼각형의 절반의 형태를 하고 있다는 점이다. 이 삼각형의 절반의 형태인 부분은 이웃하는 면의 가장자리와 합쳐져 하나의 면이 된다. 아래 그림을 보자.

그림33

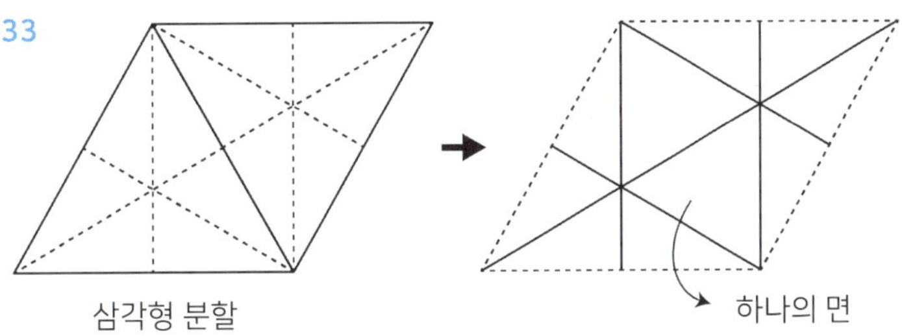

따라서 아래 그림과 같은 과정으로 지오데식 다면체가 만들어진다.

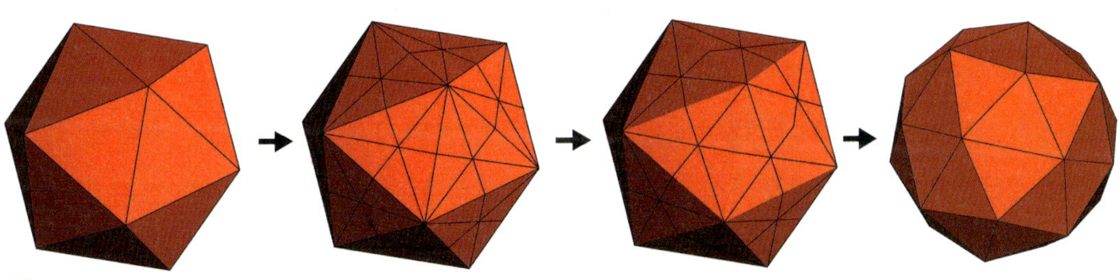

그림34

마지막 방법은 그림35와 같이 분할하는 것이다.

그림35

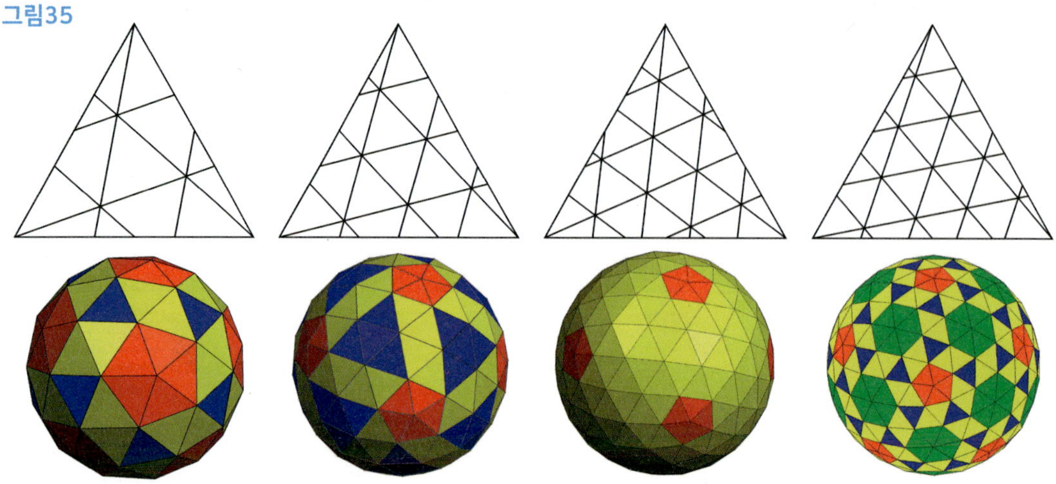

지오데식 다면체의 종류가 다양하기 때문에 다양한 형태의 지오데식 돔을 만들 수 있지만 주로 활용하는 것은 정이십면체를 이용하는 경우다. 그리고 삼각형을 분할하는 방법은 앞서 소개한 방법 중 첫 번째로 소개한 방법이 주로 이용된다. 따라서 이에 대해 좀 더 알아보자.

그림36

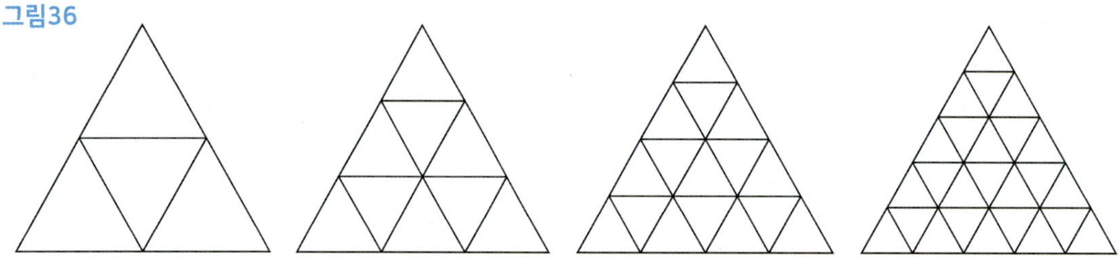

이 분할 방법은 순서대로 4, 9, 16, 25의 작은 삼각형이 만들어지는 것을 알 수 있다. 변을 기준으로 보면 변을 2분할할 때 4개의 삼각형, 변을 3분할할 때 9개의 삼각형이 만들어진다. 일반적으로 변을 n분할하면 n^2개의 삼각형이 만들어진다. 변을 n분할한 삼각형을 통해 정이십면체로 지오데식 다면체를 만들고 이 다면체에서 반구 모양을 선택해 지오데식 돔을 만들었을 때, 이 지오데식 돔을 nV **지오데식 돔**이라 한다. 다음쪽 그림을 보자.

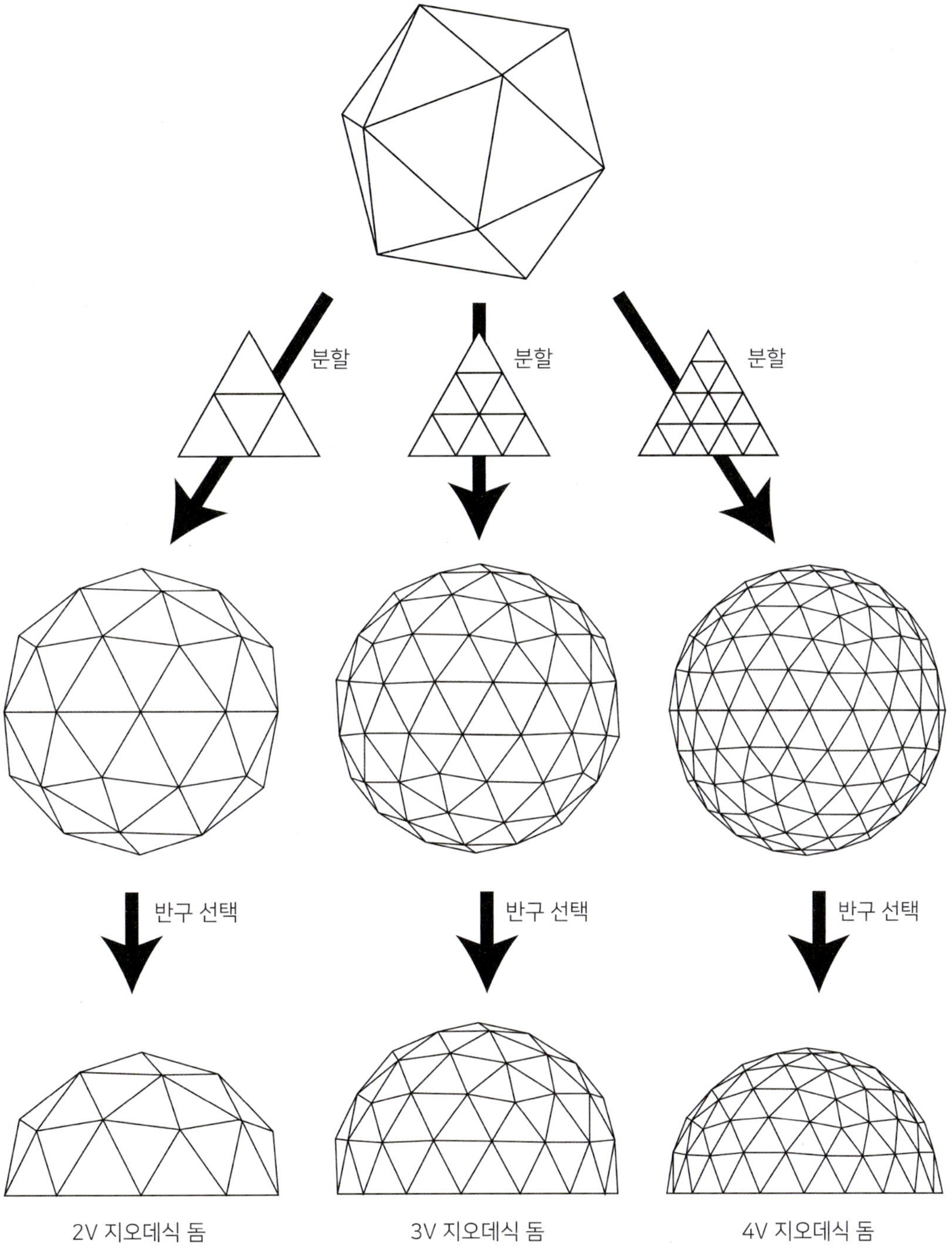

그림37 정이십면체로 지오데식 돔을 만드는 과정

nV 지오데식 돔에서 n이 짝수인 경우와 홀수인 경우에는 약간의 차이점이 있다.

그림38

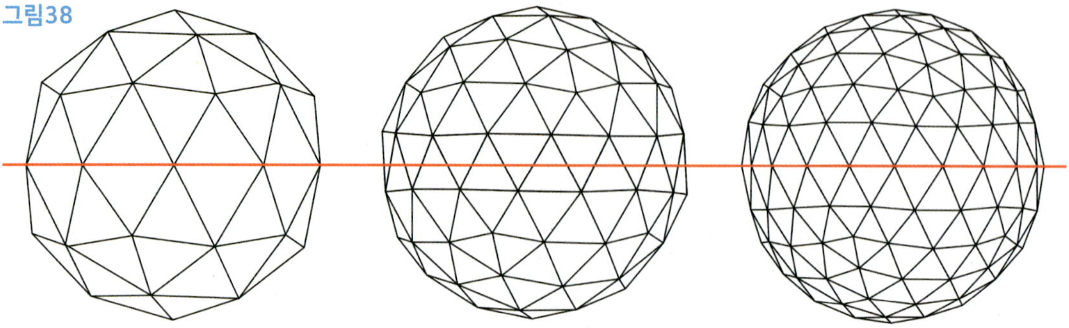

위에 그림에서 알 수 있듯이 n이 짝수인 경우에 정확하게 반으로 나눠지만 홀수인 경우에는 그렇지가 않다. 따라서 n이 짝수인 경우에 지오데식 돔은 반구형을 모양을 하고 있지만, n이 홀수인 경우에는 반구형보다 약간 크거나 작게 만들어진다. 예를 들어 3V 지오데식 돔은 아래 두 형태 중 하나를 선택해야 한다.

그림39

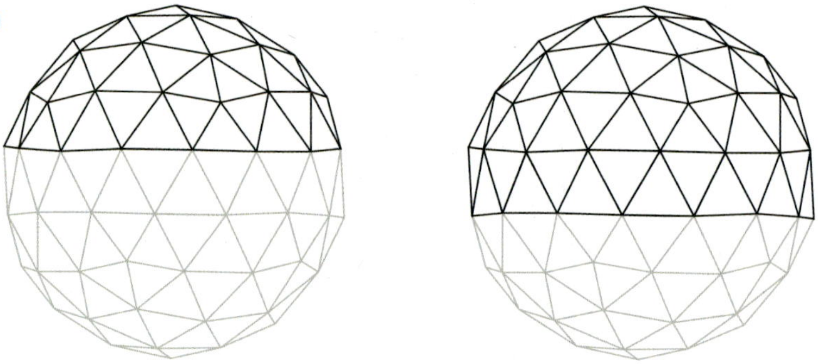

지오데식 돔을 만드는 과정에서 꼭짓점을 외접하는 구에 사영시키는 과정이 있기 때문에 필연적으로 서로 다른 길이의 모서리가 생기게 된다. 그림 40은 반지름의 길이가 1인 구에 내접하는 nV 지오데식 돔($n = 2, 3, 4, 5, 6$)을 만들 때, 필요한 모서리의 길이와 개수에 대한 그림이다. (지오데식 다면체에 대한 내용도 있다.) 그림에서 삼각형은 정이십면체의 한 면을 분할했을 때 모습이므로 자세히 보면 지오데식 돔의 어떤 부분에 어떤 길이의 모서리가 필요한지 알 수 있다. n이 홀수인 경우에는 반구형보다 약간 크거나 작은 경우가 있으므로 두 가지 경우를 작은 돔과 큰 돔으로 나눠 필요한 모서리의 개수를 설명하였다.

(단, 외접하는 구의 반지름은 1)

2V

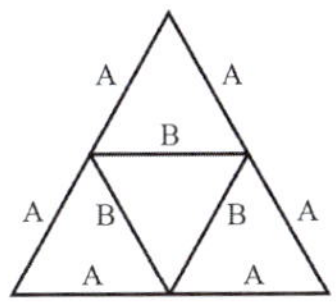

	길이	개수(돔)	개수(다면체)
A	0.5465	30	60
B	0.6180	35	60

3V

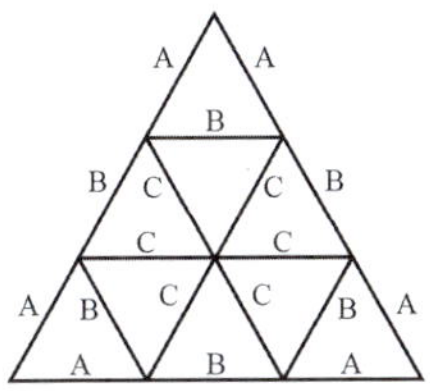

	길이	개수(작은 돔)	개수(큰 돔)	개수(다면체)
A	0.3486	30	30	60
B	0.4035	40	55	90
C	0.4124	50	80	120

4V

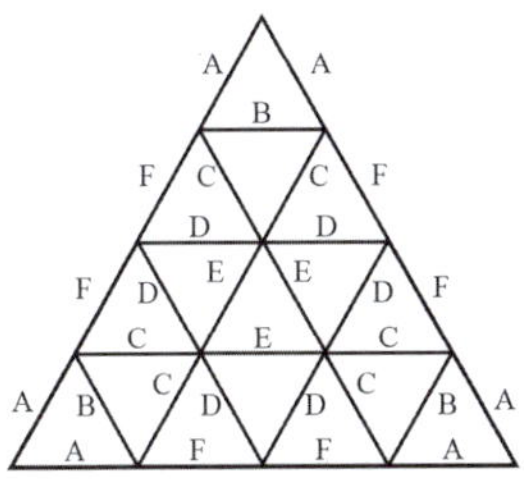

	길이	개수(돔)	개수(다면체)
A	0.2531	30	60
B	0.2952	30	60
C	0.2945	60	120
D	0.3128	70	120
E	0.3249	30	60
F	0.2985	30	60

5V

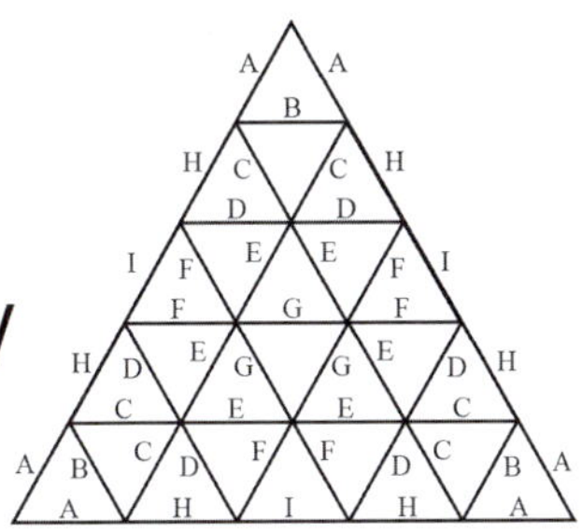

	길이	개수(작은 돔)	개수(큰 돔)	개수(다면체)
A	0.1981	30	30	60
B	0.2317	30	30	60
C	0.2256	60	60	120
D	0.2472	60	70	120
E	0.2551	50	70	120
F	0.2450	50	80	120
G	0.2615	30	35	60
H	0.2315	30	30	60
I	0.2453	10	20	30

6V

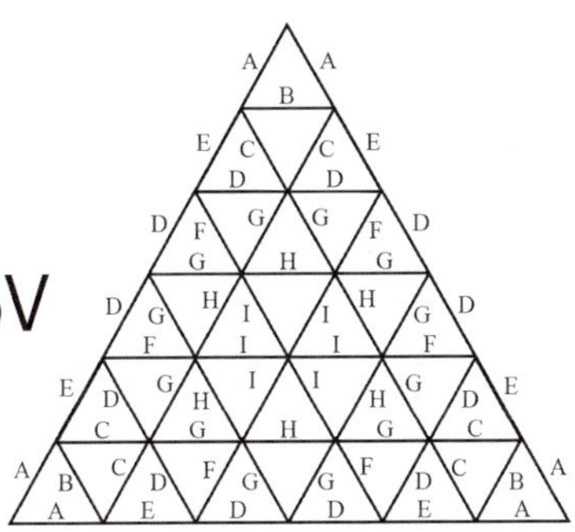

	길이	개수(돔)	개수(다면체)
A	0.1625	30	60
B	0.1904	30	60
C	0.1819	60	120
D	0.2028	90	180
E	0.1873	30	60
F	0.1980	60	120
G	0.2059	130	240
H	0.2153	65	120
I	0.2166	60	120

그림40 지오데식 돔을 만들 때 필요한 모서리의 길이와 개수

그림41 지오데식 돔으로 건축된 캐나다의 몬트리올 환경박물관(버크민스터 풀러가 설계)

여기서 우리는 재미있는 문제를 하나 생각할 수 있는데 바로 다음과 같은 질문이다.

nV 지오데식 돔에는 몇 종류의 서로 다른 모서리가 필요한가?

앞서 알아본 것처럼 1V 지오데식 돔은 1종류, 2V 지오데식 돔은 2종류, 3V 지오데식 돔은 3종류, 4V 지오데식 돔은 6종류, 5V 지오데식 돔과 6V 지오데식 돔은 9종류의 모서리가 필요하다. (1V 지오데식 돔은 언급한 적이 없지만, 정이십면체의 면을 분할하지 않으므로 그림 42 처럼 정이십면체에서 아래 5개의 면을 제거한 형태다.) 그렇다면 7V 지오데식 돔이나 8V 지오데식 돔은 몇 종류의 서로 다른 모서리가 필요할까? 이 문제는 결국 지오데식 돔에 대한 수열 문제이고 이 수열의 일반항을 찾는 문제로 생각할 수 있다. 초

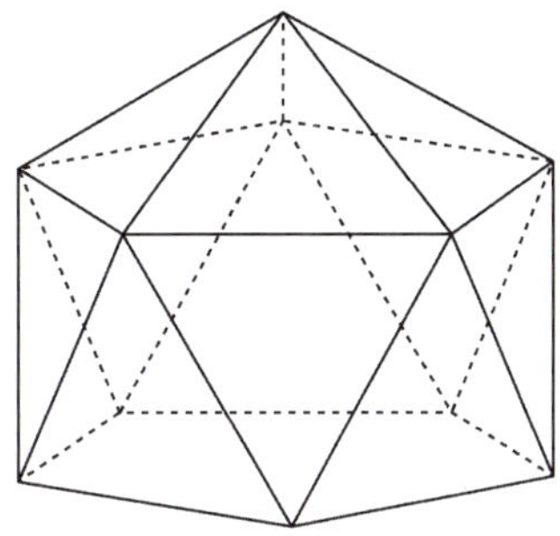

그림42 1V 지오데식 돔

기 몇 개의 항을 나열해 보면 다음과 같다.

1V	2V	3V	4V	5V	6V	7V	8V	9V	10V	11V	12V	13V	14V	⋯
1	2	3	6	9	9	16	20	18	30	36	30	49	56	⋯

이 수열 $\{G_n\}$은 현재 다음과 같은 규칙을 가질 것으로 예상되지만 정확한 증명은 알려져 있지 않다. (단, k는 음이 아닌 정수)

$$G_n = \begin{cases} \dfrac{n^2}{6} + \dfrac{n}{2} & , n = 3k \\ \dfrac{n^2}{4} + \dfrac{n}{2} + \dfrac{1}{4} & , n = 1 \ \ or \ \ 6k+1 \ \ or \ \ 6k+5 \\ \dfrac{n^2}{4} + \dfrac{n}{2} & , \text{그 외} \end{cases}$$

증명을 시도해 보는 것도 흥미로운 도전이 될 것이다.

트러스 아치 구조
궁륭 만들기

체험시간 20분

체험난도 ★★★☆☆

준비파일 15/궁륭_제작_전개도.pdf

준비물 궁륭 제작 전개도(**평량 80g 정도로 얇은 종이에 인쇄**) + 가위 = 준비 완료^-^

이 책에서는 아래와 같은 전개도를 제공한다. 전개도는 얇은 A4 용지에 인쇄하기를 권한다. 얇은 종이로 제작했을 때, 얼마나 하중에 튼튼한지를 보기 위해서다. 처음에 해야 할 일은 전개도를 접는 일이다. 아래 그림에 보이듯 수직선으로 내려가는 선은 산 접기, 사선으로 내려가는 선은 골짜기 접기를 해야 한다. 산 접기란 산처럼 ∧ 형태로 종이를 접는 것이고, 골짜기 접기는 골짜기처럼 ∨ 형태로 종이를 접는 것이다. 어떻게 보면 이 과정이 가장 중요하다. 잘 접어야 쉽게 형태를 완성할 수 있고, 이후 시행할 하중 실험에서도 좋은 결과를 예상해 볼 수 있기 때문이다.

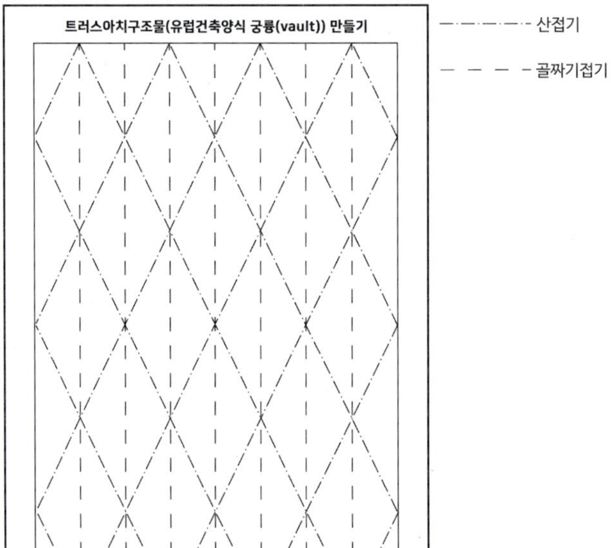

접기가 끝나면 아래 빨간색 부분의 테두리를 가위로 잘라낸다.

테두리를 잘랐으면 아래 왼쪽 그림처럼 종이의 한쪽 끝부터 접은 모양에 맞게 천천히 접으면 모양을 완성할 수 있다. 만약 모양이 잘 완성되지 않는다면 산 접기와 골짜기 접기를 다시 한 번 하고 구조물을 만들기를 권한다. 접기가 끝나면 아래 오른쪽 그림처럼 끝부분을 잘라낸다. 여기를 자르는 이유는 위에서 가해지는 하중으로부터 구조물을 튼튼하게 유지하기 위해서다.

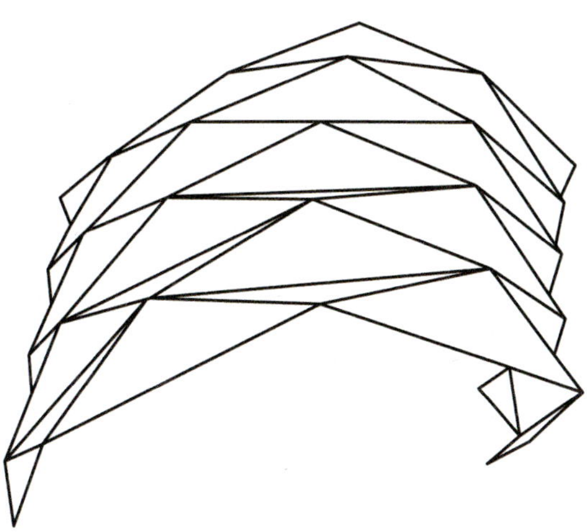

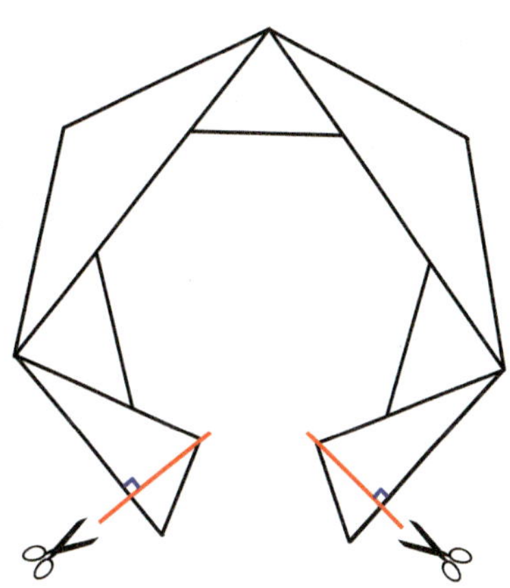

자르기가 끝나면 트러스 아치 구조물인 궁륭이 완성된다.

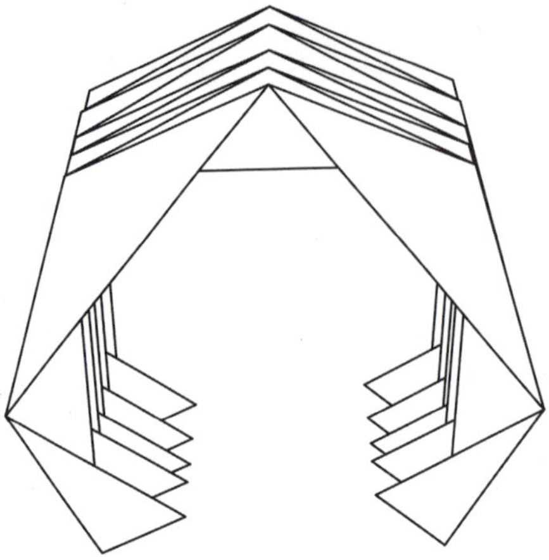

다음은 위의 과정에 따라 궁륭을 제작한 모습이다.

전개도를 접었다 펼친 후, 테두리를 자른 모습.

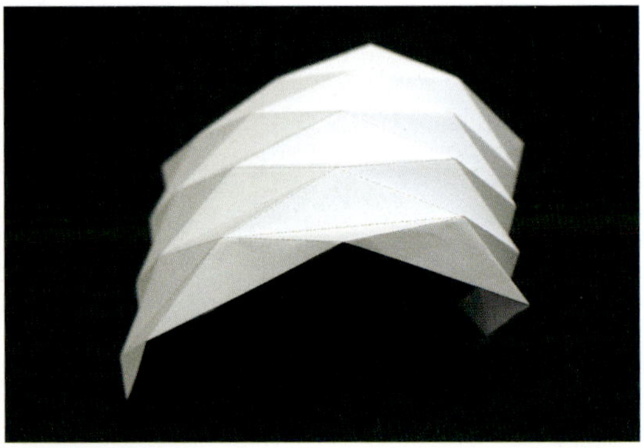

접기 선에 맞게 접는 모습.

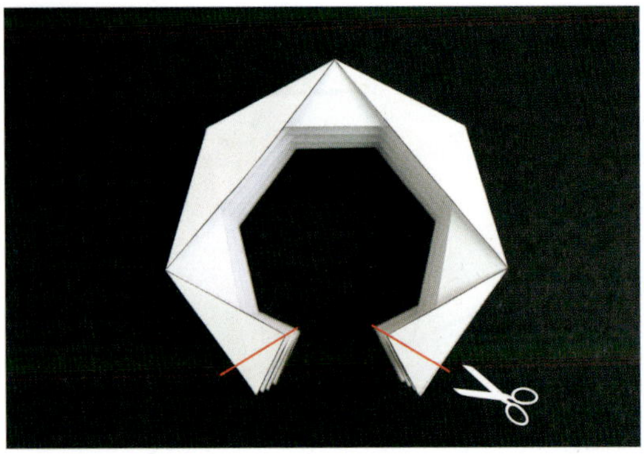

접기 완료. 빨간색 부분 자르기.

궁륭 완성.

제작이 완료되면 하중실험을 해보자. 아래는 하중 실험을 하는 모습이다. 궁륭에 올린 핸드폰의 무게는 약 260g 이다. 제작을 잘하면 500g 이상의 하중도 견뎌낸다.

힘의 분산
다빈치 다리 만들기

체험시간 20분

체험난도 ★★★☆☆

준비물 나무젓가락 15개 = 준비 완료^-^

다빈치 다리를 만들기 위해 젓가락을 배치하고 젓가락을 추가하는 작업을 반복할 것이다. 그런데 젓가락을 추가할 때, 기존에 배치한 젓가락을 들어올려야 하는데 이 두 작업이 동시에 이루어지기 때문에 한 사람이 하기는 힘들다. 두 명이 함께 작업할 것을 추천한다. 우리가 제작하는 다빈치 다리는 젓가락과 젓가락이 만나는 부분을 서로 부착하는 것이 아니기 때문에 위에서 가해지는 하중에는 강하지만 옆에서 가해지는 하중에는 약하다. 따라서 제작과정 중 쉽게 무너질 수 있다. 상황이 안 된다면 혼자 해도 되지만 인내가 필요하다. 만약 다빈치다리를 길게 만들고 싶다면 젓가락의 개수를 3개씩 더 추가하면 된다.

Check **Point**

다빈치 다리를 만들 때, 어떤 재료를 사용하는 것이 좋을지 고민이 될 수 있다. 이 책에서는 젓가락을 사용하지만 다른 재료를 사용해도 된다. 다만 다빈치 다리는 위에서 가해지는 하중을 효과적으로 분산시켜 주는 구조물이다. 하중 실험을 할 생각이라면 재료 자체가 너무 약해서는 곤란하다. 어느 정도의 강도를 갖는 재료를 사용할 것을 추천한다.

젓가락 4개를 그림과 같이 배치.

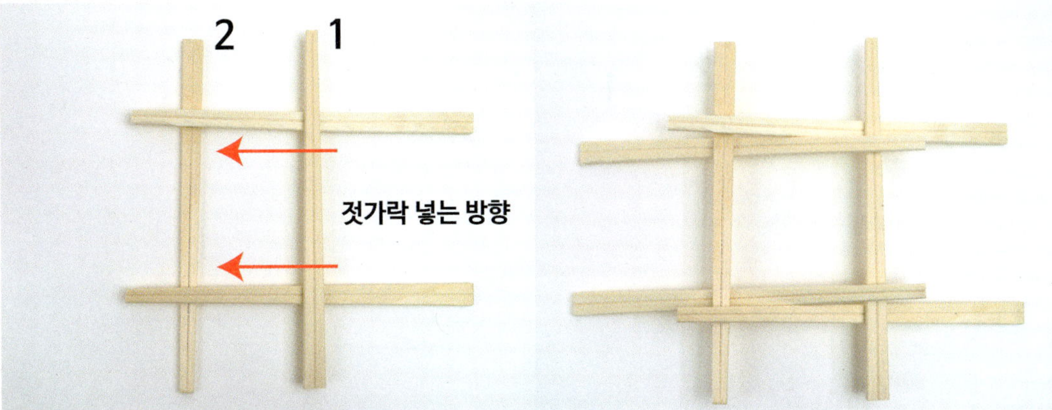

2번 젓가락을 들어 올리고, 젓가락 2개 추가. 오른쪽 그림은 추가한 모습.

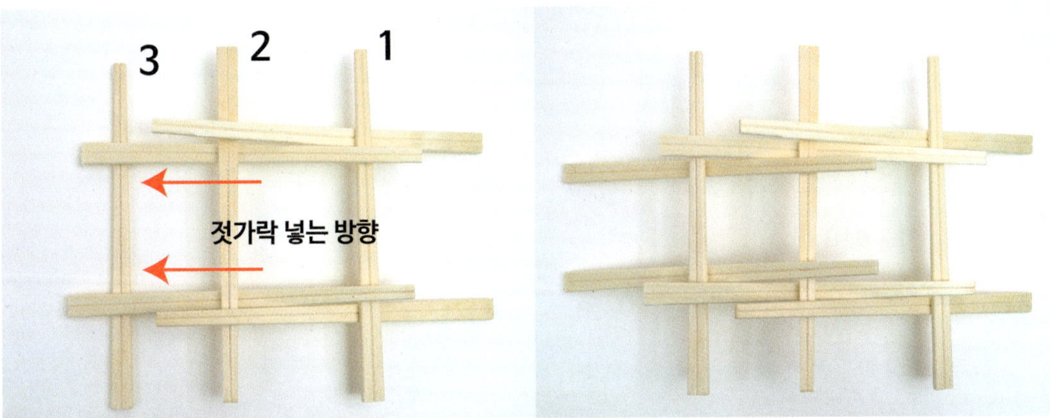

왼쪽 그림처럼 3번 젓가락 넣기. 다음에 3번 젓가락을 들어 올리고, 젓가락 2개 추가. 오른쪽 그림은 추가한 모습.

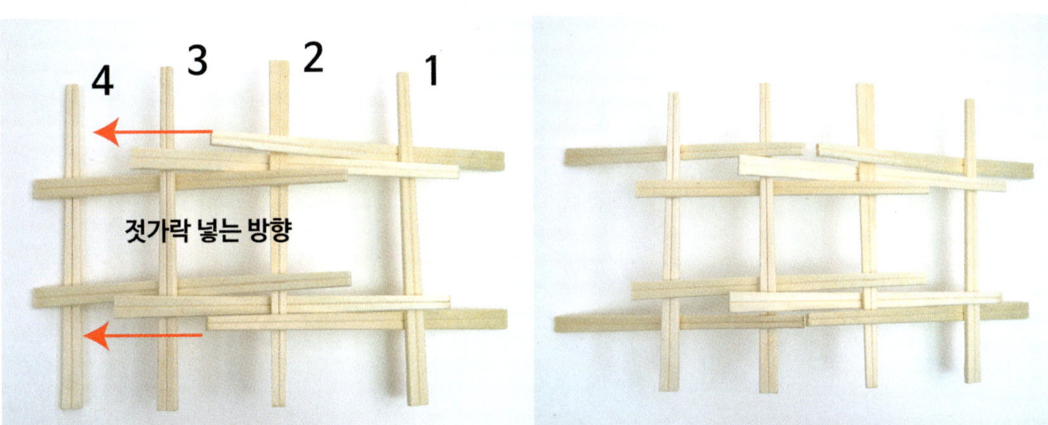

왼쪽 그림처럼 4번 젓가락 넣기. 다음에 4번 젓가락을 들어 올리고, 젓가락 2개 추가. 오른쪽 그림은 추가한 모습.

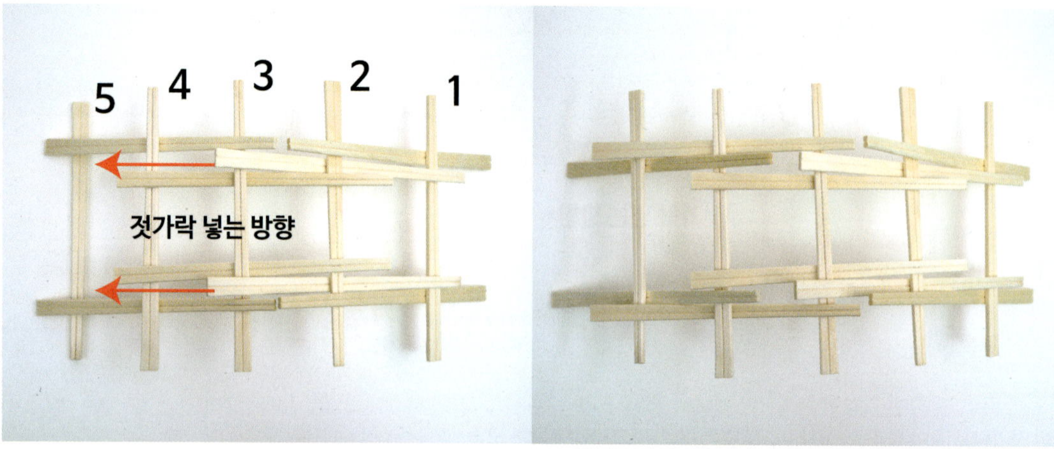

왼쪽 그럼처럼 5번 젓가락 넣기. 다음에 5번 젓가락을 들어 올리고, 젓가락 2개 추가. 오른쪽 그림은 추가한 모습. 완성.

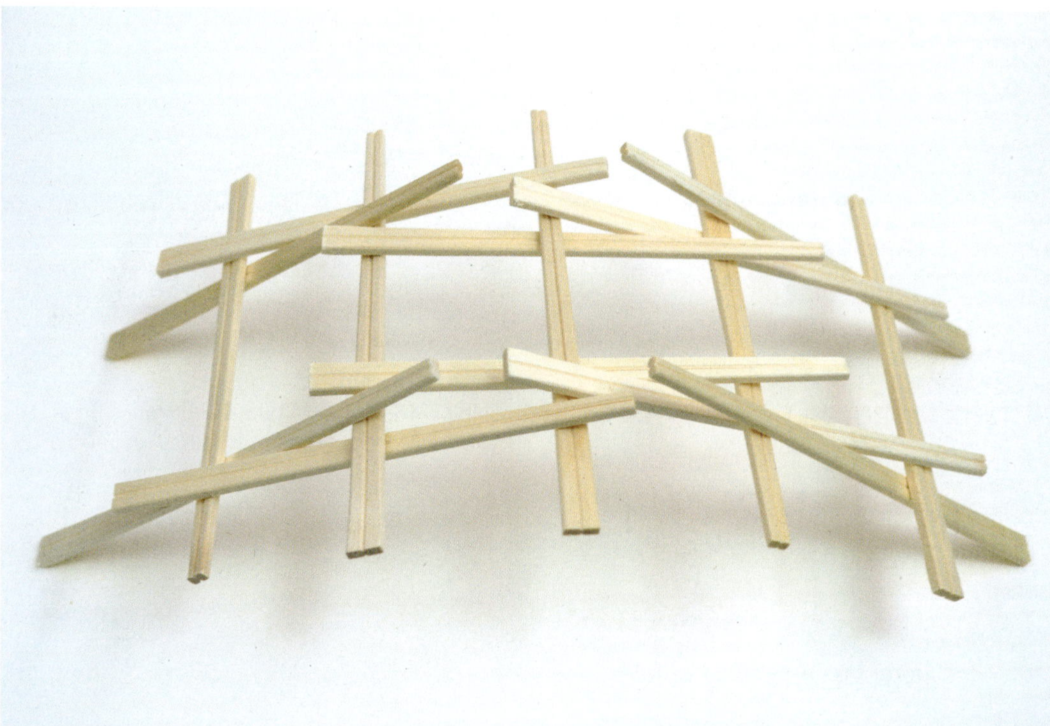

다빈치 다리의 모습.

다빈치 다리가 완성되면 하중 실험을 해보자. 아래는 다빈치 다리의 하중 실험 모습이다. 책 몇 권이 올라가도 안정적인 모습을 보이고 있다.

반구형 구조물
지오데식 돔 만들기

체험시간 120분

체험난도 ★★★☆☆

준비물 버블티 빨대 65개 + 할핀 26개(3cm) + 자 + 펀치 + 볼펜 + 가위 = 준비 완료^-^

지오데식 다면체로 만들 수 있는 지오데식 돔은 그 형태가 상당히 다양하다. 우리는 그중 2V 지오데식 돔을 만들어 보도록 한다. 2V 지오데식 돔은 아래와 같다.

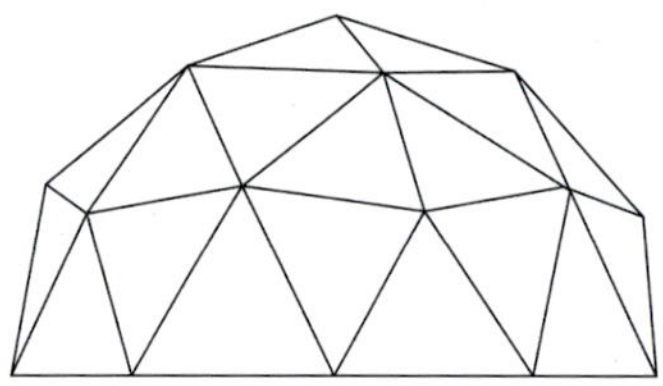

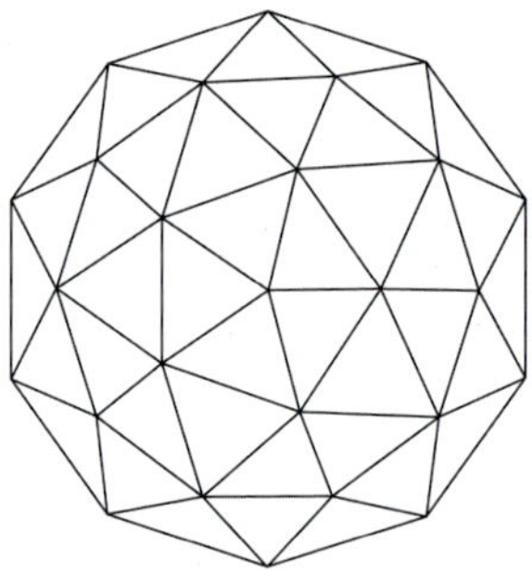

2V 지오데식 돔, 옆에서 본 모습(왼쪽)과 위에서 본 모습(오른쪽)

2V 지오데식 돔은 총 65개의 모서리로 되어 있고, 모서리의 길이는 2종류이다. 아래 그림처럼 두 모서리를 A, B라 하자. 모서리 A는 30개가 필요하고 모서리 B는 35개가 필요하다. 이때, 모서

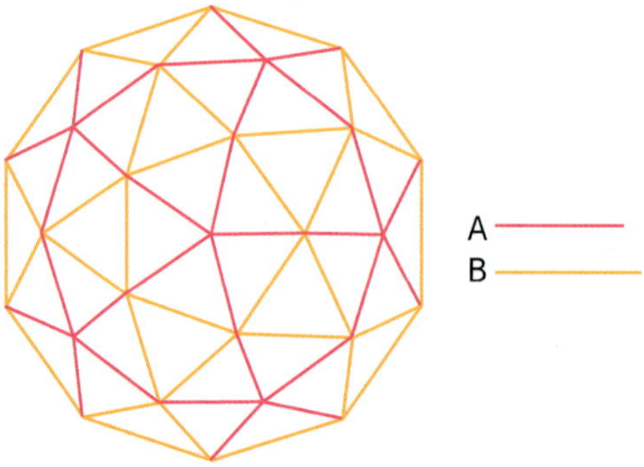

리 A와 모서리 B의 길이의 비는 대략 다음과 같다.

$$(\text{모서리 A의 길이}) : (\text{모서리 B의 길이}) = 0.8842 : 1$$

따라서 2V 지오데식 돔을 만들기 위해 먼저 길이의 비에 맞게 두 종류의 모서리를 준비해야 한다. 여기서는 빨대를 이용해 두 종류의 모서리를 준비한다. 빨간색 빨대는 모서리 A에 해당하고 노란색 빨대는 모서리 B에 해당한다. 아래는 모서리 A를 만든 모습으로 총 30개를 만들어야 한다.

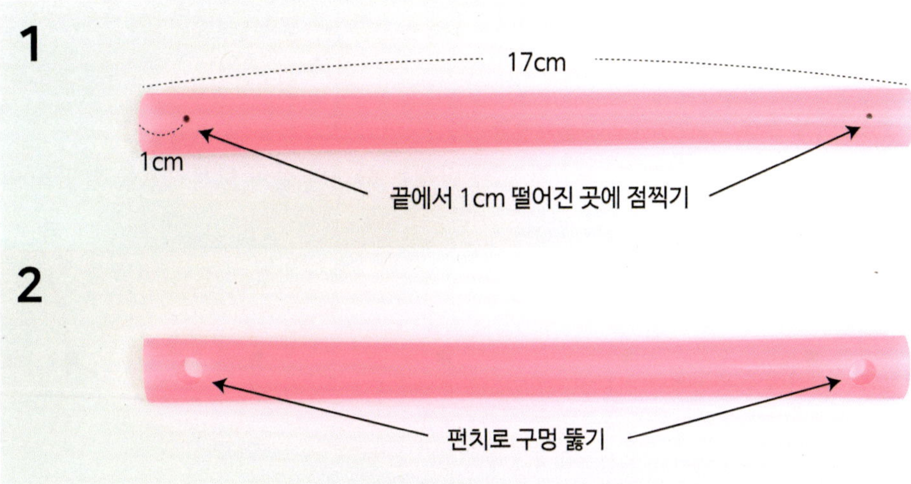

비슷하게 아래와 같이 모서리 B를 준비한다. 총 35개를 만들어야 한다.

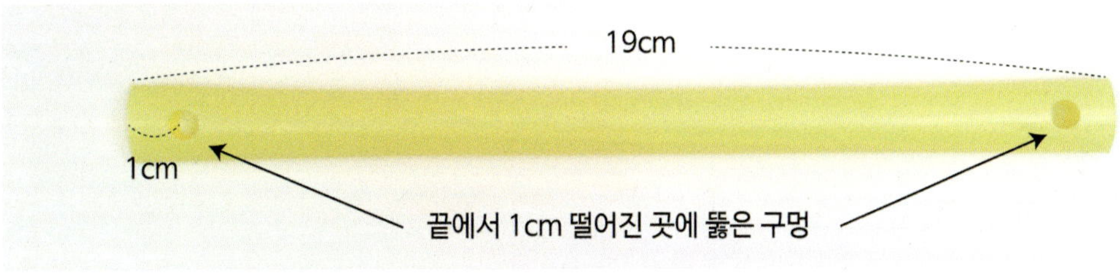

빨대의 길이의 비가 맞도록 늘이거나 줄여도 된다. 다만 중요한 것은 빨대 전체의 길이가 아니라 전체 길이에서 $2cm$를 뺀 길이의 비이다. 펀치로 구멍을 뚫은 곳을 할핀으로 연결할 것이기 때문이다. 위 두 빨대의 전체 길이에서 각각 $2cm$를 빼면 $15cm$와 $17cm$이고, 이 길이의 비는 대략 $0.8823 : 1$이다. 실제 만족해야 하는 비와 거의 같음을 알 수 있다. 만약 두 빨대를 좀 더 짧게 준비한다면 전체 길이가 각각 $9.5cm$와 $10.5cm$로 준비해 볼 수 있다. 각각 $2cm$를 빼면, 그 길이의 비는 $0.8823 : 1$이다.

모서리에 대한 준비가 끝나면 이제 이를 조립해 지오데식 돔을 만들면 된다. 조립의 순서는 상관없지만 여기서는 위쪽부터 조립하도록 한다. 빨대를 연결할 할핀은 아래와 같이 생긴 핀으로 연결 부위의 자유로운 회전이 가능하다. 연결할 때는 할핀을 충분히 벌려 할핀이 빠지는 일이 없도록 한다. 여기서는 길이 $3cm$의 할핀을 사용하지만, 짧게 느껴진다면 길이가 $5cm$인 할핀을 사용하면 된다.

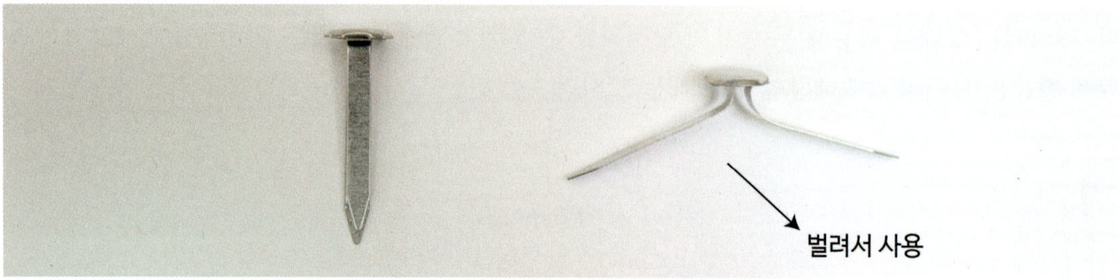

조립은 총 4단계에 걸쳐 이루어진다. 조립의 첫 번째 단계는 아래와 같이 모서리 A를 할핀을 이용해 조립한다. 그림처럼 총 6개를 만들도록 한다.

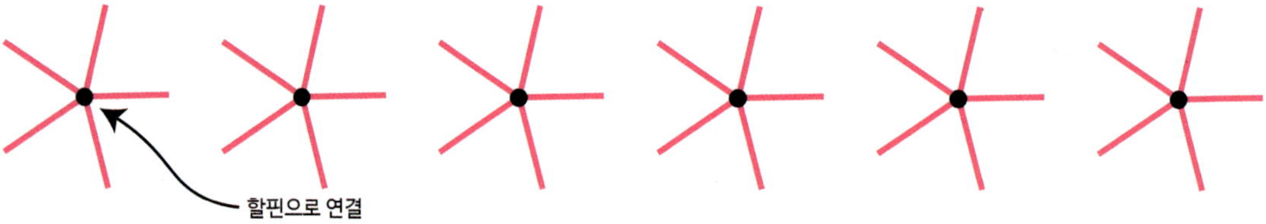

아래는 실제로 조립한 모습이다.

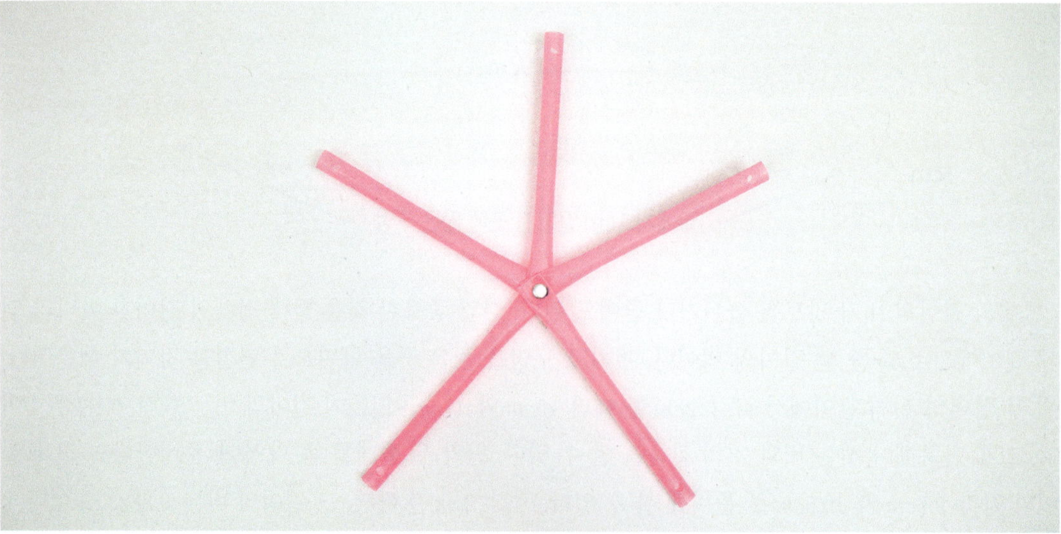

두 번째 단계는 아래와 같은 순서로 조립을 한다. 굵은 선은 조립할 때 추가하는 빨대이고, 검은 점은 할핀이다.

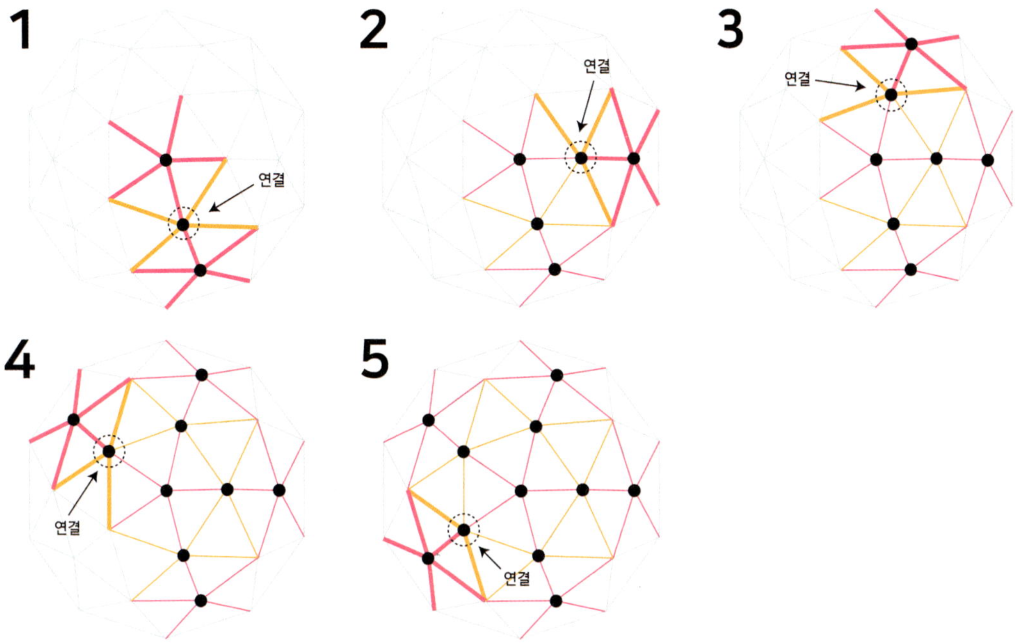

아래는 두 번째 단계에서 첫 번째 연결을 한 모습이다.

두 번째 단계의 조립이 모두 끝나면 아래와 같다.

세 번째 단계는 아래와 같은 순서로 조립한다.

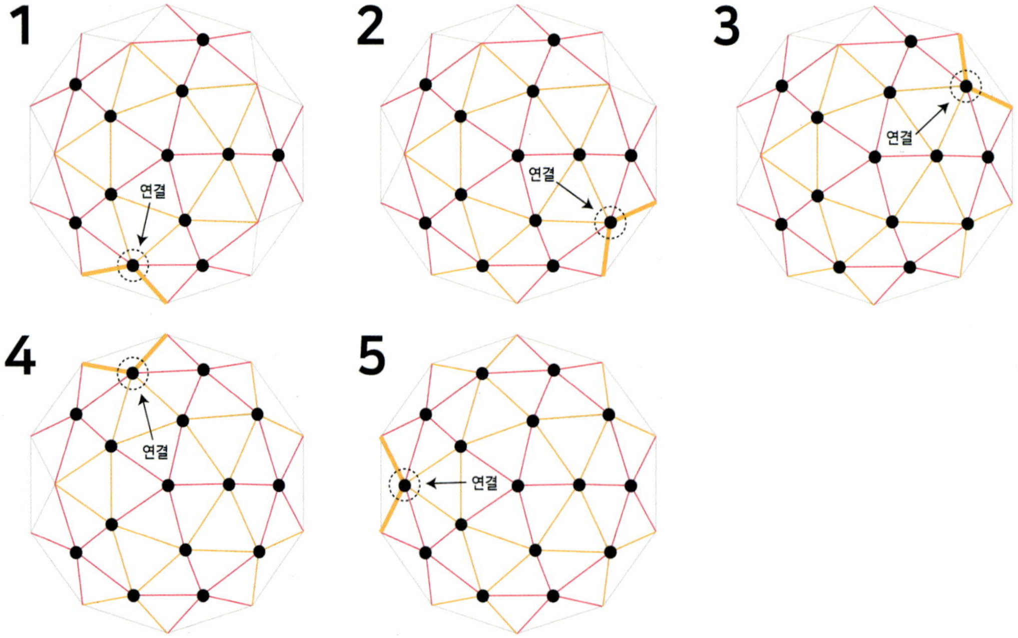

아래는 세 번째 단계까지 조립을 끝낸 모습이다.

마지막으로 네 번째 단계는 아래와 같은 순서로 조립한다.

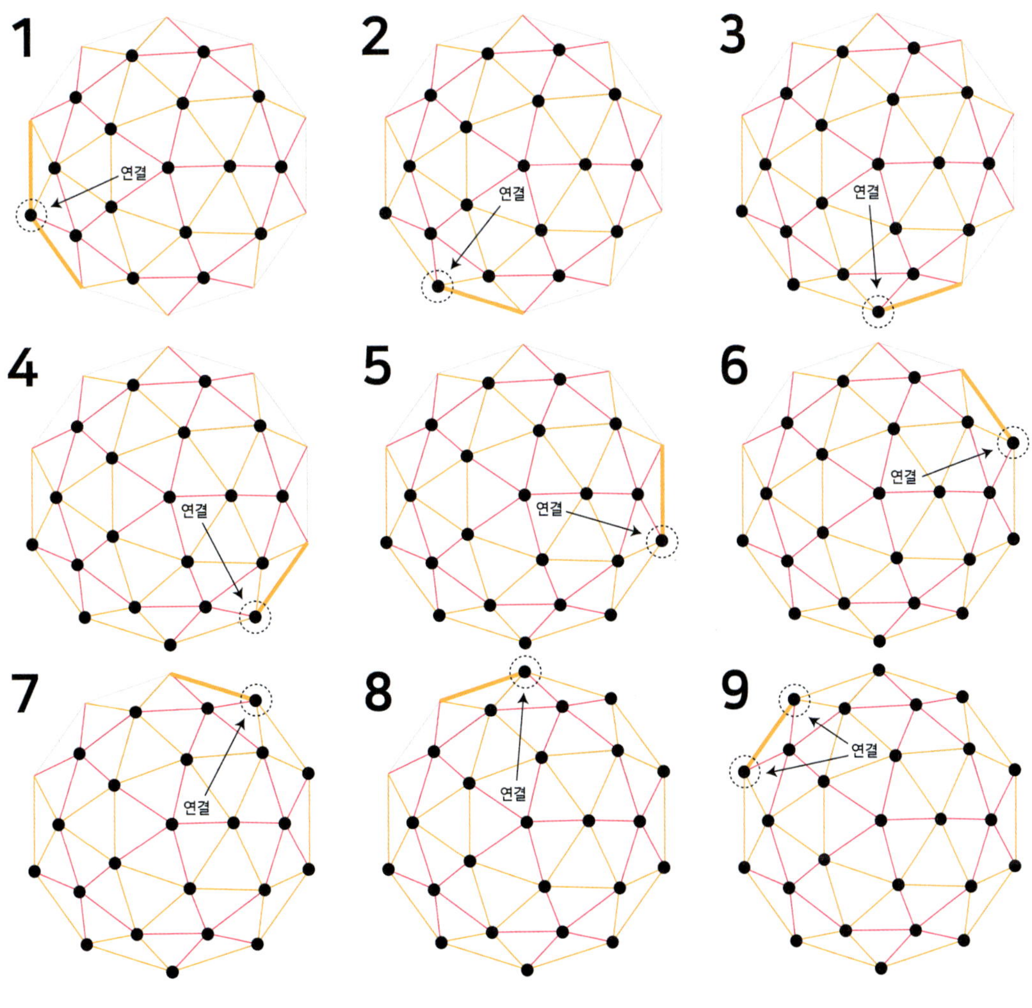

네 번째 단계까지 조립이 끝나면 지오데식 돔이 완성된다.

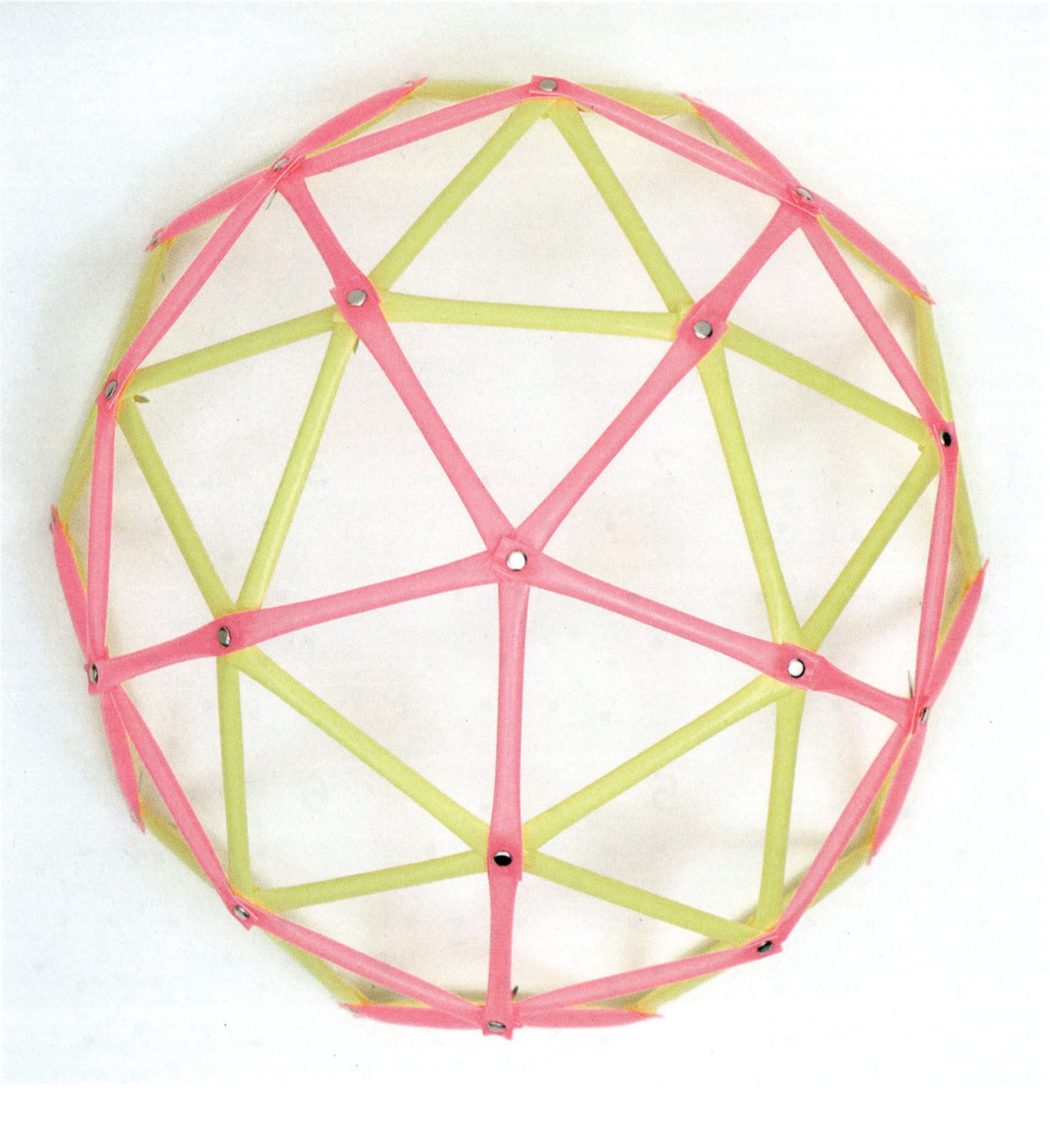

아래는 옆에서 본 지오데식 돔의 모습이다.

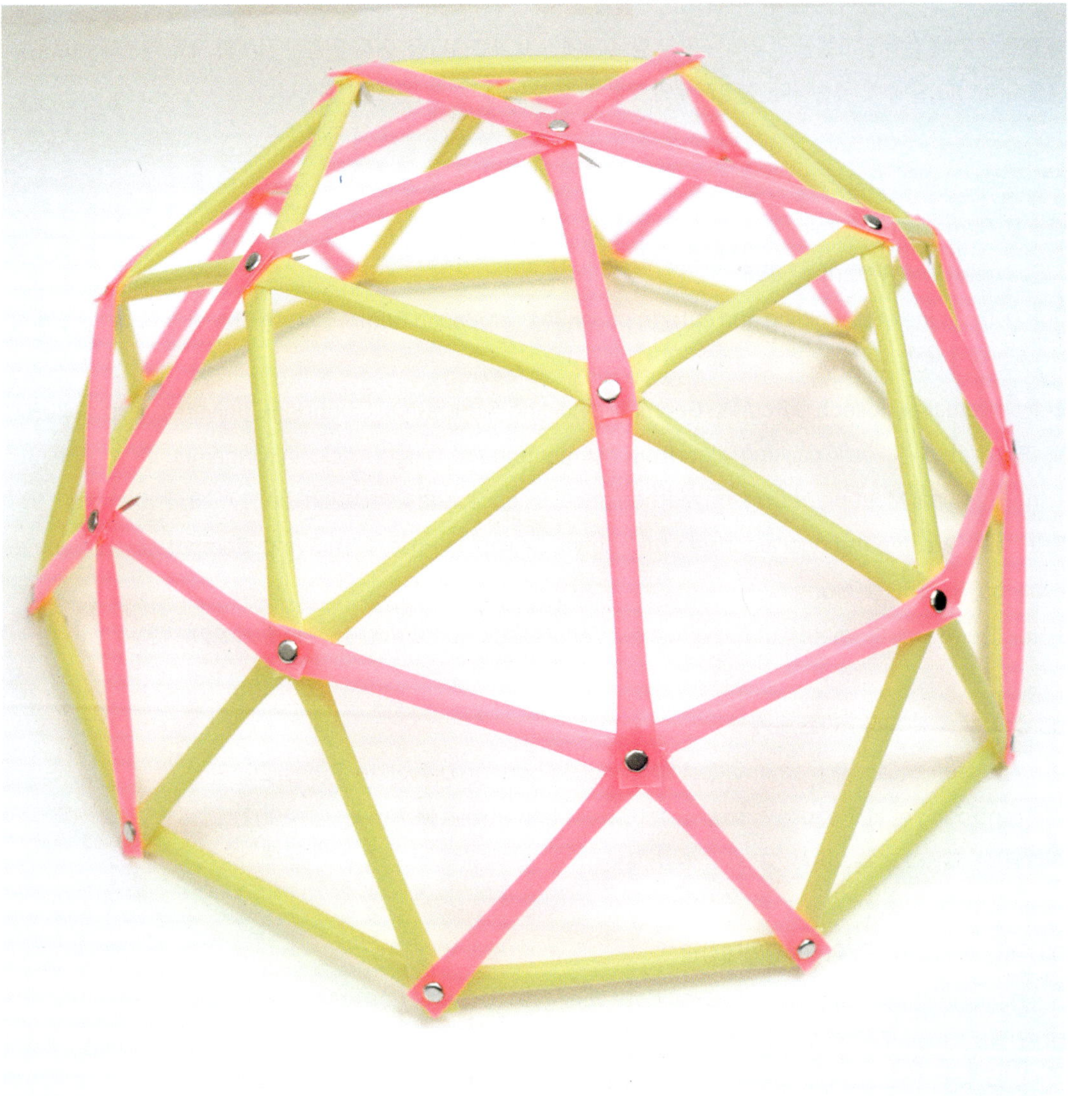

A. 참고자료

좀 더 깊이 있는 내용이 궁금하시다면 참고자료를 보시기 바랍니다. 찾아보기 쉽게 단원별로 정리했으며 한 자료를 여러 주제에 걸쳐 참고했을 경우에는 가장 앞 주제에만 표기했습니다. 여러 훌륭한 저서와 자료 덕분에 새로운 내용을 이해하고 알 수 있었습니다. 참고자료의 모든 저자 분들께 감사의 인사를 드립니다.

01. 종이접기 마술 **접고 자르기 문제**

Erik D. Demaine et al. Folding and one straight cut suffice. Tech. Report CS-98-18, Dept. of Computer Science, U. of Waterloo,1998.

Erik D. Demaine et al. Folding and cutting paper. In Proc. Japan Conf. Discrete Comput. Geom., volume 1763 of LNCS, pp. 104-118, 1998.

Erik D. Demaine, Joseph O'Rourke. Geometric Folding Algorithms. Cambridge University Press, 2007.

M. Bern et al. A disk-packing algorithm for an origami magic trick. in Origami3: Proc. the 3rd International Meeting of Origami Mathematics, Science, and Education, pp. 17-28, 2002.

R. J. Lang. A computational algorithm for origami design. In Proc. 12th Symp. Computational Geometry, pp. 98-105, 1996.

T Hull. On the mathematics of flat origamis. Congressus Numerantium, pp. 215-224, 1994.

02. 음악 속 수학 **피타고라스 음계**

Dave Benson. Music: A Mathematical Offering. Cambridge University Press, 2013.

Warren Young et al. Roark's Formulas for Stress and Strain. McGraw-Hill, 2002.

신현남 외. 고등학교 음악이론. 교학사, 2018.

03. 대칭의 미학 **테셀레이션 : 평면대칭군**

Amanda Barth. Tessellations: The Link Between Math and Art. Consultado em Agosto, 2007.

D. Schattschneider. The plane symmetry groups: their recognition and notation. American Mathematical Monthly 85, pp. 439-450, 1978.

구자홍, 하봉수. 17가지 수학적 대칭성의 시각적 교육모형 개발에 관한 연구. 한국기초조형학회, 12권 1호, pp. 25-36, 2011.

신현용 외. 수학 In 디자인, 교우사, 2015.

평면의 결정군[웹사이트]. (2016.01.03). https://en.wikipedia.org/wiki/Wallpaper_group

04. 에셔 따라잡기 **테셀레이션 : 헤슈타일**

William W. Chow. Automatic Generation of Interlocking Shapes. Computer Graphics and Image Pro-

cessing 9, pp. 333-353, 1979.
D. Schattschneider. The mathematical side of MC Escher. Notices of the AMS, Vol. 57, No. 6, pp. 706-718, 2010.

05. 대표적인 프랙털 **시어핀스키 삼각형**

Mandelbrot, B. How Long Is the Coast of Britain? Statistical Self-Similarity and Fractional Dimension. Science. 156 (3775): pp. 636-638, 1967.
Kenneth Falconer. Fractal Geometry: Mathematical Foundations and Applications, Second Edition. Jone Wiley & Sons, 2003.
시어핀스키삼각형[웹사이트]. (2016.06.02). https://en.wikipedia.org/wiki/Sierpi%C5%84ski_ triangle

06. 새로운 차원의 등장 **멩거 스펀지**

Peitgen. 수학교사를 위한 프랙탈 기하. 경문사. 1998.
맹거스펀지[웹사이트]. (2016.06.06). https://en.wikipedia.org/wiki/Menger_sponge
메가멩거프로젝트[웹사이트]. (2016.10.19). http://www.megamenger.com/

07. 단순한 종이접기 **드래곤 커브**

C. Davis, D. Knuth. Number representations and dragon curves. J. of Recreational Mathematics 3, pp. 66-81, 133-149, 1970.
F.M. Dekking et al. Folds!. Math. Intelligencer 4, pp. 130-138, 173-181, 190-195, 1982.
L-system[웹사이트]. (2015.08.02). https://en.wikipedia.org/wiki/L-system
Sergei Tabachnikov. Dragon curves revisited. The Mathematical Intelligencer 1, no. 36, pp. 13-17, 2014.
드래곤 커브[웹사이트]. (2015.07.29). https://en.wikipedia.org/wiki/Dragon_curve

08. 선으로 만드는 예술 **스트링아트**

G. Quenell. Envelopes and String Art. Mathematics Magazine 82 No. 3, pp. 174-185, 2009.
Stephen Arnold. String Art Mathematics: An Introduction to Geometry Expressions and Math Illustrations Stephen Arnold Compass Learning Technologies. Technical report, 2004.
베지어 곡선[웹사이트]. (2016.01.27). https://en.wikipedia.org/wiki/B%C3%A9zier_curve

09. 동남아의 인기 스포츠 **세팍타크로 공**

G. Brinkmann, M. Deza, Lists of face-regular polyhedra, J. Chem. Inf. Comput. Sci. 40, pp. 530-541, 2000.

M. Goldberg. A class of multi-symmetric polyhedra. To hoku Math. J. 43, pp. 104-108, 1937.

Y. Nishiyama. The Sepak Takraw Ball Puzzle. Int. J. Pure Appl. Math., 79(2), pp. 281-291, 2012.

Y. Nishiyama. A C60 Fullerene Model and Sepak Takraw Balls,₩. Int. J. Pure Appl. Math., 94 (5), pp. 669-688, 2014.

골드버그다면체[웹사이트]. (2016.02.18). https://en.wikipedia.org/wiki/Goldberg_polyhedron

깎기[웹사이트]. (2016.02.15).https://en.wikipedia.org/wiki/Truncation_(geometry)

아르키메데스 다면체[웹사이트]. (2016.02.14). https://en.wikipedia.org/wiki/Archimedean_solid

10. 하늘에서 온 편지 **눈송이**

C. Fierz et al. The International Classification for Seasonal Snow on the Ground. IHP-VII Technical Documents in Hydrology, 83, Paris: UNESCO, 2009.

C. Magono, Lee C. V. Meteorological classification of natural snow crystals. J. Fac. Sci. Hokkaido Univ., Ser. 7, 2, pp. 321-362, 1966.

K. Kikuchi et al. A global classification of snow crystals, ice crystals, and solid precipitation based on observations from middle latitudes to polar regions. Atmos. Res., 32, pp. 460–472, 2013.

눈[웹사이트]. (2016.08.01). https://en.wikipedia.org/wiki/Snow

윌슨 벤틀리[웹사이트]. (2016.08.03). https://en.wikipedia.org/wiki/Wilson_Bentley

이언스튜어트. 눈송이는 어떤 모양일까. 한승. 2005.

11. 아무것도 믿지 마 **착시도형**

D. Richeson. DO THE MATH!: Sugihara's Impossible Cylinder. Math Horizons 24, no. 1, pp. 18-19, 2016.

K. Sugihara. Design of solids for antigravity motion illusion. Computational Geometry. Theory and Applications, 47 pp. 675–682, 2014.

The Optical Illusions That Make the Parthenon Perfect[웹사이트]. (2021.01.15). https://www.greece-is.com/the-optical-illusions-that-make-the-parthenon-perfect/

착시[웹사이트]. (2020.06.09). https://en.wikipedia.org/wiki/Optical_illusion

옵아트[웹사이트]. (2021.01.15). https://en.wikipedia.org/wiki/Op_art

12. 2차원과 3차원의 만남 **이차곡선과 쌍곡선**

쌍곡면[웹사이트]. (2019.06.20). https://en.wikipedia.org/wiki/Hyperboloid

쌍곡면 구조물[웹사이트]. (2019.06.20). https://en.wikipedia.org/wiki/Hyperboloid_structure

제임스 스튜어트. 미분적분학 제8판. 경문사, 2018.

13. 중심을 찾아서 **무게중심**

J. L. Meriam et al. STATICS 정역학 제8판. 시그마프레스, 2017.

Protter et al. College Calculus with Analytic Geometry. Addison-Wesley Pub. Co., 1977.

고승기 외. 공학도를 위한 정역학 12th Edition. Mc Graw Hill, 2021.

김성아. 수학적 증명에서의 물리적 논증 : 삼각형의 무게중심. 과학교육연구지, 34권 1호, pp. 175-184, 2010.

박달원. 영재학생들을 위한 삼각형의 무게중심 지도 방법. 한국학교수학회논문집 제9권, 제1호 pp. 93-104, 2006.

한인기. 삼각형판과 사각형판의 무게중심에 관한 연구. 한국수학교육학회지, 시리즈 E: 수학교육논문집 제19집 제3호, pp.471 - 484, 2005.

14. 숫자로 짓고 풀기 **매듭 만들기**

Knot Atlas[웹사이트]. (2019.06.25). http://katlas.org

V. F. Jones. The jones polynomial. Technical report, 2005. [Online : https://math.berkeley.edu/~vfr/jones.pdf]

김은영. 매듭 만들기. 미진사, 2016.

송원택. 매듭이론 이야기. 고등과학원 Newsletter 제29호 pp. 3-7, 2005.

최민정. 매듭 만드는 시간. 황금시간, 2016.

콜린 아담스. 매듭이론. 경문사, 2015.

15. 정교한 설계 **건축 속 수학**

R. C. Hibbeler. 구조해석 제9판. 성진미디어, 2017.

R. C. Hibbeler. 정역학과 재료역학 제5판. 프로텍 미디어, 2019.

Tom Davis. Geodesic Domes. Technical report, 2004. [Online : http://www.geometer.org/mathcircles/geodesic.pdf]

고트힐프 괴츠 쉬를레. 구조와 디자인. 아키그램, 2016.

곽노현 외. SI 단위계에 의한 건축구조역학. 구미서관, 2021.

미셸 프로보스트. 건축물의 구조이야기. 그린북, 2013.

송호산. 건축의 구조 디자인. 기문당, 2020.

정승진, 김완기. 건축개론. 기문당, 2014.

B. 그림 저작권

이미지 사용한 허락해 주신 분들의 자료 덕분에 책이 더 풍성해질 수 있습니다. 책에 사용된 이미지를 제작한 모든 분께 감사의 인사를 드립니다.

118페이지 이미지 출처 / Rama / CC BY-SA 2.0 FR https://commons.wikimedia.org/wiki/File:Benoit_Mandelbrot_mg_1804-d.jpg

147페이지 이미지 출처 / Mattcomm / CC BY-SA 4.0 FR https://commons.wikimedia.org/wiki/Category:Menger_sequence_(orange)

221페이지 G(2,4) 이미지 출처 / Tomruen / CC BY-SA 3.0 https://commons.wikimedia.org/wiki/File:Conway_polyhedron_dk6k5adk5sD.png

253페이지 이미지 출처 / Cmglee / CC BY-SA 3.0 https://commons.wikimedia.org/wiki/File:Peripheral_drift_illusion_rotating_snakes.svg

266페이지 이미지 출처 / Joe.Bekker / CC BY-SA 3.0 https://commons.wikimedia.org/wiki/File:Port1010DigitalHarbour.jpg

404페이지 이미지 출처 / JaGa / CC BY-SA 4.0 https://commons.wikimedia.org/wiki/File:New_River_Gorge_Bridge.jpg

409페이지 이미지 출처 / Tomruen / CC BY-SA 4.0 https://commons.wikimedia.org/wiki/File:Geodesic_icosahedral_polyhedron_example2.png

410페이지 오른쪽 하단 5분할 지오데식 다면체 이미지 출처 / Tomruen / CC BY-SA 4.0 https://commons.wikimedia.org/wiki/File:Icosahedron_subdivision5.png

412페이지 상단 두번째 이미지 출처 / Tomruen / CC BY-SA 4.0 https://commons.wikimedia.org/wiki/File:Conway_polyhedron_u5I.png

412페이지 상단 세번째 이미지 출처 / Tomruen / CC BY-SA 4.0 https://commons.wikimedia.org/wiki/File:Geodesic_polyhedron_3_2.png

416페이지 이미지 출처 / Jiaqian AirplaneFan / CC BY-SA 3.0 https://commons.wikimedia.org/wiki/File:Biosphere_-_panoramio.jpg

직접 만들고 생각하며 느끼는

다함께 체험수학

지은이 이동화
펴낸이 조경희
펴낸곳 경문사
펴낸날 2021년 11월 1일 1판 1쇄
2022년 9월 1일 1판 2쇄
2023년 8월 1일 1판 3쇄
등 록 1979년 11월 9일 제1979-000023호
주 소 04057, 서울특별시 마포구 와우산로 174
전 화 (02)332-2004 팩스 (02)336-5193
이메일 kyungmoon@kyungmoon.com

값 24,000원

ISBN 979-11-6073-473-7